工程训练教程

(第2版)

主编 王鹏程

北京理工大学出版社
BEIJING INSTITUTE OF TECHNOLOGY PRESS

版权专有 侵权必究

图书在版编目（CIP）数据

工程训练教程/王鹏程主编. —2 版. —北京：北京理工大学出版社，2020.7（2024.1重印）
ISBN 978-7-5682-8721-0

Ⅰ.①工… Ⅱ.①王… Ⅲ.①机械制造工艺－高等学校－教材 Ⅳ.①TH16

中国版本图书馆 CIP 数据核字（2020）第 123860 号

出版发行 / 北京理工大学出版社有限责任公司
社　　址 / 北京市海淀区中关村南大街 5 号
邮　　编 / 100081
电　　话 / （010）68914775（总编室）
　　　　　（010）82562903（教材售后服务热线）
　　　　　（010）68944723（其他图书服务热线）
网　　址 / http://www.bitpress.com.cn
经　　销 / 全国各地新华书店
印　　刷 / 廊坊市印艺阁数字科技有限公司
开　　本 / 787 毫米 × 1092 毫米　1/16
印　　张 / 26　　　　　　　　　　　　　　　　责任编辑 / 多海鹏
字　　数 / 609 千字　　　　　　　　　　　　　　文案编辑 / 多海鹏
版　　次 / 2020 年 7 月第 2 版　2024 年 1 月第 5 次印刷　责任校对 / 周瑞红
定　　价 / 68.00 元　　　　　　　　　　　　　　责任印制 / 李志强

图书出现印装质量问题，请拨打售后服务热线，本社负责调换

前言

本教材按照教育部工程材料及机械制造基础课程指导委员会"工程训练教学基本要求"和国家教学指导委员会"高等教育面向21世纪教学内容和课程体系改革计划"的基本精神，结合内蒙古工业大学"工程训练（A）"课程标准规定的教学内容、教学改革成果、教学实践经验以及实习设备条件，并参考兄弟院校教材编写而成。

本教材第1版2014年5月由北京理工大学出版社出版，迄今已在内蒙古工业大学"工程训练"课使用5年多。根据出版社要求和使用情况，由王鹏程、李海滨总负责组织完成了本教材第2版的修订再版工作。

本教材修订具有以下特点：

（1）充分体现了"工程训练（A）"课教学内容的系统性，基本延续了第1版教材的体系、体例结构和编写特点。和第1版教材体系相比较，全书内容调整为共16章，锻造和冲压合编为一章，取消了塑料成型，增加了激光加工；根据技术发展和设备更新，重新编写了快速成型技能训练、机器人创新技术等。

（2）保持"基本知识"和"技能训练"的编写方式，明确"应知"和"应会"两大部分内容，以方便教学使用。

（3）根据需要调整了部分章节的编者。

本书共分17章，由内蒙古工业大学王鹏程担任主编并统稿。担任各章编写工作的教师均是内蒙古工业大学工程训练中心"工程训练（A）"课的教师。具体分工为：王鹏程编写绪论，郭长青编写第1章，赵锦龙编写第2章，左巍编写第3章，白川编写第4章，王利利编写第5章、王景磊编写第6章、第7章，刘海亮编写第8章和15.1，赵昆编写第9章，葛素霞编写第10章，万华编写第11章，曲宝福编写第12章，王东辉编写第13章，庞博编写14.1和14.6，张海川编写14.2～14.5，郭文霞编写15.2，贾翠玲编写第16章。

本书主要用于机械类本科专业"工程训练"课使用，也可选作为机械/非机械类专业金工实习教学的参考书。

本书在编写中参考了大量相关教材和文献资料的内容，在此谨向众多同行表示敬意和感谢。

由于编者水平有限，虽尽心竭力，书中仍可能存在谬误和不妥之处，敬请读者批评指正。

王鹏程

目 录
CONTENTS

0 绪论 ·· 001
  0.1 工程训练 ·· 001
    0.1.1 机械制造过程 ·· 001
    0.1.2 工程训练内容 ·· 002
  0.2 工程训练的教学环节 ·· 002
  0.3 工程训练目的 ··· 002
  0.4 工程训练要求 ··· 003
    0.4.1 工程训练的学习要求 ·· 003
    0.4.2 工程训练的安全要求 ·· 004

第1章 机械工程材料及热处理 ··· 005
  1.1 基本知识 ·· 005
    1.1.1 常用钢铁的分类和编号 ··· 005
    1.1.2 常用有色金属的分类和编号 ··· 009
    1.1.3 常用热处理设备 ·· 012
    1.1.4 钢的常用热处理工艺 ·· 015
    1.1.5 金属材料的工艺性能 ·· 022
  1.2 技能训练 ·· 023
    1.2.1 钢铁材料的火花鉴别方法 ·· 023
    1.2.2 硬度计的结构和使用方法 ·· 026
    1.2.3 热处理综合技能训练 ·· 029
  思考与练习题 ·· 031

第2章 铸造 ·· 032
  2.1 基本知识 ·· 032
    2.1.1 铸造概述 ··· 032
    2.1.2 砂型铸造 ··· 033

2.1.3 合型 ………………………………………………………………………… 043
2.1.4 铸造合金的熔炼、种类及常用的熔炼设备 ………………………… 044
2.1.5 铸造合金的浇注 ……………………………………………………… 046
2.1.6 铸件的落砂与清理 …………………………………………………… 046
2.1.7 特种铸造 ……………………………………………………………… 047
2.2 技能训练 ……………………………………………………………………… 050
2.2.1 手工造型操作练习 …………………………………………………… 050
2.2.2 型芯制作操作练习 …………………………………………………… 050
2.2.3 砂型铸造综合技能训练 ……………………………………………… 050
思考与练习题 ……………………………………………………………………… 050

第3章 锻造与冲压 ……………………………………………………………… 051
3.1 锻造的基本知识 ……………………………………………………………… 051
3.1.1 锻造的方法分类 ……………………………………………………… 051
3.1.2 坯料的加热 …………………………………………………………… 051
3.1.3 空气锤 ………………………………………………………………… 054
3.1.4 自由锻的基本工序及其操作要点 …………………………………… 056
3.1.5 自由锻成型工艺 ……………………………………………………… 061
3.2 技能训练 ……………………………………………………………………… 064
3.2.1 自由锻镦粗练习 ……………………………………………………… 064
3.2.2 自由锻拔长练习 ……………………………………………………… 064
3.3 冲压的基本知识 ……………………………………………………………… 064
3.3.1 冲压设备 ……………………………………………………………… 065
3.3.2 冲模 …………………………………………………………………… 067
3.3.3 冲压基本工序 ………………………………………………………… 068
3.4 技能训练 ……………………………………………………………………… 072
3.4.1 冲压设备的操作演示 ………………………………………………… 072
3.4.2 冲压综合技能训练 …………………………………………………… 072
思考与练习题 ……………………………………………………………………… 072

第4章 焊接 ……………………………………………………………………… 073
4.1 基本知识 ……………………………………………………………………… 073
4.1.1 焊接概述 ……………………………………………………………… 073
4.1.2 焊条电弧焊 …………………………………………………………… 073
4.1.3 气焊与气割 …………………………………………………………… 082
4.1.4 埋弧自动焊、气体保护焊、电阻焊、钎焊 ………………………… 088
4.2 技能训练 ……………………………………………………………………… 093
4.2.1 焊条电弧焊基本操作练习 …………………………………………… 093
4.2.2 气焊及气割操作演示 ………………………………………………… 094
思考与练习题 ……………………………………………………………………… 095

第5章 机械加工精度及检测 097
5.1 基本知识 097
5.1.1 机械加工精度 097
5.1.2 加工精度检测量具 099
5.1.3 三坐标测量机 106
5.2 技能训练 107
5.2.1 游标卡尺的使用 107
5.2.2 外径千分尺的使用 107
5.2.3 百分表的使用 107
思考与练习题 108

第6章 切削加工基本知识 109
6.1 切削加工概述 109
6.1.1 切削加工的实质和分类 109
6.1.2 机床的切削运动 109
6.1.3 切削用量三要素 110
6.1.4 传统切削加工的局限性 111
6.2 切削刀具 111
6.2.1 刀具材料 111
6.2.2 刀具角度 113
6.2.3 刀具的刃磨 116
思考与练习题 116

第7章 车削 117
7.1 基本知识 117
7.1.1 车床及其附件 118
7.1.2 车床操作要点 122
7.1.3 外圆和端面的加工 123
7.1.4 孔的加工 124
7.1.5 切槽和切断 125
7.1.6 车削圆锥面 126
7.1.7 车成型面和滚花 127
7.1.8 车螺纹 128
7.2 技能训练 130
7.2.1 普通卧式车床的基本操作方法 130
7.2.2 装配式锤柄的车削加工 136
思考与练习题 140

第8章 铣削 141
8.1 基本知识 141
8.1.1 铣床 142

  8.1.2 铣刀及其安装 ·· 146
  8.1.3 铣床附件及工件装夹 ·· 148
  8.1.4 铣削基本工作 ··· 152
 8.2 技能训练 ··· 156
  8.2.1 平面、斜面的铣削 ··· 156
  8.2.2 台阶面、直角沟槽的铣削 ··· 158
  8.2.3 成型沟槽的铣削 ··· 160
  8.2.4 分度头装夹的零件铣削 ·· 161
  8.2.5 铣工综合技能训练 ·· 162
 思考与练习题 ··· 162

第9章 刨削

 9.1 基本知识 ··· 163
  9.1.1 刨床 ·· 164
  9.1.2 刨刀及其安装 ·· 169
  9.1.3 工件的装夹 ··· 171
  9.1.4 刨削基本工作 ·· 173
 9.2 技能训练 ··· 175
  9.2.1 平面的刨削 ··· 175
  9.2.2 刨工综合技能训练 ·· 177
 思考与练习题 ··· 178

第10章 磨削

 10.1 基本知识 ·· 180
  10.1.1 磨削加工简介 ··· 180
  10.1.2 磨床 ·· 181
  10.1.3 砂轮 ·· 185
  10.1.4 磨削基本工作 ··· 188
 10.2 技能训练 ·· 191
  10.2.1 外圆磨削 ·· 191
  10.2.2 平面磨削操作 ··· 192
 思考与练习题 ··· 194

第11章 钳工

 11.1 基本知识 ·· 195
  11.1.1 钳工入门知识 ··· 195
  11.1.2 划线 ·· 196
  11.1.3 锯削 ·· 199
  11.1.4 锉削 ·· 201
  11.1.5 钻孔、扩孔和铰孔 ·· 208
  11.1.6 攻螺纹与套螺纹 ··· 213

11.1.7 拆卸与装配	217
11.2 技能训练	219
11.2.1 平面划线、立体划线	219
11.2.2 锯削、锉削	220
11.2.3 钻孔、扩孔和铰孔	221
11.2.4 攻螺纹、套螺纹	221
11.2.5 拆卸和装配	221
11.2.6 钳工综合技能训练	223
思考与练习题	223

第12章 数控车床加工 225

12.1 基本知识	225
12.1.1 数控车床的种类	225
12.1.2 数控车床的组成和功能	225
12.1.3 主要用途、适用范围和规格	226
12.1.4 数控车床编程	227
12.2 技能训练	240
12.2.1 数控车外轮廓	240
12.2.2 数控车内轮廓	243
12.2.3 数控车螺纹	244
12.2.4 数控车综合技能训练	246
思考与练习题	254

第13章 数控铣床与加工中心操作 256

13.1 基本知识	256
13.1.1 数控铣削加工工艺	256
13.1.2 数控铣床编程	257
13.1.3 数控铣床自动编程简介	269
13.1.4 加工中心简介	272
13.2 技能训练	273
13.2.1 铣削内外轮廓	273
13.2.2 钻削孔	274
13.2.3 数控铣综合技能训练	276
思考与练习题	277

第14章 特种加工 279

14.1 特种加工概述	279
14.1.1 特种加工的产生与发展	279
14.1.2 特种加工的特点	279
14.1.3 特种加工的分类	279
14.1.4 特种加工的应用	280

14.2 电火花线切割加工基本知识 281
  14.2.1 电火花线切割加工原理 281
  14.2.2 数控电火花线切割加工的特点及应用 281
  14.2.3 数控电火花线切割加工机床 282
  14.2.4 数控电火花线切割加工工艺基础 285
  14.2.5 数控电火花线切割加工程序的编制 288
  14.2.6 数控电火花线切割加工偏移补偿值的计算 291
14.3 电火花线切割加工技能训练 291
14.4 电火花成型加工基本知识 297
  14.4.1 电火花成型加工技术基础 297
  14.4.2 电火花成型机床的结构和组成 299
  14.4.3 电火花成型加工工艺规律 301
  14.4.4 电火花成型加工的工具电极和工作液 304
14.5 技能训练 307
14.6 激光加工技术 310
  14.6.1 激光加工技术概述 310
  14.6.2 激光内雕基本知识 312
  14.6.3 激光内雕技能训练 315
  14.6.4 激光切割基本知识 316
  14.6.5 激光切割技能训练 320
  14.6.6 激光打标基本知识 321
  14.6.7 激光打标技能训练 323
思考与练习题 323

第15章 快速成型 325

15.1 基本知识 325
  15.1.1 快速成型技术的原理 325
  15.1.2 快速成型的特点及应用 327
  15.1.3 快速成型的主要工艺方法 328
15.2 技能训练 331
  15.2.1 MEM熔融沉积成型系统 331
  15.2.2 UP BOX+打印机的构造 332
  15.2.3 建模软件和模型处理软件 333
  15.2.4 MEM熔融沉积成型操作演示 335
思考与练习题 337

第16章 机器人创新教学 338

16.1 基本知识 338
  16.1.1 机器人概述 338
  16.1.2 智能车简介 343

16.1.3　类人机器人套装 …………………………………………………… 353
　　16.1.4　卓越之星——机器人创意搭接套件 …………………………… 356
　16.2　技能训练 …………………………………………………………………… 371
　　16.2.1　智能车的软件编程应用实践 ……………………………………… 371
　　16.2.2　类人机器人的开发应用 …………………………………………… 386
　　16.2.3　卓越之星——机器人创意搭接套件实例 ………………………… 398
　思考与练习题 ……………………………………………………………………… 399
附录 ………………………………………………………………………………… 400
　JC 库函数 ………………………………………………………………………… 400
参考文献 …………………………………………………………………………… 402

0 绪 论

0.1 工程训练

工程训练是工科高校普遍开设的一门工程实践性技术基础课程,是在原"金属工艺学实习"基础上增加先进制造技术等扩展而来的一门以传授机械制造基础知识和技能为主的课程,它既是工科高等学校对学生进行机械工程训练的主要环节和内容之一,又是与"工程材料""材料成型工艺基础""机械制造工艺基础"等课程配套的必备实践教学环节。

0.1.1 机械制造过程

工程训练涉及一般机械制造生产的全过程。机械制造生产的基本工艺过程如图 0-1 所示。

图 0-1 机械制造生产的基本工艺过程

首先根据产品(或零件)的设计图纸编制制造工艺文件,然后选择原材料,进行生产准备。原材料包括钢锭、铝锭、铸铁、铸钢以及各种钢材、铝材等金属及非金属材料。

机械零件的加工根据各阶段所要求达到的质量不同,大体上可分为毛坯制造和切削加工两个主要阶段。将原材料用铸造、锻造、冲压、焊接、下料等方法制成零件的毛坯(或半成品、成品),再经过车削、铣削、刨削、磨削、钻削、镗削、钳工等切削加工和特种加工,获得所需的几何形状、尺寸和表面质量。根据加工精度的不同,把上述工序分为粗加工、半精加工和精加工。

在毛坯制造和切削加工过程中,为改善加工工艺性和保证零件的机械性能,常需在某些工序之前(或之后)对工件进行热处理或表面处理。

把加工完毕并检验合格的各零件,按一定的顺序和配合关系组合、连接、固定起来,成为部件和整机,这一过程称为装配。装配好的部件与机器还要经过试运转和调整,合格后才能包装出厂。

习惯上还根据坯料是否加热,把铸造、锻造、焊接、热处理统称为热加工,把切削加工和装配等称为冷加工。随着现代制造技术的发展,数控加工等先进制造方法应用日益广泛。

0.1.2　工程训练内容

机械类专业工程训练应安排铸造、锻造、冲压、焊接、热处理及车削、铣削、刨削、磨削、钳工、数控加工、特种加工和机器人创新等工种的实习。具体实习内容包括以下几方面。

1) 常用钢铁材料及热处理工艺的基本知识。
2) 铸造、锻造、冲压、焊接的主要加工方法及简单加工工艺。
3) 车削、铣削、刨削、磨削、钳工和数控加工、特种加工的主要加工方法及简单加工工艺。
4) 各种冷、热加工所用的设备、附件及其工具、夹具、量具和模具等的大致结构、工作原理和使用方法。
5) 特种加工技术的工作原理和技术方法。
6) 机器人创新技术。

0.2　工程训练的教学环节

工程训练在工程训练中心按工种进行。教学环节有课堂讲授和观看电教片,自学、观摩与小组讨论,现场操作演示,操作练习,教学实验,综合技能练习等。

(1) 课堂讲授和观看电教片

它是就某工种、加工工艺而安排的专题讲解,知识较系统和宽泛,但必须注意控制时间占比,提高效率。

(2) 自学、观摩与小组讨论

它能充分利用训练环境条件,发挥学生的自主学习能力。

(3) 现场操作演示

对学生将进行操作训练的机床等,先由师傅进行操作示范和讲解;或对某些未安排学生实际操作的机床和工艺,由实习教师进行操作演示和讲解。

(4) 操作练习

操作练习是实习的主要环节,学生通过实际操作获得各种加工方法的感性认知和体验,初步学会使用有关设备和工具,从而具有一定的操作能力。

(5) 教学实验

教学实验以拓展工艺知识和介绍新技术、新工艺为主,使学生扩大知识面,开阔眼界。

(6) 综合技能练习

它是使学生运用所学知识和技能,独立分析和解决某个具体的工艺问题,并亲自付诸实践的一种综合性训练。

0.3　工程训练目的

工程训练的目的是使学生学习工艺知识,增强实践能力,提高综合素质,培养创新精神。

1. 学习工艺知识

理工科院校的学生除了应具备较强的基础理论知识和专业技术知识外，还必须具备一定的工程材料及机械制造工艺知识。在工程训练中，学生通过自己的亲身实践来获取的这些工艺知识都是非常具体、生动而实际的，这对于机械类相关专业的学生学习后续课程、进行毕业设计乃至以后从事技术工作都是非常必要的。

2. 增强实践能力

这里所说的实践能力，包括动手能力、在生产实践中获取知识的能力，以及运用所学知识与技能独立分析和解决工艺技术问题的能力。这些能力对于理工科学生是非常重要的，而这些能力只能通过实习、实验、作业、课程设计、毕业设计等实践性课程、教学环节以及各种课外科技创新活动来培养。在工程训练中，学生亲自动手操作各种机器设备，使用各种工具、夹具、量具等，尽可能结合实际生产进行各工种操作训练。在有条件的情况下，还要安排综合性练习、工艺设计和工艺讨论等训练环节。

3. 提高工程素质

作为一个工程技术人员应具有较高的综合素质，其中尤其应具有较高的工程素质。而工程素质除了包括材料、设备、工（夹、量、模）具、工艺等知识和一定技能外，还包括质量、安全、环境、经济、市场、管理、法律、社会化等方面的意识。工程训练是在接近机械制造工厂生产实际的特殊环境下进行的，对大多数学生来说是第一次接触机械制造工业技术、第一次亲自使用机器进行工业制造、第一次通过工程理论与实践的结合来检验自身的学习效果，同时感受社会化生产的熏陶和安全性、组织性、纪律性的教育。学生将亲身感受到劳动的艰辛，体验到劳动成果的来之不易，增强对劳动者的思想感情，加强对工程素质的认识。所有这些对提高学生的综合素质必然起到非常重要的作用。

4. 培养创新精神

启蒙式的潜移默化对培养学生的创新意识和创新能力是非常重要的。在工程训练中，学生要接触到几十种机械、电气与电子设备等，并将了解、熟悉和掌握其中一部分设备的结构、原理和使用方法。这些设备和加工工艺强烈地映射出创造者们历经长期追求和艰苦探索所迸发出的智慧火花。在这种环境下的体验式学习有利于培养学生的创新意识。而实习过程中有意识安排的自行设计、制作机器人等创新训练环节，十分有益于培养学生的创新能力。

0.4 工程训练要求

0.4.1 工程训练的学习要求

工程训练是一门实践性很强的技术基础课程，它的教学方式不同于以教室授课为主的一般理论性课程。工程训练课主要的学习课堂不是教室，而是工厂车间或实验室现场；主要的学习对象不是书本，而是具体的制造工艺过程，包括具体的材料、设备、工艺、工（夹、量、模）具等内容；学习的指导者是现场的教学指导人员，学习的方法主要是在实践中学习，理论联系实践学习，更强调通过自身体验来获取知识和培养技能。

因此，学生在实习中要注重在实习现场和在具体的生产工艺过程中学习工艺知识和基本技能；要注意实习教材的预习和复习，注意在实习中的观察、模仿、询问、讨论，形成正确的行为习惯和操作方式；课后及时完成实习报告和实验报告等；要严格遵守厂纪、厂规和安全操作规程，重视人身和设备安全。

0.4.2　工程训练的安全要求

　　工业安全技术教育是确保学生实习安全和培养学生工业安全意识的重要环节，也是工程素质培养的重要内容。限于教材篇幅，各实习工种的安全技术未列入本书内容，各实习工种教师应在教学实习中增加该部分的相关内容。

　　要牢固树立"安全第一"的思想。在整个实习过程中，教师和学生要把确保安全放在第一位，把安全教育贯穿始终，提倡对学生实行中心、工种、教师三级安全教育，不断提高安全意识，强化和落实安全措施。

　　要遵守实习车间和实验室规章制度，严格遵守各种设备的安全操作规程；严格遵守实习车间着装行为规定，如按规定穿戴工作服，女（或长发）同学要戴工作帽，夏天不准穿凉鞋；在热加工现场要穿劳保鞋，在焊接现场要穿防护袜；在旋转机床上操作时要戴防护眼镜，不准戴手套；在实习现场要注意上下左右，不得打闹和乱跑，避免碰伤、砸伤和烧伤；未经许可不得擅自动用非当前实习工种的机床、设备、工（夹、量、模）具；发生安全事故时要立即切断电源，保护现场，及时上报。

第1章

机械工程材料及热处理

1.1 基本知识

1.1.1 常用钢铁的分类和编号

1. 钢的分类和编号

(1) 金属的分类

1) 黑色金属。

黑色金属是指铁和铁的合金,如钢、生铁、铁合金、铸铁等。钢和生铁都是以铁为基础,以碳为主要添加元素的合金,统称为铁碳合金。

生铁是指把铁矿石放到高炉中冶炼而成的产品,主要用来炼钢和制造铸件。

把铸造生铁放在熔铁炉中熔炼,即得到铸铁(液状,$w(C)>2.11\%$ 的铁碳合金),把液状铸铁浇铸成铸件,称为铸铁件。

铁合金是由铁与硅、锰、铬、钛等元素组成的合金,铁合金是炼钢的原料之一,在炼钢时作为钢的脱氧剂和合金元素添加剂。

$w(C)<2.11\%$ 的铁碳合金称为钢,把炼钢用生铁放到炼钢炉内按一定工艺熔炼,即得到钢。钢的产品有钢锭、型材、连铸坯和直接铸成的各种钢铸件等。

2) 有色金属。

有色金属又称非铁金属,指除黑色金属外的金属和合金,如铜、锡、铅、锌、铝及其合金,黄铜、青铜和轴承合金等。另外在工业上还采用铬、镍、锰、钼、钴、钒、钨、钛等,这些金属主要用作合金附加物,以改善金属的性能,其中钨、钛、钼等多用作生产刀具的硬质合金。

(2) 钢的分类

钢的主要元素除铁、碳外,还有硅、锰、硫、磷等。钢的分类方法多种多样,其主要方法有以下六种。

1) 按品质分类。

①普通钢($w(P) \leq 0.045\%$,$w(S) \leq 0.050\%$);

②优质钢($w(P)$,$w(S) \leq 0.035\%$);

③高级优质钢($w(P) \leq 0.035\%$,$w(S) \leq 0.030\%$)。

2) 按化学成分分类。

①碳素钢。

a. 低碳钢（$w(C) \leq 0.25\%$）；b. 中碳钢（$w(C) \leq 0.25\% \sim 0.60\%$）；c. 高碳钢（$w(C) > 0.60\%$）。

②合金钢。

a. 低合金钢（合金元素总含量≤5%）；b. 中合金钢（合金元素总含量>5%~10%）；c. 高合金钢（合金元素总含量>10%）。

3）按成型方法分类。

①锻钢；②铸钢；③热轧钢；④冷拉钢。

4）按金相组织分类。

①退火状态的钢：a. 亚共析钢（铁素体+珠光体）；b. 共析钢（珠光体）；c. 过共析钢（珠光体+渗碳体）；d. 莱氏体钢（珠光体+渗碳体）。

②正火状态的钢：a. 珠光体钢；b. 贝氏体钢；c. 马氏体钢；d. 奥氏体钢。

③无相变或部分发生相变的钢。

5）按用途分类。

①建筑及工程结构用钢。

a. 普通碳素结构钢：(a) Q195；(b) Q215（A、B）；(c) Q235（A、B、C）；(d) Q255（A、B）；(e) Q275。

b. 低合金结构钢，如低合金高强度结构钢 Q345C 和 Q345D。

②机械结构钢。

a. 机械制造用钢：(a) 调质钢；(b) 表面硬化钢，包括渗碳钢、渗氮钢、表面淬火用钢；(c) 易切削钢；(d) 冷塑性成型用钢，包括冷冲压用钢、冷镦用钢。

b. 弹簧钢。

c. 轴承钢。

③工具钢：a. 碳素工具钢；b. 合金工具钢；c. 高速工具钢。

④特殊性能钢：a. 不锈耐酸钢；b. 耐热钢，包括抗氧化钢、热强钢、气阀钢；c. 电热合金钢；d. 耐磨钢；e. 低温用钢；f. 电工用钢。

⑤专业用钢，如桥梁用钢、船舶用钢、锅炉用钢、压力容器用钢、农机用钢等。

6）按冶炼方法分类。

①按炉种分。

a. 转炉钢：(a) 酸性转炉钢；(b) 碱性转炉钢；(c) 底吹转炉钢；(d) 侧吹转炉钢；(e) 顶吹转炉钢。

b. 电炉钢：(a) 电弧炉钢；(b) 电渣炉钢；(c) 感应炉钢；(d) 真空自耗炉钢；(e) 电子束炉钢。

②按脱氧程度和浇注制度分。

a. 沸腾钢；b. 半镇静钢；c. 镇静钢；d. 特殊镇静钢。

（3）我国钢号表示方法

1）我国钢号表示方法概述。

钢的牌号简称钢号，是对每一种具体钢产品所取的名称。我国钢号表示方法根据 GB/T 221—2008《钢铁产品牌号表示方法》中规定执行。

钢铁产品牌号一般采用汉语拼音字母、化学元素符号和阿拉伯数字相结合的方法表示，即：

①钢号中化学元素采用国际化学符号表示，例如 Si，Mn，Cr 等。混合稀土元素用"RE"或"Xt"表示。

②产品名称、用途、冶炼和浇注方法等，一般采用汉语拼音的缩写字母表示。

③钢中主要化学元素含量（%）采用阿拉伯数字表示。

采用汉语拼音字母表示产品名称、用途、特性和工艺方法时，一般从代表产品名称的汉语拼音中选取第一个字母。当和另一个产品所选用的字母重复时，可改用第二个字母或第三个字母，或同时选取两个汉字中的第一个汉语拼音字母。

暂时没有可采用的汉字及汉语拼音的，采用符号为英文字母。

2) 我国常用钢钢号表示方法的说明。

①碳素结构钢和低合金高强度结构钢牌号表示方法。

碳素结构钢和低合金高强度结构钢通常分为通用钢和专用钢两大类。牌号由钢的屈服点或屈服强度的汉语拼音字母、屈服点或屈服强度数值、钢的质量等级等部分组成，有的钢加表示脱氧方法的符号，则是由 4 个部分组成。

a. 通用结构钢采用代表屈服点的拼音字母"Q"，屈服点数值（单位为 MPa）、规定的质量等级（A、B、C、D、E）和脱氧方法（F、b、Z、TZ）等符号，按顺序组成牌号。例如碳素结构钢牌号表示为 Q235AF 和 Q235BZ；低合金高强度结构钢牌号表示为 Q345C 和 Q345D。

Q235BZ 表示屈服点数值≥235 MPa，质量等级为 B 级的镇静碳素结构钢。

Q235 和 Q345 这两个牌号是工程用钢最典型、生产和使用量最大、用途最广泛的牌号。这两个牌号世界各国几乎都有。

碳素结构钢的牌号组成中，镇静钢符号"Z"和特殊镇静钢符号"TZ"可以省略，例如：质量等级分别为 C 级和 D 级的 Q235 钢，其牌号表示应为 Q235CZ 和 Q235DTZ，但可以简写为 Q235C 和 Q235D。

b. 低合金高强度结构钢有镇静钢和特殊镇静钢，但牌号尾部不加写表示脱氧方法的符号。

专用结构钢一般采用代表钢屈服点的符号"Q"、屈服点数值和规定代表产品用途的符号等表示，例如：压力容器用钢牌号表示为 Q345R；耐候钢牌号表示为 Q340NH；焊接气瓶用钢牌号表示为 Q295HP；锅炉用钢牌号表示为 Q390g；桥梁用钢牌号表示为 Q420q。

c. 根据需要，通用低合金高强度结构钢的牌号也可以采用两位阿拉伯数字（表示平均含碳量，以万分之几计）和化学元素符号，按顺序表示；专用低合金高强度结构钢的牌号也可以采用两位阿拉伯数字（表示平均含碳量，以万分之几计）、化学元素符号以及规定代表产品用途的符号，按顺序表示。

②优质碳素结构钢和优质碳素弹簧钢牌号表示方法。

优质碳素结构钢采用两位阿拉伯数字（以万分之几表示平均含碳量）表示牌号或用阿拉伯数字、元素符号和规定的符号组合成牌号。

a. 沸腾钢和半镇静钢，在牌号尾部分别加符号"F"和"b"。例如：$w(C)=0.08\%$ 的沸腾钢，其牌号表示为"08F"；$w(C)=0.10\%$ 的半镇静钢，其牌号表示为"10b"。

b. 镇静钢（$w(S)+w(P)\leqslant 0.035\%$）一般不标符号。例如：$w(C)=0.45\%$的镇静钢，其牌号表示为"45"。

c. 含锰量较高的优质碳素结构钢，在表示平均含碳量的阿拉伯数字后加锰元素符号。例如：$w(C)=0.50\%$，$w(Mn)=0.70\%\sim1.00\%$的钢，其牌号表示为"50Mn"。

d. 高级优质碳素结构钢（$w(S)+w(P)\leqslant 0.030\%$），在牌号后加符号"A"。例如：$w(C)=0.45\%$的高级优质碳素结构钢，其牌号表示为"45A"。

e. 特级优质碳素结构钢（$w(S)\leqslant 0.020\%$，$w(P)\leqslant 0.025\%$），在牌号后加符号"E"。例如：$w(C)=0.45\%$的特级优质碳素结构钢，其牌号表示为"45E"。

优质碳素弹簧钢牌号的表示方法与优质碳素结构钢牌号表示方法相同。

③合金结构钢和合金弹簧钢牌号表示方法。

a. 合金结构钢牌号采用阿拉伯数字和标准的化学元素符号表示。

用两位阿拉伯数字表示平均含碳量（以万分之几计），放在牌号头部。

合金元素含量表示方法为：平均含金质量分数小于1.50%时，牌号中仅标明元素，一般不标明含量；平均合金质量分数为1.50%~2.49%、2.50%~3.49%、3.50%~4.49%、4.50%~5.49%等时，在合金元素后相应写成2、3、4、5等。

例如：碳、铬、锰、硅的平均质量分数分别为0.30%、0.95%、0.85%、1.05%的合金结构钢，当$w(S)+w(P)\leqslant 0.035\%$时，其牌号表示为"30CrMnSi"。

高级优质合金结构钢（$w(S)+w(P)\leqslant 0.025\%$）在牌号尾部加符号"A"表示，例如："30CrMnSiA"。

特级优质合金结构钢（$w(S)\leqslant 0.015\%$，$w(P)\leqslant 0.025\%$）在牌号尾部加符号"E"表示，例如："30CrMnSiE"。

专用合金结构钢牌号应在牌号头部（或尾部）加代表产品用途的符号。例如：铆螺专用的30CrMnSi钢，牌号表示为"ML30CrMnSi"。

b. 合金弹簧钢牌号的表示方法与合金结构钢相同。

例如：碳、硅、锰的平均质量分数分别为0.60%、1.75%、0.75%的弹簧钢，其牌号表示为"60Si2Mn"。高级优质弹簧钢，在牌号尾部加符号"A"，其牌号表示为"60Si2MnA"。

④工具钢牌号表示方法。

工具钢分为碳素工具钢、合金工具钢和高速工具钢三类。

a. 碳素工具钢用标准化学元素符号、规定的符号和阿拉伯数字表示，其中阿拉伯数字表示平均含碳量（以千分之几计）。

（a）普通含锰量碳素工具钢，在工具钢符号"T"后加阿拉伯数字，例如$w(C)=0.80\%$的碳素工具钢，其牌号表示为"T8"。

（b）含锰量较高的碳素工具钢，在工具钢符号"T"和阿拉伯数字后加锰元素符号，例如"T8Mn"。

（c）高级优质碳素工具钢，在牌号尾部加"A"，例如"T8MnA"。

b. 合金工具钢和高速工具钢。

合金工具钢、高速工具钢牌号表示方法与合金结构钢牌号表示方法相同。采用标准规定的合金元素符号和阿拉伯数字表示，但一般不标明平均含碳量数字，例如：$w(C)=1.60\%$，铬、钼、钒含量分别为11.75%、0.50%、0.22%的合金工具钢,其牌号表示为"Cr12MoV"; $w(C)=0.85\%$,钨、钼、铬、钒含量分别为6.00%、5.00%、4.00%、2.00%的高速工具钢,其牌号表示为"W6Mo5Cr4V2"。

当$w(C)<1.00\%$时,可采用一位阿拉伯数字表示含碳量(以千分之几计)。例如$w(C)=0.80\%$,$w(Mn)=0.95\%$,$w(Si)=0.45\%$的合金工具钢,其牌号表示为"8MnSi"。

低铬($w(Cr)\leqslant 1.00\%$)合金工具钢,在含铬量(以千分之几计)前加数字"0"。例如$w(Cr)=0.60\%$的合金工具钢,其牌号表示为"Cr06"。

2. 铸铁的分类和编号

铸铁是含碳量2%以上(含2%)的铁碳合金。工业用铸铁一般$w(C)=2\%\sim4\%$。碳在铸铁中多以石墨形态存在,有时也以渗碳体形态存在。除碳外,铸铁中还含有1%~3%的硅,以及锰、磷、硫等元素。合金铸铁还含有镍、铬、钼、铝、铜、硼、钒等元素。碳、硅是影响铸铁显微组织和性能的主要元素。铸铁可分为以下几类。

(1) 灰口铸铁

灰口铸铁$w(C)=2.7\%\sim4.0\%$,碳主要以片状石墨形态存在,断口呈灰色,简称灰铁。其熔点低(1 145 ℃ ~ 1 250 ℃),凝固时收缩量小,抗压强度和硬度接近碳素钢,减震性好,用于制造机床床身、气缸、箱体等结构件。灰口铸铁的牌号为HT+最小抗拉强度数值(MPa),如HT150和HT200等。

(2) 可锻铸铁

可锻铸铁由白口铸铁退火处理后获得,石墨呈团絮状分布,简称韧铁。其组织性能均匀,耐磨损,有良好的塑性和韧性,用于制造形状复杂、能承受强动载荷的零件。可锻铸铁的牌号为KTH(黑心可锻铸铁)或KTZ(珠光体可锻铸铁)+最低抗拉强度(MPa)+最低断面收缩率值,如KTH300-06等。

(3) 球墨铸铁

球墨铸铁是将灰口铸铁铁水经球化处理后获得,析出的石墨呈球状,简称球铁。与普通灰口铸铁相比,球墨铸铁具有较高的强度、较好的韧性和塑性,用于制造内燃机、汽车零部件及农机具等。球墨铸铁的牌号为QT+最低抗拉强度(MPa)+最低断面收缩率值。

(4) 蠕墨铸铁

蠕墨铸铁是将灰口铸铁铁水经蠕化处理后获得,析出的石墨呈蠕虫状,力学性能与球墨铸铁相近,铸造性能介于灰口铸铁与球墨铸铁之间,用于制造汽车的零部件。其牌号为RuT+最低抗拉强度(MPa)。

(5) 合金铸铁

合金铸铁是由普通铸铁加入适量合金元素(如硅、锰、磷、镍、铬、钼、铜、铝、硼、钒、锡等)获得,合金元素使铸铁的基体组织发生变化,从而具有相应的耐热、耐磨、耐腐蚀、耐低温或无磁等特性。其主要用于制造矿山、化工机械和仪器、仪表等的零部件。

1.1.2 常用有色金属的分类和编号

1. 铝及铝合金

(1) 铝的基本特性与应用范围

纯铝是银白色的轻金属,密度小,仅为2.7 g/cm³,约为铜或钢的1/3;具有良好的导热性、导电性、耐酸腐蚀性和耐候性;纯铝比较软,富有延展性,易于塑性成型;铸造性能和焊接性能优良;切削加工性、铆接性以及表面处理性能等较好;对光热电波的反射率高、表面性能好;无磁性;基本无毒;具有吸声性;抗核辐射性能好;弹性系数小;具有良好的力学性能;具有良好的抗撞击性。因此,铝材在各个工业领域应用日益广泛。

(2) 铝及铝合金的分类

纯铝强度和硬度低,故不适合制造承受载荷的结构零件。根据不同的用途,可以在纯铝中添加各种合金元素,提高铝合金的强度,改善材料的组织和其他性能,以满足各种性能和用途需求。

铝合金按其成分和工艺特点不同,一般分为变形铝合金和铸造铝合金,其分类及牌号体系如图1-1所示。

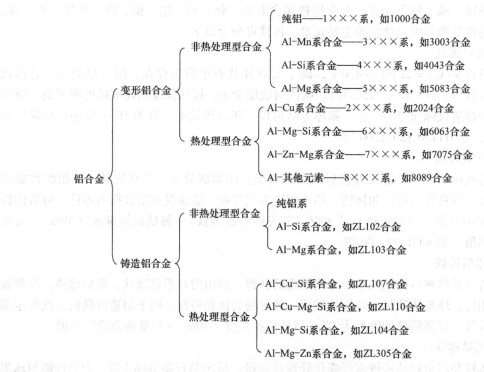

图1-1 铝合金分类及牌号体系

变形铝合金可加工成板、带、条、箔、管、棒、型材、线材等加工材料或自由锻件、模锻件、冲压件等,铸造铝合金主要通过压力铸造等加工成铸件、压铸件等铸造工件。

(3) 变形铝合金的分类、牌号和状态表示法

1) 变形铝合金的分类。

目前,世界上绝大部分国家通常按以下三种方法对变形铝合金进行分类。

①按合金状态图及热处理特点分为可热处理强化铝合金(如 Al-Mg-Si、Al-Cu、Al-Zn-Mg 系合金)和不可热处理强化铝合金(如纯铝、Al-Mn、Al-Mg、Al-Si 系合金)。

②按合金性能和用途可分为工业纯铝、光辉铝合金、切削铝合金、耐热铝合金、低强度铝合金、中强度铝合金、高强度铝合金(硬铝)、超高强度铝合金(超硬铝)、锻造铝合金

及特殊铝合金等。

③按合金中所含主要元素成分的 4 位数码法分类，如图 1-1 所示。

这三种分类方法各有特点，有时相互交叉、相互补充。在工业生产中，大多数国家按第三种方法，即按合金中所含主要元素成分的 4 位数码法分类。这种分类方法能较本质地反映合金的基本性能，也便于编码、记忆和计算机管理。我国目前也采用 4 位数码法分类。

2）我国变形铝合金的牌号表示法。

根据 GB/T 16474—2011《变形铝及铝合金牌号表示方法》，凡化学成分与变形铝及铝合金国际牌号注册协议组织（简称国际牌号注册组织）命名的合金相同的所有合金，其牌号直接采用国际 4 位数字体系牌号，未与国际 4 位数字体系牌号接轨的变形铝合金，采用 4 位字符牌号（但试验铝合金在 4 位字符牌号前加 X）命名，并按要求注册化学成分。

4 位字符体系牌号的第一、三、四位为阿拉伯数字，第二位为英文大写字母（C、I、L、N、O、P、Q、Z 字母除外）。牌号的第一位数字表示铝及铝合金的组别，如 1×××系为工业纯铝，2×××系为 Al-Cu 系合金，3×××系为 Al-Mn 系合金，4×××系为 Al-Si 系合金，5×××系为 Al-Mg 系合金，6×××系为 Al-Mg-Si 系合金，7×××系为 Al-Zn-Mg 系合金，8×××系为 Al-其他元素合金，9×××系为备用合金组。

除改型合金外，铝合金组别按主要合金元素来确定，主要合金元素指极限含量算术平均值最大的合金元素。当有一个以上合金元素的极限含量算术平均值同为最大时，应按 Cu、Mn、Si、Mg、Mg_2Si、Zn 和其他元素的顺序来确定合金组别。牌号的第二位字母表示原始纯铝或铝合金的改型情况，最后两位数字用以标识同一组中不同的铝合金或表示铝的纯度。

我国的变形铝及铝合金表示方法与国际上通用的方法基本一致。根据 GB/T 16475—2008《变形铝及铝合金状态代号》规定，基础状态代号用一个英文大写字母表示，细分状态代号采用基础状态代号后跟一位、两位或多位阿拉伯数字表示。

2. 铜及铜合金

（1）纯铜

工业纯铜又称紫铜，因表面形成氧化铜膜后呈紫色而得名，也称电解铜，密度为 8～9 g/cm^3，熔点为 1 083 ℃。纯铜导电性很好，大量用于制造电线、电缆、电刷等；导热性好，常用来制造需防磁性干扰的磁学仪器、仪表，如罗盘、航空仪表等；塑性极好，易于热压和冷压力加工，可制成管、棒、线、条、带、板、箔等铜材。纯铜产品有冶炼铜和加工铜两种。

（2）黄铜

黄铜是铜与锌为主要添加元素的合金。按化学成分的不同，黄铜又分为普通黄铜和特殊黄铜。

1）普通黄铜。最简单的黄铜是铜—锌二元合金，称为普通黄铜或简单黄铜。黄铜中锌的含量增加，其强度、硬度提高，塑性降低，且改善了铸造性能和切削性能。黄铜含锌量一般不超过 45%，含锌量高于 45% 将会产生脆性，使合金性能变坏。

普通黄铜的牌号用"黄"字的汉语拼音首字母"H"+铜的平均质量分数，如 H70 表示 $w(Cu)=70\%$，其余为锌的黄铜。

2）特殊黄铜。为了改善黄铜的某种性能，在铜锌合金中再加入其他合金元素的黄铜称为特殊黄铜。常用的合金元素有硅、铝、锡、铅、锰、铁和镍等。在黄铜中加铝能提高黄铜的屈服强度和抗腐蚀性，稍降低塑性。含铝小于4%的黄铜具有良好的加工、铸造等综合性能。在黄铜中加1%的锡能显著改善黄铜的抗海水和海洋大气腐蚀的性能，因此称为"海军黄铜"。锡还能改善黄铜的切削加工性能。黄铜加铅的主要目的是改善切削加工性和提高耐磨性，铅对黄铜的强度影响不大。锰黄铜具有良好的机械性能、热稳定性和抗蚀性；在锰黄铜中加铝，还可以改善它的性能，得到表面光洁的铸件。特殊黄铜可分为压力加工用特殊黄铜和铸造用特殊黄铜两类产品。

压力加工用特殊黄铜的牌号用"H + 主加元素符号 + 铜的平均质量分数 + 合金元素的质量分数"表示，如 HPb59 - 1 表示 $w(Cu) = 59\%$，$w(Pb) = 1\%$，其余为锌的铅黄铜。

铸造用特殊黄铜加入的合金元素较多，主要是为了提高强度和铸造性能。铸造用特殊黄铜的牌号用"Z + 铜和合金元素符号 + 合金元素的平均质量分数"表示，如 ZCuZn16Si4 表示 $w(Zn) = 16\%$，$w(Si) = 4\%$，其余为铜的铸造硅黄铜。

(3) 青铜

青铜是历史上应用最早的一种合金，原指以锡为主要添加元素的铜合金，因颜色呈青灰色，故称青铜。为了改善合金的工艺性能和机械性能，大部分锡青铜内还加入其他合金元素，如铅、锌、磷等。由于锡是稀缺元素，所以工业上还使用许多不含锡的无锡青铜，它们不仅价格便宜，还具有所需要的特种性能。无锡青铜主要有铝青铜、铍青铜、锰青铜、硅青铜等。现在除黄铜和白铜（铜镍合金）以外的铜合金均称为青铜。

锡青铜具有较高的机械性能，较好的耐蚀性、减摩性和铸造性能；对过热和气体的敏感性小，焊接性能好，无铁磁性，收缩系数小。锡青铜在大气、海水、淡水和蒸汽中的抗蚀性都比黄铜高。与锡青铜相比，铝青铜具有较高的机械性能和耐磨、耐蚀、耐寒、耐热和无铁磁性，具有良好的流动性，无偏析倾向，可得到致密的铸件。在铝青铜中加入铁、镍和锰等元素，可进一步改善合金的各种性能。青铜也分为压力加工和铸造两大类产品。

压力加工青铜的牌号依次由"Q + 主加元素符号及其平均质量分数 + 其他元素的平均质量分数"组成，如 QSn4 - 3 表示 $w(Sn) = 4\%$，其他元素 $w(Zn) = 3\%$，余量为铜的锡青铜。

铸造青铜的牌号表示方法与铸造铝合金相同。

(4) 白铜

以镍为主要添加元素的铜镍合金，称为白铜。白铜呈银白色，铜镍二元合金称普通白铜；在普通白铜基础上添加锰、铁、锌和铝等元素的铜镍合金称为特殊白铜。纯铜加镍能显著提高强度、耐蚀性、电阻和热电性。工业用白铜根据性能特点与用途不同分为结构用白铜和电工用白铜两种，分别满足各种耐蚀和特殊的电、热性能。白铜多经压力加工成白铜材。

普通白铜的牌号用"B + 镍的平均质量分数"表示，如 B5 表示 $w(Ni) = 5\%$ 的普通白铜。

特殊白铜的牌号用"B + 合金元素符号 + 镍的平均质量分数 + 合金元素的平均质量分数"表示，如 BMn3 - 12 表示 $w(Ni) = 3\%$，$w(Mn) = 12\%$ 的锰白铜。

1.1.3 常用热处理设备

1. 加热设备

(1) 箱式电阻炉

箱式电阻炉是利用电流通过金属或非金属时产生的热能，借助于辐射或对流对工件进行加热，外形呈箱体状的一种加热设备。箱体电阻炉具有结构简单、体积小、操作简便、炉温分布均匀及温度控制准确等优点，是应用较为广泛的一种加热设备。箱式电阻炉分高温、中温和低温三种，其中中温箱式电阻炉的应用最为广泛。

中温箱式电阻炉可用于碳钢、合金钢件的退火、正火、调质、渗碳、淬火和回火等热处理工艺，使用温度为650 ℃ ~ 950 ℃。中温箱式炉是倒开式，其结构是：炉膛由耐火砖砌成，向外依次是硅藻土砖和隔热材料；炉底要受工件重压和冲击，一般用耐热钢制成炉底板，炉底板下有耐火砖墙支撑，砖墙之间有电热元件；炉壳由钢板和角钢焊成；炉门为铸铁外壳，内砌耐火砖。由镍铬合金或铁铬铝合金制成的电热元件安放在炉内两侧。箱式电阻炉结构示意图如图1-2所示。

高温箱式炉温度一般可达1 300 ℃，用于高合金钢的淬火加热。其结构与中温箱式炉相似，但对耐火材料有较高的要求，多采用高铝砖制成；炉门、炉壁较厚，以增强保温性能；炉底板为碳化硅板。

（2）井式电阻炉

井式电阻炉有中温炉、低温炉及气体渗碳炉三种。

中温井式电阻炉的耐热性、保温性及炉体强度与箱式电阻炉无明显区别，用于长形工件（轴类）的淬火、正火和退火。低温井式电阻炉的结构与中温井式电阻炉相似，使用温度在650 ℃以下，用于回火或有色金属的热处理。为了使炉温均匀，井式电阻炉带有风扇，其结构示意图如图1-3所示。

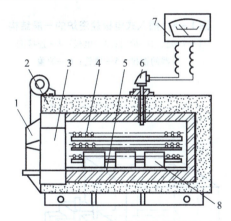

图1-2 箱式电阻炉结构示意图

1—炉门；2—炉体；3—炉膛前部；4—电热元件；
5—耐热钢炉底板；6—测温热电偶；
7—电子控温仪表；8—工件

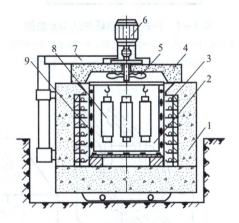

图1-3 井式电阻炉结构示意图

1—炉体；2—炉膛；3—电热元件；4—炉盖；
5—风扇；6—电动机；7—炉盖升降机构；
8—工件；9—装料筐

井式气体渗碳炉的结构与井式电阻炉相似，如图1-4所示。在进行气体渗碳时，为了防止渗碳介质与加热元件接触，且保持炉内渗碳介质的成分和压力，在炉内放置一个耐热密封炉罐。炉盖上装有电扇，使介质均匀。炉罐内有装工件用的耐热钢料筐，炉盖上有渗碳液滴注孔和废气排出孔。井式气体渗碳炉适用于渗碳、氮化和蒸汽处理等，最高使用温度为950 ℃。

（3）盐浴炉

盐浴炉利用中性盐作为加热介质，它具有以下优点：加热速度快，热效率高，制造容易;工件在盐浴中加热,氧化脱碳少,使用温度范围宽(150 ℃~1 300 ℃),可以进行局部加热。盐浴炉按其加热方式分为内热式和外热式两种。

1)内热式盐浴炉,其实质是电阻加热,在插入炉膛和埋入炉墙的电极上,通上低压大电流交流电,使熔化盐的电阻发出热量,以达到要求的温度。插入式电极盐浴炉的结构如图1-5所示。为节约电能和提高炉膛使用面积,将电极布置在炉膛底部,称为埋入式电极盐浴炉,其结构如图1-6所示。

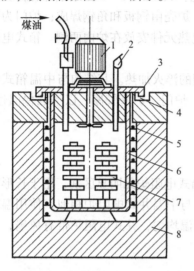
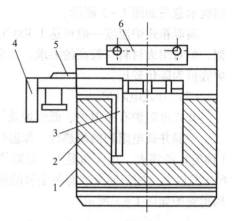

图1-4 井式气体渗碳炉结构示意图

1—风扇电动机;2—废气火焰;3—炉盖;4—砂封;
5—电阻丝;6—耐热罐;7—工件;8—炉体

图1-5 插入式电极盐浴炉的一般结构

1—炉壳;2—炉衬;3—电极;4—连接变压器的铜排;5—风管;6—炉盖

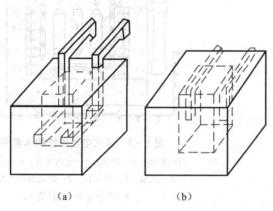
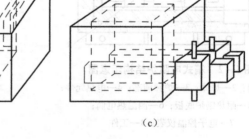

图1-6 埋入式电极盐浴炉的一般结构
(a)顶埋式;(b)侧埋垂直式;(c)侧埋平置式

由于固体盐不导电,所以电极式盐浴炉冷却时必须将辅助电极置于炉膛内。电极式盐浴炉也有缺点,如需要捞渣、脱氧,辅料消耗多;不适合大型工件加热;工件冷却后必须清洗,易飞溅或爆炸伤人。

2)外热式盐浴炉,将用耐热钢制成的坩埚置于电炉中加热,使坩埚内的盐受热熔化,熔盐将工件加热。因盐浴炉的热源来自外部,故称外热式盐浴炉或坩埚式盐浴炉。外热式盐浴炉仅适用于中、低温,优点是不需要变压器,开动方便,用于碳钢和低合金钢的淬火、回火、液体化学热处理、分级和等温冷却等。

3)盐浴炉的操作和维护:新炉在使用前必须将炉体烘干;必须有抽风设备;炉壳及变压器必须接地;升温前要做准备工作,如检查仪表、热电偶、电极等是否正常,然后升温加盐;添加的新盐及脱氧剂应烘干,分批缓慢加入,以防盐浴飞溅;盐浴面应经常保持一定高度;工件及工卡具不得带水进入盐浴,严防工件与电极接触,以免烧坏工件;应定期捞渣和校正温度。

2. 冷却设备

(1)水槽

淬火水槽的基本结构可制成长方形、正方形等,用钢板和角钢焊成。一般水槽都有循环功能,以保证淬火介质温度均匀,并保持足够的冷却特性。

(2)油槽

油槽的形状及结构与水槽相似,为了保证冷却能力和安全操作,一般车间都采用集中冷却的循环系统,如图1-7所示。

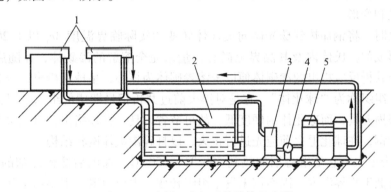

图1-7 油循环冷却系统结构示意图
1—淬火油槽;2—集油槽;3—过滤器;4—油泵;5—冷却器

(3)使用淬火槽时的注意事项

1)淬火槽距离工作炉1~1.5 m,淬火时要防止淬火介质溅入盐浴炉,以防引起爆炸伤人。

2)淬火槽要保持一定液面,盐水冷却时要检查介质浓度。

3)淬火油槽要设置灭火装置,操作时注意安全。

4)定期将水、油槽放空清渣。

1.1.4 钢的常用热处理工艺

1. 退火与正火

退火和正火是生产中应用较广泛的预备热处理工艺,安排在铸造、锻造之后,切削加工之前,用以消除前一工序所带来的某些缺陷,为随后的工序做准备。例如,经铸造、锻造等热加工以后,工件中往往存在残余应力、硬度偏高或偏低、组织粗大、成分偏析等缺陷,这样的工件其力学性能低劣,不利于切削加工成型,淬火时也容易造成变形和开裂。经过适当的退火或正火处理可以消除工件的内应力,调整硬度,以改善切削加工性能,使组织细化、成分均匀,从而改善工件的力学性能并为随后的淬火做准备。对于一些受力不大、性能要求不高的机器零件,也可做最终热处理。

(1) 退火

退火是将钢件加热、保温,然后随炉或埋入灰中使其缓慢冷却的热处理工艺。由于退火的具体目的不同,故其工艺方法有多种,常用的有以下几种。

1) 完全退火:它是将亚共析钢加热到铁素体向奥氏体转变的实际临界温度 Ac_3 以上 30 ℃ ~ 50 ℃,保温后缓慢冷却,以获得接近平衡状态的组织。完全退火主要用于铸钢件和重要锻件。铸钢件在铸态下晶粒粗大,塑性、韧性较差;锻件因锻造时变形不均匀,致使晶粒和组织不均,且存在内应力。完全退火还可降低硬度,改善切削加工性。

完全退火的原理是钢件被加热到 Ac_3 以上时,呈完全奥氏体化状态,初始形成的奥氏体晶粒非常细小,缓慢冷却时,通过"重结晶"使钢件获得细小晶粒,并消除了内应力。必须指出,应严格控制加热温度,防止温度过高,否则奥氏体晶粒将急剧增大。

2) 球化退火:它主要用于过共析钢件。过共析钢经过锻造以后,其珠光体晶粒粗大,且存在少量二次渗碳体,致使钢的硬度高、脆性大,进行切削加工时易磨损刀具,且淬火时容易产生裂纹和变形。

球化退火时,将钢加热到珠光体向奥氏体转变的实际临界温度 Ac_1 以上 20 ℃ ~ 30 ℃。此时,初始形成的奥氏体内及其晶界上尚有少量未完全溶解的渗碳体,在随后的冷却过程中,奥氏体经共析反应析出的渗碳体便以未溶渗碳体为核心,呈球状析出,分布在铁素体基体之上,这种组织称为"球化体"。它是对淬火前过共析钢最期望的组织。因为车削片状珠光体时容易磨损刀具,而球化体的硬度低,故可节省刀具。必须指出,对二次渗碳体呈严重网状的过共析钢,在球化退火前应先进行正火,以打碎渗碳体网状结构。

3) 去应力退火:它是指将钢加热到 500 ℃ ~ 650 ℃,保温后缓慢冷却的热处理工艺。由于加热温度低于临界温度,因而钢未发生组织转变。去应力退火主要用于部分铸件、锻件及焊接件,有时也用于精密零件的切削加工,使其通过原子扩散及塑性变形消除内应力,防止钢件产生变形。

(2) 正火

正火是将钢加热到铁素体向奥氏体转变的实际临界温度 Ac_3 以上 30 ℃ ~ 50 ℃(亚共析钢)或渗碳体向奥氏体转变的实际临界温度 Ac_m 以上 30 ℃ ~ 50 ℃(过共析钢),保温后在空气中冷却的热处理工艺。

正火和完全退火的作用相似,也是将钢加热到奥氏体区,使钢进行重结晶,从而解决铸钢件、锻件晶粒粗大和组织不均匀的问题。但正火比退火的冷却速度稍快,形成了索氏体组织。索氏体比珠光体的强度、硬度稍高,而韧性并未下降。正火主要用于以下几种情况。

1) 取代部分完全退火。正火是在炉外冷却,占用设备时间短、生产率高,故应尽量用正火取代退火(如低碳钢和含碳量较低的中碳钢)。必须看到,含碳量较高的钢,正火后硬度过高,使切削加工性变差,且正火难以消除内应力。因此,中碳合金钢、高碳钢及复杂件仍以退火为宜。

2) 用于普通结构件的最终热处理。

3) 用于过共析钢的热处理,以减少或消除二次渗碳体呈网状析出。

图 1-8 所示为几种退火和正火的加热温度范围示意图。

2. 淬火与回火

淬火和回火是强化钢最常用的工艺。通过淬火，再配以不同温度的回火，可使钢获得所需的力学性能。

(1) 淬火

淬火是指将钢加热到 Ac_3 或 Ac_1 以上 30 ℃ ~ 50 ℃（见图 1-9），保温后在淬火介质中快速冷却，以获得马氏体组织的热处理工艺。淬火的目的是提高钢的强度、硬度和耐磨性。淬火是钢件强化最经济有效的方法之一。

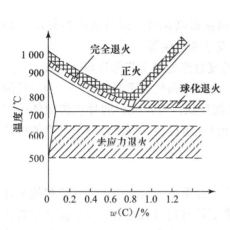

图 1-8 几种退火和正火的加热温度范围

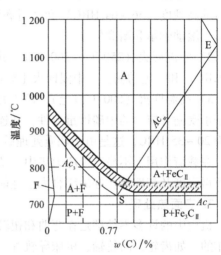

图 1-9 碳钢的淬火加热温度范围

由于马氏体形成过程伴随着体积膨胀，导致淬火件产生了内应力，而马氏体组织通常脆性又较大，这些都使钢件淬火时容易产生裂纹或变形。为防止上述淬火缺陷的产生，除应选用适合的钢材和正确的结构外，在工艺上还应采取以下措施。

1) 严格控制淬火加热温度。对于亚共析钢，若淬火加热温度不足，会因未能完全形成奥氏体致使淬火后的组织中除马氏体外，还残存少量铁素体，使钢的硬度不足；若加热温度过高，会因奥氏体晶粒长大，淬火后的马氏体组织也粗大，增加钢的脆性，致使钢件裂纹和变形的倾向加大。对于过共析钢，若超过图 1-9 所示的温度，不仅不会使钢的硬度增加，而且会导致裂纹和变形的倾向加大。

2) 合理选择淬火介质，使其冷却速度略大于临界冷却速度 v_k。淬火时钢的快速冷却是依靠淬火介质来实现的。水和油是最常用的淬火介质。水的冷却速度快，使钢件易于获得马氏体，主要用于碳素钢；油的冷却速度较水慢，用它淬火时，钢件产生裂纹和变形的倾向小。合金钢淬透性较好，以在油中淬火为宜。

3) 正确选择淬火方法。生产中最常用的是单介质淬火法，它是在一种淬火介质中连续冷却到室温的方法，由于操作简单，便于实现机械化和自动化生产，故应用最广。对于容易产生裂纹、变形的钢件，有时采用先水后油双介质淬火法或分级淬火等其他淬火法。

(2) 回火

将淬火的钢重新加热到 Ac_1 以下某温度，保温后冷却到室温的热处理工艺，称为回火。

回火的主要目的是消除淬火内应力，以降低钢的脆性，防止产生裂纹，同时也使钢获得所需的力学性能。

淬火所形成的马氏体是在快速冷却条件下被强制形成的不稳定组织，因而具有重新转变成稳定组织的自发趋势。回火时，由于被重新加热，原子活动能力加强，所以随着温度的升高，马氏体中过饱和碳将以碳化物的形式析出。总的趋势是回火温度越高，析出的碳化物越多，钢的强度、硬度下降，而塑性、韧性升高。

根据回火温度的不同，可将钢的回火分为以下三种。

1）低温回火（250 ℃以下）。其目的是降低淬火钢的内应力和脆性，但基本保持淬火所获得的高硬度（56~64 HRC）和高耐磨性。淬火后低温回火用途最广，主要用于各种刀具、模具、滚动轴承和耐磨件等。

2）中温回火（250 ℃~500 ℃）。其目的是使钢获得高弹性，保持较高的硬度（35~50 HRC）和一定的韧性。中温回火主要用于弹簧、发条和锻模等。

3）高温回火（500 ℃以上）。淬火并高温回火的复合热处理工艺称为调质处理。它广泛用于承受循环应力的中碳钢重要件，如连杆、曲轴、主轴、齿轮、重要螺钉等。调质后的硬度为20~35 HRC，这是由于调质处理后其渗碳体呈细粒状，与正火后的片状渗碳体组织相比，在载荷作用下不易产生应力集中，从而使钢的韧性显著提高，因此经调质处理的中碳钢可获得强度及韧性都较好的综合力学性能。

3. 表面热处理

机械中的许多零件都是在弯曲和扭转等交变载荷、冲击载荷的作用或强烈摩擦的条件下工作的，如齿轮、凸轮轴、机床导轨等，要求金属表层具有较高的硬度，以确保其耐磨性和抗疲劳强度，而芯部具有良好的塑性和韧性，以承受较大的冲击载荷。为满足零件的上述要求，生产中常采用表面热处理方法。表面热处理可分为表面淬火和化学热处理两大类。

（1）表面淬火

表面淬火是指通过快速加热，使钢的表层很快达到淬火温度，在热量来不及传到钢件芯部时就立即淬火，从而使表层获得马氏体组织，而芯部仍保持原始组织。表面淬火的目的是使钢件表层获得高硬度和高耐磨性，而芯部仍保持原有的良好韧性，常用于机床主轴、发动机曲轴、齿轮等。

表面淬火所采用的快速加热方法有多种，如电感应加热、火焰加热、电接触加热和激光加热等。目前应用最广泛的是电感应加热法。

电感应加热表面淬火法就是在一个感应线圈中通以一定频率的交流电（有高频、中频、工频三种），使感应线圈周围产生频率相同、方向相反的感应电流，这个电流称为涡流。由于集肤效应，涡流主要集中在钢件表层。由涡流所产生的电阻热使钢件表层被迅速加热到淬火温度，随即向钢件喷水，将钢件表层淬硬。

感应电流的频率越高，集肤效应越强烈，故高频感应加热用途最广。高频感应加热常用的频率为200~300 kHz，此频率加热速度极快，通常只需几秒钟，淬硬层深度一般为0.5~2 mm，主要用于要求淬硬层较薄的中、小型零件。

电感应加热表面淬火质量好，加热温度和淬硬层深度较易控制，易于实现机械化和自动化生产；其缺点是设备昂贵，且需要专门的感应线圈。因此，其主要用于成批或大量生产的轴、齿轮等零件。

（2）化学热处理

化学热处理是将钢件置于适合的化学介质中加热和保温，使介质中的活性原子渗入钢件表层，以改变钢件表层的化学成分和组织，从而获得所需的力学性能或理化性能的热处理工艺。化学热处理的种类很多，依照渗入元素的不同，有渗碳、渗氮、碳氮共渗等，以适应不同的场合，其中以渗碳应用最广。

渗碳是将钢件置于渗碳介质中加热、保温，使分解出来的活性碳原子渗入钢的表层，即采用密闭的渗碳炉，并向炉内通以气体渗碳剂（如煤油），加热到 900 ℃ ~ 950 ℃，经较长时间的保温，使钢件表层增碳。井式气体渗碳过程由排气、渗碳、扩散、降温和保温五个阶段组成，如图 1 - 10 所示。

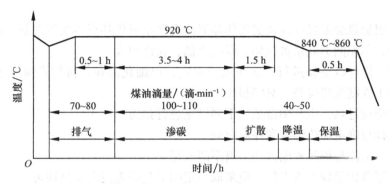

图 1 - 10　井式气体渗碳工艺曲线

渗碳件通常采用低碳钢或低碳合金钢，渗碳后渗层深一般为 0.5 ~ 2 mm，表层含碳量 $w(C)$ 将增至 1% 左右，经淬火和低温回火后，表层硬度达 56 ~ 64 HRC，因而耐磨；而芯部因仍是低碳钢，故保持其良好的塑性和韧性。渗碳主要用于既承受强烈摩擦，又承受冲击或循环应力的钢件，如汽车变速箱齿轮、活塞销、凸轮、自行车和缝纫机的零件等。

渗氮又称氮化，它是将钢件置于氮化炉内加热，并通入氨气，使氨气分解出活性氮原子渗入钢件表层，形成氮化物（如 AlN、CrN、MoN 等），从而使钢件表层具有高硬度（相当于 72 HRC）、高耐磨性、高抗疲劳性和高耐腐蚀性。渗氮时加热温度仅为 550 ℃ ~ 570 ℃，钢件变形很小。常用的渗氮工艺有三种，即等温渗氮法（又称一段渗氮法）、二段渗氮法和三段渗氮法。图 1 - 11 所示为 38CrMoAlA 钢的等温渗氮工艺曲线。

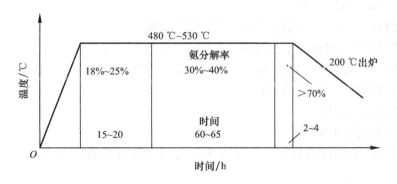

图 1 - 11　38CrMoAlA 钢的等温渗氮工艺曲线

由图 1-11 可知，渗氮生产周期长（需几十个小时）、生产效率低，需采用专用的中碳合金钢，成本高。工件渗氮层厚度较薄且脆性大，不能承受过大的接触应力和冲击载荷，故而使渗氮的应用受到一定限制。因此，渗氮主要用于制造耐磨性和尺寸精度要求均较高的零件，如排气阀、精密机床丝杠、齿轮等。

4. 热处理常见缺陷及预防

（1）过热与过烧

1）过热。

过热是指因工件加热温度过高或在高温下保温时间过长，而使晶粒粗大化的现象。过热使奥氏体晶粒变得粗大，容易造成淬火变形和开裂，并显著降低工件的塑性和韧性。

2）过烧。

过烧是指因加热温度过高而使奥氏体晶界出现严重氧化甚至熔化的现象。过烧后的工件晶粒极为粗大，晶粒间的联系被破坏，强度降低，脆性很大。

过热后的工件可以重新进行一次正火或退火，以细化晶粒，再按常规工艺重新进行淬火；而过烧的工件则无法挽救，只能报废。

为避免过烧或过热，生产中常采用下列措施进行预防。

①合理选择与确定加热温度和保温时间。

②装炉时，工件与炉丝或电极的距离不能太近。

③对截面厚薄相差较大的工件，应采取一定的工艺措施使之加热均匀。

（2）氧化与脱碳

1）氧化。

氧化是指钢件加热时与炉内具有氧化性的炉气发生化学反应生成一层氧化皮的现象。氧化皮不仅会使工件表面粗糙、尺寸不准确、钢材烧损，还会影响工件的力学性能、切削加工性及耐腐蚀性等。

2）脱碳。

脱碳是指在高温下工件表层中的碳与炉内的氧化性气体发生化学反应形成气体逸出，使工件表面含碳量下降的现象。脱碳后，工件表面贫碳化，导致工件淬火后的硬度、耐磨性严重下降，并增加工件的开裂倾向。

防止氧化和脱碳的措施有以下几种。

①用保护气氛炉加热工件。

②淬火加热前，在工件表面涂以防氧化脱碳的涂料。

③将工件装入盛有硅砂、生铁屑或木炭粉的密封箱内加热。

④用盐浴炉加热，并定期加入脱氧剂进行脱氧和除渣。

⑤严格控制加热温度和保温时间。

（3）硬度不足或不均

1）淬火工件硬度不足。

硬度不足是指工件淬火后整个工件或工件的较大区域内硬度达不到工艺规定要求的现象。

硬度不足的原因有以下几种。

①加热温度过低或保温时间不足，使钢件的内部组织没有完全奥氏体化，有铁素体或残

余的珠光体，从而使淬火硬度不足。

②对过共析钢，加热温度过高，奥氏体含碳量过高，淬火后残余奥氏体数量增多，也会造成硬度值偏低。

③冷却速度太慢，如冷却介质的冷却能力差等，使淬火工件发生高温转变，从而导致硬度不足。

④操作不当，如在冷却介质中停留时间过短、预冷时间过长，使奥氏体转变为非马氏体组织，从而使硬度不足。

⑤工件表面脱碳，使工件含碳量过低，导致淬火硬度值偏低。

⑥原材料本身存在大块铁素体等缺陷。

⑦材料的牌号、成分未达到技术要求值。

预防及弥补硬度不足的措施有以下几个。

①加强保护，防止工件氧化和脱碳。

②严格按工艺规程进行操作。

③硬度不足的工件经退火或高温回火后重新进行淬火。

2）硬度不均。

硬度不均俗称"软点"，是指工件淬火后出现小区域硬度不足的现象。

硬度不均的原因有以下几种。

①材料化学成分（特别是含碳量）不均匀。

②工件表面存在氧化皮、脱碳部位或附有污物。

③冷却介质老化、污染。

④加热温度不足或保温时间过短。

⑤操作不当，如工件间相互接触，在冷却介质中运动不充分。

预防及弥补硬度不均的措施有以下几个。

①截面相差悬殊的工、模具等工件选用淬透性好的钢材。

②通过锻造或球化退火等预备热处理改善工件原始组织。

③加热时加强保护，盐浴炉要定期脱氧捞渣。

④选用合适的冷却介质并保持清洁。

⑤工件在冷却介质中冷却时要进行适当的搅拌运动或分散冷却。

⑥淬火温度和保温时间要足够，保证相变均匀，防止因加热温度和保温时间不足而造成"软点"。

(4) 变形与开裂

变形与开裂是由工件淬火时产生的内应力引起的。淬火时产生的内应力有两种：一种是工件在加热或冷却时，因工件表面与芯部的温差引起胀缩不同步而产生的，称为热应力；另一种是工件在淬火冷却时，因工件表面与芯部的温差使马氏体转变不同步而产生的，称为组织应力。

若淬火工件的内应力超过工件材料的屈服极限，则导致变形；若超过强度极限，则导致开裂。防止变形和开裂的根本措施就是减少内应力的产生。在生产中可采取下列几种措施。

1）合理设计工件结构。厚薄交界处平滑过渡，避免出现尖角；对于形状复杂、厚薄相差较大的工件，应尽量采用镶拼结构；防止出现太薄、太细件的结构。

2）合理选用材料。形状复杂、易变形和开裂或要求淬火变形极小的精密工件选用淬透性好的材料。

3）合理确定热处理技术条件。用局部淬火或表面淬火能满足要求的，尽量避免采用整体淬火。

4）合理安排冷、热加工工序。工件毛坯经粗加工后去除表面缺陷，可减少淬火处理产生的裂纹。

5）应用预备热处理。对机加工应力较大的工件，应先去应力退火后再进行淬火；对高碳钢工件，应预先进行球化退火等。

6）采用合理的热处理工艺。对形状复杂且易变形的工件用较慢速度加热；高合金钢采用多次预热；在满足硬度的前提下，应尽可能选用冷却速度较慢的介质进行淬火冷却。

7）淬火后及时进行回火。

1.1.5 金属材料的工艺性能

1. 铸造性能

衡量金属材料通过铸造成型获得优良铸件的能力称为铸造性能，具体用流动性、收缩性和偏析来衡量。

（1）流动性

熔融金属的流动能力称为流动性。流动性好的金属易充满铸型，获得外形完整、尺寸精确、轮廓清晰的铸件。

（2）收缩性

铸件在凝固和冷却过程中，其体积和尺寸减小的现象称为收缩性。收缩不仅影响尺寸，还会使铸件产生缩孔、疏松、内应力、变形和开裂。

（3）偏析

金属凝固后，铸锭或铸件化学成分和组织的不均匀现象称为偏析。偏析会使铸件各部分的力学性能有很大的差异，降低铸件的质量。

2. 锻造性能

锻造性能是衡量金属材料经受锻造加工方法成型难易程度的工艺性能，也叫金属的可锻性。可锻性好，表明金属材料易于经受锻造成型；可锻性差，表明该金属材料难以锻造成型。塑性越好，变形抗力越小，金属的可锻性越好。

3. 冲压性能

衡量金属板料通过冲压加工改变形状和尺寸的能力称为冲压性能。它是衡量金属板料利用冲压加工方法成型的难易程度的工艺性能，主要包括冲裁性能、拉深性能、胀形性能、弯曲性能、翻边性能以及复合成型性能等。

4. 焊接性能

金属材料对焊接加工的适应性称为焊接性。在机械行业中，焊接的主要对象是钢材。含碳量是影响钢焊接性好坏的主要因素，含碳量和合金元素质量分数越高，焊接性能越差。

5. 切削加工性能

切削加工性能一般用切削后的表面质量（以表面粗糙度高低衡量）和刀具寿命来表示。金属具有适当的硬度（170~230 HBS）和足够的脆性时切削性能良好。改变钢的化学成分

（如加入少量的铅、磷元素）和进行适当的热处理（如低碳钢正火、高碳钢球化退火）可提高钢的切削加工性能。

6. 热处理工艺性能

钢的热处理工艺性能主要考虑其淬透性，即钢接受淬火的能力。含 Mn、Cr、Ni 等合金元素的合金钢淬透性比较好，碳钢的淬透性比较差。

1.2 技能训练

1.2.1 钢铁材料的火花鉴别方法

钢材品种繁多，应用广泛，性能差异也很大，因此对钢材的鉴别就显得尤为重要。钢材的鉴别方法很多，现场主要采用火花鉴别及根据钢材色标识别两种方法。火花鉴别法是依靠观察材料被砂轮磨削时所产生的流线、爆花及其色泽判断钢材化学成分的一种简便方法。

1. 火花鉴别常用设备及操作方法

火花鉴别常用的设备为手提式砂轮机或台式砂轮机，砂轮宜采用 46～60 号普通氧化铝砂轮。手提式砂轮直径为 100～150 mm，台式砂轮直径为 200～250 mm，砂轮转速一般为 2 800～4 000 r/min。

火花鉴别时，最好应备有各种牌号的标准钢样，以帮助对比、判断。操作时应选在光线不太亮的场合进行，最好放在暗处，以免强光使火花色泽及清晰度的判断受到影响。操作时使火花向略高于水平方向射出，以便观察火花流线的长度和各部位的火花形状特征。施加的压力要适中，施加较大压力时应着重观察钢材的含碳量，施加较小压力时应着重观察钢材的合金元素。

2. 火花的组成和名称

（1）火束

钢件与高速旋转的砂轮接触时产生的全部火花叫作火花束，也叫火束。火束由根部火束、中部火束和尾部火束三部分组成，如图 1-12 所示。

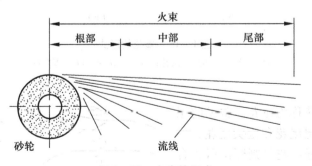

图 1-12 火束的组成

（2）流线

钢件在磨削时产生的灼热粉末在空间高速飞行时所产生的光亮轨迹，称为流线。流线分直线流线、断续流线和波纹状流线等几种，如图 1-13 所示。碳钢的火花流线均为直线流线；铬钢、钨钢、高合金钢和灰铸铁的火花流线均为断续流线；而呈波纹状的流线不常见。

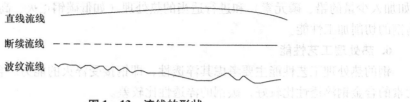

图 1-13 流线的形状

(3) 节点和芒线

流线上中途爆裂而发出的明亮而稍粗的点,叫节点。火花爆裂时所产生的短流线称为芒线。因钢中含碳量的不同,芒线有二根分叉、三根分叉、四根分叉和多根分叉等几种,如图 1-14 所示。

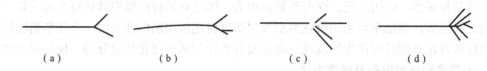

图 1-14 芒线的形式
(a) 二根分叉;(b) 三根分叉;(c) 四根分叉;(d) 多根分叉

(4) 爆花与花粉

在流线或芒线中途发生爆裂所形成的火花形状称为爆花,由节点和芒线组成。只有一次爆裂芒线的爆花称为一次花,在一次花的芒线上再次发生爆裂而产生的爆花称为二次花。依此类推,有三次花、多次花等,如图 1-15 所示。分散在爆花之间和流线附近的小亮点称为花粉。出现花粉是高碳钢的火花特征。

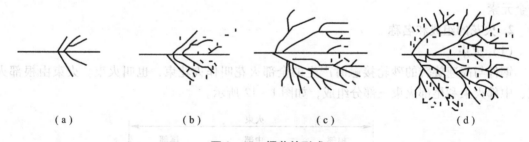

图 1-15 爆花的形式
(a) 一次花;(b) 二次花;(c) 三次花;(d) 多次花

(5) 尾花

流线末端的火花称为尾花。常见的尾花有两种形状:狐尾尾花和枪尖尾花,如图 1-16 所示。根据尾花可判断出所含合金元素的种类,狐尾尾花说明钢中含有钨元素,枪尖尾花说明钢中含有钼元素。

图 1-16 尾花的形状
(a) 狐尾尾花;(b) 枪尖尾花

(6) 色泽

整个火花或某部分火花的颜色,称为色泽。

3. 碳钢火花的特征

碳钢中火花爆裂情况随含碳量的增加而分叉增多，且形成二次花、三次花甚至更复杂的爆花。火花爆裂的大小随含碳量的增加而增大（含碳量在0.5%左右时最大），火花爆裂数量由少到多，花粉增多，如图1-17所示。

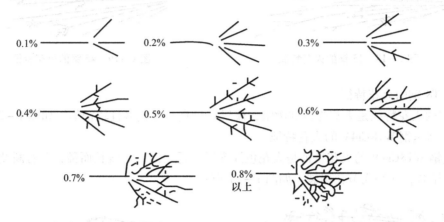

图1-17 含碳量与火花特征

碳钢的火花特征变化规律如表1-1所示。

表1-1 碳钢的火花特征变化规律

$w(C)/\%$	流线					爆花				磨砂轮时手的感觉
	颜色	亮度	长度	粗细	数量	形状	大小	花粉	数量	
0	亮黄					无爆花				软
	↓	暗	长	粗	少		小		少	↓
0.05		↓	↓	↓	↓	二根分叉	↓	无	↓	
	黄橙	亮↓暗	长↓短	粗↓细	多	↓	大↓小	↓	多	硬

4. 火花鉴别技能训练

通过用砂轮磨削材料观察火花形态的方法，辨别15钢、45钢、T8钢、W18Cr4V钢4种不同牌号的钢材。

（1）15钢的火花特征

15钢的火花特征是火花呈草黄微红色，流线长，节点清晰，爆花数量不多，如图1-18所示。

（2）45钢的火花特征

45钢的火花特征是火花色黄而稍明，流线较多且细，流线挺直，节点清晰，爆花多为多根分叉三次花，花数占全体的 3/5 以上，有很多小花及花粉产生，如图 1-19 所示。

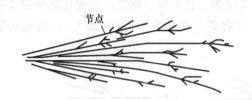

图 1-18 15 钢的火花特征

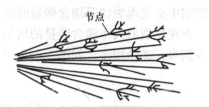

图 1-19 45 钢的火花特征

（3）T8 钢的火花特征

T8 钢的火花特征是火花为橙红微暗，流线短且直，节花多且较密集，如图 1-20 所示。

（4）高速钢 W18Cr4V 的火花特征

高速钢 W18Cr4V 的火花特征是火花色泽赤橙，近暗红，流线长而稀，并有断续状流线，火花呈狐尾状，几乎无节花爆裂，如图 1-21 所示。

图 1-20 T8 钢的火花特征

图 1-21 高速钢 W18Cr4V 的火花特征

1.2.2 硬度计的结构和使用方法

1. 洛氏、布氏、维氏硬度测定的原理和方法

（1）洛氏硬度（HR）

测量洛氏硬度的试验方法是用一个顶角为 120° 的金刚石圆锥体或直径为 1.59 mm/3.18 mm 的钢球，在一定载荷下压入被测材料表面，由压痕深度求出材料的硬度。根据实验材料硬度的不同，可分不同标度来表示。表 1-2 和表 1-3 所示分别为常用洛氏硬度和表面洛氏硬度标尺技术条件。

表 1-2 常用洛氏硬度标尺技术条件

洛氏硬度标尺	硬度符号	压头类型	初试验力 F_0/N	主试验力 F_1/N	总试验力 (F_0+F_1)/N	适用范围
A	HRA	120°金刚石圆锥体	98.07	490.3	588.4	20~88 HRA
B	HRB	1.587 5 mm 钢球	98.07	882.6	980.7	20~100 HRB
C	HRC	120°金刚石圆锥体	98.07	1 373	1 471	20~70 HRC

表 1-3 表面洛氏硬度标尺技术条件

表面洛氏硬度标尺	硬度符号	压头类型	初试验力 F_0/N	主试验力 F_1/N	总试验力 (F_0+F_1)/N	适用范围
15N	HR15N	120°金刚石圆锥体	29.42	117.7	147.1	70~94 HR15N
30N	HR30N			264.8	294.2	42~86 HR30N
45N	HR45N			411.9	441.3	20~77 HR45N
15T	HR15T	1.587 5 mm 钢球	29.42	117.7	147.1	67~93 HR15T
30T	HR30T			264.8	294.2	29~82 HR30T
45T	HR45T			411.9	441.3	10~72 HR45T

(2) 维氏硬度 (HV)

维氏硬度是以 49.03~980.7 N 的负荷,将相对面夹角为 136°的方锥形金刚石压入工件材料表面,保持规定时间后,测量压痕对角线长度,再按公式来计算硬度的大小。它适用于较大工件和较深表面层的硬度测定。

维氏硬度有小负荷维氏硬度,试验负荷为 1.961~49.03 N,适用于较薄工件、工具表面或镀层的硬度测定;显微维氏硬度,试验负荷 <1.961 N,适用于金属箔、极薄表面层的硬度测定。

维氏硬度的使用:

300 HV30——表示采用 294.2 N(30 kg)的试验力,保持时间 10~15 s 时得到的硬度值为 300。

450 HV30/25——表示采用 294.2 N(30 kg)的试验力,保持时间 25 s 时得到的硬度值为 450。

(3) 布氏硬度 (HB)

布氏硬度的测定原理(图 1-22)是用一定大小的试验力 F(N),把直径为 D(mm)的淬火钢球或硬质合金球压入被测金属的表面,保持规定时间后卸除试验力,用读数显微镜测出压痕平均直径 d(mm),然后按公式求出布氏硬度 HB 值,或者根据 d 从已备好的布氏硬度表中查出 HB 值。

布氏硬度测量法适用于铸铁、非铁合金、各种退火及调质的钢材,不宜测定太硬、太小、太薄和表面不允许有较大压痕的试样或工件。

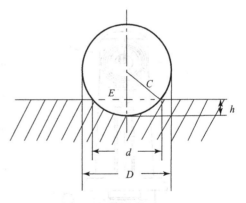

图 1-22 布氏硬度的测定原理

GB/T 231—2009 规定,金属材料在做布氏硬度试验时,常用的 $0.102F/D^2$ 的值有 30、10、2.5 三种,根据金属材料的种类、试样硬度范围和厚度的不同,按表 1-4 布氏硬度试验规范选择试验压头(钢球)的直径 D、试验力 F 及保持时间。

表1-4 布氏硬度试验规范

材料种类	布氏硬度使用范围	钢球直径 D/mm	$0.102F/D^2$	试验力 F/N	试验力保持时间/s	备 注
钢、铸铁	≥140	10 5 2.5	30	29 420 7 355 1 839	10	压痕中心距试样边缘距离不应小于压痕平均直径的2.5倍。两相邻压痕中心距离不应小于压痕平均直径的4倍。试样厚度至少应为压痕厚度的10倍。试验后，试样支撑面应无可见变形痕迹
钢、铸铁	<140	10 5 2.5	10	9 807 2 452 613	10~15	
非铁金属材料	≥130	10 5 2.5	30	29 420 7 355 1 839	30	
非铁金属材料	35~130	10 5 2.5	10	9 807 2 452 613	30	
非铁金属材料	<35	10 5 2.5	2.5	2 542 613 153	60	

2. 洛氏硬度计的构造与操作及洛氏硬度测量方法

（1）洛氏硬度计的构造与操作

洛氏硬度计类型较多，外形构造各不相同，但构造原理及主要部件相同。HR-150型洛氏硬度计结构如图1-23所示。

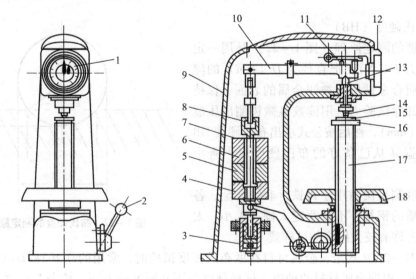

图1-23 HR-150型洛氏硬度计结构

1—指示器；2—加载手柄；3—缓冲器；4—砝码座；5,6—砝码；7—吊杆；8—吊套；9—机体；10—加载杠杆；11—顶杆；12—指示器表盘；13—压轴；14—压头；15—试样；16—工作台；17—升降丝杠；18—手轮

试验时将试样15放在工作台16上，按顺时针方向转动手轮18，使工作台上升至试样15与压头14接触。继续转动手轮，通过压头14和压轴13顶起顶杆11，并带动指示器表盘12的指针转动，待小指针指到黑点时，试样即已加上98 N的强载荷，随后转动指示器表盘使大指针对准"0"（测HRB时对准"30"），按下按钮释放转盘。在砝码的作用下，顶杆11在缓冲器3的控制下均匀缓慢下降，主载荷通过杠杆、压轴和压头作用于试样上。停留规定时间后，扳动加载手柄2，使转盘顺时针方向转动至原来被锁住的位置，转盘上齿轮使扇齿轮、齿条同时运动而将顶杆顶起卸掉主载荷，这时指针所指的读数（HRC、HRA读C标尺，HRB读B标尺）即为所求的洛氏硬度值。

(2) 洛氏硬度测量方法

洛氏硬度测量方法主要分为以下几步。

1) 选择压头及载荷。

2) 根据试件大小和形状选择载物台。

3) 将试件上下两面磨平，然后置于载物台上。

4) 加预载荷。按顺时针方向转动升降机构的手轮，使试样与压头接触，并观察读数百分表，至其小指针移动到小红点为止。

5) 调整读数表盘，使百分表盘上的长针对准硬度值的起点。如测量HRC、HRA硬度时，使长针与表盘上黑字G处对准；测量HRB时，使长针与表盘上红字B处对准。

6) 加主载荷。平稳地扳动加载手柄，手柄自动升高到停止位置（时间为5~7 s），并停留10 s。

7) 卸除主载荷。扳回加载手柄至原来位置。

8) 读数。表上长指针指示的数字为硬度的读数。HRC、HRA读黑数字，HRB读红数字。

9) 下降载物台，取出试件。

10) 用同样方法在试件的不同位置测三个数据，取其算术平均值为试件的硬度值。

各种洛氏硬度的硬度值之间及洛氏硬度与布氏硬度的硬度值之间都有一定的换算关系。对钢铁材料而言，大致有下列关系式：

$$HB \approx 2\ HRB$$
$$HB \approx 10\ HRC（只在40~60\ HRC范围内）$$
$$HRC \approx 2\ HRA - 104$$

(3) 洛氏硬度测量注意事项

1) 试件的准备。试件表面应磨平且无氧化皮和油污等；试件形状应能保证试验面与压头轴线相垂直；测试过程应无滑动。

2) 试件的最小厚度应不小于压入深度的8倍，测量后试件的支撑面上不应有变形痕迹。

3) 压痕间距或压痕与试件边缘距离：HRA >2.5 mm，HRC >2.5 mm，HRB >4 mm。

4) 不同的洛氏硬度有不同的适用范围，应按表1-2选择压头及载荷。这是因为当超出规定的测量范围时，准确性较差。例如102 HRB、18 HRB等的写法是不准确的，不宜使用。

1.2.3 热处理综合技能训练

1. 锤头工艺过程中淬火+低温回火操作

锤头是日常生产生活中的常用工具，工件材料为45钢，要求高硬度、耐磨损、抗冲击，热处理后硬度为 42~47 HRC。根据其力学性能要求，制定热处理方法为淬火后低温回火。加工工艺流程为：备料—锻造—刨削或铣削—锉削—划线—锯削—锉削—钻孔—攻螺纹—热处理—抛光—表面处理—装配。锤头及其热处理工艺曲线如图 1-24 所示。

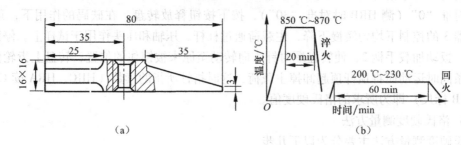

图 1-24 锤头及其热处理工艺曲线

(a) 锤头；(b) 热处理工艺曲线

热处理工序的作用及注意事项如下。

淬火是为了提高硬度和耐磨性。为减少表面氧化、脱碳，加热时要在炉内放入少许木炭；冷却时，手持钳子夹持锤头入水并在水中不断摆动，以保证硬度均匀。低温回火用以减少淬火产生的内应力，增加韧性，降低脆性，并达到硬度要求。

2. 车床主轴的热处理工艺

在机床、汽车制造业中，轴类零件是用量较大且相当重要的结构件之一。轴类零件经常承受交变应力的作用，故要求有较高的综合力学性能；承受摩擦的部位还要求有足够的硬度和耐磨性。零件大多经切削加工而制成，为兼顾切削加工性能和使用性能要求，必须制定出合理的冷、热加工工艺。下面以车床主轴为例分析其加工工艺过程。

（1）车床主轴的性能要求

图 1-25 所示为车床主轴，材料为 45 钢，热处理技术条件如下。

1) 整体调质后硬度为 220~250 HBS；
2) 内锥孔和外锥面处硬度为 45~50 HRC；
3) 花键部分的硬度为 48~53 HRC。

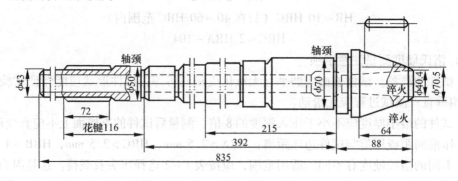

图 1-25 车床主轴

（2）车床主轴工艺过程

生产中车床主轴的工艺过程为：备料—锻造—正火—粗加工—调质—半精加工—局部淬火（内锥孔、外锥面）、回火—粗磨（外圆、内锥孔、外锥面）—滚铣花键—花键淬火、回火—精磨。

其中正火、调质为预备热处理，内锥孔及外锥面的局部淬火、回火和花键的淬火、回火属最终热处理，它们的作用和热处理工艺分别如下。

1）正火。正火是为了改善锻造组织、降低硬度（170～230 HBS），以改善切削加工性能，也为调质处理做准备。

正火工艺为：加热温度为840 ℃～870 ℃，保温1～1.5 h，保温后出炉空冷。

2）调质。调质是为了使主轴得到较高的综合力学性能和抗疲劳强度。经淬火和高温回火后硬度为200～230 HBS。调质工艺如下。

①淬火加热：用井式电阻炉吊挂加热，加热温度为830 ℃～860 ℃，保温20～25 min。

②淬火冷却：将经保温后的工件淬入15 ℃～35 ℃的清水中，停留1～2 min后空冷。

③回火工艺：将淬火后的工件装入井式电阻炉中，加热至（550±10）℃，保温1～1.5 h，出炉浸入水中快冷。

3）内锥孔、外锥面及花键部分进行淬火和回火是为了获得所需的硬度。

内锥孔和外锥面部分的表面淬火可放入经脱氧校正的盐浴中快速加热，在970 ℃～1 050 ℃温度下保温1.5～2.5 min后，将工件取出淬入水中，淬火后在260 ℃～300 ℃温度下保温1～3 h（回火），获得的硬度为45～50 HRC。

花键部分可采用高频淬火，淬火后经240 ℃～260 ℃的回火，获得的硬度为48～53 HRC。

为减小变形，锥部淬火与花键淬火分开进行，并在锥部淬火及回火后，再经粗磨以消除淬火变形，然后再滚铣花键及花键淬火，最后通过精磨来消除总变形，从而保证质量。

（3）车床主轴热处理注意事项

1）淬入冷却介质时应将主轴垂直浸入，并可做上下垂直窜动。

2）淬火加热过程中应垂直吊挂，以防工件在加热过程中产生变形。

3）在盐浴炉中加热时，盐浴应经脱氧校正。

思考与练习题

1. 钢中常存在哪些杂质？对钢的性能有何影响？
2. 试述碳钢的分类及牌号的表示方法。
3. 何谓钢的热处理？钢的热处理操作有哪些基本类型？试说明热处理同其他工艺过程的关系及其在机械制造中的地位和作用。
4. 在进行钢材火花鉴别时，如何根据火花特征区别T8钢与45钢？
5. 热处理常见缺陷有哪些？如何防止？
6. 有一退火零件，在零件图上的技术要求标注为18 HRC，你认为错在哪里？如果标为700 HBW，对吗？为什么？
7. 金属材料的机械性能包括哪些？其中最重要的是什么性能？为什么？

第 2 章
铸　造

2.1　基本知识

2.1.1　铸造概述

1. 铸造技术的应用及发展趋势

在现代机械制造业中，铸造技术已发展到了一个很高的水平，其一表现在可冶铸的金属品种有了很大发展，除传统的铸铁、铸钢、铸铜、铸铝之外，新型的金属材料铸件也得到了广泛应用；其二表现在铸造方法的发展上，除传统砂型铸造方法外，特种铸造的工艺水平有了长足的发展；其三表现在铸件的应用已经相当普遍，据统计，在一般的机械设备产品中，铸件质量占40%~90%。

2. 铸造的概念、生产特点及工艺过程

（1）铸造的概念

将熔炼合格的金属液浇入与零件形状相适应的铸型空腔中，经过冷却凝固后获得一定形状和性能的金属件（铸件）的成型方法称为铸造。

（2）铸造生产的特点

1）适应性强。铸件成型方法几乎不受零件大小、形状和结构复杂程度的限制。铸件材料可以是各种不同的合金。铸件既可以单件、小批量生产，也可以大批量生产。

2）生产成本低廉。铸件的形状和大小可以与零件很接近，加工余量较小，且废件和金属切屑等都可以回炉熔炼重复使用，因此减少了切削加工的工时并节省了金属材料。

3）机械性能差。铸件的晶粒较为粗大，化学成分不均匀，铸造时易产生气孔、裂纹等缺陷，因此其力学性能较差，不如相同材料的锻件。

4）生产工序较多，劳动条件较差。铸造生产的工序较多，生产周期较长，且铸件质量不稳定，废品率较高；工人的劳动条件差、劳动强度高，且常常伴随对环境的污染。

（3）铸造生产的工艺过程

1）铸造成型的方法。

现代铸造成型的方法很多，目前基本上可分为砂型铸造、特种铸造等几种方式。砂型铸造按其铸型性质的不同又可分为湿型铸造、干型铸造和表面干型铸造。特种铸造根据其铸件成型条件的不同，又可分为金属型铸造、压力铸造、离心铸造和熔模铸造。

消失模铸造是一种用泡沫塑料制作成铸件模样，然后进行干砂造型，最后浇入金属液使泡沫塑料模样受热气化消失而获得铸件的一种精确成型的铸造新技术。

2) 铸造生产的基本工艺过程。

铸造生产是一个复杂的、多工序的工艺过程。它基本上是由铸型的制备、金属的熔炼和浇注、铸件的落砂和清理三个相对独立的工艺过程组成的。以下以砂型铸造为例介绍铸造生产的基本工艺流程及铸件的铸造生产过程，如图2-1和图2-2所示。

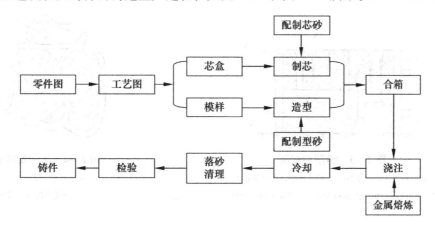

图 2-1 砂型铸造的生产工艺流程

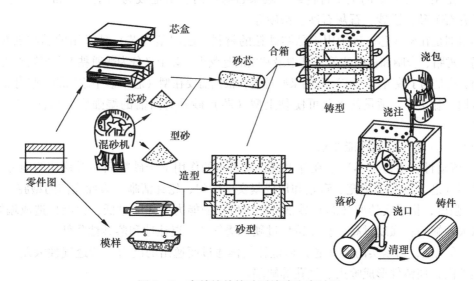

图 2-2 套筒铸件的砂型铸造生产过程

2.1.2 砂型铸造

1. 铸型的概念及组成

铸型是由型（芯）砂、金属或其他耐火材料制成的组合体，是金属液冷却凝固后形成铸件的一个空腔，也称为型腔。装配好的铸型如图2-3所示。

2. 造型材料

（1）造型材料的概念及常用造型材料

用于制造铸型型腔和型芯的材料称为造型材料。常用的造型材料有砂子、金属、陶瓷、石膏、石墨等耐高温材料。

(2) 型砂与芯砂的组成

由砂子（也称为原砂）作为主体材料制成的造型材料称为型砂或芯砂。型砂用于造型，芯砂用于制芯。型（芯）砂一般是由原砂、黏结剂、附加物和水按照一定比例混制而成且具有一定性能要求的混合物，其结构示意图如图2-4所示。

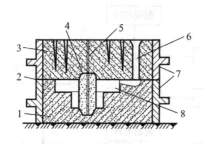 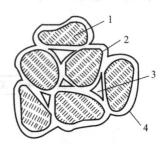

图2-3 铸型装配图
1—下型；2—分型面；3—上型；4—型芯；
5—通气道；6—浇注系统；7—砂箱；8—型腔

图2-4 型砂结构示意图
1—砂粒；2—黏土膜；
3—空隙；4—煤粉

原砂是型（芯）砂的主要材料，一般采自海、河、山地或为人造砂，常用于铸造的砂子种类有石英砂、镁砂、石灰石砂、锆砂等。

黏结剂是在型（芯）砂中用于黏结砂粒的材料。配制型（芯）砂常用的黏结剂有黏土、水玻璃、树脂、合脂和植物油等，其中最常用的是黏土。黏土又分为普通黏土和膨润土两大类。

附加物是为了改善型（芯）砂的某些性能，根据需要在型（芯）砂中添加的一些附加材料。

水用于黏土砂。适量的水分可使黏土型（芯）砂具有所需的湿强度和韧性，以便于进行造型。

(3) 型（芯）砂的性能要求

1) 流动性，指型（芯）砂在外力或自身重力的作用下于砂粒间相对移动的能力。流动性好的型（芯）砂易于填充、舂紧和形成紧实度均匀、轮廓清晰、表面光洁的型腔。

2) 强度，指紧实的型（芯）砂抵抗外力破坏的能力。强度过低，铸型易造成塌箱、冲砂、胀大等缺陷；强度过高，会使铸型过硬，透气性、退让性和落砂性降低。

3) 透气性，指紧实的型（芯）砂能让气体通过而逸出的能力。若透气性太差，气体将留在型腔内，使铸件形成呛火、气孔等缺陷。

4) 耐火度，指型（芯）砂在金属液高温的作用下不熔化、不软化、不烧结，而保持原有性能的能力。耐火度低的型（芯）砂易使铸件产生黏砂等缺陷。

5) 退让性，指铸件在冷凝收缩时，紧实的型（芯）砂能相应地被压缩变形，而不阻碍铸件收缩的性能。若退让性不好，铸件易产生内应力、变形甚至开裂。

6) 韧性（也称可塑性），指型（芯）砂在外力作用下变形，去除外力后仍保持已获得形状的能力。若韧性好，则造型操作方便，容易起模，便于制作形状复杂、尺寸精确、轮廓清晰的砂型。

7) 溃散性，指型（芯）砂在落砂清理时容易溃散的性能。溃散性的好坏对铸件的清砂效率及工人的劳动强度有显著影响。

3. 砂型铸造的概念及常用的造型方法

砂型铸造就是用模样、砂箱和型砂（芯砂）制造出紧实度均匀、尺寸与轮廓形状均符合要求的砂型（砂芯）的过程。由于铸件的形状各式各样，为了满足不同铸件的造型要求，造型方法也有多种形式。不同的造型方法适合于不同的铸件，同一个铸件也可以用不同的造型方法进行造型。

砂型铸造通常分为手工造型和机器造型两种类型。手工造型是指全部用手工或手动工具完成的造型，其特点是操作灵活、适应性强、生产成本低，应用较为普遍，但生产效率低，劳动强度大。机器造型是指用机器全部完成或至少完成紧砂操作的造型工序，其特点是砂型型腔质量好、生产效率高，但设备成本高，适合于成批或大批量的生产。

（1）手工造型

手工造型按照模样特征通常可分为整模造型和分模造型、活块模造型、挖砂造型、假箱造型和刮板造型等；按照砂箱特征通常可分为两箱造型、三箱造型、多箱造型、脱箱造型和地坑造型等。手工造型的常用工具如图2-5所示。

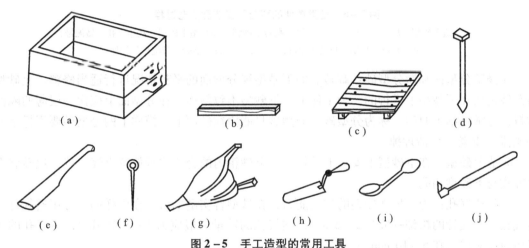

图2-5 手工造型的常用工具

（a）砂箱；（b）刮板；（c）模底板；（d）砂冲；（e）半圆；
（f）起模针；（g）皮老虎；（h）镘刀；（i）秋叶；（j）提钩

1）整模造型。

将铸件的模样做成整体，分型面位于模样的最大端面上，模样可直接从砂型中起出，这样的造型方法就称为整模造型。由于整模造型的模样是位于一个砂型型腔内，因此整模造型具有造型操作简单、铸件精度较高的优点。图2-6所示为盘类铸件的两箱整模造型工艺过程。

整模造型的操作步骤及要领如下：

①造下砂型：在模底板上放好模样和下砂箱，注意模样与砂箱箱壁间应保持一定的距离，以便于安放浇口、冒口和防止浇注时跑火。

②填砂和舂砂：先往砂箱中填入一定的型砂覆盖模样，用手塞紧模样后再加入一定量的型砂，按照先周边后中央的顺序依次用砂舂锤的扁头舂实型砂，然后加砂再舂实，最后一次加砂要高出砂箱30～50 mm，并用砂舂锤的平头舂实型砂，最后以砂箱上平面为准用刮砂板将多余的砂刮掉、刮平。

③翻转下砂型：翻转前应将下砂型与模底板间错动一下。

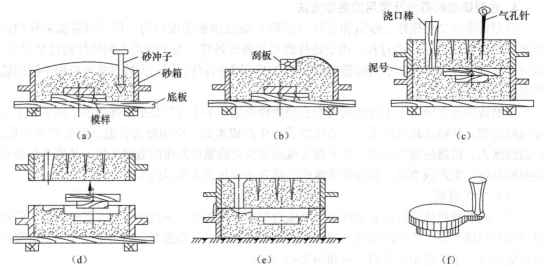

图 2-6　盘类铸件的两箱整模造型工艺过程
(a) 造下砂型，填砂，舂砂；(b) 刮平，翻转下砂型；(c) 造上砂型，扎透气孔，做泥号；
(d) 开箱，起模，开设浇注口；(e) 合箱；(f) 落砂后带浇口的铸件

④修整分型面和撒分型砂：翻转后的下砂型视分型面的平整情况进行适当修整。上砂型的舂砂是放在下砂型上进行的，为了使上、下砂型不致粘连，在分型面上应撒一层薄的隔离材料，通常是细干原砂，称为分型砂。分型砂只能撒在砂面上，模样上的分型砂要用掸笔或手风器（皮老虎）清理掉。

⑤造上砂型：在下砂型上安放上砂箱，在上砂箱内的合适位置放置直浇口棒，填砂和舂砂方式与下砂型相同。

⑥扎透气孔：为了加强砂型的排气能力，在砂型舂实刮平后，在模样的上方用透气针扎透气孔。透气针的粗细一般是 2~8 mm，透气孔的数量一般应为 4~5 个/dm^2，透气孔的深度离模样应保持在 5~10 mm 的距离。

⑦定位：砂型在取出模样后还需要合型，要求上砂型必须准确地合到下砂型原来的位置上，否则会产生错箱。常用的几种定位方法有：用定位销与砂箱上的定位销孔进行定位；用内箱销进行定位；用内箱锥销进行定位；在砂箱外壁上用做泥号的方法进行定位。

⑧开箱（也称为敞箱）：为了取出模样，将上砂型从下砂型上移去的操作就是开箱。开箱时上砂型应尽量垂直提起。

⑨松模：为了使模样顺利地从型腔中取出，模样与型腔之间要有一定的间隙，要靠敲动模样的操作来实现，这个操作过程就称为松模。松模时先用水笔蘸些水将模样周围的型砂稍微湿润一下，以增加这部分型砂的韧性，防止砂型损坏。

⑩起模：将模样从砂型中取出的操作就是起模。起模时要小心细致，避免将砂型破坏，先用起模针将模样慢慢地垂直向上提起，待模样即将全部取出时要加快速度。

⑪修型：待模样取出型腔后，视型腔的完整情况对型腔进行适当的修补，使之达到牢固、准确、平整、光滑的要求。修型的顺序是先上面，然后侧面，最后底面。

⑫开设浇注口：根据铸件的结构特点，将直浇道通过横浇道和内浇道引入砂型的某一合适位置，以使金属液能够通过浇道顺利流到铸型中，且起到阻挡熔渣等杂质的作用。

⑬上敷料和涂料：造好的砂型如果是湿型，通常要用粉袋在型腔表面撒一层石墨粉等敷料；如果是干型，需要用排笔在型腔表面刷上一层液体涂料，然后烘干。其目的是防止铸件粘砂，使铸件表面光洁。

⑭合箱：将经过处理的上砂型按照定位位置放到下砂型上的操作就是合箱。合箱不准确将会使铸件产生错箱或跑火等铸造缺陷。

2）分模造型。

分模造型是用分块模样造型的方法。对于球体、各类套筒件等，一个共同的特点是存在一个过轴线的最大截面，而模样是沿着这个最大截面分为两个或多个部分，利用这种模样进行造型就称为分模造型。造型时模样由定位销进行固定。分模造型的操作方法和整模造型的操作方法基本相同，合箱时更要注意定位准确，防止错箱。图2-7所示为套筒件的两箱分模造型工艺过程。

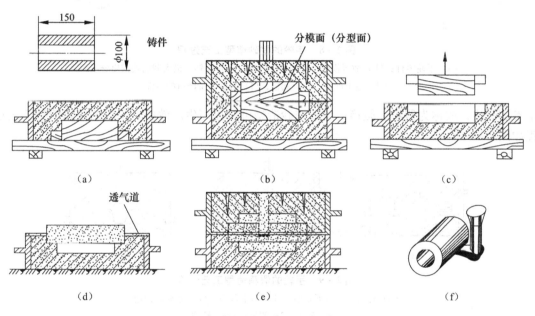

图2-7 套筒件的两箱分模造型工艺过程

（a）造下砂型；（b）造上砂型；（c）开箱，起模；（d）开设浇注口，下芯；（e）合箱；（f）带浇口的铸件

3）挖砂造型和假箱造型。

有些铸件如手轮、法兰盘等，当最大截面不在端面，而模样又不能分开时，只能做成整模放在一个砂型内。为了起模，需要在造好下砂型并翻转后，挖掉妨碍起模的型砂至模样最大截面处，其下型分型面被挖成曲面或有高低变化的阶梯形状（称不平分型面），这种方法称为挖砂造型。手轮的挖砂造型工艺过程如图2-8所示。

挖砂造型的操作要领：先造手轮下砂型，翻转下砂型后挖出分型面，再造上砂型。挖砂造型的重点在于挖砂和修分型面，一定要挖到模样的最大截面处，并根据模样形状修出坡度，这样上砂型的吊砂浅，便于开箱和合箱的操作。

挖砂造型的生产效率低而且技术要求高。如果先用强度较高的型砂做成一个上砂型（不做浇注口），用它来作为模底板直接造下砂型，就可以省去每次挖砂的工序，因为该箱

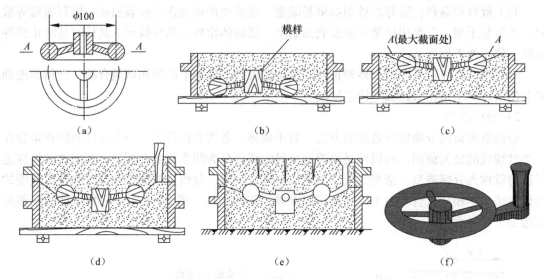

图2-8 手轮的挖砂造型工艺过程
(a) 手轮零件；(b) 放置模样，开始造下砂型；(c) 反转，最大截面处挖出分型面；
(d) 造上砂型；(e) 起模；(f) 落砂后带浇口的铸件

不参加浇注，故称为假箱。假箱造型较挖砂造型可以提高生产效率。手轮的假箱造型工艺过程如图2-9所示。

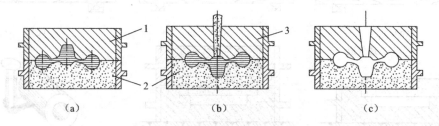

图2-9 手轮的假箱造型工艺过程
(a) 在假箱上造下砂型；(b) 造下砂型；(c) 起模，合箱
1—下砂型；2—假箱；3—上砂型

4) 三箱造型和多箱造型的特点及其操作方法。

有些铸件的结构形状是上、下端面大而中间截面小，或者是铸件高度较大，造型时为了使模样能够顺利取出，需要设置多个分型面，这种需要用两个以上砂箱进行造型的方法就称为多箱造型。用三个砂箱、两个分型面进行造型的方法称为三箱造型。三箱造型也属于多箱造型。带轮的三箱造型工艺过程如图2-10所示。

三箱造型的操作要领是先造下砂型，翻转后造中砂型（中砂型厚度不宜太薄，避免砂型垮塌），再造上砂型，依次开箱、起模，修型后进行合箱。

5) 活块模造型的特点及其操作方法。

如果模样上有妨碍正常起模的凸出部分（如小凸台），应将这部分做成可拆卸或能活动的活块，这就是活块模样，用活块模样进行造型的方法就称为活块模造型。活块一般是用销钉或燕尾槽与模样本体连接。活块的厚度不能大于模样本体的厚度，活块的位置深度也不能太深。活块模的造型工艺过程如图2-11所示。

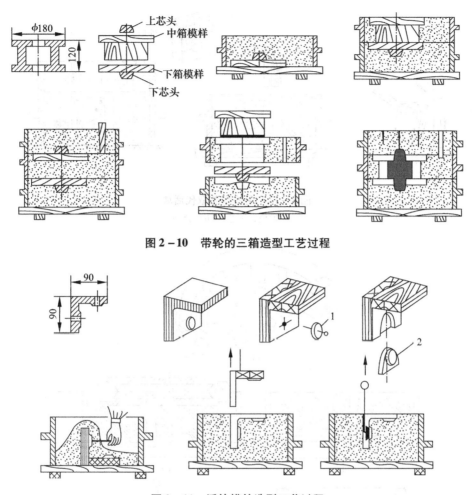

图 2-10 带轮的三箱造型工艺过程

图 2-11 活块模的造型工艺过程
1—用钉子连接活块；2—用燕尾槽连接活块

活块模造型的操作要领：将模样本体与活块连接定位后放入砂箱中进行造型，春砂时先用手按住活块，在活块周围加砂塞紧，然后拔出销钉，再加砂春实。春砂时要避免砂春锤直接春击活块，以免发生活块移位或损坏。取模时先取出主体模样，然后再取出活块，并将其周围修成圆角。

活块造型的操作难度较大，生产率低，仅适用于单件生产。当产量较大时，可用外型芯取代活块，从而将活块造型改为整模造型，使造型容易，如图 2-12 所示。

6) 活砂造型的特点及其操作方法。

绳轮具有上、下两个对称的大截面，而中间有一圈较薄的凹槽铸件，如果采用三箱造型，中箱砂型太薄容易垮塌，所以采用活砂造型比较合适。活砂造型如图 2-13 所示。

活砂造型的操作要领：造型时先在平台上放置上半模样，套上砂箱并安放浇口棒，填砂并春实、刮平、扎透气眼，拔出浇口棒，翻转上砂型。挖出上分型面并修光，撒分型砂并安放下半模样，手工做出活砂块（春砂时一只手按住模样，用型砂先塞紧模样，加砂后用砂春锤春实型砂，修整出下分型面）。在下分型面撒分型砂并安放下砂箱，填砂、春实并刮平

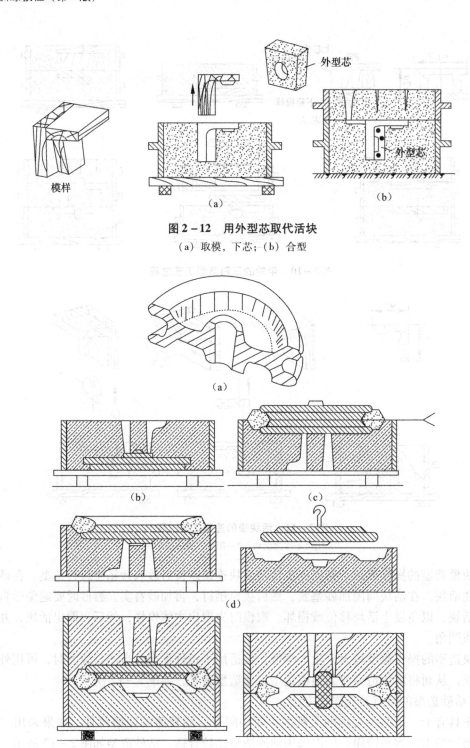

图 2-12 用外型芯取代活块
(a) 取模，下芯；(b) 合型

图 2-13 活砂造型
(a) 铸件；(b) 舂上砂型；(c) 翻转上砂型挖出分型面，放上另一半模样，舂制活砂；(d) 下砂型舂实后翻转起出下半模样；
(e) 下砂型合到上砂型后一起翻转，提上砂型取出上半模样；(f) 合箱后的砂型下砂型。在砂箱的三个侧面打定位泥号。开下砂型，活砂块被留在上砂型，将下半模样从活砂块中取出，再将下砂型合在上砂型上。同时翻转上、下砂型，使活砂块落在下砂型上，开上砂型，将上半模样从活砂块中取出，最后将上砂型合在下砂型上。

可以看出，活砂造型工序烦琐，对工人的操作技术要求高，生产效率低。因此它只适合于单件或小批量生产。

7）刮板造型。

用与铸件截面形状相适应的特制木质刮板代替模样进行造型的方法称为刮板造型。尺寸大于 500 mm 的旋转体铸件，如带轮、飞轮、大齿轮等单件生产时，为节省木材、模样加工时间及费用，可以采用刮板造型。刮板是一块和铸件截面形状相适应的木板。造型时将刮板绕着固定的中心轴旋转，在砂型中刮制出所需的型腔。皮带轮铸件的刮板造型过程如图 2-14 所示。

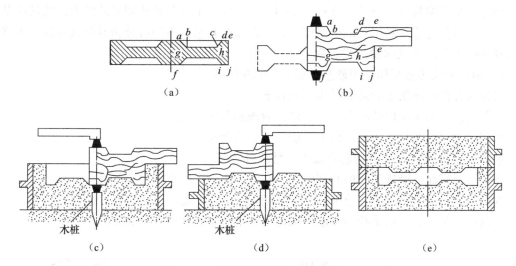

图 2-14　皮带轮铸件的刮板造型过程

（a）皮带轮铸件；（b）刮板（图中字母表示与铸件的对应部位）；（c）刮制下砂型；（d）刮制上砂型；（e）合箱

8）地坑造型。

直接在铸造车间的砂地上或砂坑内造型的方法称为地坑造型。大型铸件单件生产时，为节省砂箱，降低铸型高度，便于浇注操作，多采用地坑造型。图 2-15 所示为地坑造型结构，造型时需考虑浇注时能顺利将地坑中的气体引出地面，常以焦炭、炉渣等透气物垫底，并用铁管引出气体。

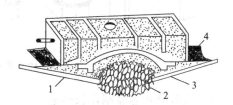

图 2-15　地坑造型结构

1—通气管；2—焦炭；3—草垫；4—定位桩

（2）机器造型

机器造型的实质是把造型过程中的主要操作——紧砂与起模过程实现机械化。为了提高生产率，采用机器造型的铸件应尽可能避免活块和砂芯，同时机器造型只适合两箱造型（因无法造出中箱，故不能进行三箱造型）。机器造型根据紧砂和起模方式不同，目前有气动微振压实造型、高压造型、射压造型和抛砂造型等。

4. 造芯的目的、砂芯的结构以及常用造芯方法

（1）制作砂芯目的

1）砂芯可以构成铸件的内腔或孔洞形状，这是砂芯的主要作用。

2）砂芯也可以构成铸件的外形。当铸件形状复杂或形体较大时，也可以用砂芯来完成铸件外形。

（2）砂芯的结构

砂芯是由芯体和芯头组成的。芯体用来形成铸件的内腔、孔洞或外形；芯头起支撑、定位和排气作用。为了加强砂芯的强度和刚度，并且方便砂芯的吊运，制作砂芯时应在其内部放置芯骨，芯骨根据砂芯的大小通常有铁丝芯骨、圆钢芯骨或铸铁芯骨。为了使砂芯中的气体能够顺利和迅速排出，砂芯中必须做有通气道。

（3）砂芯的制作方法

砂芯的制作按其填砂与紧实方法的不同，可分为手工制芯和机器制芯两类；按其成型方法的不同，可分为芯盒制作和刮板制作两类。芯盒按其结构不同可分为对分式芯盒、整体式芯盒和可拆式芯盒（又称脱落式芯盒）。

1）用对分式芯盒制作粗短砂芯，如图 2-16 所示。

对分式芯盒制作粗短砂芯的操作要领如下：

①检查芯盒两半定位销配合是否准确，清理芯盒内表面。

②把芯盒对合夹紧放在工作台上，填一部分砂舂实。

③舂砂到 50 mm 厚时，将芯骨敲入，继续舂砂至满。

④刮平上端面，沿砂芯的中心部位用气孔针扎出上、下贯通的通气孔。

⑤取走芯盒上的夹紧钳，放平芯盒，轻轻敲动，使芯盒与砂芯之间产生间隙。

⑥取走一半芯盒，用手托住砂芯再取走另一半芯盒，把砂芯放在烘芯板上。

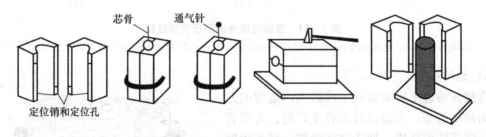

图 2-16 用对开式芯盒制作粗短砂芯

2）用对分式芯盒制作长砂芯。

对分式芯盒制作长砂芯的操作要领：先分别在两个半芯盒内填砂并放芯骨制芯，将贴合面刮平，修出通气道；然后在贴合面上刷一层泥浆水，吻合两半芯盒，轻轻敲击芯盒，促使上、下两部分黏合；最后松动芯盒，将芯盒取走，把砂芯放在烘芯板上。

3）整体式芯盒制芯。

整体式芯盒制芯用于形状简单的中、小型砂芯，其制作过程如图 2-17 所示。

4）可拆式芯盒制芯。

对于形状复杂的大、中型砂芯，当用整体式和对分式芯盒无法取芯时，可将芯盒分成几

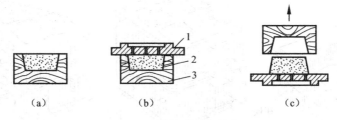

图 2-17 整体式芯盒制芯
（a）舂砂，刮平；（b）放烘芯板；（c）翻转，取芯
1—烘芯板；2—砂芯；3—芯盒

块，分别拆去芯盒后再取出砂芯。可拆式芯盒制芯过程如图 2-18 所示。

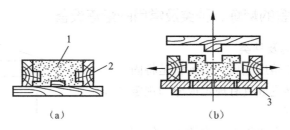

图 2-18 可拆式芯盒制芯
（a）制芯；（b）取芯
1—砂芯；2—芯盒；3—烘芯板

2.1.3 合型

将上砂型、下砂型、砂芯、浇口杯等组合成一个完整铸型的操作过程称为合型，又称为合箱。合型是制造铸型的最后一道工序。即使铸型和砂芯的质量很好，若合型不当，也会引起气孔、砂眼、错箱、偏芯、飞翅及跑火等缺陷。

1. 铸型的检验和装配

下芯前，应先清除型腔、浇注系统和砂芯表面的浮砂，并检查其形状、尺寸以及排气道是否通畅。下芯应平稳、准确，然后导通砂芯和砂型的排气道；检查型腔的主要尺寸；固定砂芯；在芯头和砂型芯座的间隙处填满泥条或干砂，防止浇注时金属液钻入芯头间隙而堵死排气道；最后平稳、准确地合上上砂型。装配好的铸型如图 2-3 所示。

2. 铸型的紧固

1）浇注时金属液将充满整个型腔，砂芯和上砂型都受到向上的浮力，若上砂型重量不能抵消抬箱力，则上砂型将被抬起，造成金属液从分型面处跑出，这种现象称为跑火。

2）为避免由于抬箱力而造成的跑火，装配好的铸型需要紧固。可以使用压铁、卡子、螺栓等工具紧固铸型，如图 2-19 所示。紧固铸型时要注意作用力均匀、对称，受力处应在砂箱箱壁上。

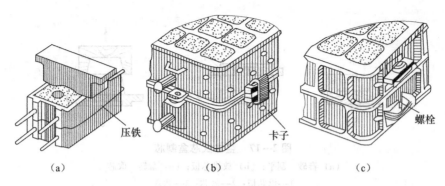

图 2-19 铸型紧固方法
(a) 压铁紧固；(b) 卡子紧固；(c) 螺栓紧固

2.1.4 铸造合金的熔炼、种类及常用的熔炼设备

1. 铸造合金的熔炼及种类

铸件在浇注之前要熔炼金属。熔炼就是将固态金属炉料通过加热转变成具有规定成分和规定温度的液态合金的过程。

目前用于铸造的合金通常可分为铸铁、铸钢和铸造有色合金三大类。

2. 铸造合金熔炼的常用设备

在铸造生产中，目前用于熔炼铸铁的设备通常有冲天炉和感应电炉等；熔炼铸钢的设备通常有电弧炉、感应电炉以及平炉和转炉等；熔炼铸造有色合金的设备通常有坩埚炉和感应电炉等。

(1) 冲天炉的构造及熔炼

冲天炉是铸铁的主要熔炼设备，它具有结构简单、操作方便、生产效率高、生产成本低、能连续生产等特点，所以在实际生产中使用最为普遍。冲天炉的构造如图2-20所示。

冲天炉是圆柱形竖式炉，它通常由前炉、炉体、送风系统、加料系统和火花捕集器五部分组成。冲天炉的大小是以每小时能熔化多少吨铁水来表示的，如3t冲天炉即表示每小时能熔化3t铁水。

前炉：储存铁水，均匀铁水的化学成分和温度，减少铁水与焦炭的接触时间，从而降低铁水的增碳和增硫倾向。

炉体（也称后炉）：由炉底、炉缸和炉身三部分组成。它的主要作用是完成炉料的预热、熔

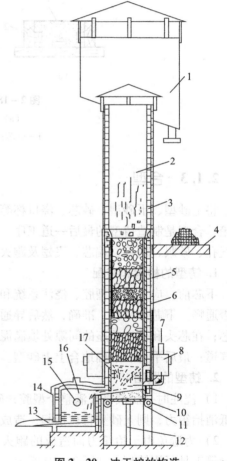

图 2-20 冲天炉的构造
1—火花罩；2—烟囱；3—加料口；4—加料台；
5—炉壳；6—炉衬；7—空气；8—风带；
9—炉缸；10—炉底；11—炉底门；12—炉底支撑；
13—出铁口；14—窥视孔；15—出渣口；
16—前炉；17—风口

化和过热铁水。

送风系统：由风管、风带和风口组成，其作用是将鼓风机送来的风合理地送入炉内，促使炉内的焦炭燃烧完全。

加料系统：它的作用是把炉料按一定的配比，依次分批地从加料口送入炉内（通常是爬斗式或吊车式）。

火花捕集器：它的作用是收集烟气中的灰尘并熄灭火星。

冲天炉是利用对流原理进行熔炼的。熔炼时焦炭燃烧所产生的热炉气自下而上运动，冷炉料依靠自重从上向下移动，在此逆向运动中将发生以下变化。

1）底焦燃烧。

2）金属炉料预热、熔化并且使铁水温度过热（金属在其熔点以上的加热称为过热）。

3）在炉气、熔渣和焦炭的作用下，铁水的化学成分发生冶金变化（铁水成分的变化是碳增加3.0%~3.4%，硅烧损10%~15%，锰烧损20%~25%，硫将增加）。在实际生产中，可根据原材料的成分以及在熔炼过程中成分的变化情况对所要求的铸铁牌号进行配料。

（2）感应电炉的构造及熔炼

感应电炉是目前铸造生产中使用较为普遍的熔炼设备，它的优点是加热速度快、热量散失少、热效率高、元素烧损少、吸收气体少、温度可控制（最高温度可达1 650 ℃以上）、可熔炼各种铸造合金、对合金液有电磁搅拌作用、合金液的成分和温度均匀、铸件质量高，所以应用越来越广泛。感应电炉的缺点是耗电量大，去除硫、磷有害元素作用的能力差，要求金属炉料的硫、磷含量低。

感应电炉的结构及外部形状如图2 – 21所示。感应电炉按电源的工作频率可分为三种，即高频感应电炉（频率为10 000 Hz以上）、中频感应电炉（频率为250~10 000 Hz）和工频感应电炉（频率为50 Hz）。

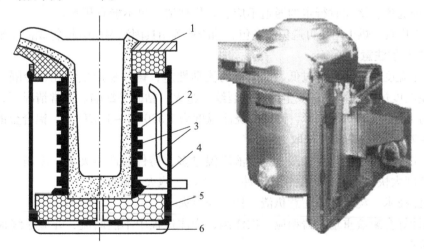

图2 – 21　感应电炉结构及外部形状示意图

1—盖板；2—坩埚；3—感应线圈；4—防护板；5—耐火砖；6—底板

感应电炉是根据电磁感应和电流热效应原理，利用炉料内感应电流的热能熔化金属的。如图2 – 21所示，在盛装金属炉料的坩埚外面绕有一组紫铜管感应线圈。当线圈中通以一定频率的交流电时，在其内外形成相同频率的交变磁场，使金属炉料内产生强大的感应电流，也称为涡流，涡流在炉料中产生的电阻热使炉料熔化和过热。

熔炼中为保证尽可能大的电流密度和保护感应线圈，在感应线圈中应通水冷却。坩埚的材料取决于熔炼金属的类型：熔炼铸铁、铸钢时需用石英砂或镁砂等耐火材料打制坩埚；熔炼有色合金时可用铸铁坩埚或石墨坩埚（坩埚与感应线圈间用耐火材料塞实）。

（3）坩埚炉的构造及熔炼

普通坩埚炉利用热量的传导和辐射原理进行熔炼。熔炼时通过燃料（如焦炭、重油、煤气等）燃烧热量加热坩埚，使坩埚内金属炉料熔化。这种加热方式速度缓慢、温度较低，且坩埚容量小，一般只用于有色合金的熔炼。

电阻坩埚炉是利用电热元件通电产生的热量加热坩埚的一种熔炼设备。它主要用于铸铝合金的熔炼，其优点是炉气为中性，铝液不会强烈氧化，炉温易控制，操作较简单；缺点是熔炼时间长，耗电量较大。电阻坩埚炉结构示意图如图 2-22 所示。

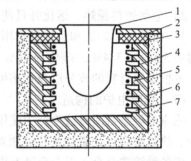

图 2-22 电阻坩埚炉结构示意图
1—坩埚；2—托板；3—耐热板；4—耐火砖；
5—电阻丝；6—石棉板；7—托砖

2.1.5 铸造合金的浇注

把熔融金属浇入铸型的操作过程称为浇注。浇注工艺不当会使铸件产生气孔、缩孔、冷隔、浇不足、夹渣、裂纹、跑火、粘砂等缺陷。浇注工作组织不当时，还可能发生安全事故。

1. 浇注前的准备工作

1）准备浇注包。浇注包是将熔炼炉流出的熔融金属盛装，再将金属液浇入铸型的容器。浇注包按容量大小可分为端包、抬包和吊包。浇注包的选择应按铸件的大小而定。

2）清理通道。浇注时行走的通道不应有杂物挡道，更不能有积水。

3）烘干用具。烘干用具可避免浇注包、挡渣钩等用具因潮湿而引起金属液的飞溅及降温。

2. 浇注时的注意事项

1）浇注温度。浇注温度过低，金属液的流动性差，铸件易产生气孔、冷隔、浇不足等缺陷；浇注温度过高，铸件易产生缩孔、裂纹、跑火、粘砂等缺陷。通常情况下，灰铸铁的浇注温度为 1 230 ℃ ~ 1 380 ℃，铸钢的浇注温度为 1 520 ℃ ~ 1 620 ℃，铝合金的浇注温度为 680 ℃ ~ 780 ℃；复杂薄壁件取上限。

2）浇注速度。浇注速度太慢，金属液降温过多，铸件易产生夹渣、冷隔、浇不足等缺陷；浇注速度太快，铸件易产生气孔、冲砂、抬箱、跑火等缺陷。

3）浇注技术。浇注时应注意扒渣、挡渣和引火。

4）估计好金属液重量。铸型应一次浇满，浇注过程中不能断流，并应始终保持浇口杯处于充满状态。

2.1.6 铸件的落砂与清理

铸件在浇注完毕并冷却后，还必须进行落砂与清理工序，有些铸件还要进行热处理。

1. 铸件的落砂

从砂型中取出铸件的过程称为落砂。落砂时应注意铸件的温度：落砂过早，铸件易产生过硬组织及形成铸造应力、变形和裂纹等;落砂过晚,铸件的固态收缩阻力增大,同样会引起铸件的变形和裂纹,铸件的晶粒粗大,影响生产率和砂箱的周转。

2. 铸件的清理

清理是指将落砂后的铸件清除掉本体以外的多余部分,并打磨、精整铸件内外表面的过程。清理的主要工作有:清除型芯,清除铸件表面粘砂和异物,切除浇口、冒口、飞边、毛刺、拉筋和增肉,以及打磨、精整铸件表面等。

3. 铸件的检验

清理后的铸件应根据其技术要求进行质量检验,判断铸件是否合格。检验内容主要包括:铸件的表面质量、化学成分、力学性能等;对于要求较高的铸件还需采用超声波、磁粉探伤、打压检查等对其内部质量进行检查。合格铸件验收入库,废品重新回炉,并对铸件的缺陷进行分析,找出原因并提出预防措施。

2.1.7 特种铸造

1. 金属型铸造

将液态金属浇入用金属材料制成的铸型而获得铸件的方法,称为金属型铸造。金属型一般用耐热铸铁或耐热铸钢做成,如图 2-23 所示,可分为垂直分型、水平分型和复合分型三种类型。金属铸型可反复使用,一型多铸,故称为永久铸型。

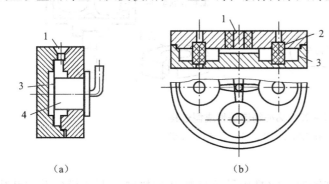
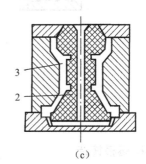

图 2-23 金属型的结构和类型
(a) 垂直分型;(b) 水平分型;(c) 复合分型
1—浇口;2—砂芯;3—型腔;4—金属型芯

2. 压力铸造

金属液在高压下高速充填铸模型腔,并在压力下凝固成型的方法,称为压力铸造,简称压铸。压力铸造是在压铸机上进行的。压力铸造的充型压力一般在几兆帕到几十兆帕之间。铸型材料一般使用耐热合金钢。图 2-24 所示为压铸工艺过程示意图。

3. 离心铸造

将金属液浇入旋转的铸型中,使之在离心力作用下充填铸型并凝固成型的铸造方法,称为离心铸造。

根据铸型旋转空间位置的不同,常用的离心铸造机有立式和卧式两类。铸型绕垂直轴旋转的离心铸造称为立式离心铸造,铸型绕水平轴旋转的离心铸造称为卧式离心铸造。图 2-25 所示为离心铸造的铸件成型过程。

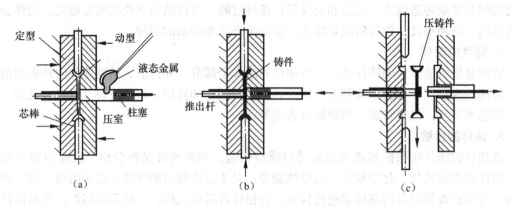

图 2-24 压铸工艺过程示意图

(a) 合箱后向压型注入液态金属；(b) 将液态金属压入型腔；(c) 开型，推出铸件

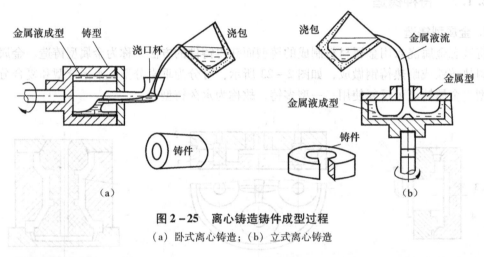

图 2-25 离心铸造铸件成型过程

(a) 卧式离心铸造；(b) 立式离心铸造

4. 熔模铸造

熔模铸造又称失蜡铸造或精密铸造，它是用易熔材料（如蜡料）制成模样并组装成蜡模组，然后在模样表面上反复涂敷多层耐火涂料制成模壳，待模壳硬化和干燥后将蜡模熔去，模壳再经高温焙烧后浇注获得铸件的一种铸造方法。熔模铸造工艺过程如图 2-26 所示。

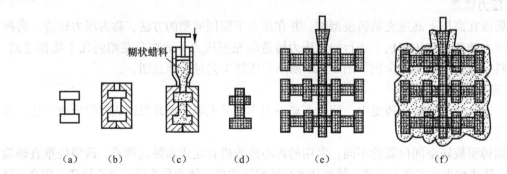

图 2-26 熔模铸造工艺过程

(a) 铸件；(b) 压型；(c) 压制蜡模；(d) 蜡模；(e) 组装蜡模组；(f) 挂砂结壳

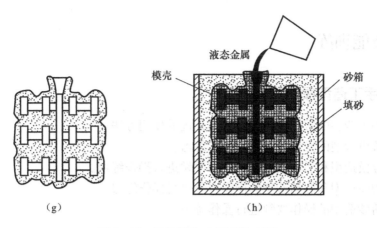

图 2-26 熔模铸造工艺过程（续）

(g) 已失蜡模壳组；(h) 装箱浇注

5. 消失模铸造

消失模铸造是用泡沫塑料制作成与铸件模样完全一样的实型模具，经浸涂耐火黏结涂料，烘干后进行干砂造型，然后浇入金属液使泡沫塑料模样受热气化消失，从而得到与模样形状一致的金属铸件的铸造方法。消失模铸造是一种精确成型新技术，它不需要合箱取模，使用无黏结剂的干砂造型，减少了污染，被认为是 21 世纪最可能实现绿色铸造的工艺技术。消失模铸造工艺过程如图 2-27 所示。

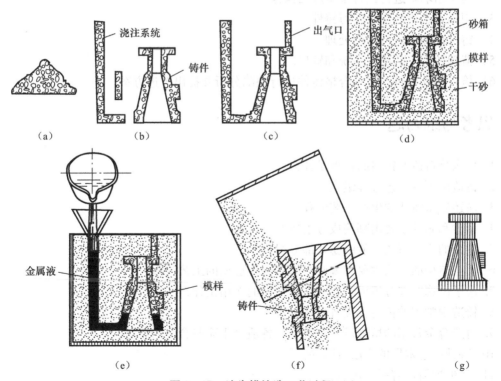

图 2-27 消失模铸造工艺过程

(a) 制备可发性聚苯乙烯珠粒；(b) 制模样；(c) 黏合模样组，刷涂料；
(d) 加干砂，振紧；(e) 放浇口杯，浇注；(f) 落砂；(g) 铸件

2.2 技能训练

2.2.1 手工造型操作练习

1) 熟悉手工造型的常用工具，掌握其正确的使用方法。
2) 按照整模造型的操作要领进行操作练习。
3) 按照分模造型和活块模造型的操作要领进行操作练习。
4) 按照挖砂造型和假箱造型的操作要领进行操作练习。
5) 按照活砂造型的操作要领进行操作练习。

2.2.2 型芯制作操作练习

1) 熟悉整体式芯盒、对分式芯盒和可拆式芯盒的结构特点。
2) 按照对分式芯盒制作粗短砂芯的操作要领进行操作练习。
3) 按照对分式芯盒制作细长砂芯的操作要领进行操作练习。

2.2.3 砂型铸造综合技能训练

1) 按照合箱的操作要求对实习铸件进行合箱操作。
2) 利用坩埚炉进行铝合金熔炼的操作。
3) 用铝合金熔液浇注实习铸件。
4) 铸件冷却后进行落砂处理。
5) 清理铸件上的浇注系统和冒口。
6) 检查铸件质量，对不合格铸件进行缺陷分析并提出改进方案。

思考与练习题

1. 什么是铸造？铸造的特点是什么？
2. 铸造由哪些工艺过程组成？
3. 简述砂型铸造的生产工艺流程。
4. 型砂和芯砂主要由哪些成分组成？
5. 铸型的浇注系统一般由哪几部分组成？
6. 手工造型的方法主要有哪些？简述整模造型的工艺过程。
7. 芯子由哪两部分组成？它们在铸型中的作用是什么？
8. 铸造中常用的铸造合金有哪几种？
9. 铸造合金常用的熔炼设备有哪些？各适合于哪些合金的熔炼？
10. 特种铸造常用的方法有哪些？
11. 消失模铸造有哪些优点？

第 3 章
锻造与冲压

3.1 锻造的基本知识

锻造是一种利用锻压机械对金属坯料（多数加热）施加压力，使其产生塑性变形以获得具有一定机械性能、形状和尺寸的毛坯或零件的加工方法。在机械制造中，锻造和铸造是获得零件毛坯的两种主要方法。锻造过程中，金属因经历塑性变形而使其内部组织更加致密，晶粒得到细化，因此锻件比铸件具有更好的力学性能。锻造在制造业生产中占有举足轻重的地位，锻件主要用作承受重载和冲击载荷的重要机器零件和工具的毛坯，如汽车、机床、矿山机械、发电设备、动力机械、航天和军工产品等。因此锻造的生产能力、工艺水平及锻件产品质量，对一个国家的工业、国防和科学技术水平影响很大。

3.1.1 锻造的方法分类

常用的锻造方法有自由锻、模锻和胎模锻三种。

1. 自由锻

自由锻是将坯料放在简单的通用性工具上，或在锻造设备的上、下抵铁之间施加外力使之产生塑性变形的锻造方法。自由锻生产效率低，锻件形状较简单，加工余量大，材料利用率低，工人劳动强度大，对工人的操作技艺要求高，只适用于单件和小批量生产，但对大型锻件来说是唯一的制造方法。

2. 模锻

模锻是将坯料放在固定于模锻设备的锻模模腔内，施加压力或冲击力，在模腔所限制的空间内发生塑性变形，从而获得锻件的方法。与自由锻相比，模锻具有生产效率高、锻件精度高、材料利用率高等一系列优点，但其设备投资大，模具制造成本高，锻件的尺寸和重量受到限制，主要适用于中、小型锻件的大批量生产。

3. 胎模锻

胎模锻是在自由锻设备上，利用简单、非固定的模具生产锻件的方法。与自由锻相比，胎模锻在提高锻件质量、节约金属材料和提高劳动生产率等方面都有较好的效果，主要适用于形状简单的小型锻件的中、小批量生产。

3.1.2 坯料的加热

1. 加热的目的

加热的目的是提高金属的塑性，降低变形抗力，以改善金属的可锻性和获得良好的锻后组织。金属加热后进行锻造，可以用较小的锻打力使坯料获得较大的变形量，所以锻造多数是热锻。

2. 锻造温度范围

从始锻温度到终锻温度之间的范围，称为锻造温度范围。坯料在加热过程中，加热温度太高会产生加热缺陷，使锻件质量下降，甚至造成废品，因此每种金属都有一个在锻造时所允许的最高加热温度，称为该金属的始锻温度。坯料在锻造过程中，随着热量的散失，温度不断下降，塑性随之下降，变形抗力增强。温度下降到一定程度后，不仅难以继续变形，且易断裂，因此必须停止锻造或重新加热。每种金属允许终止锻造的温度，称为该金属的终锻温度。几种常用金属材料的锻造温度范围如表 3-1 所示。

表 3-1 几种常用金属材料的锻造温度范围

材料种类	始锻温度/℃	终锻温度/℃
低碳钢	1 200 ~ 1 250	750
中碳钢	1 150 ~ 1 200	800
高碳钢	1 100 ~ 1 150	850
合金结构钢	1 150 ~ 1 200	800 ~ 900
铜合金	800 ~ 900	650 ~ 700
铝合金	450 ~ 500	350 ~ 380

3. 加热炉

（1）明火炉

明火炉的工作原理是利用燃料（煤、焦炭）燃烧产生高温火焰，通过对流、辐射把热量传给坯料表面，再由表面向中心传导而使坯料加热。

（2）反射炉

反射炉的工作原理是利用燃料（煤）在燃烧室中燃烧，高温炉气（火焰）通过炉顶反射到加热室中加热坯料，其结构和工作原理如图 3-1 所示。燃烧所需的空气由鼓风机送入，经换热器预热后送入燃烧室，高温炉气越过火墙进入加热室，加热室的温度可达 1 350 ℃，废气被换热器加热后从烟道排出，坯料从炉门放入和取出。

明火炉和反射炉因燃烧煤和焦炭而对环境有严重污染，应限制使用并逐步淘汰。

（3）室式炉

室式炉是以重油或天然气、煤气为燃料，炉膛三面是墙，一面有门的炉子。室式重油炉结构如图 3-2 所示，压缩空气和重油等分别由两个管道送入喷嘴，压缩空气从喷嘴喷出时造成的负压将重油带出并喷成雾状进行燃烧。

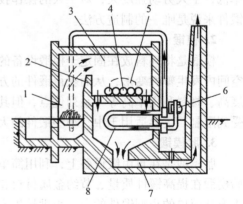

图 3-1 反射炉的结构和工作原理
1—燃烧室；2—火墙；3—加热室；4—坯料；
5—炉门；6—鼓风机；7—烟道；8—换热器

室式炉炉体结构简单、紧凑，热效率较高，对环境污染较小。

(4) 电阻炉

电阻炉的工作原理是利用电阻加热器通电时产生的热量作为热源，以辐射的方式加热坯料。电阻炉分为中温炉（加热器为电阻丝，最高使用温度约为 1 100 ℃）和高温炉（加热器为硅碳棒，最高使用温度可达 1 600 ℃）。图 3 – 3 所示为箱式电阻炉结构示意图。

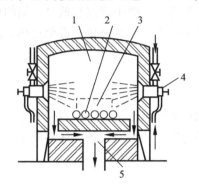 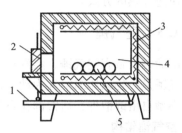

图 3 – 2　室式重油炉结构示意图　　　　　图 3 – 3　箱式电阻炉结构示意图
1—炉膛；2—坯料；3—炉门；4—喷嘴；5—烟道　　1—踏杆；2—炉门；3—电阻丝；4—炉膛；5—坯料

电阻炉操作简便，可通过仪表准确控制炉温，且可通入保护性气体控制炉内气氛，以防止或减少坯料加热时的氧化，对环境无污染。电阻炉及其他电加热炉正日益成为坯料的主要加热设备。

4. 加热缺陷

金属加热可降低变形抗力、提高塑性，但也会使金属产生缺陷，这些缺陷将直接影响金属的锻造性能和锻件质量。常见的加热缺陷有氧化、脱碳、过热、过烧和加热裂纹等。

(1) 氧化和脱碳

采用一般方法加热时，钢料表面不可避免地要与高温炉气中的 O_2、CO_2、H_2O（水蒸气）接触，发生剧烈的氧化反应，使坯料表面与表层产生氧化皮和脱碳层。氧化不仅会造成坯料的烧损（每加热一次烧损 1%～3%），而且氧化皮对炉膛还有腐蚀作用。脱碳层可以在切削加工的过程中被切掉，一般不影响零件的使用。但是，如果氧化现象过于严重，则会产生较厚的氧化皮和脱碳层，甚至造成锻件报废。

减少氧化和脱碳的措施是严格控制送风量，快速加热，减少坯料加热后在炉内停留的时间，或采用少氧化、无氧化加热等。

(2) 过热和过烧

加热坯料时，如果加热温度超过始锻温度，或在始锻温度附近保温过久，坯料内部的晶粒会变得粗大，这种现象称为过热。晶粒粗大的锻件力学性能较差。过热的坯料可采取增加锻打次数或锻后热处理的方法使晶粒细化。

如果将坯料加热到更高的温度，或将过热的坯料长时间停留在高温下，则会造成晶粒间低熔点杂质的熔化和晶粒边界的氧化，从而大大削弱晶粒之间的联系，这种现象称为过烧。过烧的坯料是无可挽回的废品，锻打时必然碎裂。

为了防止过热和过烧，要严格控制加热温度，使其不超过规定的始锻温度；尽量缩短高温坯料在炉内的停留时间，一次装料不要太多，遇到设备故障或意外事故需要停锻时，要及时将炉内已加热的坯料取出。

(3) 加热裂纹

尺寸较大的坯料，尤其是高碳钢和一些合金钢锭料，如果加热速度过快，或装炉温度过高，则在加热过程中可能由于坯料内外层之间的温差较大而产生较大的温度应力，从而导致裂纹的产生。这类坯料加热时，要严格遵守有关加热规范。一般中碳钢和低合金钢的中、小型锻件，以轧材为坯料时不会产生加热裂纹。为提高生产率，减少氧化，避免过热，应尽可能采取快速加热的方式。

3.1.3 空气锤

自由锻的设备有空气锤、蒸汽—空气自由锻锤和自由锻水压机等。本章仅介绍空气锤。

空气锤是一种以压缩空气为动力，并自身携带动力装置的锻造设备。坯料质量在 100 kg 以下的小型自由锻锻件，通常都在空气锤上锻造。

1. 空气锤结构

空气锤的结构及工作原理如图 3-4 所示。空气锤由锤身、压缩缸、工作缸、传动机构、操纵机构、落下部分及砧座等组成。锤身和压缩缸及工作缸铸成一体。传动机构包括电动机、减速机构、曲柄及连杆等。操纵机构包括手柄（或踏杆）、旋阀及其连接杠杆。落下部分包括工作活塞、锤杆、锤头和上抵铁等。落下部分的重量也是锻锤的主规格参数。例如，65 kg 空气锤就是指落下部分为 65 kg 的空气锤，是一种小型的空气锤。

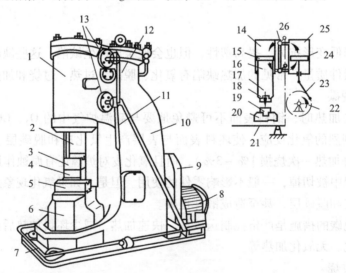

图 3-4 空气锤的结构及工作原理

1、14—工作缸；2、17—锤头；3、18—上抵铁；4、19—下抵铁；5、20—砧垫；6—砧座；7、21—踏杆；8—电动机；9—减速机构；10—锤身；11—手柄；12、25—压缩缸；13—下旋阀；15—工作活塞；16—锤杆；22—曲柄；23—连杆；24—压缩活塞；26—上旋阀

2. 空气锤工作原理

电动机通过传动机构带动压缩缸内的压缩活塞做上下往复运动，将空气压缩，并经上旋阀或下旋阀进入工作缸的上部或下部，推动工作活塞向下或向上运动。通过手柄或踏杆操纵

上、下旋阀转到一定位置，可使锻锤实现以下动作（见图3-5）。

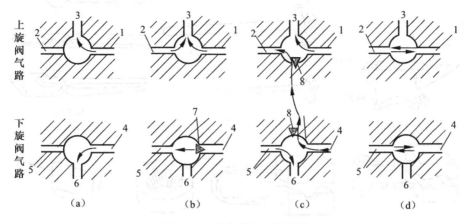

图3-5 空气锤的工作原理
(a) 空转；(b) 锤头上悬；(c) 锤头下压；(d) 连接打击
1—通压缩缸上气道；2—通工作缸上气道；3,6—通大气；
4—通压缩缸下气道；5—通工作缸下气道；7,8—逆止阀

（1）空转

压缩缸的上、下气道都通过旋阀与大气连通，压缩空气不进入工作缸，锤头靠自重落在下抵铁上，电动机空转，锤头不工作。空转是空气锤的启动状态或工作间歇状态。

（2）锤头上悬

工作缸和压缩缸的上气道都经上旋阀与大气连通，压缩空气只能由压缩缸的下气道经下旋阀和工作缸的下气道进入工作缸的下部。下旋阀内有一个逆止阀，可防止压缩空气倒流，使锤头保持在上悬位置。锤头上悬时，可进行辅助性操作，如安放锻件、检查锻件尺寸、更换工具、清除氧化皮等。

（3）锤头下压

压缩缸上气道及工作缸下气道与大气相通，压缩空气由压缩缸下部经逆止阀及中间通道进入工作缸上部，使锤头向下压紧锻件，此时可进行弯曲、扭转等操作。

（4）连续打击

压缩缸和工作缸都不与大气相通，压缩缸不断将压缩空气压入工作缸的上部和下部，推动锤头上下往复运动，进行连续打击。

（5）单次打击

将手柄由锤头上悬位置推到连续打击位置后，再迅速退回到上悬位置，即可实现单次打击。初学者不易掌握单次打击，若操作稍有迟缓，就会成为连续打击，此时务必等锤头停止打击后才能移动锻件或工具。

（6）断续打击

将手柄或踏杆在连续打击位置与上悬位置间往复移动，锤头即可实现断续打击。

3. 自由锻常用工具

自由锻的常用工具如图3-6所示，其中的砧铁和手锤属于手工自由锻工具，也可作为机器自由锻的辅助工具使用。

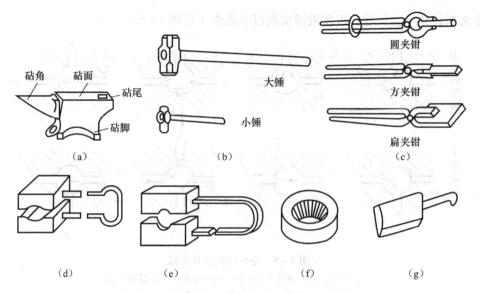

图 3-6 自由锻常用工具

(a) 钻砧；(b) 手锤；(c) 夹钳；(d) 摔子；(e) 压肩摔子；(f) 漏盘；(g) 剁刀

3.1.4 自由锻的基本工序及其操作要点

锻件的锻造成型过程由一系列变形工序组成。根据工序的实施阶段和作用不同，自由锻的工序分为基本工序、辅助工序和精整工序三类。基本工序是实现锻件基本成型的工序，有镦粗、拔长、冲孔、弯曲、扭转、切割、错移、锻接等。为便于实施基本工序而使坯料预先产生少量变形的工序称为辅助工序，如压肩、压痕、倒棱等。在基本工序之后，为修整锻件的形状和尺寸，消除表面不平，矫正弯曲和歪扭等而施加的工序，称为精整工序，如滚圆、摔圆、平整、校直等。

下面以镦粗、拔长和冲孔为例，简要介绍几个基本工序的操作。

1. 镦粗

镦粗是使坯料横截面增大、高度减小的工序，有整体镦粗和局部镦粗两种，如图 3-7 所示。它主要用于齿轮、法兰盘等盘类零件制造。镦粗的操作工艺要点有以下几点。

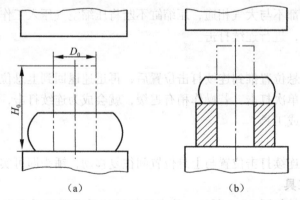

图 3-7 镦粗

(a) 整体镦粗；(b) 局部镦粗

1) 为使镦粗顺利进行,坯料的高径比,即坯料的原始高度 H_0 与直径 D_0 之比,应小于 2.5~3。局部镦粗时,漏盘以上镦粗部分的高径比也要满足这一要求。若高径比过大,则易将坯料镦弯。发生镦弯现象时,应将坯料放平,轻轻锤击矫正,如图 3-8 所示。

2) 高径比过大或锤击力不足时,还可能将坯料镦成双鼓形,如图 3-9(a)所示;若不及时将双鼓形矫正而继续锻打,则可能发展成折叠,使坯料报废,如图 3-9(b)所示。

3) 为防止镦歪,坯料的端面应与轴线垂直。端面与轴线不垂直的坯料镦粗时,要先将坯料夹紧,将端面轻击矫正。

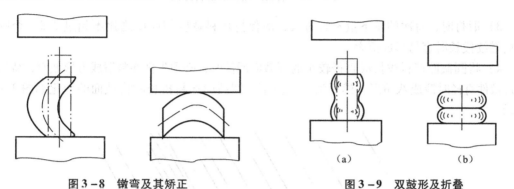

图 3-8　镦弯及其矫正　　　　图 3-9　双鼓形及折叠
(a) 双鼓形;(b) 折叠

4) 局部镦粗时,要选择或加工合适的漏盘。漏盘要有 5°~7° 的斜度,漏盘的上口部位应采取圆角过渡。

5) 坯料镦粗后,需及时进行滚圆修整,以消除镦粗造成的鼓形。滚圆时要将坯料翻转 90°,使其轴线与抵铁表面平行,一边轻轻锤击,一边滚动坯料。

2. 拔长

拔长是使坯料长度增加、横截面减小的工序,适用于连杆、轴等轴类零件制造,其操作要点包括以下几点。

1) 坯料沿抵铁宽度方向送进,每次的送进量 L 应为抵铁宽度 B 的 1/3~2/3,如图 3-10(a)所示。若送进量太大,则金属坯料主要向宽度方向流动,反而会降低拔长效率,如图 3-10(b)所示;送进量太小,又容易产生夹层,如图 3-10(c)所示。

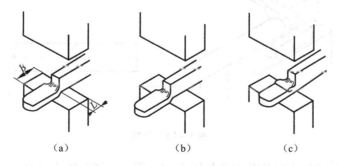

图 3-10　拔长时的送进方向和送进量
(a) 送进量合适;(b) 送进量太大,拔长效率低;(c) 送进量太小,产生夹层

2) 拔长过程中要不断翻转坯料,翻转的方法如图 3-11 所示。

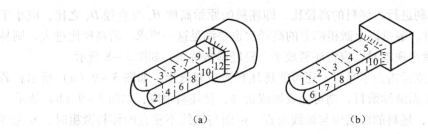

图 3-11　拔长时坯料的翻转方法

3）锻打时，每次的压下量不宜过大，应保持坯料宽度与厚度之比不超过 2.5，否则翻转后继续拔长时容易形成折叠。

4）将圆截面坯料拔长成直径较小的圆截面锻件时，必须先把坯料锻成方形截面，待边长接近锻件直径时锻成八角形，然后滚打成圆形。圆截面坯料拔长时横截面的变化如图 3-12 所示。

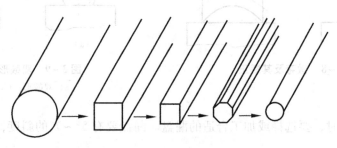

图 3-12　圆截面坯料拔长时横截面的变化

5）锻制台阶或凹挡时，要先在截面分界处压出凹槽，称为压肩（见图 3-13）；压肩后，再把截面较小的一端锻出。

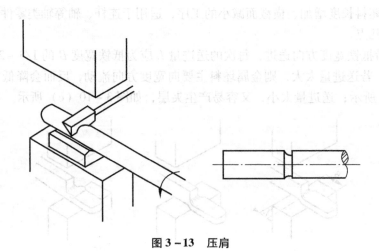

图 3-13　压肩

6）套筒类锻件芯轴上的拔长操作如图 3-14 所示。坯料需先冲孔，然后套在拔长芯轴上拔长，坯料边旋转边轴向送进，并严格控制送进量。若送进量过大，不仅会使拔长效率低，而且会导致坯料内孔增大较多。

7）拔长后需进行调平、校直等修整，以使锻件表面光洁、尺寸准确。方形或矩形截面锻件修整时，将锻件沿抵铁长度方向送进（见图3-15（a）），以增加锻件与抵铁的接触长度。修整时，应轻轻锤击，可用钢板尺的侧面检查锻件的平直度及平整度。圆形截面的锻件修整时，锻件在送进的同时还应不断转动，如使用摔子修整（见图3-15（b）），则锻件的尺寸精度更高。

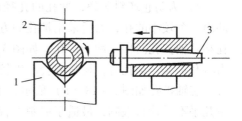

图3-14 芯轴上拔长
1—V形抵铁；2—上抵铁；3—拔长芯轴

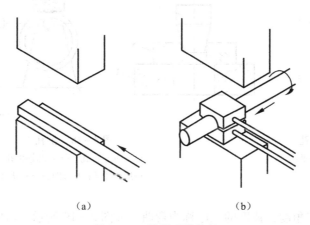

图3-15 拔长后的修整
（a）方形、矩形截面锻件的修整；（b）用摔子修整圆形截面锻件

3. 冲孔

冲孔是在坯料上锻出孔的工序。冲孔一般都是冲出圆形通孔，其工艺要点包括以下几点。

1）由于冲孔时坯料的局部变形量很大，为了提高塑性、防止冲裂，冲孔前应将坯料加热到始锻温度。

2）冲孔前坯料需先镦粗，以尽量减小冲孔深度，并使端面平整，以防止将孔冲斜。

3）为保证孔位正确，应先试冲，即先用冲子轻轻压出孔位的凹痕，如有偏差，可加以修正。

4）冲孔过程中应保持冲子的轴线与砧面垂直，以防冲斜。

5）一般锻件的通孔采用双面冲孔法冲出，如图3-16所示，即先从一面将孔冲至坯料厚度2/3~3/4的深度，取出冲子，翻转坯料，然后从反面将孔冲透。

6）较薄的坯料可采用单面冲孔法冲出，如图3-17所示。单面冲孔时，应将冲子大头朝下，漏盘上的孔不宜过大，且需仔细对正。

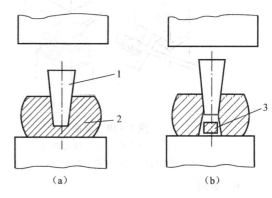

图3-16 双面冲孔
1—冲子；2—坯料；3—冲孔余料

7) 为防止坯料胀裂，冲孔的孔径一般要小于坯料直径的1/3。超过这一限制时，需先冲出一个较小的孔，然后采用扩孔的方法达到所要求的孔径尺寸。常用的扩孔方法有冲子扩孔和芯轴扩孔两种。冲子扩孔，如图3-18（a）所示，即利用扩孔冲子锥面产生的径向胀力将孔扩大。扩孔时，坯料内会产生较大的切向拉应力，容易冲裂，故每次的扩孔量不能太大。芯轴扩孔如图3-18（b）所示，实际上是将带孔坯料在芯轴上沿圆周方向拔长，扩孔量几乎不受什么限制，最适于锻制大直径的圆环件。

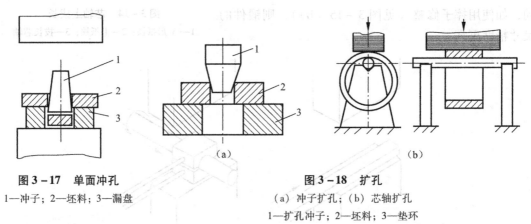

图3-17 单面冲孔
1—冲子；2—坯料；3—漏盘

图3-18 扩孔
（a）冲子扩孔；（b）芯轴扩孔
1—扩孔冲子；2—坯料；3—垫环

4. 弯曲

将坯料弯成一定角度或弧度的工序称为弯曲，如图3-19所示。弯曲的方法有两种，一种方法是用上下抵铁压紧锻件的一端，在另一端用大锤打弯或用行车拉弯；另一种方法是在垫模中进行弯曲。

5. 扭转

扭转是在保持坯料轴线方向不变的情况下，将坯料的一部分相对另一部分扳转一定角度的工序，如图3-20所示。扭转时，需将坯料加热至始锻温度，受扭曲变形的部分表面必须光滑，面与面的相交处要有圆角过渡，以防扭裂。

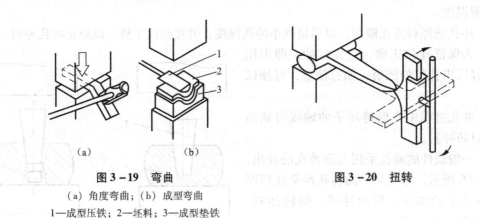

图3-19 弯曲
（a）角度弯曲；（b）成型弯曲
1—成型压铁；2—坯料；3—成型垫铁

图3-20 扭转

6. 切割

切割是分割坯料或切除锻件余料的工序。方形截面坯料或锻件的切割如图3-21（a）所示，先将剁刀垂直切入工件，至将要断开时将工件翻转，再用剁刀或克棍截断。切割圆形工件时，要将工件放在带有凹槽的剁垫中，边切割、边旋转，如图3-21（b）所示。

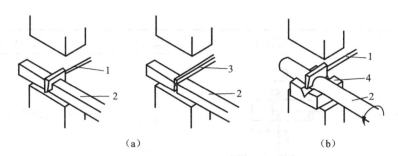

图 3-21 切割

（a）方料或锻件的切割；（b）圆料的切割
1—剁刀；2—工件；3—克棍；4—剁垫

3.1.5 自由锻成型工艺

自由锻工艺灵活且多种多样，其影响因素主要包括操作技术水平、设备条件、材料情况、生产批量和锻件的技术要求等，应当力求采用工序最少、最合理的先进技术。

下面介绍几个典型工艺实例。

1. 阶梯轴类锻件自由锻工艺

阶梯轴类锻件自由锻的主要变形工序是整体拔长及分段压肩、拔长。表 3-2 所示为一简单阶梯轴锻件自由锻工艺过程。

表 3-2 阶梯轴锻件自由锻工艺过程

锻件名称	阶梯轴	工艺类型	自由锻
材料	45 钢	设备	150 kg 空气锤
加热火次	2	锻造温度范围	1 200 ℃ ~ 800 ℃
锻件图		坯料图	

序号	工序名称	工序简图	使用工具	操作要点
1	拔长		火钳	整体拔长至 $\phi(49\pm2)$ mm

续表

序号	工序名称	工序简图	使用工具	操作要点
2	压肩	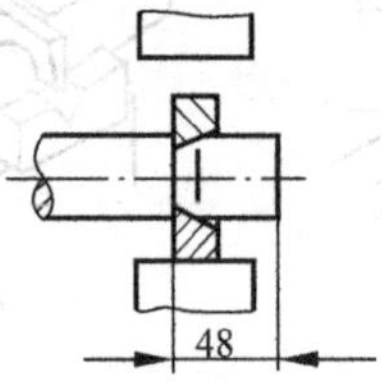 (图：48)	火钳，压肩摔子	边轻打、边旋转坯料
3	拔长	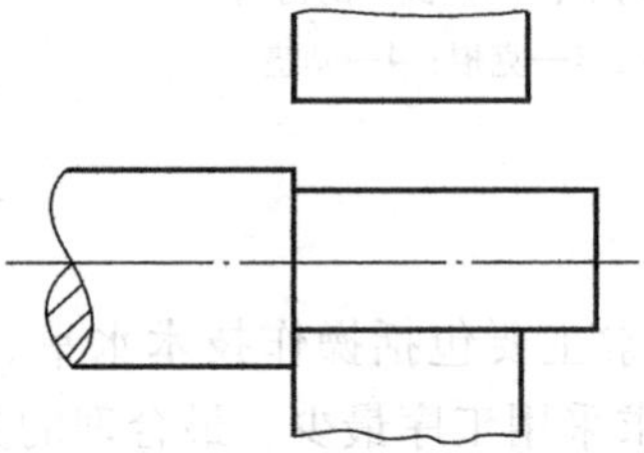 (图)	火钳	将压肩一端拔长至略大于 $\phi 37$ mm
4	摔圆	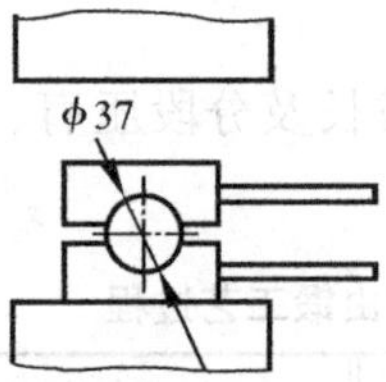 (图：$\phi 37$)	火钳，摔圆摔子	将拔长部分摔圆至 $\phi(37\pm2)$ mm 后，进行第二次加热
5	压肩	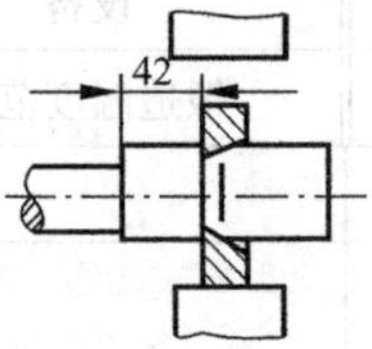 (图：42)	火钳，压肩摔子	截出中段长度 42 mm 后，将另一端压肩
6	拔长	（略）	火钳	将压肩一端拔长至略大于 $\phi 32$ mm
7	摔圆	（略）	火钳，摔圆摔子	将拔长部分摔圆至 $\phi(32\pm2)$ mm
8	精整	（略）	火钳，钢板尺	检查及修整轴向弯曲

2. 带孔盘套类锻件自由锻工艺

带孔盘套类锻件自由锻的主要变形工序是镦粗和冲孔（或再冲孔）；带孔套类锻件的主要变形工序为镦粗、冲孔和芯轴上拔长。表 3-3 所示为六角螺母毛坯自由锻工艺过程，此锻件可视作带孔盘类锻件，其主要变形工序为局部镦粗和冲孔。

表3-3 六角螺母毛坯自由锻工艺过程

锻件名称	六角螺母	工艺类别	自由锻
材料	45钢	设备	100 kg 空气锤
加热火次	1	锻造温度范围	1 200 ℃ ~ 800 ℃
锻件图		坯料图	

序号	工序名称	工序简图	使用工具	操作要点
1	局部镦粗		火钳，镦粗漏盘	1. 漏盘高度和内径尺寸要符合要求； 2. 漏盘内孔要有3°~5°斜度，上口要有圆角； 3. 局部镦粗高度为20 mm
2	修整		火钳	将镦粗造成的鼓形修平
3	冲孔		冲子，镦粗漏盘	1. 冲孔时套上镦粗漏盘，防止径向尺寸胀大； 2. 采用双面冲孔法冲孔； 3. 冲孔时孔位要对正，以防止冲斜
4	锻六角		冲子，火钳，六角槽垫，平锤，样板	1. 带冲子操作； 2. 注意轻击，随时用样板测量

续表

序号	工序名称	工序简图	使用工具	操作要点
5	罩圆倒角		罩圆窝子	罩圆窝子要对正，轻击
6	精整	（略）		检查及精整各部分尺寸

3.2 技能训练

3.2.1 自由锻镦粗练习

1）设备：65 kg 空气锤；工具：火钳、卡钳；材料：45 圆钢；锻造温度范围：1 200 ℃ ~ 800 ℃。

2）镦粗坯料的高径比，即坯料原始高度 H_0 与直径 D_0 之比，应小于 2.5 ~ 3。

3）坯料端面要平整，并垂直于坯料的中心线，以防止镦歪。

4）若坯料镦粗后出现鼓形或双鼓形，需及时进行滚圆修整，以消除鼓形。滚圆时，要将坯料翻转 90°，使其轴线与抵铁表面平行，一边轻轻锤击，一边滚动坯料。

3.2.2 自由锻拔长练习

1）设备：65 kg 空气锤；工具：火钳、卡钳；材料：45 圆钢；锻造温度范围：1 200 ℃ ~ 800 ℃。

2）拔长时，每次的送进量 L 应为抵铁宽度 B 的 1/3 ~ 2/3。若送进量过大，则金属坯料主要向宽度方向流动，降低拔长效率；送进量过小，又容易使坯料产生夹层。

3）拔长过程中，要不断 90° 翻转坯料。

3.3 冲压的基本知识

利用冲压设备和冲模使金属或非金属板料产生分离或成型而得到冲压件的制造工艺方法称为冲压。冲压通常在常温下进行，所以又称为冷冲压。因所用坯料是板材，所以又称板料冲压。

常用的冲压材料一般是具有较高塑性的低碳钢、奥氏体不锈钢、铜合金、铝合金等金属薄板；也可以是非金属板，如石棉板、硬橡胶板、塑料板、胶木板、纤维板、绝缘纸、皮革等。用于冲压的金属板料厚度一般小于 6 mm，当板厚超过 8 mm 时采用热冲压。

冲压的优点有以下几个。

1）制品质量稳定、互换性好。

2) 生产率高。
3) 操作简单。

冲压的缺点为冲模结构较复杂,设计、制造周期较长,成本较高,所以冲压适用于板料制件的大批量生产。

3.3.1 冲压设备

1. 剪板机

剪板机又称为剪床,是冲压加工下料用的基本设备。它可以将板料剪切成一定宽度的条料或块料,以供冲压使用。剪板机的主要技术参数是它所能剪切板料的厚度和宽度,如Q11-2×1000型剪床,表示能剪切厚度为2 mm、宽度为1 000 mm的板材。图3-22所示为剪板机外形及其传动简图。

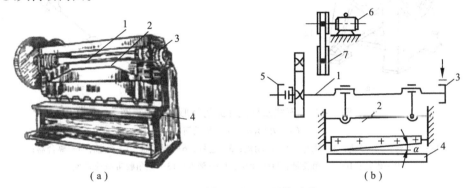

图 3-22 剪板机外形及其传动简图
(a) 外形;(b) 传动简图
1—曲轴;2—滑块;3—制动器;4—工作台;5—离合器;6—电动机;7—传动轴

2. 曲柄压力机

曲柄压力机(也称冲床)是冲压加工的基本设备。曲柄压力机按结构分为单柱式和双柱式、开式和闭式等;按滑块的驱动方式分为液压驱动和机械驱动两类。曲柄压力机属于机械压力机类设备,其规格或吨位以公称压力表示。例如,J23-63型曲柄压力机(冲床),型号中的"J"表示机械压力机,"23"表示曲柄压力机机型是开式可倾斜式,"63"表示曲柄压力机的公称压力为630 kN。开式双柱式冲床的外形和传动简图如图3-23所示。

3. 折弯机

板料折弯机是一种将金属板料在冷态下弯曲成型的加工机械,它使用最简单的通用模具对板料进行各种角度的直线弯曲,操作简单,通用性好,模具成本低,更换方便,而且机器本身只有一个上下往复的基本运动。目前绝大多数板料折弯机采用液压传动。上传动液压板料折弯机结构如图3-24所示。

一般板料折弯机主要采用自由折弯方式,如图3-25所示。凹模的形状固定不变,板料架于凹模表面,折弯机滑块带动凸模下行,将板料在凹模内折弯成一定角度。板料折弯的角度取决于凸模进入凹模的深度,因而可以利用一副模具将工件折弯成不同的角度。优点是机床结构较简单,折弯力较小;缺点是板料厚度不均匀对折弯角度有影响,回弹较大,且拉延性能不好的板料在折弯区易被拉裂。

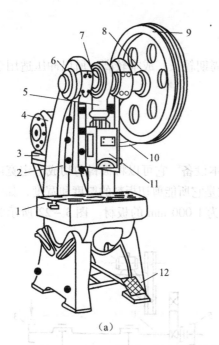 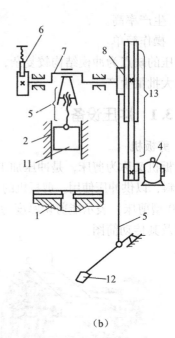

图 3-23 开式双柱式冲床的外形和传动简图
(a) 外形图；(b) 传动简图
1—工作台；2—导轨；3—床身；4—电动机；5—连杆；6—制动器；7—曲轴；8—离合器；
9—带轮；10—三角胶带；11—滑块；12—踏板；13—三角胶带减速系统

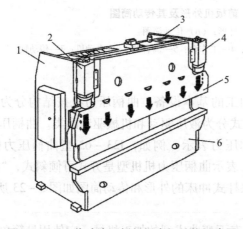 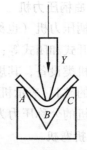

图 3-24 上传动液压板料折弯机结构示意图 　　　　　图 3-25 自由折弯
1—左立板；2—左液压缸；3—右立板；
4—右液压缸；5—滑块；6—工作台

4. 数控转塔冲床

数控转塔冲床集机、电、液、气于一体化，是在板材上进行冲裁加工、浅拉深成型的压力加工设备。它由电脑控制系统、机械或液压动力系统、伺服送料机构、模具库、模具选择系统、外围编程系统等组成。通过编程软件（或手工）编制的加工程序，由伺服送料机构将板料送至需加工的位置，同时由模具选择系统选择模具库中相应的模具，液压动力系统按程序进行冲压，自动完成工件的加工。

例如某金属板料上要冲出如图 3-26 所示的 5 种孔形，如果采用普通冲床冲孔，则需要使用 5 套冲模，并经过 4 次更换模具才能完成，或在多台冲床上分别冲出；如采用数控冲孔，则只要制造一套横截面为圆形、工作直径为 $2R_0$ 的冲模即可完成。根据图中各孔的尺寸、形状及位置编制相关程序后，在工件的一次装夹中，即可把全部的孔自动冲出。

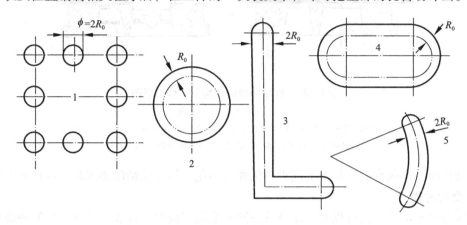

图 3-26　数控冲孔示意图

3.3.2　冲模

冲模按结构和工作特点不同，分为简单冲模、连续冲模和复合冲模三种。

1. 简单冲模

在压力机滑块的一次行程中只完成一道冲压工序的冲模称为简单冲模。

图 3-27 所示为简单冲裁模，其组成及各部分的作用如下。

1）模架包括上、下模板及压板、模柄等，其作用是把凸模（冲头）和凹模安装、固定在滑块和工作台上。

2）凸模（冲头）和凹模是模具的核心工作部件。

3）导柱和导套起导向作用，以保证模具的运动精度。

4）导料板和定位销引导板料送进方向和控制送进量。

5）卸料板使板料在冲裁后从凸模上脱出。

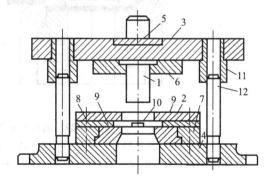

图 3-27　简单冲裁模

1—凸模；2—凹模；3—上模板；4—下模板；5—模柄；
6，7—压板；8—卸料板；9—导料板；10—定位销；
11—导套；12—导柱

2. 连续冲模

在压力机滑块的一次行程中，在模具的不同部位同时完成两个或多个冲压工序的冲模称为连续冲模，其结构及工作示意图如图 3-28 所示。

冲孔凸模和落料凸模、冲孔凹模和落料凹模分别制作在同一个模体上。导板起导向和卸料作用。定位销使条状板料大致定位。导正销与已冲孔配合，使落料时准确定位。

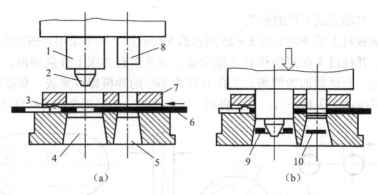

图 3-28　连续冲模的结构及工作示意图
(a) 板料送进；(b) 冲裁
1—落料凸模；2—导正销；3—定位销；4—落料凹模；5—冲孔凸模；6—坯料；
7—导板（卸料板）；8—冲孔凸模；9—冲裁件；10—废料

连续冲模生产效率高，易于实现机械化和自动化，但定位精度要求高，制造成本较高。

3. 复合冲模

在压力机滑块的一次行程中，在模具的同一部位完成两个或多个冲压工序的冲模称为复合冲模。图 3-29 所示为落料—拉深复合模的结构及工作原理。

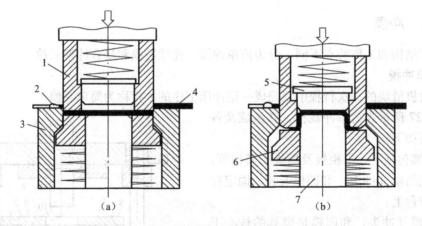

图 3-29　落料—拉深复合模的结构及工作原理
(a) 落料；(b) 拉深
1—凸凹模；2—定位销；3—落料凹模；4—坯料；5—顶出器；6—拉深压板；7—拉深凸模

这种模具在结构上的主要特点是有一个凸凹模零件，该凹凸模工作部分外缘为落料凸模，内缘为拉深凹模。板料送进定位，凸凹模下降时，首先落料，然后拉深凸模将坯料反向顶入凸凹模内，进行拉深。顶出器在滑块回程时将拉深件顶出。

复合冲模有较高的冲压加工精度及生产率，但制造复杂，成本较高。

3.3.3　冲压基本工序

板料冲压工序分为分离工序和成型工序两大类。分离工序是把板料沿一定线段分离的冲压工序，有冲孔、落料、切断、切口等；成型工序是使板料产生局部或整体变形的冲压工序，有弯曲、拉深、胀形、翻边等。

1. 冲孔和落料

冲孔和落料合称为冲裁（图3-30），均是使板料沿封闭轮廓线分离的工序。

冲孔和落料的模具结构、操作方法和板料分离过程完全相同，但各自的作用不同。冲孔是在板料上冲出孔洞，冲下的部分是废料，如图3-31所示。落料是从板料上冲下成品，留下的板料是废料或余料，如图3-32所示。

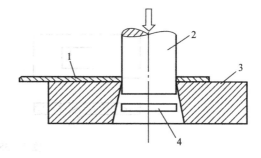

图3-30 冲裁

1—板料；2—冲头；3—凹模；4—冲下部分

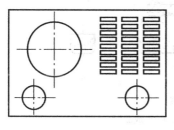

图3-31 冲孔

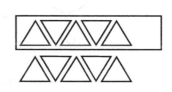

图3-32 落料

为了顺利地将板料分离，并使切口整齐和尺寸准确，冲头和凹模的工作部分都有锋利的刃口。此外，为保证冲裁质量，冲头和凹模之间要有相当于板料厚度5%~10%的间隙。

在满足使用要求的前提下，合理设计落料件的形状及其在板料上的排列方案，对于提高材料的利用率有重要意义。如图3-33所示的制件在保证孔距不变的情况下，改进设计，可使材料利用率从38%提高到79%。图3-34则表示合理的排料方案可以大大减少废料。

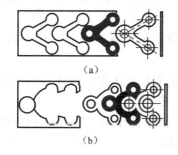

图3-33 改进零件设计节约原材料

(a) 改进前；(b) 改进后

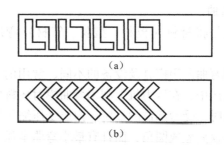

图3-34 改进排料方案节约原材料

(a) 改进前；(b) 改进后

切口（图3-35）可视作不完整的冲裁，其特点是将板料沿不封闭的轮廓线部分地分离，并且常使分离部分的金属发生弯曲或胀形，以利于散热等。

2. 拉深

拉深是将平板冲压成型为空心件的成型工序，又称拉延，如图3-36所示。

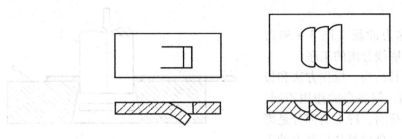

图 3-35 切口

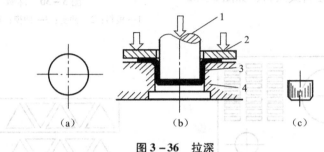

图 3-36 拉深
(a) 板料；(b) 拉深过程；(c) 成品
1—冲头；2—压板；3—工件；4—凹模

拉深工序主要用于冲压成型圆筒形件、盒形件和汽车覆盖件等。

由图 3-36 可知，金属拉深过程实质上就是使冲头下端以外的板料金属由平面形状转化为直立筒壁的过程。

由于拉深过程中通常板料塑性变形较大，所以要防止工件被拉裂。在模具结构上采取的措施：一是在凸模和凹模的工作部分加工出一定的圆角半径；二是在凸模和凹模之间要有 1.1~1.2 倍板厚的单边间隙。在拉深工艺上，一是板料上要涂润滑剂；二是板料变形程度超过允许极限时要采用多次拉深方式。此外，为防止拉深过程中板料起皱，要在拉深模上设置压料板，也称为压边圈。拉深时，压料板先将板料压住，凸模再进行拉深。

3. 弯曲

弯曲是将材料（板料、型材、管材）弯成一定曲率和角度的成型工序，如图 3-37 所示。

根据弯曲所用模具及设备的不同，常用的弯曲方法主要有压弯、折弯、滚弯和拉弯等。在冲压生产中，在压力机上利用弯曲模对坯料压弯应用最为广泛。

弯曲时，受弯部位的金属，内层受压缩作用，外层受拉伸作用。为防止板料被拉裂，冲头端部不仅要做成圆角，而且有最小弯曲半径 r_{min} 的限制。

弯曲时，受弯部位金属发生弹—塑性变形。当冲头回程时，工件会发生回弹现象，如图 3-38 所示。回弹的角度称为回弹角 $\Delta\alpha$，因此板料实际弯成的角度不是弯曲模的工作角度 α，而是 $\alpha + \Delta\alpha$。

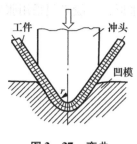
图 3-37 弯曲

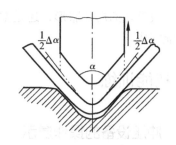
图 3-38 弯曲件的回弹现象

4. 翻边

翻边是在模具的作用下，将工件的孔边缘或外边缘翻成竖立直边的变形工序。根据工件边缘的性质和应力状态的不同，翻边分为内孔翻边（翻孔）和外缘翻边两类，如图 3-39 所示。

一般来讲，翻孔必须采用翻边模通过压力机的压力才能完成。图 3-40 所示为翻孔过程示意图。在翻孔过程中，孔的边缘处于切向拉应力状态，当变形超过允许变形程度时，就会开裂，所以有最小翻边系数（翻孔前后孔径的比值 d_0/d_p）的限制。

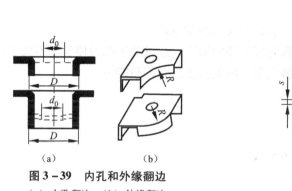

图 3-39 内孔和外缘翻边
（a）内孔翻边；（b）外缘翻边

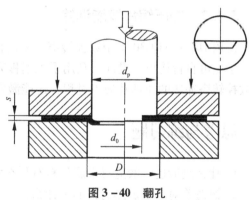

图 3-40 翻孔

5. 胀形

胀形是使变形区金属厚度减薄、表面积增大的成型工序。它主要用于在平板毛坯上局部压制出各种形状的凸起和凹陷，如压肋、压坑、压字、压花等；或者是在圆柱空心毛坯或管状毛坯上使局部区域的直径胀大（凸肚），如图 3-41 所示。

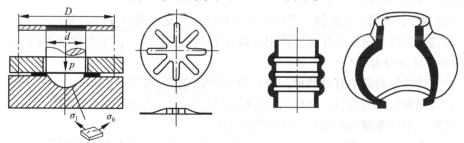

图 3-41 胀形
（a）平板坯件胀形（压坑）；（b）管状坯件胀形（凸肚）

不论是平板毛坯的局部胀形，还是空心毛坯的凸肚胀形，一般必须采用胀形模通过压力机的压力才能完成。

3.4 技能训练

3.4.1 冲压设备的操作演示

1. 剪板机的操作示范

使用剪板机将板料剪切成一定宽度的条料或块料。

2. 曲柄压力机（冲床）的操作示范

使用开式双柱可倾式曲柄压力机（冲床）进行冲压操作。

3. 折弯机的操作示范

使用折弯机对板料进行多种角度的直线弯曲操作。

4. 数控转塔冲床的操作示范

使用转塔冲床简单编程进行冲压操作演示。

3.4.2 冲压综合技能训练

使用 HZ–SKCC30.1 型数控转塔冲床进行冲压实习操作练习。

学生可自行构思、设计，利用手工编程完成工件的加工。通过加工练习使学生不仅了解了数控转塔冲床的原理及加工过程，还能激发学生的创新思维和创新能力。

思考与练习题

1. 什么是锻造？锻造对金属材料有什么意义？
2. 锻造前对坯料加热的目的是什么？
3. 什么是锻造温度范围？中、低碳钢的锻造温度范围是多少？
4. 常见的加热缺陷有哪些？对锻件质量有何影响？如何避免？
5. 常用的锻造方法有几种？什么是自由锻造？
6. 简述空气锤的结构及工作原理。
7. 自由锻造的基本工序有哪些？
8. 镦粗和拔长的操作要领是什么？
9. 不锈钢板是否属于低碳钢？其强度和塑性如何？是否适合冲压成型？
10. 以垫片工件为例，为什么生产中冲裁方案不是唯一的？在生产批量不同时，分析采用哪种冲裁模具结构为好？
11. 拉深件常见的缺陷有哪两种？防止缺陷产生的措施有哪些？
12. 冲裁模和拉深模的凸、凹模结构有哪些不同？为什么要有这些不同？
13. 胀形变形区金属切向受拉伸还是受压缩作用？
14. 空心毛坯的凸肚胀形，在生产中如何解决胀形模从工件中退出的问题？
15. 数控转塔冲床有哪些主要组成部分？

第4章

焊　接

4.1　基本知识

4.1.1　焊接概述

焊接是现代工业生产中广泛应用的一种金属连接方法。它是通过加热或加压（或两者并用），并且用（或不用）填充材料使焊件间原子（分子）相互结合的一种连接方法。

焊接方法的种类很多，按焊接过程的特点不同，可分为熔焊、压焊和钎焊三大类。

（1）熔焊

熔焊的特点是将焊件连接处局部加热到熔化状态，然后冷却凝固成一体，不加压力完成焊接。工业生产中常用的熔焊方法有焊条电弧焊、气焊、埋弧焊、CO_2气体保护焊和氩弧焊等。

（2）压焊

压焊是在焊接过程中必须对焊件施加压力（加热或不加热）完成焊接的方法，如电阻焊等。

（3）钎焊

钎焊是低熔点的填充金属（称为钎料）熔化后，与固态焊件金属相互扩散形成原子间的结合而实现连接的方法。

4.1.2　焊条电弧焊

利用电弧作为焊接热源的熔焊方法称为电弧焊，简称弧焊。用手工操纵焊条进行焊接的电弧焊方法称为焊条电弧焊。

焊条电弧焊所需的设备简单，操作方便、灵活，是工业生产中应用最广泛的一种焊接方法，适用于厚度2 mm以上各种金属材料的焊接。

1. 弧焊机

（1）弧焊机的种类

电弧焊需要专用的焊接电源，称为电弧焊机。焊条电弧焊的焊接电源称为手弧焊机，简称弧焊机。弧焊机按其供给的焊接电流性质可分为交流弧焊机和直流弧焊机两类。

1）交流弧焊机。

交流弧焊机实际上是一种具有一定特性的降压变压器，称为弧焊变压器。它把网路电压

（220 V 或 380 V）的交流电变成适合于电弧焊的低压交流电，其结构简单、价格便宜、使用方便、维修容易、空载损耗小，但电弧稳定性较差。图 4-1 所示为一种目前较常采用的交流弧焊机的外形，其型号为 BX1-250。型号中"B"表示弧焊变压器，"X"表示下降外特性（电源输出端电压与输出电流的关系称为电源的外特性），"1"表示系列品种序号，"250"表示弧焊机的额定焊接电流为 250 A。

2）直流弧焊机。

生产中常用的直流弧焊机有整流式直流弧焊机和逆变式直流弧焊机等。

① 整流式直流弧焊机（简称整流弧焊机）。整流弧焊机是电弧焊专用的整流器，故又称为弧焊整流器。它把网路交流电经降压和整流后变为直流电。整流弧焊机弥补了交流弧焊机电弧稳定性较差的缺点，且焊机结构较简单、制造方便、空载损失小、噪声小，但价格比交流弧焊机高。图 4-2 所示为一种常用的整流弧焊机的外形，其型号为 ZXG-300。型号中"Z"表示弧焊整流器，"X"表示下降外特性，"G"表示该整流弧焊机采用硅整流元件，"300"表示整流弧焊机的额定焊接电流为 300 A。

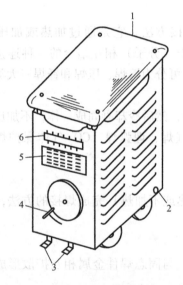
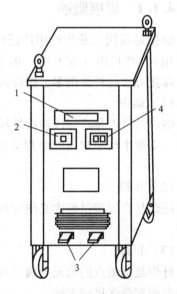

图 4-1 BX1-250 交流弧焊机外形
1—焊机输入端（接外接电源）；2—接地螺栓；
3—焊接电源两极（接焊件和焊条）；4—调节手柄；
5—焊机铭牌；6—电流指示器

图 4-2 ZXG-300 整流弧焊机外形
1—电流指示盘；2—电流调节器；
3—焊接电源两极；4—电源开关

② 逆变式直流弧焊机，简称逆变弧焊机。逆变弧焊机又称为弧焊逆变器，是一种有较大发展前景的新型弧焊电源。它具有高效节能、重量轻、体积小、调节速度快及弧焊工艺性能良好等优点，近年来发展迅速，预计在未来的弧焊电源中将占据主导地位。

直流弧焊机输出端有正极和负极之分，焊接时电弧两端极性不变。因此，直流弧焊机输出端有两种不同的接线方法：焊件接直流弧焊机正极，焊条接负极的接法称为正接；反之，称为反接。用直流弧焊机焊接厚板时，一般采用正接，以利用电弧正极的温度和热量比负极高的特点，获得较大的熔深；焊接薄板时，为了防止焊穿缺陷，常采用反接。在使用碱性焊条时，均应采用直流反接，以保证电弧燃烧稳定。

（2）弧焊机的主要技术参数

弧焊机的主要技术参数标明在弧焊机的铭牌上，主要有初级电压、空载电压、工作电压、输入容量、电流调节范围和负载持续率等。

①初级电压，指弧焊机接入网路时所要求的外电源电压。一般交流弧焊机的初级电压为单相380 V，整流弧焊机的初级电压为三相380 V。

②空载电压，指弧焊机在没有负载时（即未焊接时）的输出端电压。一般交流弧焊机的空载电压为60～80 V，直流弧焊机的空载电压为50～90 V。

③工作电压，指弧焊机在焊接时的输出端电压，也可看作电弧两端的电压（称为电弧电压）。一般弧焊机的工作电压为20～40 V。

④输入容量，指由网路输入到弧焊机的电流与电压的乘积，它表示弧焊变压器传递电功率的能力，其单位是kV·A。

⑤电流调节范围，指弧焊机在正常工作时可提供的焊接电流范围。国家标准GB/T 8118—2010电弧焊机通用技术条件对弧焊机的电流调节范围作了明确规定。

⑥负载持续率，指规定工作周期内弧焊机有焊接电流的时间所占的平均百分比。国家标准规定焊条电弧焊电源的工作周期为5 min，额定的负载持续率一般为60%，轻型电源可取35%。

2. 焊条电弧焊工具

（1）电焊钳

电焊钳的主要作用是夹紧焊条并传导焊接电流，它应具有良好的导电性、不易发热、质量小、夹持焊条紧固、更换焊条容易和安全等特点，通常有300 A和500 A两种，其结构如图4-3所示。

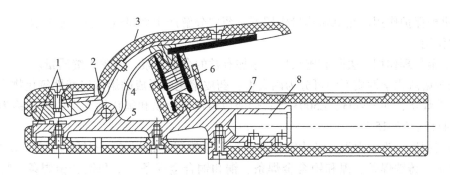

图4-3　电焊钳结构

1—钳口；2—固定销；3—弯臂罩壳；4—弯臂；5—直柄；6—弹簧；7—胶布手柄；8—焊接电缆固定处

（2）面罩和护目镜

面罩和护目镜用来防止焊接飞溅、弧光及高温对焊工面部及颈部灼伤，同时还能减轻灰尘和有害气体对呼吸道的伤害。

面罩一般分为手持式和头盔式两种。

此外还有焊条保温桶、焊缝接头尺寸检测器、敲渣锤、钢丝刷和高速角向砂轮机等。

3. 焊条

焊条是焊条电弧焊所采用的焊接材料（焊接时所消耗的材料统称为焊接材料），由焊芯和药皮两部分组成，如图4-4所示。

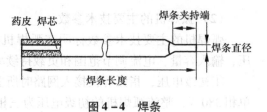

图4-4 焊条

焊芯是指焊条内的金属丝，它具有一定的直径和长度。焊芯的直径称为焊条直径，焊芯的长度即焊条长度。常用焊条的直径和长度规格见表4-1。

表4-1 常用焊条的直径和长度规格   mm

焊条直径	2.0	2.5	3.2	4.0	5.0
焊条长度	250 300	250 300	350 400	350 400 450	400 450

焊芯在焊接时的作用有两个：一是作为电极传导电流，产生电弧；二是熔化后作为填充金属，与熔化的母材一起组成焊缝金属。

按国家标准，用于焊芯的专用钢丝（简称焊丝）有碳素结构钢、低合金结构钢和不锈钢三类。常用碳素结构钢焊丝牌号有H08、H08A和H08E等，牌号中"H"表示焊条用钢，"A"表示高级优质，"E"表示特级优质。

药皮是压涂在焊芯表面的涂料层，由矿石粉、铁合金粉和黏结剂等原料按一定比例配制而成，其主要作用有下列几个。

1）改善焊条工艺性。如使电弧易于引燃，保持电弧稳定燃烧，有利于焊缝成型，减少飞溅等。

2）机械保护作用。在电弧热量作用下，药皮分解产生大量气体并形成熔渣，对熔化金属起保护作用。

3）冶金处理作用。去除有害杂质，添加有益的合金元素，改善焊缝质量。

焊条按熔渣化学性质不同可分为两大类：药皮熔化后形成的熔渣以酸性氧化物为主的焊条称为酸性焊条，如E4303、E5003等；熔渣以碱性氧化物和氟化钙为主的焊条称为碱性焊条，如E4315、E5015等。

焊条按用途分为十大类：结构钢焊条、钼和铬钼耐热钢焊条、不锈钢焊条、堆焊焊条、低温钢焊条、铸铁焊条、镍和镍合金焊条、铜和铜合金焊条、铝和铝合金焊条、特殊用途焊条。

焊接结构生产中应用最广的是结构钢焊条（包括碳钢焊条和低合金钢焊条）。焊接不同钢材时应选用不同型号的焊条，如焊接Q235钢和20钢时选用E4303或E4315焊条；焊接16Mn钢时选用E5003或E5015焊条。焊条型号中"E"表示焊条；"43"和"50"分别表示熔敷金属抗拉强度最小值为420 MPa（43 kgf[①]/mm²）和490 MPa（50 kgf/mm²）。焊条型号中第三位数字表示适用的焊接位置，"0"和"1"表示适用于全位置焊接。第三位和第四位数字组合时表示药皮类型和焊接电源种类，"03"表示钛钙型药皮，用交流或直流正、反

---

① 1 kgf = 9.8 N。

接焊接电源均可;"15"表示低氢钠型药皮,直流反接焊接电源。

4. 焊接接头形式和焊缝坡口形式

(1) 焊接接头形式

常用的焊接接头形式有对接接头、搭接接头、角接接头和T形接头等,如图4-5所示。其中对接接头是指两焊件表面构成大于135°、小于180°夹角的接头;搭接接头是指两焊件部分重叠构成的接头;角接接头是指两焊件端部构成大于30°、小于135°夹角的接头;T形接头是指一焊件的端面与另一焊件表面构成直角或近似直角的接头。

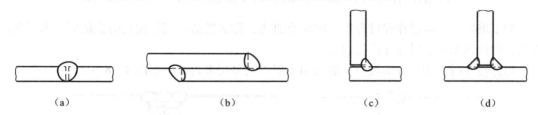

图4-5 常用的焊接接头形式

(a) 对接接头;(b) 搭接接头;(c) 角接接头;(d) T形接头

(2) 焊缝坡口形式

焊件较薄时,在焊件接头处只要留出一定的间隙,采用单面焊或双面焊即可保证焊透。焊件较厚时,为了保证焊透,焊接前要把焊件的待焊部位加工成所需的几何形状,即需要开坡口。根据焊件板厚不同,对接接头常见的坡口形式有I形坡口、Y形坡口、双Y形坡口和带钝边U形坡口等,如图4-6所示。

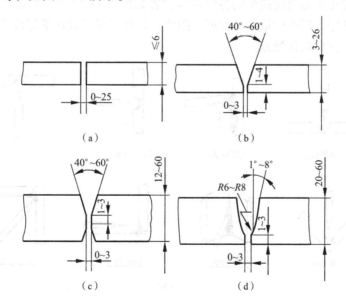

图4-6 电弧焊对接接头的坡口形式

(a) I形坡口;(b) Y形坡口;(c) 双Y形坡口;(d) 带钝边U形坡口

施焊时,对I形坡口、Y形坡口和带钝边U形坡口,可以根据实际情况,采用单面焊或双面焊完成,如图4-7所示。一般情况下,若能双面焊则应尽量采用双面焊,因为双面焊容易保证焊透。

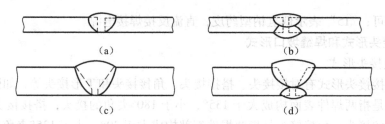

图 4-7 单面焊和双面焊

(a) I 形坡口单面焊；(b) I 形坡口双面焊；(c) Y 形坡口单面焊；(d) Y 形坡口双面焊

加工坡口时，通常在焊件厚度方向留有直边，称为钝边，其作用是防止烧穿。为了保证焊透，焊接接头组装时往往留有间隙。

焊件较厚时，为了焊满坡口，需采用多层焊或多层多道焊，如图 4-8 所示。

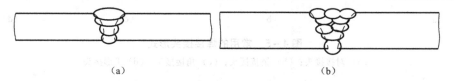

图 4-8 对接接头 Y 形坡口的多层焊

(a) 多层焊；(b) 多层多道焊

5. 焊接位置

熔焊时，焊件接缝所处的空间位置称为焊接位置，有平焊位置、立焊位置、横焊位置和仰焊位置等。对接接头和角接接头的各种焊接位置如图 4-9 所示。平焊位置易于操作，生产率高，劳动条件好，焊接质量容易保证。因此，焊件应尽量放在平焊位置施焊，立焊位置和横焊位置次之，仰焊位置最差。

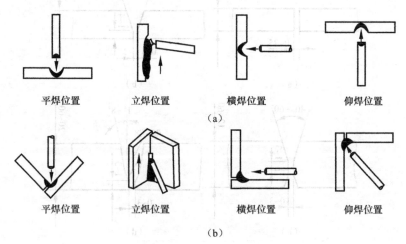

图 4-9 焊接位置

(a) 对接接头焊接位置；(b) 角接接头焊接位置

6. 焊接工艺参数

焊接时，为保证焊接质量而选定的物理量，称为焊接工艺参数。焊条电弧焊焊接的工艺参数包括焊条直径、焊接电流、电弧电压、焊接速度和焊接层数等。焊接工艺参数的选择会直接影响焊接质量和生产率。

(1) 焊接工艺参数的选择

1) 焊条直径。

通常在保证焊接质量的前提下,尽可能选用大直径焊条以提高生产率。焊条直径主要依据焊件厚度,同时考虑接头形式、焊接位置、焊接层数等因素进行选择。厚焊件可选用大直径焊条,薄焊件应选用小直径焊条。一般情况下,可参考表4-2选择焊条直径。

表4-2 焊条直径的选择   mm

焊件厚度	<4	4~7	8~12	>12
焊条直径	不超过焊件厚度	3.2~4.0	4.0~5.0	4.0~5.8

在立焊位置、横焊位置和仰焊位置焊接时,由于重力作用,熔化金属容易从接头中流出,故应选用较小直径焊条。在实施多层焊时,第一层焊缝应选用较小直径焊条,以便于操作和控制熔透;以后各层可选用较大直径焊条,以加大熔深和提高生产率。

2) 焊接电流。

焊接电流主要根据焊条直径进行选择。对一般钢焊件,可以根据下面的经验公式来确定:

$$I = Kd$$

式中 I——焊接电流,A;

d——焊条直径,mm;

K——经验系数,可按表4-3确定。

表4-3 根据焊条直径选择焊接电流的经验系数

焊条直径/mm	1.6	2.0~2.5	3.2	4.0~5.8
K	20~25	25~30	30~40	40~50

根据以上经验公式计算出的焊接电流,只是个大概的参考数值,在实际生产中还应根据焊件厚度、接头形式、焊接位置、焊条种类等具体情况灵活掌握。例如,焊接大厚度焊件或T形接头和搭接接头时,焊接电流应大些;立焊、横焊和仰焊位置焊接时,为了防止熔化金属从熔池中流淌出,需采用较小的焊接电流,一般比平焊位置时小10%~20%。重要结构焊接时,要通过试焊来调整和确定焊接电流大小。

3) 电弧电压。

电弧电压由电弧长度决定。电弧长则电弧电压高,反之则低。焊条电弧焊时,电弧长度是指焊芯熔化端到焊接熔池表面的距离。若电弧过长,则电弧飘摆、燃烧不稳定、熔深减小、熔宽加大,并且容易产生焊接缺陷。若电弧太短,熔滴过渡时可能发生短路,使操作困难。正常的电弧长度应小于或等于焊条直径,即所谓短弧焊。

4) 焊接速度。

焊接速度是指单位时间内焊接电弧沿焊件接缝移动的距离。焊条电弧焊时,一般不规定焊接速度,而由焊工凭经验掌握。

5) 焊接层数。

厚板焊接时，常采用多层焊或多层多道焊。相同厚度的焊件，增加焊接层数有利于提高焊缝金属的塑性和韧性，但会使焊接变形增大、生产效率下降。若层数过少，则每层焊缝厚度过大，接头性能变差。一般每层焊缝厚度以不大于 4～5 mm 为好。

（2）焊接工艺参数对焊缝成型的影响

焊接工艺参数是否合适，直接影响焊缝成型。图 4-10 所示为焊接电流和焊接速度对焊缝形状的影响。

焊接电流和焊接速度合适时，焊缝形状规则，焊波均匀并呈椭圆形，焊缝到母材过渡平滑，焊缝外形尺寸符合要求，如图 4-10（a）所示。

焊接电流太小时，电弧吹力小，熔池金属不易流开，焊波变圆，焊缝到母

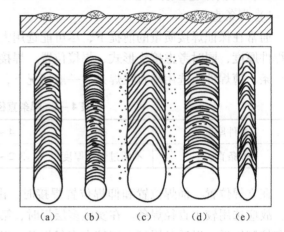

图 4-10 焊接电流和焊接速度对焊缝形状的影响

材过渡突然，余高增大，熔宽和熔深均减小，如图 4-10（b）所示。

焊接电流太大时，焊条熔化过快，尾部发红，飞溅增多，焊波变尖，熔宽和熔深都增加，焊缝出现下塌，严重时可能产生烧穿缺陷，如图 4-10（c）所示。

焊接速度太慢时，焊波变圆，熔宽、熔深和余高均增加，如图 4-10（d）所示。焊接薄焊件时，可能产生烧穿缺陷。

焊接速度太快时，焊波变尖，熔宽、熔深和余高都减小，如图 4-10（e）所示。

7. 焊接缺陷及质量检测

（1）焊接缺陷

焊接缺陷是指焊接过程中在焊接接头中产生金属不连续、不致密或连接不良的现象。焊接缺陷会直接影响产品结构的使用，甚至引起各种事故的发生，还会造成很多的危害。熔焊常见的焊接缺陷有焊缝表面尺寸不符合要求、咬边、焊瘤、未焊透、夹渣、气孔和裂纹等，如图 4-11 所示。焊缝表面高低不平，焊缝宽窄不齐、尺寸过大或过小，角焊缝单边以及焊角尺寸不合格等，均属于焊缝表面尺寸不符合要求的情况；咬边是沿焊趾的母材部位产生的沟槽或凹陷；焊瘤是在焊接过程中，熔化金属流淌到焊缝之外未熔化的母材上所形成的金属瘤；未焊透是指焊接时接头根部未完全熔透的现象；气孔是指熔池中的气体在凝固时未能逸出而残留下来所形成的空穴；裂纹是指焊接接头中局部地区的金属原子结合力遭到破坏而形成的新界面所产生的缝隙。熔焊常见焊接缺陷的产生原因和防止方法见表 4-4。

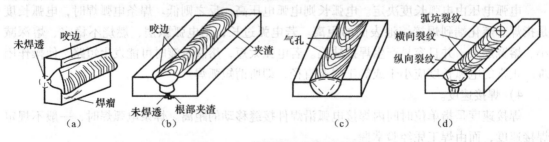

图 4-11 熔焊常见的焊接缺陷

表4-4 熔焊常见焊接缺陷的产生原因和防止方法

焊接缺陷	产生原因	防止方法
焊缝表面尺寸不符合要求	(1) 坡口角度不正确或间隙不均匀; (2) 焊接速度不合适; (3) 运条方法或焊条角度不当	(1) 选择适当的坡口角度和间隙; (2) 选择正确的焊接工艺参数; (3) 采用恰当的运条方法和焊条角度
咬边	(1) 焊接电流太大; (2) 电弧过长; (3) 运条方法或焊条角度不当	(1) 选择正确的焊接电流和焊接速度; (2) 采用短弧焊接; (3) 掌握正确的运条方法和焊条角度
焊瘤	(1) 焊接操作不熟练; (2) 运条角度不当	(1) 提高焊接操作技术水平; (2) 灵活调整焊条角度
未焊透	(1) 坡口角度或间隙太小、钝边太大; (2) 焊接电流过小、速度过快或弧长过长; (3) 运条方法或焊条角度不当	(1) 正确选择坡口尺寸和间隙大小; (2) 正确选择焊接工艺参数; (3) 掌握正确的运条方法和焊条角度
气孔	(1) 焊件或焊接材料有油、锈、水等杂质; (2) 焊条使用前未烘干; (3) 焊接电流太大、速度过快或弧长过长; (4) 电流种类和极性不当	(1) 焊前严格清理焊件和焊接材料; (2) 按规定严格烘干焊条; (3) 正确选择焊接工艺参数; (4) 正确选择电流种类和极性
热裂纹	(1) 焊件或焊接材料选择不当; (2) 熔深与熔宽比过大; (3) 焊接应力大	(1) 正确选择焊件材料和焊接材料; (2) 控制焊缝形状,避免深而窄的焊缝; (3) 改善应力状况
冷裂纹	(1) 焊件材料淬硬倾向大; (2) 焊缝金属含氢量高; (3) 焊接应力大	(1) 正确选择焊件材料; (2) 采用碱性焊条,使用前严格烘干;焊后进行保温处理; (3) 采取焊前预热等措施

(2) 焊接检验

焊接检验是对焊接生产质量的检验。它是指根据产品的有关标准和技术要求,对焊接生产过程中的原材料、半成品和成品的质量以及工艺过程进行检查和验证,其目的是保证产品符合质量要求,防止废品的产生。

焊接检验方法分破坏性检验和非破坏性检验两类。

1) 破坏性检验。

破坏性检验是指从焊件或试件上切取试样,或以产品(或模拟体)的整体破坏做试验,以检验其各种力学性能、化学成分和金相组织的试验方法。破坏性检验主要包括以下几个方面。

①焊缝金属及焊接接头力学性能试验,包括拉伸试验、弯曲试验、冲击试验、硬度试验、断裂韧度试验和疲劳试验等。

②焊接金相检验包括宏观组织检验和显微组织检验。

③断口分析包括宏观断口分析和微观断口分析。

④化学分析与试验包括焊缝金属化学成分分析、扩散氢测定和腐蚀试验等。

2) 非破坏性检验。

非破坏性检验是指不破坏被检验对象的结构与材料的检验方法,如外观检验、水压试验、致密性试验和无损检验等。

①外观检验。外观检验是用肉眼或借助样板或用低倍放大镜观察焊件,以发现表面缺陷以及测量焊缝外形尺寸的方法。

②水压试验。水压试验用来检查受压容器的强度和焊缝致密性。试验压力根据容器设计工作压力确定:当工作压力 $F=(0.6~1.2)$ MPa 时,试验压力 $F_1 = F + 0.3$ MPa;当 $F > 1.2$ MPa 时,$F_1 = 1.25F$。

③致密性试验。致密性试验主要用于检查不受压或压力很低的容器、管道的焊缝是否存在穿透性缺陷,常用方法有气密性试验、氨气试验和煤油试验等。

④无损检验。无损检验包括渗透探伤、磁粉探伤、射线探伤和超声探伤等。渗透探伤是利用带有荧光染料(荧光法)或红色染料(着色法)渗透剂的渗透作用来检查焊接接头表面的微裂纹。磁粉探伤是利用磁粉在处于磁场中的焊接接头中的分布特征,检查铁磁性材料的表面微裂纹和近表面缺陷。射线探伤和超声探伤都是用来检查焊接接头内部缺陷的,如内部裂纹、气孔、夹渣和未焊透等。

4.1.3 气焊与气割

1. 气焊

气焊是利用气体火焰作热源的一种焊接方法,如图 4-12 所示。气体火焰是由可燃气体和助燃气体混合燃烧而形成的,当火焰产生的热量能熔化母材和填充金属时,就可以用于焊接。

气焊最常使用的气体是乙炔和氧气。乙炔和氧气混合燃烧形成的火焰称为氧乙炔焰,其温度可达 3 150 ℃ 左右。

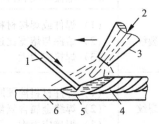

图 4-12 气焊示意图
1—焊丝;2—乙炔+氧气;3—焊嘴;
4—焊缝;5—熔池;6—焊件

与焊条电弧焊相比,火焰加热容易控制熔池温度,易于实现均匀焊透和单面焊双面成型;气焊设备简单,移动方便,施工场地不限。但气体火焰温度比电弧低,热量分散,加热较为缓慢,生产率低,焊件变形严重。另外,其保护效果较差,焊接接头质量不高。

气焊主要应用于焊接厚度 3 mm 以下的低碳钢薄板、薄壁管子以及铸铁件的焊补,铝、铜及其合金,当质量要求不高时,也可采用气焊。

(1) 气焊设备

气焊所用的设备由氧气瓶、乙炔瓶(或乙炔发生器)、减压器、回火保险器、焊炬和橡胶管等组成。气焊设备及其连接如图 4-13 所示。

1) 氧气瓶。

氧气瓶是储存和运输氧气的高压容器,如图 4-14 所示。工业用氧气瓶是用优质碳素钢或低合金钢经热挤压、收口而成的无缝容器。按照规定,氧气瓶外表面涂天蓝色漆,并用黑漆标以"氧气"字样。最常用的氧气瓶容积为 40 L,在 15 MPa 工作压力下可储存 6 m³ 的氧气。

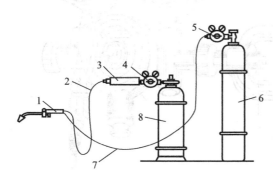
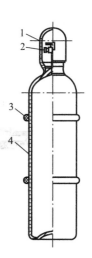

图 4-13 气焊设备及其连接

1—焊炬；2—乙炔胶管（红色）；3—回火保险器；4—乙炔减压器；
5—氧气减压器；6—氧气瓶；7—氧气胶管（蓝色或黑色）；8—乙炔瓶

图 4-14 氧气瓶

1—瓶帽；2—瓶阀；
3—防振圈；4—瓶体

使用氧气瓶时必须保证安全，注意防止氧气瓶爆炸。放置氧气瓶要平稳可靠，不应与其他气瓶混放在一起；运输时应避免互相撞击；氧气瓶不得靠近气焊工作场地和其他热源（如火炉、暖气片等）；夏天要防止暴晒，冬季阀门冻结时严禁用火烤，应用热水解冻；氧气瓶上严禁沾染油脂。

2）乙炔瓶。

乙炔瓶是储存和运输乙炔用的容器，如图 4-15 所示，其外形与氧气瓶相似，外表面漆成白色，并用红漆标上"乙炔"和"火不可近"字样。

乙炔瓶的工作压力为 1.5 MPa。在乙炔瓶内装有浸满丙酮的多孔性填料，能使乙炔稳定而又安全地储存在瓶内。使用时，溶解在丙酮内的乙炔分解，通过乙炔瓶阀放出，而丙酮仍留在瓶内，以便溶解再次压入的乙炔。乙炔瓶阀下面填料中心部分的长孔内放有石棉，其作用是促使乙炔从多孔性填料中分解出来。

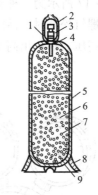

图 4-15 乙炔瓶

1—瓶口；2—瓶帽；3—瓶阀；
4—石棉；5—瓶体；6—丙酮；
7—多孔性填料；8—瓶座；9—瓶底

乙炔进出乙炔瓶由瓶阀控制。由于乙炔瓶阀的阀体旁侧没有连接减压器的侧接头，故乙炔的减压装置必须使用带有夹环的乙炔减压器，如图 4-16 所示。

使用乙炔瓶时，除应遵守氧气瓶使用要求外，还应注意：瓶体的表面温度不得超过 30 ℃ ~ 40 ℃；乙炔瓶只能直立，不能横躺卧放；不得遭受剧烈振动；乙炔瓶的放置场所应注意通风。

3）减压器。

减压器是将高压气体降为低压气体的调节装置。气焊时所需的气体工作压力一般都比较低，如氧气压力通常为 0.2 ~ 0.3 MPa，乙炔压力最高不超过 0.15 MPa。因此，必须将气瓶

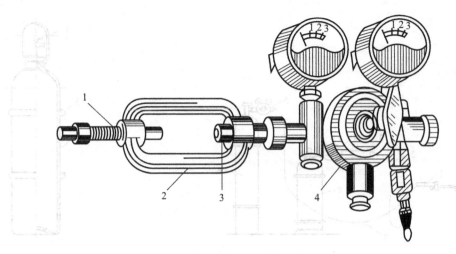

图 4-16 带夹环的乙炔减压器
1—紧固螺钉；2—夹环；3—连接管；4—乙炔减压器

内输出的气体减压后才能使用。减压器的作用就是降低气瓶输出的气体压力，保持降压后的气体压力稳定，而且可以调节减压器的输出气体压力。

图 4-17 所示为一种常用的氧气减压器的外形，其内部构造和工作原理如图 4-18 所示。调压螺钉松开时，活门弹簧将活门关闭，减压器不工作，从氧气瓶来的高压氧气停留在高压室，高压表指示出高压气体压力，即氧气瓶内的气体压力。

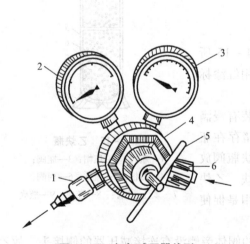

图 4-17 氧气减压器外形
1—出气接头；2—低压表；3—高压表；
4—外壳；5—调压螺钉；6—进气接头

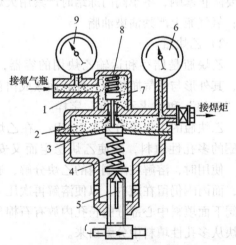

图 4-18 减压器构造及工作原理示意图
1—高压室；2—低压室；3—薄膜；4—调压弹簧；
5—调压螺钉；6—低压表；7—活门；
8—活门弹簧；9—高压表

减压器工作时，拧紧调压螺钉，使调压弹簧受压，活门被顶开，高压气体进入低压室。由于气体体积膨胀，压力降低，低压表指示出低压气体压力。随着低压室中气体压力的增加，压迫薄膜及调压弹簧，使活门的开启度逐渐减小。当低压室内气体压力达一定数值时，活门关闭。控制调压螺钉拧入程度，可以改变低压室的气体压力，获得所需的工作压力。

焊接时，低压氧气从出气口通往焊炬，低压室内的压力降低。这时薄膜上鼓，使活门重新开启，高压气体进入低压室，以补充输出的气体。当输出的气体量增大或减小时，活门的开启度也会相应地增大或减小，以自动维持输出的气体压力稳定。

4）回火保险器。

①回火。

回火是气体火焰进入喷嘴内逆向燃烧的现象，分逆火和回烧两种情况。逆火是火焰向喷嘴孔逆行，并瞬时自行熄灭，同时伴有爆鸣声；回烧是火焰向喷嘴孔逆行，并继续向混合室和气体管路燃烧。回烧可能烧毁焊炬、管路以及引起可燃气体源的爆炸。

发生回火的根本原因是混合气体从焊炬的喷嘴孔内喷出的速度（即喷射速度）小于混合气体的燃烧速度。由于混合气体的燃烧速度一般是不变的，所以造成喷射速度降低的各种因素都可能引起回火，如乙炔气体压力不足、焊嘴堵塞、焊嘴离焊件太近和焊嘴过热等。

②回火保险器。

回火保险器是装在乙炔瓶和焊炬之间的防止乙炔向乙炔瓶回烧的安全装置，其作用是截住回火气体，防止回火蔓延到可燃气体源，保证安全。回火保险器按使用压力分为低压和中压两种；按阻燃介质分为水封式和干式两种。这里仅介绍中压水封式回火保险器。

中压水封式回火保险器的结构与工作原理如图4-19所示。使用前，先加水到水位阀的高度，关闭水位阀。正常气焊时，如图4-19（a）所示，从进口流入的乙炔推开球阀进入回火保险器，从出气口输往焊炬。发生回火时，如图4-19（b）所示，回火气体从出气口回烧到回火保险器中，被水面隔住。由于回火气体压力大，使球阀关闭，故乙炔不能再进入回火保险器，从而有效地截留回火气体，防止继续回火。当回火保险器内回火气体压力增大到一定限度时，其上部的防爆膜破裂，排放出回火气体，更换防爆膜后才可继续使用。

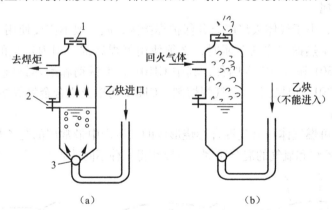

图4-19　回火保险器结构及工作原理

（a）正常工作时；（b）回火时

1—防爆膜；2—水位阀；3—球阀

5）焊炬。

气焊时用于控制火焰进行焊接的工具称为焊炬，其作用是将乙炔和氧气按一定比例均匀混合，由焊嘴喷出后，点火燃烧，产生气体火焰。按可燃气体与氧气在焊炬中的混合方式分为射吸式和等压式两种，以射吸式焊炬应用最广，其外形如图4-20所示。常用的型号有H01-2和H01-6等，"H"表示焊炬，"0"表示手工操作，"1"表示射吸式，"2"和

"6"表示可焊接低碳钢的最大厚度分别为 2 mm 和 6 mm。

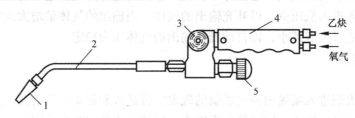

图 4-20 射吸式焊炬
1—焊嘴；2—混合管；3—乙炔阀门；4—手柄；5—氧气阀门

6) 橡皮管。

按现行标准规定，氧气管为蓝色或黑色，乙炔管为红色。氧气管内径为 8 mm，允许工作压力为 1.5 MPa，试验压力为 3 MPa；乙炔管内径为 10 mm，允许工作压力为 0.5 MPa 或 1 MPa。氧气管与乙炔管都是专用的，不能互相代用，禁止沾染油污和漏气，并防止烫坏和损伤。

(2) 焊丝和气焊熔剂

1) 焊丝。

气焊的焊丝作为填充金属，与熔化的母材一起形成焊缝。焊丝的化学成分应与母材相匹配。焊接低碳钢时，常用的焊丝牌号有 H08 和 H08A 等。焊丝的直径一般为 2~4 mm，通常根据焊件厚度来选择。为了保证焊接接头质量，焊丝直径与焊件厚度不宜相差太大。

2) 气焊熔剂。

气焊熔剂又称气剂或焊粉，其作用是去除焊接过程中形成的氧化物，增加液态金属的湿润性，保护熔池金属。

气焊低碳钢时，由于气体火焰能充分保护焊接区，故一般不需要使用气焊熔剂。但在气焊铸铁、不锈钢、耐热钢和非铁金属时，必须使用气焊熔剂。国内定型的气焊熔剂牌号有 CJ101、CJ201、CJ301 和 CJ401 等四种，其中 CJ101 为不锈钢和耐热钢气焊熔剂，CJ201 为铸铁气焊熔剂，CJ301 为铜及铜合金气焊熔剂，CJ401 为铝及铝合金气焊熔剂。

(3) 气焊火焰

气焊火焰是由可燃气体与氧气混合燃烧形成的。生产中最常用的是乙炔和氧气混合燃烧的氧乙炔焰。改变乙炔和氧气的混合比例，可以获得三种不同性质的火焰，如图 4-21 所示。

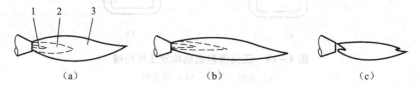

图 4-21 氧乙炔焰
(a) 中性焰；(b) 碳化焰；(c) 氧化焰
1—焰心；2—内焰；3—外焰

1) 中性焰。

氧气和乙炔的混合比为 1.1~1.2 时燃烧所形成的火焰称为中性焰，如图 4-21 (a) 所示，由焰心、内焰和外焰三部分组成。焰心成尖锥状，色白明亮，轮廓清楚；内焰颜色发暗，轮廓不清楚，与外焰无明显界限；外焰由里向外逐渐由淡紫色变为橙黄色。中性焰在距离焰心前面2～4 mm处温度最高，为3 050 ℃～3 150 ℃。中性焰的温度分布如图4-22所示。

中性焰适用于焊接低碳钢、中碳钢、低合金钢、不锈钢、紫铜、铝及铝合金、镁合金等材料。

2）碳化焰。

氧气与乙炔的混合比小于1.1时燃烧所形成的火焰称为碳化焰，如图4-21（b）所示。由于乙炔过剩，火焰中有游离碳和多量的氢，碳会渗到熔池中造成焊缝增碳现象。碳化焰比中性焰长，其结构也分为焰心、内焰和外焰三部分。焰心呈亮白色，内焰呈淡白色，外焰呈橙黄色。乙炔量多时火焰还会冒黑烟。碳化焰的最高温度为2 700 ℃～3 000 ℃。

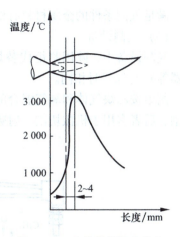

图4-22 中性焰的温度分布

碳化焰适用于焊接高碳钢、高速钢、铸铁、硬质合金和碳化钨等材料。

3）氧化焰。

氧气与乙炔的混合比大于1.2时燃烧所形成的火焰称为氧化焰，如图4-21（c）所示。氧化焰整个火焰比中性焰短，其结构分为焰心和外焰两部分。火焰中有过量的氧，具有氧化作用，使熔池中的合金元素烧损，一般气焊时不宜采用。只有在气焊黄铜、镀锌铁板时才采用轻微氧化焰，以利用其氧化性，在熔池表面形成一层氧化物薄膜，减少低沸点锌的蒸发。氧化焰的最高温度为3 100 ℃～3 300 ℃。

2. 氧气切割

（1）氧气切割原理

氧气切割（简称气割）是利用某些金属在纯氧中燃烧的原理来实现切割金属的方法。

（2）金属气割条件

对金属材料进行氧气切割时，必须具备下列条件。

1）金属的燃点必须低于其熔点才能保证金属在固体状态下燃烧，从而保证割口平整。若熔点低于其燃点，则金属首先熔化，液态金属流动性好，熔化边缘不整齐，难以获得平整的割口，而成为熔割状态。低碳钢的燃点大约为1 350 ℃，而熔点高于1 500 ℃，满足气割条件；碳钢随着含碳量增加，熔点降低，燃点升高。含碳量为0.7%的碳钢，其燃点与熔点大致相同；含碳量大于0.7%的碳钢，由于燃点高于熔点，故难以气割。铸铁的燃点比熔点高，不能气割。

2）金属燃烧生成的氧化物（熔渣）的熔点应低于金属本身的熔点，且流动性好。若熔渣的熔点高，则会在切割表面形成固态氧化薄膜，阻碍氧与金属之间持续进行燃烧反应，导致气割过程不能正常进行。铝的熔点（660 ℃）低于其熔渣熔点（2 048 ℃），铬的熔点（1 615 ℃）低于其熔渣熔点（2 275 ℃），所以铝及铝合金、高铬钢或铬镍钢都不具备气割条件。

3）金属燃烧时能放出大量的热，而且金属本身的导热性较差，这样才能保证气割处的金属具有足够的预热温度，使气割过程能连续进行。铜、铝及其合金导热都很快，不能进行气割。

满足气割条件的金属材料有低碳钢、中碳钢、低合金结构钢和纯铁等。

(3) 气割设备

气割设备中，除用割炬代替焊炬以外，其他设备（氧气瓶、乙炔瓶、减压器、回火保险器等）与气焊时相同。

割炬按乙炔气体和氧气混合的方式不同可分为射吸式和等压式两种，前者主要用于手工切割，后者多用于机械切割。射吸式割炬的外形如图 4-23 所示。

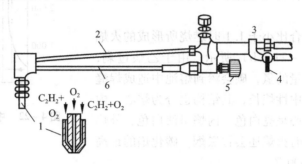

图 4-23 射吸式割炬

1—割嘴；2—切割氧气管；3—切割氧阀门；4—乙炔阀门；5—预热氧阀门；6—预热焰混合气体管

常用割炬的型号有 C01-30 和 C01-100 等。型号中 "C" 表示割炬，"0" 表示手工操作，"1" 表示射吸式，"30" 和 "100" 表示最大切割低碳钢厚度为 30 mm 和 100 mm。每种型号的割炬配有几个大小不同的割嘴，用于切割不同厚度的割件。

4.1.4 埋弧自动焊、气体保护焊、电阻焊、钎焊

1. 埋弧自动焊

(1) 焊接过程

埋弧焊是利用在焊剂层下燃烧的电弧的热量熔化焊丝、焊剂和母材而形成焊缝的一种电弧焊方法。它的操作方式可分为自动和半自动两种，生产中普遍应用的是埋弧自动焊，其全部焊接操作（引燃电弧、焊丝送进、电弧移动、焊缝收尾等）均由机械控制。

埋弧焊焊缝形成过程如图 4-24 所示。焊丝末端与焊件之间产生电弧以后，电弧的热量

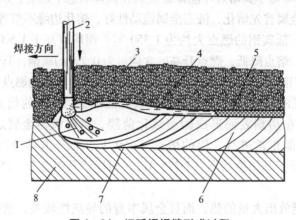

图 4-24 埋弧焊焊缝形成过程

1—电弧；2—焊丝；3—焊剂；4—熔渣；5—渣壳；6—焊缝；7—熔池；8—焊件

使焊丝、焊件和焊剂熔化,有一部分甚至蒸发。金属与焊剂的蒸发气体形成一个包围电弧和熔池金属的封闭空间,使电弧和熔池与外界空气隔绝。随着电弧向前移动,电弧不断熔化前方的焊件、焊丝和焊剂,而熔池的后部边缘开始冷却凝固形成焊缝。密度较小的熔渣浮在熔池表面,冷却后形成渣壳。

(2)埋弧自动焊的特点与应用

与焊条电弧焊比较,埋弧焊有以下优点。

1)由于焊丝伸出导电嘴的长度短,焊丝导电部分的导电时间短,故可以采用较大的焊接电流,所以熔深大,对较厚的焊件可以不开坡口或坡口开得小些,既提高了生产率,又节省了焊接材料和加工工时。

2)对熔池保护可靠,焊接质量好且稳定。

3)由于实现了焊接过程机械控制,故对焊工操作技术水平要求不高,同时降低了劳动强度。

4)电弧在焊剂层下燃烧,避免了弧光对人体的伤害,改善了劳动条件。

埋弧自动焊的缺点是:适应性差,只宜在水平位置焊接;焊接设备较复杂,维修保养工作量较大。

埋弧自动焊适用于中厚板焊件的批量生产,焊接水平位置的长直焊缝和较大直径的环焊缝。

2. 气体保护焊

气体保护电弧焊是利用外加气体作为电弧介质并保护电弧和焊接区的电弧焊方法,简称气体保护焊。常用的气体保护焊有氩弧焊和二氧化碳气体保护焊等。

(1)氩弧焊

用氩气作为保护气体的气体保护焊称为氩弧焊。按所采用的电极不同,氩弧焊(见图4-25)可分为钨极氩弧焊和熔化极氩弧焊两类。钨极氩弧焊按操作方式不同分为手工焊、半自动焊和自动焊三种。

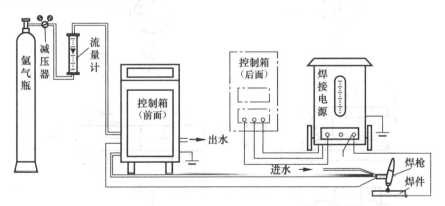

图4-25 氩弧焊示意图

氩弧焊的优点是:由于氩气是惰性气体,它既不与金属发生化学反应,又不溶解于金属,因而是一种理想的保护气体,能获得高质量的焊缝;氩气的导热系数小,且是单原子气体,高温时不分解吸热,电弧热量损失小,所以电弧一旦引燃就很稳定;明弧焊接,便于观察熔池,进行控制;可以进行各种空间位置的焊接,易于实现机械化和自动化。

氩弧焊的缺点是:不能通过冶金反应消除进入焊接区的氢和氧等元素的有害作用,其抗气孔能力较差,故焊前必须对焊丝和焊件坡口及坡口两侧 20 mm 范围的油、锈等进行严格清理;氩气价格贵,焊接成本高;氩弧焊设备较为复杂,维修不便。

氩弧焊几乎可以焊接所有的金属材料,目前主要用于焊接易氧化的非铁合金(如铜、铝、镁、钛及其合金)、难熔活性金属(钼、锆、铌等)、高强度合金钢以及一些特殊性能合金钢(如不锈钢、耐热钢等)。

(2) 二氧化碳气体保护焊

二氧化碳气体保护焊是利用 CO_2 作为保护介质的气体保护焊,简称 CO_2 焊。它利用焊丝作电极并兼作填充金属,其焊接过程和熔化极氩弧焊类似。

CO_2 焊的操作方式分半自动和自动两种,生产中应用较广泛的是半自动 CO_2 焊。

CO_2 焊的优点是:由于采用廉价的 CO_2 气体,生产成本低;电流密度大,生产率高;焊接薄板时,比气焊速度快,变形小;操作灵活,适用于进行各种位置的焊接。其主要缺点是飞溅大,焊缝成型较差。此外,焊接设备比手弧焊机复杂。

由于 CO_2 气体是一种氧化性气体,焊接过程中会使焊件合金元素氧化烧损,故它不适用于焊接非铁合金和高合金钢。CO_2 焊主要适用于低碳钢和低合金结构钢的焊接。

3. 电阻焊

电阻焊又称为接触焊,是利用电流通过焊件接头的接触面及邻近区域产生的电阻热,将焊件连接处局部加热到熔化或塑性状态,并在压力作用下实现连接的一种压焊方法。电阻焊的主要方法有点焊、缝焊、凸焊和对焊等,如图 4-26 所示。

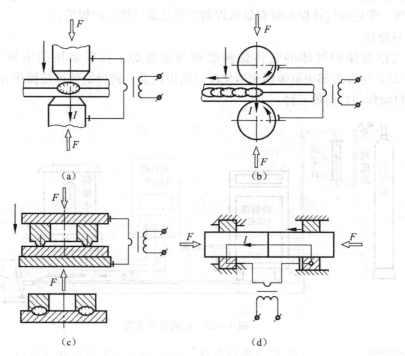

图 4-26 电阻焊的主要方法
(a) 点焊;(b) 缝焊;(c) 凸焊;(d) 对焊

电阻焊的生产率高,不需要填充金属,焊接变形小,操作简单,易于实现机械化和自动化。采用电阻焊时,加在工件上的电压很低(几伏至十几伏),但焊接电流很大(几千安至几万安），故要求电源功率大。

（1）点焊

点焊焊件只在有限的接触面（即所谓"焊点"）上实现连接，并形成扁球形的熔核。点焊主要适用于不要求密封的薄板搭接结构和金属网、交叉钢筋等构件的焊接。

（2）缝焊

缝焊的焊接过程与点焊类似。它采用一对圆盘状电极代替点焊时所用的圆柱形电极，圆盘状电极压紧焊件并转动，依靠电极和焊件之间的摩擦力带动焊件向前移动，配合断续通电（或连续通电），形成一连串相互重叠的焊点，称为缝焊焊缝。缝焊适用于厚度3 mm以下、要求密封的薄板搭接结构的焊接，如汽车油箱等。

（3）凸焊

凸焊是点焊的一种变型。在一个焊件上预先压出一个或多个凸点，使其与另一个焊件的表面相接触并通电加热到所需温度，然后压塌，使这些接触点形成焊点。由于是凸点接触，电流密集于凸点，故可以用较小的电流进行焊接，并能形成尺寸较小的焊点。凸焊适用于厚度0.5~3.2 mm的低碳钢、低合金结构钢和不锈钢的焊接。

（4）对焊

按焊接过程和操作方法不同，对焊可分为电阻对焊和闪光对焊两种。

1）电阻对焊。电阻对焊的焊接过程如图4-27（a）所示，先将两焊件端面对齐并加初压力 F_1，使其处于压紧状态；再通以大电流，迅速将接触面及其附近金属加热到塑性状态；然后断电，同时施加顶锻压力 F_2；最后去除压力，形成焊接接头。

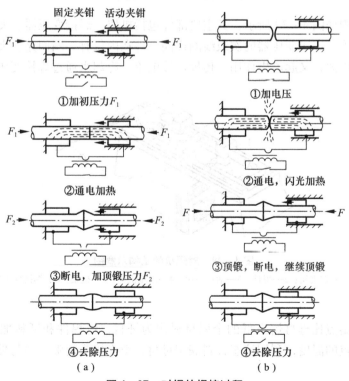

图4-27 对焊的焊接过程
(a) 电阻对焊；(b) 闪光对焊

电阻对焊操作的关键是控制加热温度和顶锻速度。若加热温度太低，顶锻不及时或顶锻力不足，焊接接头就不牢固；若加热温度太高，就会产生"过烧"现象，也会影响接头强度；若顶锻力太大，则可能导致接头变形量增大，甚至产生开裂现象。

电阻对焊的优点是焊接操作简单，焊接接头外形光滑匀称，如图4-28（a）所示；缺点是焊前对连接表面清理要求高，接头质量难以保证。它宜用于小断面金属型材的对接，如直径小于20 mm的低碳钢棒料和管子的对接等。

2）闪光对焊。闪光对焊的焊接过程如图4-27（b）所示。两焊件装配成对接接头后不接触，先接通电源；再逐渐移近焊件使端面局部接触，大电流通过时产生的电阻热使接触点金属迅速熔化、蒸发、爆破，高温金属颗粒向外飞射形成闪光，经多次闪光加热后，焊件端面在一定深度范围内达到预定温度，立即施加压力F进行断电顶锻；最后去除压力，形成焊接接头。

闪光对焊的优点是焊接前接头表面无须任何加工和特殊的清理，接头强度高，接头质量容易保证；缺点是焊接操作较复杂，接头表面毛糙，如图4-28（b）所示。它是工业生产中常用的对焊方法，适用于受力要求高的各种重要对焊件。

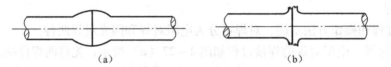

图4-28 电阻对焊和闪光对焊的焊接接头外形
(a) 电阻对焊；(b) 闪光对焊

对焊机的结构如图4-29所示，其主要部件包括机架、焊接变压器、夹持机构、加压机构和冷却水系统等。焊接变压器的次级线圈连同焊件在内仅有一圈回路。夹钳既用于夹持焊件并对焊件施加压力，又起电极作用，传导焊接电流。冷却水通过焊接变压器和夹钳等。

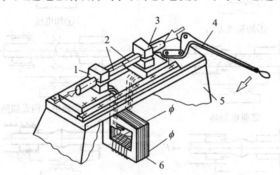

图4-29 对焊机的结构示意图
1—固定夹钳；2—焊件；3—活动夹钳；4—加压机构；5—机架；6—焊接变压器

4. 钎焊

钎焊是采用熔点比母材熔点低的金属材料作为钎料，将焊件和钎料加热到高于钎料熔点、低于母材熔点的温度，利用液态钎料润湿母材，填充接头间隙，并与母材相互扩散实现连接焊件的方法。

按钎料熔点不同，钎焊分为硬钎焊和软钎焊两类。钎料熔点高于450 ℃的钎焊称为硬钎焊，常用的硬钎料有铜基钎料和银基钎料等；钎料熔点低于450 ℃的钎焊称为软钎焊，常见的软钎料有锡铅钎料和锡锌钎料等。

钎焊时，一般要用钎剂。钎剂能去除钎料和母材表面的氧化物，保护母材连接表面和钎料在钎焊过程中不被氧化，并改善钎料的润湿性（钎焊时液态钎料对母材浸润和附着的能力）。硬钎焊时，常用的钎剂有硼砂、硼砂与硼酸的混合物等；软钎焊时，常用的钎剂有松香、氯化锌溶液等。

按钎焊时所采用的热源不同，钎焊方法可以分为烙铁钎焊、火焰钎焊、浸沾钎焊（包括盐浴钎焊和金属浴钎焊）、电阻钎焊、感应钎焊和炉中钎焊等。

与熔焊相比，钎焊加热温度低，焊接接头的金属组织与力学性能变化小，焊接变形也小，容易保证焊件的尺寸精度；某些钎焊方法可以一次焊成多条钎缝或多个焊件，生产率高；可以焊接同种或异种金属，也可以焊接金属与非金属；可以实现其他焊接方法难以实现的复杂结构的焊接，如蜂窝结构、封闭结构等。但是，钎焊接头强度较低，耐热能力较差，焊前准备工作要求较高。钎焊广泛用于制造硬质合金刀具、钻探钻头、散热器、自行车架、仪器仪表、电真空器件、导线、电动机、电器部件等。

4.2 技能训练

4.2.1 焊条电弧焊基本操作练习

1. 引弧

引弧是指使焊条和焊件之间产生稳定的电弧。引弧时，首先将焊条末端与焊件表面接触形成短路，然后迅速将焊条向上提起2～4 mm的距离，电弧即可引燃。引弧方法有敲击法和摩擦法两种，如图4-30所示。

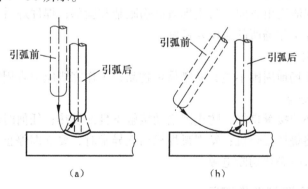

图4-30 引弧方法
(a) 敲击法；(b) 摩擦法

2. 堆平焊波

在平焊位置的焊件表面上堆焊焊道称为堆平焊波，这是焊条电弧焊最基本的操作。初学者练习时，关键是要掌握好焊条角度和运条基本动作，保持合适的电弧长度和均匀的焊接速度，如图4-31和图4-32所示。

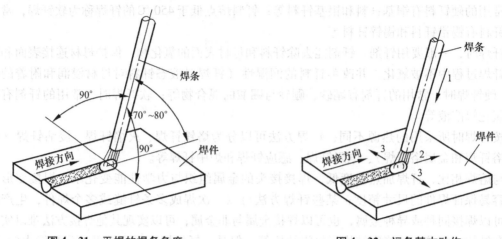

图 4-31 平焊的焊条角度　　图 4-32 运条基本动作
1—向下送进；2—沿焊接方向移动；3—横向摆动

3. 焊条电弧焊安全技术

（1）防止触电

焊接前检查弧焊机机壳接地是否良好；保证焊钳和焊接电缆的绝缘良好；焊接操作前应穿好绝缘鞋，戴电焊手套；避免人体同时触及弧焊机输出端两极；发生触电事故时，先立即切断电源，然后救人。

（2）防止弧光伤害

穿好工作服，戴好电焊手套，以免弧光伤害皮肤；焊接时必须使用电弧焊专用面罩，保护眼睛和脸部，同时注意避免弧光伤害他人。

（3）防止烫伤和烟尘中毒

清渣时要注意焊渣飞出方向，防止焊渣烫伤眼睛和脸部；焊件焊后要用火钳夹持，不准直接用手拿；电弧焊工作场所的通风要良好。

（4）防火、防爆

焊条电弧焊工作场地周围不能有易燃易爆物品，工作完毕应检查周围有无火种。

（5）保证设备安全

线路各连接点必须接触良好，防止因松动接触不良而发热；任何时候都不能将焊钳放在工作台上，以免短路烧坏弧焊机；发现弧焊机出现异常时，要立即停止工作，切断电源；操作完毕或检查弧焊机时必须切断电源。

4.2.2 气焊及气割操作演示

1. 气焊基本操作演示

（1）点火、调节火焰与灭火

点火时，先微开氧气阀，再打开乙炔阀，随后点燃火焰，这时的火焰是碳化焰。然后逐渐开大氧气阀，将碳化焰调整到所需的火焰。同时，按需要把火焰大小也调整合适。

灭火时，应先关乙炔阀，后关氧气阀，以防止火焰倒流和产生烟灰。

当发生回火时，应迅速关闭氧气阀，然后再关乙炔阀。

（2）堆平焊波

气焊时，一般用左手持填充焊丝，右手持焊炬。两手的动作要协调，沿焊缝向左或向右焊接。当焊接方向由右向左时，气焊火焰指向焊件未焊部分，焊炬跟着焊丝向前移动，称为左向焊法，适用于焊接薄焊件和熔点较低的焊件；当焊接方向从左向右时，气焊火焰指向已经焊好的焊缝，焊炬在焊丝前面向前移动，称为右向焊法，适用于焊接厚焊件和熔点较高的焊件。

操作时，应保证焊嘴轴线的投影与焊缝重合，同时要注意掌握好焊嘴与焊件的夹角 α（见图4-33）。焊件越厚，夹角越大。在焊接开始时，为了较快地加热焊件和迅速形成熔池，夹角应大些；正常焊接时，一般保持夹角在30°~50°范围内；当焊接结束时，夹角应适当减小，以便更好地填满熔池和避免焊穿。

焊炬向前移动的速度应能保证焊件熔化并保持熔池具有一定的大小。焊件局部熔化形成熔池后，再将焊丝适量地点入熔池内熔化。

2. 气割基本操作演示

气割的点火、灭火、调节火焰与气焊完全相同，气割开始时，用气体火焰将割件待割处附近的金属预热到燃点，然后打开切割氧阀门，纯氧射流使高温金属燃烧，生成的金属氧化物被燃烧热熔化，并被氧流吹掉。金属燃烧产生的热量和预热火焰同时又把邻近的金属预热到燃点，沿切割线以一定速度移动割锯，即可形成割口，如图4-34所示。

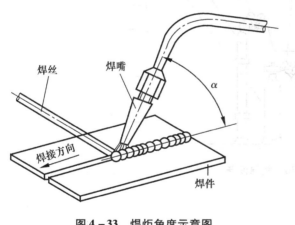

图4-33 焊炬角度示意图

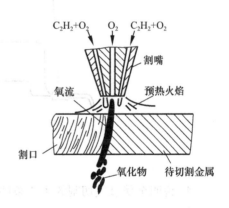

图4-34 气割过程

思考与练习题

1. 焊条电弧焊（手工电弧焊）的线路连接如图4-35所示，填空回答下列问题：

1) 写出图中标号各部分的名称：

2) 实习中所用的设备名称是_____，型号是_____，初级电压为_____V，空载电压为_____V，电流调节范围是_____A。

3) 在堆平焊波练习时所采用的焊条型号是_____，焊条直径为_____mm，采用的焊接电流为_____A。

2. 说明电焊条的组成部分及其作用。

标号	名称
1	
2	
3	
4	
5	
6	
7	

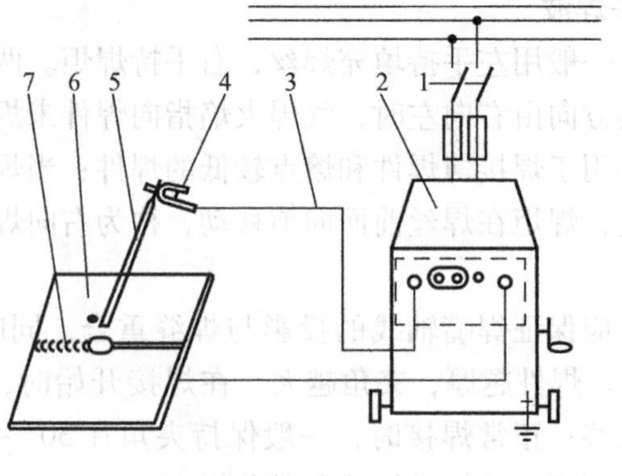

图4-35　手工电弧焊的线路连接

组成部分	作　用

3. 气焊设备如图4-36所示，说明图中各标号部分的名称。

1 —

2 —

3 —

4 —

5 —

6 —

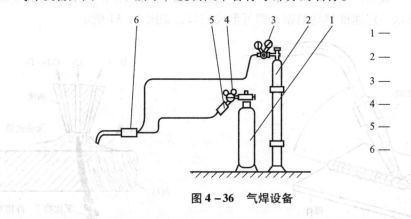

图4-36　气焊设备

4. 说明金属氧气切割的主要条件。

1）________________________________；

2）________________________________；

3）________________________________。

第 5 章
机械加工精度及检测

5.1 基本知识

机械产品的工作性能和使用寿命与组成产品的零件的加工质量和产品的装配质量直接相关。设计零件时，为保证其使用质量和使用寿命，都要提出技术要求。零件的技术要求包括机械加工精度（尺寸精度、形状精度、位置精度）、机械加工表面粗糙度和零件的材料、热处理和表面处理等。

5.1.1 机械加工精度

机械加工精度（简称加工精度）是指零件在加工后的实际几何参数（尺寸、形状和位置）与理想几何参数的符合程度。符合程度越高，加工精度就越高。零件加工后的实际几何参数对理想几何参数的偏离程度称为加工误差。加工误差的大小表示了加工精度的高低，加工误差是加工精度的度量。"加工精度"和"加工误差"是评定零件几何参数准确程度的两种不同概念。生产实际中通常用控制加工误差的方法或现代主动适应加工方法来保证加工精度。由于在加工过程中有很多因素会影响加工精度，所以同一种加工方法在不同的工作条件下所能达到的精度是不同的。某种加工方法的加工经济精度不应理解为某一个确定值，而应理解为一个范围，在这个范围内都可以说是经济的。工艺系统的原始误差主要有工艺系统的几何误差、定位误差，工艺系统的受力变形引起的加工误差，工艺系统的受热变形引起的加工误差，工件内应力重新分布引起的变形以及原理误差、调整误差、测量误差等。经加工后的零件实际几何参数与理想几何参数总有所不同，它们的偏离程度称为加工误差。在生产实践中都是用加工误差的大小来反映与控制加工精度的，也就是说加工精度的高低是通过加工误差的大小来衡量的，误差大则精度低，反之则高。

机器零件均由几何形体组成，并具有各种不同的尺寸、形状和表面状态。为了保证机器的性能和使用寿命，设计时应根据零件的不同作用对制造质量提出要求，包括表面粗糙度、尺寸精度、形状精度、位置精度以及零件的材料、热处理和表面处理（如电镀、发黑）等。尺寸精度、形状精度和位置精度统称为加工精度。工件的机械加工表面质量常用表面粗糙度衡量。

1. 尺寸精度

尺寸精度是加工后的零件表面本身或表面之间的实际尺寸与理想零件尺寸之间的符合程度。理想零件尺寸是指零件图上标注尺寸的中间值。尺寸精度用尺寸公差等级表示，尺寸公差就是零件尺寸在加工中所允许的变动量，公差越小，则精度越高。公差等于尺寸设计允许的最大极限尺寸与最小极限尺寸之差，例如某轴零件直径标注尺寸是 $\phi 20_{-0.05}^{\ 0}$，表示轴的直径基本尺寸是 20 mm，上偏差是 0，下偏差是 0.05 mm，该零件最大极限尺寸为 L_{max} = 20 + 0 = 20（mm），最小极限尺寸为 L_{min} = 20 - 0.05 = 19.95（mm），尺寸公差 = L_{max} - L_{min} = 20 - 19.95 = 0.05（mm），表示所加工零件尺寸在 19.95～20 mm 之间即为合格。

国家标准将尺寸精度的标准公差等级分为 20 级，分别用 IT01，IT0，IT1，IT2，IT3，…，IT18 表示，IT01 公差值最小、尺寸精度最高。

2. 形状和位置精度

图纸上画出的零件都是没有误差的理想几何体，但是由于在加工中机床、夹具、刀具和工件所组成的工艺系统本身存在着各种误差，而且在加工过程中出现受力变形、振动、磨损等各种干扰，致使加工后零件的实际形状和相互位置与理想几何体的规定形状和相互位置存在差异。这种形状上的差异就是形状误差，相互位置间的差异就是位置误差，两者统称为形位误差。

图 5-1（a）所示为某阶梯轴图样，要求 d_1 表面为理想圆柱面，d_1 轴线应与 d_2 左端面相垂直。图 5-1（b）所示为完工后的实际零件，d_1 表面的圆柱度不好，d_1 轴线与 d_2 端面也不垂直，前者称为形状误差，后者称为位置误差。

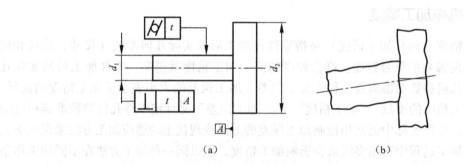

图 5-1 零件形位误差示意图
(a) 阶梯轴图样；(b) 实际零件

零件的形位误差会对零件使用性能产生重大影响，它是衡量机器、仪器产品质量的重要指标。零件点、线、面等实际形状要素与设计理想形状的符合程度，称为形状精度，以形状公差来控制。国家标准规定了 6 项形状公差，其项目名称及符号见表 5-1。

表 5-1 形状公差项目名称及符号

项目名称	直线度	平面度	圆 度	圆柱度	线轮廓度	面轮廓度
符号	—	▱	○	⌭	⌒	⌓

零件点、线、面的实际位置与设计位置的符合程度称为位置精度，用位置公差来控制。根据国家标准，位置公差共有 8 项，其名称与符号见表 5-2。

表 5-2 位置公差项目名称及符号

项目	平行度	垂直度	倾斜度	位置度	同轴度	对称度	圆跳动	全跳动
符号	∥	⊥	∠	⊕	◎	=	↗	↗↗

3. 表面粗糙度

在切削加工的过程中，由于挤压、摩擦、振动等，会使已加工的表面质量受到不同的影响，看似非常光滑的表面，通过放大，会发现它们高低不平，有微小的峰谷。微小峰谷的高低程度和间距组成的微观几何形状表面特征称为表面粗糙度。表面粗糙度评定参数常用轮廓算术平均偏差 Ra 表示，其单位为 μm。机械加工中常用表面粗糙度 Ra 值为 50, 25, 12.5, 6.3, 3.2, 1.6, 0.8, 0.4, 0.2, 0.1, 0.05, 0.025, 0.012, 0.008，单位为 μm。表面粗糙度标注举例如图 5-2 所示。

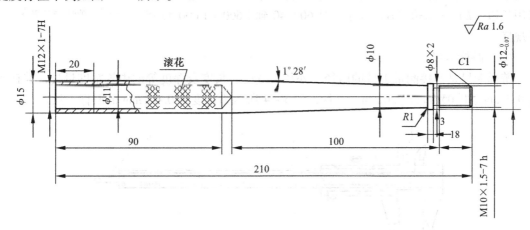

图 5-2 榔头柄表面粗糙度标注举例

不同加工方法的加工精度和表面粗糙度不同，一般情况下，零件的加工精度越高，其加工成本也越高。但是零件的加工精度越高不代表质量越好，在进行产品设计时，应根据实际需要选择合适的零件加工精度和表面粗糙度。

5.1.2 加工精度检测量具

为了保证零件的加工精度，在加工过程中要对工件进行测量；加工完的零件是否符合设计图纸要求，也要进行检验。这些测量和检验所用的工具称为量具。

1. 测量器具

测量器具是指能直接或间接测出被测对象量值的测量装置，是量具、量规等测量仪器和计量装置的总称。

2. 量具、量仪、计量装置

1）通常将没有传递放大信号的游标卡尺、千分尺、直角尺、高度尺、塞规、环规等测量器具称为量具。

2）把具有能将被测量的量值转换成为可以直接观察的指示值或等效信息的比较仪、测长仪、投影仪等测量器具的称为量仪。

3）计量装置是指为确定被测量量值所必需的计量器具和辅助设备的总称，它能够测量同一工件上较多的几何参数和形状比较复杂的工件，有助于实现检测自动化和半自动化。

3. 常用量具介绍

由于测量和检验的要求不同，所用的量具也不尽相同。量具的种类很多，常用的有金属直角尺、游标卡尺、外径千分尺、百分表、卡规与塞规、刀口形直尺和塞尺等。

（1）金属直角尺

主要用于工件直角的检验和划线。常用的形式有圆柱直角尺、三角形直角尺、刀口形直角尺、矩形直角尺、平面形直角尺、宽座直角尺等几种。常用的宽座直角尺如图5-3所示，精度等级有0级、1级和2级三种，0级精度一般用于精密量具的检验；1级精度用于精密工件的检验；2级精度用于一般工件的检验。角尺的规格用长边（L）×短边（B）表示，从60×40到1600×1000共15种规格。

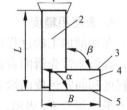

图5-3 宽座直角尺

1—测量面；2—长边；3,5—基面；4—短边

（2）游标卡尺

游标卡尺是直接测量工件的内径、外径、宽度、长度及深度等的中等精度量具，其精度有0.1 mm、0.05 mm、0.02 mm三种，图5-4所示为精度为0.02 mm的游标卡尺。

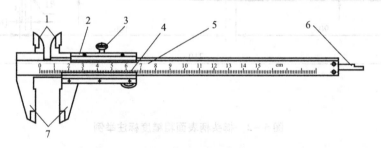

图5-4 游标卡尺

1—内量爪；2—尺框；3—紧固螺钉；4—游标；5—尺身；6—深度尺；7—外量爪

读数原理：游标卡尺是利用尺身的刻线间距与游标的刻线间距差来进行分度的。以精度为0.02 mm的游标卡尺为例，尺身刻线间距为1 mm；而游标将49 mm均分为50个刻度，即每小格长度为0.98 mm；尺身与游标之差为0.02 mm，表明该游标卡尺精度为0.02 mm。如图5-5所示，首先读出游标零线左边的尺身上最大整数值，图中为22 mm；再读出游标零线右边游标上与尺身对准的刻度线数，图中为15，乘以卡尺精度值0.02 mm，等于

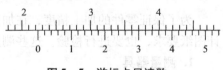

图5-5 游标卡尺读数

0.30 mm；最后将整数与小数相加即得到所测尺寸22.30 mm。实际测量时，为方便使用者读数，游标上标示的刻度值已经乘2，故只需计算小格数值即可。

其他游标量具还有专门用来测量深度尺寸的深度游标尺和测量高度尺寸的高度游标尺，如图5-6所示。高度游标尺除可用来测量零件的高度尺寸外，还可以用来精密划线。

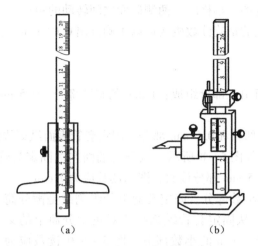

图 5-6 测量深度、高度的游标尺
(a) 深度游标尺；(b) 高度游标尺

(3) 外径千分尺

1) 工作原理。

千分尺是一种测量精度比游标卡尺更高的量具，一般测量精度为 0.01 mm。外径千分尺如图 5-7 所示，它应用了螺旋副传动原理，借助测微螺杆与测微螺母的精密配合将测微螺杆的旋转运动变为直线位移，然后从固定套管和微分套筒（相当于游标卡尺的尺身和游标）组成的读数机构上读出尺寸。

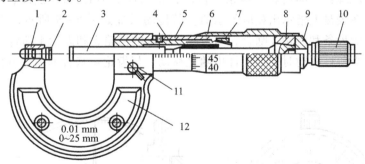

图 5-7 外径千分尺

1—尺架；2—测砧；3—测微螺杆；4—螺纹轴套；5—固定套管；6—微分套筒；7—调节螺母；
8—弹簧套；9—垫片；10—测力棘轮；11—锁紧器；12—隔热装置

用千分尺测量零件的尺寸，就是把被测零件置于千分尺的两个测砧面之间，所以两测砧面之间的距离就是零件的测量尺寸。当测微螺杆在螺纹轴套中旋转时，由于螺旋线的作用，测量螺杆有轴向移动，使两测砧面之间的距离发生变化。如测微螺杆按顺时针方向旋转一周，两测砧面之间的距离就缩小一个螺距。同理，若按逆时针方向旋转一周，则两砧面的距离就增大一个螺距。常用千分尺测微螺杆的螺距为 0.5 mm。因此，当测微螺杆顺时针旋转一周时，两测砧面之间的距离就缩小 0.5 mm。当测微螺杆顺时针旋转不到一周时，缩小的距离就小于一个螺距，它的具体数值可从与测微螺杆结成一体的微分筒的圆周刻度上读出。微分筒的圆周上刻有 50 个等分线，当微分筒转一周时，测微螺杆就推进或后退 0.5 mm，微分筒转过它本身圆周刻度的一小格时,两测砧面之间转动的距离为:0.5/50 = 0.01(mm)。

由此可知:千分尺上的螺旋读数机构可以正确读出 0.01 mm,也就是千分尺的读数精度为 0.01 mm。

2) 读数方法。

外径千分尺的读数值由三部分组成:1 mm 的整数部分、0.5 mm 部分和小于 0.5 mm 的小数部分。

① 先读 1 mm 的整数部分和 0.5 mm 部分。固定套管表面纵刻线以下为 1 mm 刻度,纵刻线以上为 0.5 mm 刻度。如图 5-8 所示,微分筒端面左边固定套管上露出的刻度,就是被测工件尺寸的 1 mm 和 0.5 mm 部分读数,图示读数应为 7 mm。

② 读小于 0.5 mm 的小数部分。固定套筒上的纵刻线是微分筒读数的指示线,读数时,从固定套管纵刻线所对正微分筒上的刻线,读出被测工件小于 0.5 mm 的小数部分,图 5-8 中读数应为 0.400 mm,小数点后第三位数值可用估读法确定。

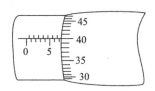

③ 相加得测量值。将 1 mm 的整数部分、0.5 mm 部分和小于 0.5 mm 的小数部分相加起来,即为被测工件的测量值。图 5-8 中千分尺测量值应为 7.400 mm。

图 5-8 千分尺读数

(4) 百分表

百分表是一种精度较高的量具,读数准确度为 0.01 mm,主要用于测量零件的形状误差和位置误差,如平行度、圆跳动的测量以及工件的精密找正。

百分表工作原理:借助齿轮、齿条的传动,将测杆微小的直线位移转变为指针的角位移,从而使指针在表盘上指示出相应的示值。其传动系统如图 5-9 所示,当测杆沿其轴向移动时,测杆上的齿条和齿轮 2 啮合,与齿轮 2 同轴的齿轮 3 和齿轮 4 啮合,齿轮 4 的轴上装有指针,所以当测杆移动时,大指针也随之移动。与齿轮 4 啮合的齿轮 6 的齿数是齿轮 4

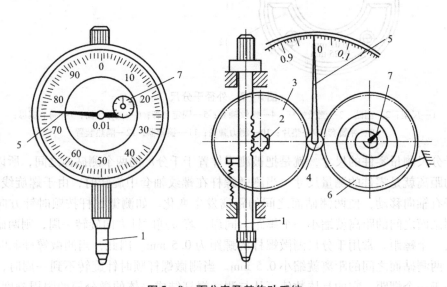

图 5-9 百分表及其传动系统

1—测杆;2,3,4,6—齿轮;5—指针;7—毫米指针的 10 倍，所以中心齿轮 4 转一圈（测杆位移 1 mm），齿轮 6 转 1/10 圈。毫米指针安装在齿轮 6 的同轴上，小表圈上刻有每格为 1mm 的刻线，这样毫米指针转动一格为 1 mm，恰好等于指针转动两周。在齿轮 6 的轴上装了游丝，是为了使传动系统中的齿条与齿轮、齿轮与齿轮在正反方向运动时都能保证单面啮合，以克服百分表的回程误差。百分表的测力是靠拉簧控制的。百分表的分度值为 0.01 mm，常用百分表的测量范围为 0~3 mm、0~5 mm 和 0~10 mm。

(5) 万能角度尺

1) 工作原理。

万能角度尺也叫万能量角器，是用来测量零件角度的，其基尺与主尺连成一体采用游标读数，可测任意角度，如图 5-10 所示。扇形板带动游标可以沿主尺移动，直角尺可用卡块紧固在扇形板上，可移动的直尺又可用卡块固定在角尺上。测量时应先校对万能角度尺的零位。其零位是当直角尺与直尺均装上，且直角尺的底边及基尺均与直尺无间隙接触时，主尺与游标的"0"线对齐。校零后的万能角度尺可根据工件所测角度的大致范围组合基尺、直角尺、直尺的相互位置，以测量 0°~320° 外角及 40°~130° 内角。

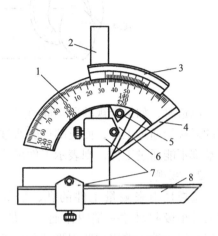

图 5-10 万能角度尺
1—主尺；2—直角尺；3—游标；4—基尺；
5—制动器；6—扇形板；7—卡块；8—直尺

2) 读数方法

万能角度尺的读数机构如图 5-10 所示，其是由刻有基本角度刻线的主尺 1 和固定在扇形板 6 上的游标 3 组成的。扇形板可在主尺上回转移动（由制动器 5），形成了和游标卡尺相似的游标读数机构。

万能角度尺主尺上的刻度线每格为 1°，由于游标上刻有 30 格，所占的总角度为 29°，因此，两者每格刻线的度数差是

$$1° - \frac{29°}{30} = \frac{1°}{30} = 2'$$

即万能角度尺的精度为 2′。

万能角度尺的读数方法和游标卡尺相同，先读出游标零线前的角度是几度，再从游标上读出角度"分"的数值，两者相加就是被测零件的角度数值。

(6) 卡规与塞规

在成批、大量生产中，常用具有固定尺寸的量具来检验工件，这种量具叫作量规。工件图纸上的尺寸是保证有互换性的极限尺寸。测量工件尺寸的量规通常制成两个极限尺寸，即最大极限尺寸和最小极限尺寸。测量光滑的孔或轴用的量规叫光滑量规。光滑量规根据用于测量内外尺寸的不同，分卡规和塞规两种。

1) 卡规。

卡规用来测量圆柱形、长方形、多边形等工件的尺寸。卡规应用最多的形式如图 5-11 所示。如果轴的图纸尺寸为 $\phi 80_{-0.12}^{-0.04}$ mm，则卡规的最大极限尺寸为 80 - 0.04 = 79.96

(mm)，最小极限尺寸为 80 − 0.12 = 79.88（mm）。卡规的 79.96 mm 一端叫作通端，卡规的 79.88 mm 一端叫作止端。

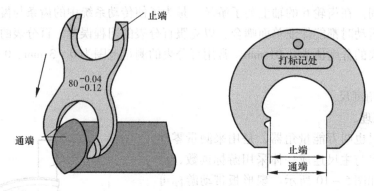

图 5-11 卡规

测量时，如果卡规的通端能通过工件，而止端不能通过工件，则表示工件合格；如果卡规的通端能通过工件，而止端也能通过工件，则表示工件尺寸太小，已成废品；如果通端和止端都不能通过工件，则表示工件尺寸太大，不合格，必须返工。

2）塞规。

塞规是用来测量工件的孔、槽等内尺寸的。它的最小极限尺寸一端叫作通端，最大极限尺寸一端叫作止端，常用的塞规形式如图 5-12 所示。塞规的两头各有一个圆柱体，长圆柱体一端为通端，短圆柱体一端为止端。检查工件时，合格的工件应当能通过通端而不能通过止端。

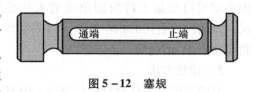

图 5-12 塞规

(7) 刀口形直尺

刀口形直尺是用光隙法或涂色法检测直线度和平面度的测量器具，如图 5-13 所示。若平面不平，则刀口尺与平面之间有缝隙，可根据光隙判断误差状况，也可用塞尺测量缝隙大小。

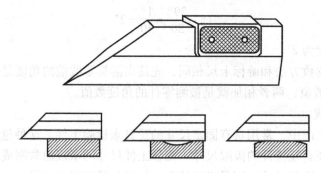

图 5-13 刀口形直尺及其应用

(8) 塞尺

塞尺又称厚薄规或间隙片，主要用来检验机床特别紧固面和紧固面、活塞与气缸、活塞环槽和活塞环、十字头滑板和导板、进排气阀顶端和摇臂、齿轮啮合间隙等两个接合面之间的间隙大小。塞尺由许多层厚薄不一的薄钢片组成，如图 5-14 所示，即按照塞尺的组别制成一把一把的塞尺，每把塞尺中的每个薄钢片具有两个平行的测量平面，且都有厚度标记，以供组合使用。

测量时，根据接合面间隙的大小，用一片或数片重叠在一起塞进间隙内。例如用 0.03 mm 的一片能插入间隙，而 0.04 mm 的一片不能插入间隙，这说明间隙在 0.03～0.04 mm 之间，所以塞尺也是一种界限量规。测量时选用的尺片数越少越好，且必须先擦净尺面和工件，插入时用力不能太大，以免折弯尺面。

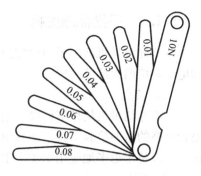

图 5-14　塞尺

（9）卡钳

卡钳是一种间接量具，使用时需与钢直尺或者其他刻线量具配合。卡钳有外卡钳和内卡钳之分，外卡钳测量外表面，内卡钳测量内表面，如图 5-15 所示。

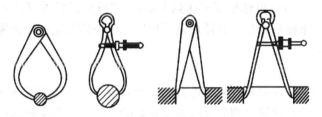

图 5-15　卡钳

要正确使用卡钳，过松、过紧或测偏均会造成较大的测量误差。卡钳的使用方法如图 5-16 所示。

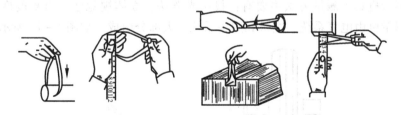

图 5-16　卡钳的使用方法

（a）用外卡钳测量的方法；（b）用内卡钳测量的方法

4. 量具的保养

量具的精度会直接影响到检测的可靠性，因此，必须加强量具的保养，需做到以下几点。

（1）量具在使用前、后必须用棉纱擦干净。

（2）不能用精密量具测量毛坯或运动着的工件。

（3）测量时不能用力过猛，不能测量温度过高的物体。

（4）不能将量具与工具混放、乱放，不能将量具当工具使用。

（5）不能用脏油清洗量具，不能给量具注脏油。

（6）量具用完后必须擦洗干净，涂防锈油并放入专用的量具盒内。

5.1.3 三坐标测量机

三坐标测量机诞生于 20 世纪 60 年代中期,是典型的机电一体化设备,主要由机械系统和电子系统两大部分组成。

(1) 特点

三坐标测量机集精密机械、电子、光学、传感、计算机技术等为一体,不仅是检验产品是否合格的重要检验工具,而且由于其通用性好、测量范围大、精度高、测量效率高等诸多优点,被越来越多地应用于加工生产线,已成为 FMS 的一个有机组成部分。

(2) 应用

三坐标测量机能高速、安全、精确地获得三维几何体内、外轮廓曲面的数据,对任意形状的物体,只要测头能感受到的地方,就能测出物体相应的空间位置、形状及各个元素间的空间相互位置关系,并借助计算机完成数据处理。

(3) 精度

三坐标测量机测量精度单轴精度可达到 1 μm,三维空间精度可达到 1~2 μm。如果再结合数控回转台、极坐标系测量,其使用范围更广。三坐标测量机已成为一种新颖的、高效的几何精度测量设备。

1. 测量原理

将被测物体置于三坐标测量机的工作台上,通过手工及自动程序对物体进行逐点检测,将物体测点的坐标数值经计算处理后反映被测元素的几何尺寸和空间的相互位置关系。

因此,对任意形状的物体,只要三坐标测量机检测头能够测到点的三维数值,就可获得物体相应的空间位置、形状及各个元素间的空间相互位置关系。

2. 测量方法

三坐标测量机具体测量方法主要有:投影光栅法、立体视觉法、由灰度恢复形状法三种。三坐标测量机由电气系统、主机和测头系统三大部分组成,如图 5-17 所示。

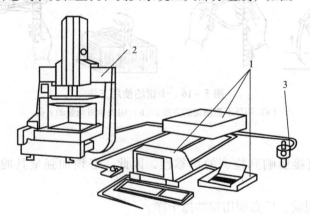

图 5-17 三坐标测量机组成
1—电气系统;2—主机;3—测头系统

(1) 电气系统

电气系统一般由光栅计数系统、测头信号接口和计算机等组成,用于获得被测坐标点数据，并对数据进行处理。

（2）主机（机械系统）

主机能放置被测物体并可使测头顺利而平稳地沿导轨运动。主机主要由测量机的床身框架结构、标尺系统、导轨、机械运动装置、平衡部件、工作台与附件等组成。

（3）测头系统

测头系统主要用于检测被测物体，采集数据。为便于检测物体，测头底座部分可自由旋转。

三坐标测量机的测头系统种类很多，按性质可分为机械式、光学式和电气式测量系统。测量头按测量方法分为接触式和非接触式两大类。接触式测量头又可分为硬测头和软测头两类。硬测头多为机械测头，主要用于手动测量和精度要求不高的场合。软测头是目前三坐标测量仪普遍采用的测量头，有触发式测头和三维测微头两种。触发式测头也称为电触式测头，其作用是瞄准，可用于"飞越"（允许若干 mm 超程）测量。测头系统主要由测头底座、加长杆、传感器和探针四部分组成。

5.2 技能训练

5.2.1 游标卡尺的使用

1）掌握使用游标卡尺测量工件外径、内径、宽度和深度的正确方法。

2）使用游标卡尺的注意事项。

①使用前，应先擦净两卡脚测量面，合拢两卡脚，检查副尺（游标）零线与主尺（尺身）零线是否对齐。

②测量工件时，卡脚测量面必须与工件的表面平行或垂直，不得歪斜，且用力不能过大，以免卡脚变形或磨损，影响测量精度。

③读数时，视线要垂直于尺面，否则测量值不准确。

④测量内径尺寸时，应轻轻摆动，以便找出最大值。

⑤不得用卡尺测量毛坯表面。游标卡尺用完后应擦净，平放在盒内，以防生锈或弯曲。

5.2.2 外径千分尺的使用

1）掌握外径千分尺的正确读数方法。

2）使用外径千分尺的注意事项。

①保持千分尺的清洁，尤其是测量面（测砧）必须擦拭干净。使用前先校对零点，若零点有误差，测量时应根据原始误差修正读数。

②当测量螺杆快要接近工件时，必须拧动端部测力棘轮，当棘轮发出打滑声时，表示压力合适，停止拧动。严禁拧动微分套筒，以防用力过度使测量不准。

5.2.3 百分表的使用

1）掌握百分表在表座上位置的调整方法。

2)掌握百分表的测量方法。
3)掌握百分表的正确读数方法。

思考与练习题

1. 零件的加工精度包括哪几种精度要求?
2. 常用的量具有哪些?它们的刻度读数原理有何异同?分别使用在什么场合?
3. 试说明 0.02 mm 游标卡尺的刻线原理和读数方法。

第6章
切削加工基础知识

6.1 切削加工概述

6.1.1 切削加工的实质和分类

切削加工是利用切削刀具或工具从毛坯（如铸件、锻件和型材坯料等）上切除多余材料，获得完全符合图纸技术要求的零件的加工方法。通常情况下绝大多数零件都需要通过切削加工来获得。切削加工在机械制造中占有非常大的比重，应用十分广泛。

切削加工分为钳工和机械加工（简称机工）两大部分。钳工一般由工人手持工具对工件进行切削加工（包括使用一些简单的机械加工工具，如小台钻、手砂轮、手电钻等），其主要内容包括划线、錾削、锯削、锉削、刮削、研磨、钻孔、扩孔、铰孔、攻螺纹、套扣、机械装配和修理等。钳工工具简单，操作灵活，在某种情况下可以完成用机械加工不方便或难以完成的工作。机械加工由工人操纵机床对工件进行切削加工，其主要方式包括车削、铣削、刨削、磨削、钻削和镗削等，所使用的机床分别对应为车床、铣床、刨床、磨床、钻床和镗床。机械加工的主要方式如图6-1所示。

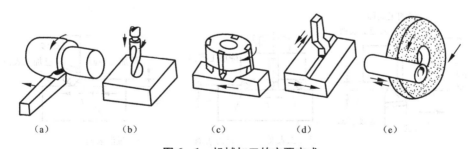

图6-1 机械加工的主要方式
(a) 车削；(b) 钻削；(c) 铣削；(d) 刨削；(e) 磨削

6.1.2 机床的切削运动

无论在哪种机床上进行切削加工，刀具与工件间都必须有适当的相对运动，即切削运动。根据在切削过程中所起的作用，切削运动分为主运动和进给运动。

1. 主运动

主运动是提供切削可能性的运动，没有这个运动就无法切下切屑。主运动的特点是在切削过程中速度最高、消耗机床动力最大。例如在图 6-1 中，车削中工件的旋转、钻削中钻头的旋转、铣削中铣刀的旋转、牛头刨床上刨削中刨刀的往复直线运动、磨削中砂轮的旋转都是主运动。

2. 进给运动

进给运动是提供继续切削可能性的运动，若没有这个运动，当主运动进行一个循环后新的材料层不能投入切削，切削便无法继续进行。例如在图 6-1 中，车削中车刀的移动、钻削中钻头的移动、铣削中工件的移动、牛头刨床上刨削平面时工件的间歇移动、磨削外圆时工件的旋转和往复轴线移动及砂轮周期性横向移动都是进给运动。

对于一般机床而言，主运动只有一个，但进给运动则可能是一个或多个。在不同类型的机床上，主运动和进给运动不是工件就是刀具（工具）的运动，主运动和进给运动是针对工件和刀具（工具）这一对运动副而言。在大部分机床上，主运动和进给运动位于不同的载体上，但也有位于同一载体上的，例如在台式钻床上主运动和进给运动都发生在钻头上。

6.1.3 切削用量三要素

在切削过程中，工件上形成三个表面，分别是待加工表面、过渡表面（加工表面）和已加工表面，如图 6-2 所示。待加工表面一般指毛坯材料的原始表面，与材料内部相比较，原始表面的组织结构不均匀，硬度较高，在切削待加工表面时振动较大，刀具的磨损较快。因此，在切削毛坯材料时应使刀具尽可能多地切在材料的内层，以减小刀具的磨损。过渡表面也叫作加工表面，是指刀具正在切削的部位，切削过程中的物理现象如切削力和切削热等主要都发生在过渡表面的位置。已加工表面是指经过刀具切削后新形成的表面，如果是经过最后一道工序加工而成的，则已加工表面就是零件的最终表面，衡量最终加工质量就是在已加工表面进行的。衡量加工质量的参数主要分为四大类，即尺寸精度、形状精度、位置精度和表面粗糙度。

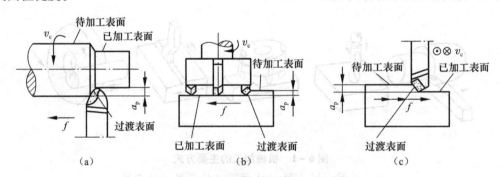

图 6-2 切削用量三要素及三个表面

(a) 车削用量三要素；(b) 铣削用量三要素；(c) 刨削用量三要素

切削用量三要素是指切削速度 v_c、进给量 f 和背吃刀量 a_p。车削外圆、铣削平面和刨削平面时的切削用量三要素如图 6-2 所示。在切削加工时要根据被加工材料特性、刀具特性、机床特性和图纸要求综合考量，合理选择 v_c、f 和 a_p 的具体数值。

1. 切削速度 v_c

切削速度 v_c 是指在单位时间内工件与刀具沿主运动方向发生的相对移动距离,即工件过渡表面相对刀具的线速度,单位是 m/min 或 m/s。车削、铣削、钻削和磨削的切削速度计算公式为

$$v_c = \frac{\pi d n}{1\,000} \text{ (m/min)}$$

或

$$v_c = \frac{\pi d n}{1\,000 \times 60} \text{ (m/s)}$$

式中:d——工件加工表面或刀具切削处的最大直径(mm);

n——工件或刀具的转速,即主运动的转速(r/min)。

牛头刨床刨削时切削速度的近似计算公式为

$$v_c = \frac{2 L n_r}{1\,000} \text{ (m/min)}$$

式中:L——刨刀做往复直线运动的行程长度(mm);

n_r——刨刀每分钟往复次数(str/min)。

2. 进给量 f

进给量 f 是指在主运动的一个循环或单位时间内,刀具与工件之间沿进给运动方向相对移动的距离。车削时进给量为工件每转一周车刀沿进给运动方向移动的距离(mm/r);铣削时常用的进给量为工件在一分钟内沿进给方向移动的距离(mm/min);刨削时进给量为刨刀每往复一次,工件或刨刀沿进给运动方向间歇移动的距离(mm/str)。

3. 背吃刀量 a_p

背吃刀量 a_p 为待加工表面与已加工表面之间的距离,单位是 mm。

6.1.4 传统切削加工的局限性

传统的切削加工一般应具备两个基本条件:一是刀具材料的硬度必须大于工件材料的硬度;二是刀具和工件都必须具有一定的刚度和强度,承受切削过程中不可避免的切削力。这给切削加工带来两个局限:一是不能加工硬度接近或超过刀具硬度的材料;二是不能加工带有细微结构的零件。然而,随着工业生产和科学技术的发展,具有高硬度、高强度、高熔点、高脆性、高韧性等性能的新材料不断出现,具有各种细微结构与特殊工艺要求的零件越来越多,用传统的切削加工方法很难对其进行加工,对于这些加工情形,必须采用特殊的加工手段,如特种加工技术和增材制造技术。

6.2 切削刀具

6.2.1 刀具材料

1. 刀具材料应具备的性能

在切削过程中,刀具的切削部分要承受很大的压力、摩擦、冲击和很高的温度,因此刀具切削部分的材料应具备以下性能:

(1) 高的硬度和耐磨性

硬度是指材料抵抗其他物体压入其表面的能力。耐磨性是指材料抵抗磨损的能力。刀具材料只有具备高的硬度和耐磨性才能切入工件并承受剧烈的摩擦。一般来说，材料的硬度越高，耐磨性也越好。刀具材料的硬度必须大于工件材料的硬度，常温硬度一般要求在 60 HRC 以上。

(2) 足够的强度和韧性

常用抗弯强度 σ_{bb} 和冲击韧度 a_K 来评定刀具材料的强度和韧性。刀具材料只有具备足够的强度和韧性，才能承受切削力以及切削时产生的冲击和振动，以避免刀具脆性断裂和崩刃。

(3) 高的耐热性

耐热性是指刀具材料在高温下仍能保持其足够高的硬度、强度、韧性和耐磨性等，常用其维持切削性能的最高温度（又称红硬温度）来评定。

(4) 良好的工艺性能

为便于制作出各种形状的刀具，刀具材料还应具备良好的工艺性能，如热塑性（锻压成型）、切削加工性、磨削加工性、焊接工艺性和热处理工艺性等。

2. 常用刀具材料

当前使用的刀具材料有：碳素工具钢、合金工具钢、高速钢（以上三种材料工艺性能良好）、硬质合金（先用粉末冶金法制成，然后磨削加工）、陶瓷（先加压烧结而成，然后磨削加工）、立方氮化硼和人造金刚石（高温高压下聚晶而成，多用于特殊材料的精加工）等。常用刀具材料的主要性能和用途如表 6-1 所示。

表 6-1 常用刀具材料的主要性能、牌号和用途

种类	硬度	红硬温度 /℃	抗弯强度 /10^3 MPa	工艺性能	常用牌号	用途
碳素工具钢	60~64 HRC (81~83 HRA)	200	2.5~2.8	可冷热加工成型，切削加工性和热处理性能好	T8A T10A T12A	仅用于手动工具，如锉刀、手用锯条和刮刀等
合金工具钢	60~65 HRC (81~83 HRA)	250~300	2.5~2.8	可冷热加工成型，切削加工性和热处理性能好	9CrSi CrWMn	用于手动或低速刀具，如丝锥、板牙等
高速钢	62~70 HRC (82~87 HRA)	540~600	2.5~4.5	可冷热加工成型，切削加工性和热处理性能好	W18Cr4V W6Mo5Cr4V2	用于形状复杂的机动刀具，如钻头、铰刀、铣刀、拉刀和齿轮刀具

续表

种类	硬度	红硬温度/℃	抗弯强度/10^3 MPa	工艺性能	常用牌号		用途
硬质合金	74～82HRC (89～94HRA)	800～1 000	0.9～2.5	不能切削加工，只能粉末压制烧结成型，磨削后即可使用，不能热处理	P类（蓝色）	P01 P10 P20 P30	切钢	多用于形状简单的刀具，一般做成刀片镶嵌在刀体上使用，如车刀、刨刀及镶齿端铣刀的刀头
					M类（黄色）	M10 M20 M30 M40	切各种金属	
					K类（红色）	K01 K10 K20 K30	切铸铁	

6.2.2 刀具角度

1. 刀具切削部分的组成

切削刀具的种类很多，虽然形状多种多样，但其切削部分的几何形状和参数都有共同的特征，即切削部分的基本形态为楔形。车刀是最典型的楔形刀头的代表，其他刀具可以视为由车刀演变或组合而成。国际标准化组织（ISO）在确定金属切削刀具的工作部分几何形状的通用术语时，就是以车刀切削部分为基础的。车刀切削部分（即刀头）可概括为"三面、两刃和一尖"，即前刀面、主后刀面、副后刀面、主切削刃、副切削刃和刀尖，外圆车刀的组成及工件的三个表面如图6-3所示。

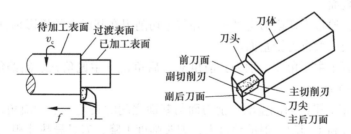

图6-3 外圆车刀的组成及工件的三个表面

前刀面：切屑沿其流出的那个面，一般指车刀的上面。

主后刀面：与工件过渡表面相对的那个面。

副后刀面：与工件已加工表面相对的那个面。

主切削刃：前刀面与主后刀面的交线，它承担主要的切削作用，处于进给运动方向最前端，且是最接近垂直于进给运动方向的切削刃。

副切削刃：前刀面与副后刀面的交线，它承担次要的切削作用，并起光整作用，处于进给运动方向最末端，且是最接近平行于进给运动方向的切削刃。

刀尖：主、副切削刃的交点，刀尖通常刃磨成一小段过渡圆弧，其目的是提高刀尖的强度，避免应力集中，改善散热条件。

一把车刀制作好之后，其前刀面和刀尖的作用永远不变，而主后刀面、副后刀面、主切削刃和副切削刃的作用随着加工表面的不同而变化。例如用外圆车刀车削端平面时，其副后刀面变成了主后刀面，主后刀面变成了副后刀面，副切削刃变成了主切削刃，而主切削刃变成了副切削刃。

2. 刀具角度

为了便于确定和测量刀具角度，必须建立一定的参考系。参考系由假想的三个互相垂直的辅助平面作为基准面。所谓刀具静止参考系就是不考虑进给运动，车刀刀尖与工件轴线等高，刀柄的中心线垂直于进给运动方向的简化条件下的参考系。刀具静止参考系中三个假想的辅助平面分别是基面 p_r、切削平面 p_s 和正交平面 p_o，如图 6-4 所示。

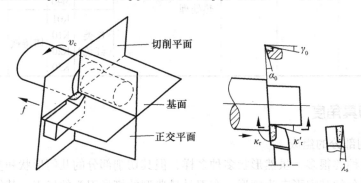

图 6-4　刀具参考系与车刀角度

基面 p_r：通过主切削刃上某一点并与该点切削速度方向垂直的平面。对于车刀而言，基面一般为过主切削刃选定点的水平面。

切削平面 p_s：通过主切削刃上某一点并与工件过渡表面相切的平面。对于车刀而言，切削平面一般为铅垂面。

正交平面 p_o：通过主切削刃上某一点并与主切削刃在基面上的投影垂直的平面。对于车刀而言，正交平面一般也为铅垂面。

外圆车刀的五个主要角度分别为：前角 γ_0、后角 α_0、主偏角 κ_r、副偏角 κ_r' 和刃倾角 λ_s，车刀角度如图 6-4 所示。

前角 γ_0：在正交平面内测量的，前刀面与基面之间的夹角。增大前角，车刀刀刃锋利，切削变形减小，有利于切削。但前角过大，刀头强度下降，刀具导热体积减小，影响刀具寿命。硬质合金车刀的前角通常为 5°～20°，粗加工或加工脆性材料时选取较小值，精加工或加工塑性材料时选取较大值。

后角 α_0：在正交平面内测量的，主后刀面与切削平面之间的夹角。α_0 的主要作用是减小主后刀面与工件之间的摩擦，α_0 过大会使刀头强度下降。α_0 一般取 3°～12°，粗加工时选较小值，精加工时选较大值。

主偏角 κ_r：在基面内测量的，主切削刃在基面上的投影与进给运动方向之间的夹角。主偏角的大小会影响切削条件和刀具寿命。如图 6-5 所示，在进给量和背吃刀量相同的情况下，减小主偏角会使刀刃参与切削的长度增加、切屑变薄，使刀刃单位长度的切削载荷减轻，同时增强了刀头强度，增大了散热面积，改善了切削条件，提高了刀具寿命。主偏角的大小还会影响径向切削力 F_p 的大小。在切削力大小相同的情况下，减小主偏角会使 F_p 增大。当加工刚度较差的工件时，应选取较大的主偏角，以减小工件的弯曲变形和振动。车刀常用的主偏角有45°、60°、75°和90°几种。习惯上将主偏角为90°的车刀叫作偏刀，刀头向左偏的称为右偏刀，右偏刀最为常用。

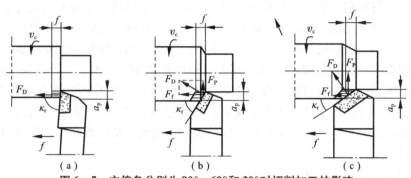

图 6-5　主偏角分别为 90°、60°和 30°对切削加工的影响
(a) 90°主偏角；(b) 60°主偏角；(c) 30°主偏角

副偏角 κ_r'：在基面内测量的，副切削刃在基面上的投影与进给运动反方向之间的夹角。副偏角的作用是减少副切削刃与工件已加工表面之间的摩擦，减小切削产生的振动。副偏角会影响工件表面粗糙度 Ra 值。如图 6-6 所示，在进给量、背吃刀量和主偏角相同的情况下，减小副偏角可以使残留面积减小、表面粗糙度 Ra 值减小。副偏角一般在 5°～15°，粗加工选取较大值，精加工选取较小值。

图 6-6　副偏角分别为 60°、30°和 15°时对残留面积的影响

刃倾角 λ_s：在切削平面内测量的，主切削刃与基面之间的夹角。刃倾角主要影响切屑的流向，对刀头强度也有一定的影响。当刃倾角为负值时，即刀尖处于主切削刃的最低点，切屑流向已加工表面。当刃倾角为零时，即主切削刃水平，切屑流向与之切削刃垂直的方向。当刃倾角为正值时，即刀尖处于主切削刃最高点，切屑流向待加工表面。刃倾角一般为 $-5°$～$+5°$，粗加工时常取负值，以增加刀头强度；精加工时常取正值，以防止切屑流向已加工表面而划伤工件。刃倾角对切屑流向的影响如图 6-7 所示。

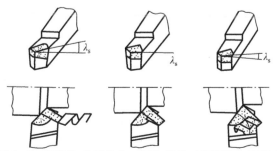

图 6-7　刃倾角分别为负、零和正值时切屑流向的影响

6.2.3 刀具的刃磨

以车刀为例，整体式车刀和焊接式车刀破损或用钝后必须重新刃磨，以恢复车刀应有的形状和角度，保持锋利。车刀需要在砂轮机上刃磨。刃磨高速钢车刀或硬质合金车刀的刀体部分时采用白色的氧化铝砂轮，刃磨硬质合金刀片时采用绿色的碳化硅砂轮。

刃磨时，人要站在砂轮侧面，双手拿稳车刀，用力均匀，倾斜角度要合适，要在砂轮圆周表面的中间部位磨，并且要左右移动车刀。刃磨高速钢车刀时，刀头发热要放入水中冷却，避免刀具因温升过高而软化。刃磨硬质合金车刀时，刀头发热可将刀柄置于水中冷却，避免硬质合金刀片过热沾水急冷而产生破裂。在砂轮机上将车刀各面磨好之后，还要用油石细磨车刀各面，进一步降低各切削刃及各面的表面粗糙度，从而提高车刀的耐用度和工件表面的加工质量。

刃磨外圆车刀的一般步骤如图6-8所示。

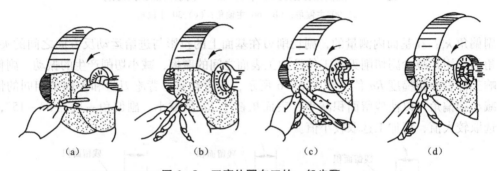

图6-8 刃磨外圆车刀的一般步骤
(a) 磨前刀面；(b) 磨主后刀面；(c) 磨副后刀面；(d) 磨刀尖圆弧

思考与练习题

1. 什么是切削加工的主运动和进给运动？在车、铣、刨、磨、钻的加工中，主运动与进给运动分别是什么？
2. 什么是切削用量三要素？
3. 刀具材料应具备哪些特性？
4. 车刀的切削部分由哪些要素组成？
5. 高速钢与硬质合金两种刀具材料分别具备什么物理力学特性？

第 7 章

车　　削

7.1　基本知识

车削是在车床上让工件做旋转运动，车刀或其他通用切削刀具相对工件做平面运动，从而改变工件的形状和尺寸的一种切削加工方法。车削时，工件的旋转运动为主运动，车刀的移动为进给运动。车削加工是机械加工中的主要工种，无论是在大批量生产，还是在单件小批量生产以及机械维修方面都占有重要地位。

车床的加工范围很广，在车床上可以加工端平面、内外圆柱面、内外圆锥面、内外螺纹、内外回转沟槽、内外成型面、滚花面和孔等。凡是回转表面的加工均可在车床上进行。普通卧式车床加工的尺寸公差等级可达 IT8～IT7，表面粗糙度 Ra 值可达 $1.6\ \mu m$。车削加工的主要内容如图 7-1 所示。

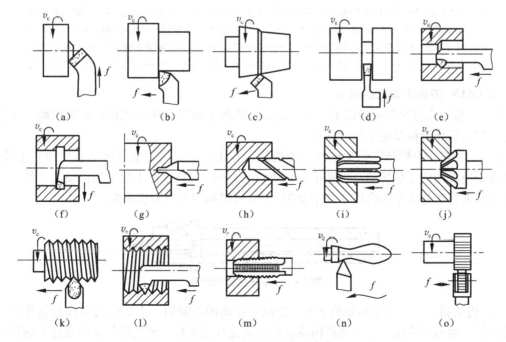

图 7-1　车削加工的主要内容

（a）车端面；（b）车外圆；（c）车外锥面；（d）切槽、切断；（e）镗孔；（f）切内槽；（g）钻中心孔；（h）钻孔；（i）铰孔；（j）锪锥孔；（k）车外螺纹；（l）车内螺纹；（m）攻螺纹；（n）车成型面；（o）滚花

7.1.1 车床及其附件

车床的种类很多，常用的有卧式车床、立式车床、转塔车床、落地车床、仿形车床、多刀自动和半自动车床，以及各种专用车床（如曲轴车床、凸轮车床等）、数控车床等。卧式车床是应用最广的一种车床。图7-2所示为卧式车床C6136的示意图。在编号"C6136"中，"C"表示车床类，"61"表示卧式车床，"36"表示床身最大回转直径的1/10，即最大回转直径为360 mm。

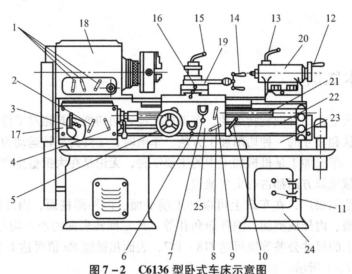

图7-2 C6136型卧式车床示意图

1—主轴变速手柄；2—倍增手柄；3—诺顿手柄；4—离合手柄；5—纵向手动手轮；6—纵向自动手柄；7—横向自动手柄；8—自动进给换向手柄；9—开合螺母手柄；10—主轴启闭和变向手柄；11—总电源开关；12—尾座手轮；13—尾座套筒锁紧手柄；14—小滑板手柄；15—方刀架锁紧手柄；16—横向手动手柄；17—进给箱；18—主轴箱；19—刀架；20—尾座；21—丝杠；22—光杠；23—床身；24—床腿；25—溜板箱

1. C6136型卧式车床的组成

1) 床身。床身是车床的躯干，用于连接车床各主要部件并使之相对位置正确。床身上的导轨用来引导滑板及尾座纵向移动。

2) 主轴箱。主轴箱安装主轴及变速机构。车床电动机通过皮带传动直接传到主轴箱，再通过变速机构使主轴转动。主轴是空心结构（见图7-3），便于加工细长轴类工件。前端可以安装夹持工件的车床附件（如卡盘等），也可以利用内锥安装顶尖。

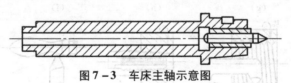

图7-3 车床主轴示意图

3) 进给箱。一般在主轴箱的下方，是进给运动的控制箱。主轴运动经挂轮箱将运动传到进给箱，通过进给运动的变速机构将运动传给光杠或丝杠。改变进给箱的变速手柄位置可得到不同的进给量。

4) 溜板箱。它是车床进给运动的操纵箱，可将光杠或丝杠传来的旋转运动变为车刀所需的纵向或横向直线运动。

5) 刀架。刀架用来安装和夹持车刀并可以做平面运动。刀架共分五部分,分别是大刀架(也叫大滑板)、中刀架(也叫中滑板或横刀架)、小刀架(小滑板)、转盘和方刀架,如图7-4所示。大刀架与溜板箱连接,可以带动车刀沿床身导轨做纵向移动。中刀架沿大滑板上的导轨做横向移动。小刀架安装在中刀架的环形轨道上,它可以向任意方向移动,小刀架的移动距离较小。小刀架上边是方刀架,是用来夹持车刀的。

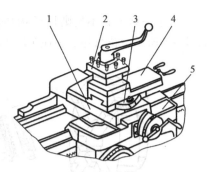

图7-4 刀架的组成
1—中滑板;2—方刀架;3—转盘;
4—小滑板;5—大拖板

6) 尾座。尾座是车床必不可少的部件,它安装在床身导轨的尾部并可在导轨上滑动。尾座套筒内可以安装顶尖用来支撑工件,也可以安装钻头、铰刀、中心钻等在工件上钻孔、铰孔和钻中心孔。

7) 光杠和丝杠。光杠和丝杠将进给箱的运动传给溜板箱。光杠用来车削除螺纹外的表面,丝杠只用来车削螺纹。

8) 床腿。床腿用来支撑床身,并与地基相连以固定车床。

2. 车床附件

为了便于工件加工,在车床上常采用一些夹具来装夹工件或辅助加工,这些夹具称为附件。车床上常用的附件有三爪自定心卡盘、四爪单动卡盘、花盘、弯板、顶尖、心轴、中心架和跟刀架等,其中用得最多的是三爪自定心卡盘。

(1) 三爪自定心卡盘

它是车床上最常用的附件。它的三个卡爪可以同步移动并能自行对中,所以三爪卡盘多用于快速夹持截面为圆形、正三角形、正六边形且要求夹持精度不太高的工件。三爪卡盘还有三个反爪用来夹持较大的工件。图7-5所示为三爪自定心卡盘示意图。

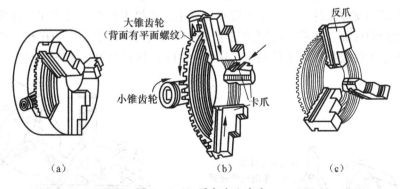

图7-5 三爪自定心卡盘

(2) 四爪单动卡盘

四爪单动卡盘如图7-6所示。它的四个卡爪通过四个调整螺杆独立移动,所以用途广泛,可以夹持圆形截面的工件,还可以夹持截面为正方形、长方形、椭圆形及其他形状不规则的工件。四爪卡盘的夹紧力大于三爪卡盘且夹持精度较高,因此四爪卡盘常用来夹持要求精度较高的工件。

(3) 花盘

对于一些形状不规则且形状和位置精度要求较高的工件，一般用花盘来夹持工件，如图7-7所示。花盘是安装在车床主轴上的一个大圆盘，圆盘上有许多孔和槽，端面非常平整。

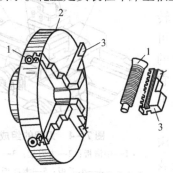
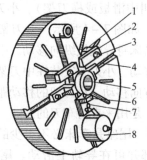

图7-6　四爪单动卡盘
1—调整螺杆；2—卡盘体；3—卡爪

图7-7　用花盘安装工件
1—垫铁；2—压板；3—螺栓；4—螺栓槽；
5—工件；6—角铁；7—顶丝；8—平衡铁

（4）弯板

当形状不规则但要求孔的轴线与安装面平行，或端面与安装面垂直时，可用弯板安装工件。通常弯板要和花盘配合使用，如图7-8所示。弯板要有一定的强度和刚度，且用于贴靠花盘和安装工件的两个平面要相互垂直，垂直精度要高。用花盘或弯板夹持工件时要安装配重，以减小偏心引起的振动。

（5）中心架和跟刀架

当轴类工件长度和直径之比（L/d）大于25时，称该轴为细长轴。为防止车削时受切削力和离心力的作用产生弯曲变形及振动，影响工件的加工精度，常用中心

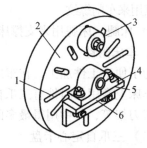

图7-8　用花盘—弯板安装工件
1—螺栓孔槽；2—花盘；3—平衡铁；
4—工件；5—安装基面；6—弯板

架和跟刀架来辅助支撑工件。中心架固定在床面上，支撑工件前需要先在工件被支撑的位置车一小段光滑的圆柱面，调整中心架的三个支撑爪与光滑圆柱表面均匀接触。这样工件的刚度被加强，车削工件较易保证工件精度。图7-9（a）所示为加工细长轴外圆，图7-9（b）

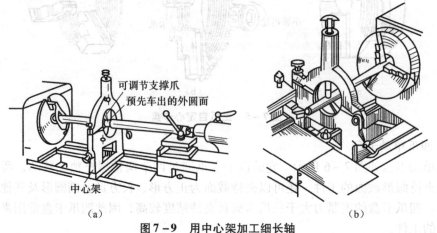

图7-9　用中心架加工细长轴
（a）车外圆；（b）车端面

所示为加工轴类零件的端面。对长套类零件的内孔加工也可以利用中心架来支撑。

有些细长轴不能掉头加工，需用跟刀架辅助支撑，如图7-10所示。跟刀架与中心架不同，它固定在大滑板上，和大滑板同步移动，抵消径向切削力，加强工件的刚性。车削前要在工件靠后顶尖的一端车削一段外圆柱面，用它来均匀接触支撑跟刀架的支撑爪，然后再车削全部外表面。跟刀架分两个支撑爪跟刀架和三个支撑爪跟刀架两种，如图7-11所示。三爪跟刀架的加工精度要高于两爪跟刀架，但加工效率较低。

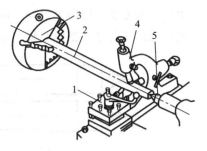

图7-10 跟刀架的应用

1—刀架；2—工件；3—三爪自定心卡盘；
4—跟刀架；5—尾顶尖

利用中心架和跟刀架加工工件时，工件与支撑爪接触点要光滑，并要加润滑油，工件的旋转速度不宜太高，以免工件和支撑爪之间摩擦过热而造成磨损。

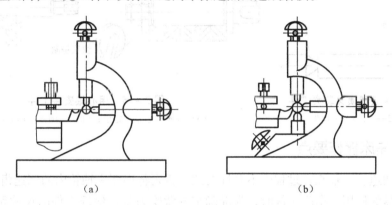

图7-11 两爪和三爪跟刀架
(a) 两爪跟刀架；(b) 三爪跟刀架

(6) 顶尖和心轴

对同轴度要求较高的轴类零件常用双顶尖装夹工件，如图7-12所示。前顶尖是死顶尖，安装在主轴孔内且和主轴同步转动；后顶尖为活顶尖，安装在尾座套筒内孔。两个顶尖分别顶住轴两端的中心孔，工件通过拨盘和卡箍随主轴一起旋转。活顶尖和死顶尖形状如图7-13所示。对同轴度、锥度和圆柱度要求不太高的轴类零件也用单顶尖支撑，一端用三爪卡盘夹紧工件，另一端用活顶尖支撑，如图7-14所示。这种装夹方法能承受较大的切削力，可提高切削用量和效率。对于盘套类零件，为保证外圆和内孔的同轴度要求，以及端面对外圆、孔的圆跳动精度要求，以孔为定位基准。利用已精加工过的孔把零件安装在心轴

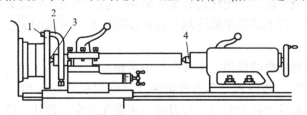

图7-12 双顶尖安装工件

1—拨盘；2—卡箍；3—前顶尖；4—后顶尖

上，再把心轴安装在两顶尖之间，如图7-15所示。常用的心轴有圆柱心轴和锥度心轴。对于一些特殊的零件还有锥体心轴、螺纹心轴和花键心轴等。

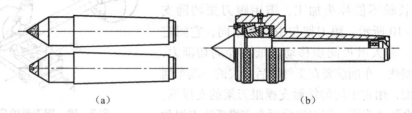

图7-13 两种顶尖
(a) 死顶尖；(b) 活顶尖

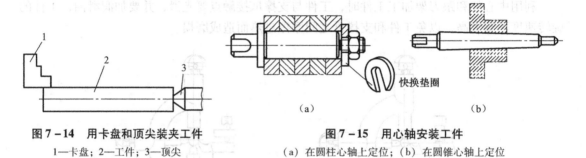

图7-14 用卡盘和顶尖装夹工件
1—卡盘；2—工件；3—顶尖

图7-15 用心轴安装工件
(a) 在圆柱心轴上定位；(b) 在圆锥心轴上定位

7.1.2 车床操作要点

1) 主轴调速。主轴旋转过程中不允许变速，否则将损坏主轴箱内的调速齿轮。

2) 刻度盘的使用。车削工件时，为准确掌握背吃刀量，保证工件的尺寸精度，必须熟练使用中滑板的刻度盘。

中滑板的刻度盘紧固在横向手轮丝杠轴头上，中滑板与丝杠上的螺母紧固在一起。当中滑板手柄带着刻度盘旋转一周时，丝杠也转一周，这时螺母带着中滑板移动一个螺距。所以中滑板移动的距离可以根据刻度盘上的格数来计算：

刻度盘每转1格中滑板移动的距离 = 丝杠螺距 / 刻度盘格数

例如C6136型卧式车床中滑板丝杠螺距是4 mm，中滑板刻度盘一周等分200小格，所以刻度盘每转过1小格中滑板移动的距离为（4/200）mm = 0.02 mm。刻度盘每转过1小格，中滑板带动车刀移动0.02 mm，在工件半径方向上切下0.02 mm，由于工件做旋转运动，所以其直径减小0.04 mm。

进刻度时要双手握手轮，缓慢转动到想要的刻度值。如果不慎将刻度盘转过了头，由于丝杠和丝母间有间隙，故不能简单地将刻度盘直接退回到所要求的刻度，应反转一圈后再转到所要的刻度值。

大拖板及小刀架刻度盘的使用方法可参照中滑板。

3) 找零点（对刀）。零点就是车刀进切深（背吃刀量）的起始点。找零点就是将刀具和工件轻微的接触，通常也称为对刀。对刀时一定要先开车，即让工件先旋转起来，然后让车刀与工件接触。工件不旋转时车刀绝对不能和工件接触，否则容易损坏车刀。

4) 试切的方法和步骤。工件在加工时要根据加工余量来决定走刀次数和每次走刀的背吃刀量。为了保证工件的尺寸精度，不能按照理论计算的进刀量来进刻度，要进行试切测量。试切的步骤如下：

①开车对刀（找零点）。

②纵向退刀。

③横向进刀 a_{p1}（a_{p1} 的量小于理论切削量）。

④走刀切削 1~3 mm。

⑤纵向退刀，停车测量已加工表面尺寸。

⑥根据测量结果再补进所需的切削量，开车走刀切削。

5) 车刀的安装。车刀安装在方刀架上，刀尖的高度要和主轴及工件的回转中心等高。一般用刀垫来调整刀尖的高度，刀垫要平整。另外刀具伸出的长度在不影响切削的前提下要尽可能短，这样可以增强刀杆的强度，避免刀杆振动，提高切削量和加工精度。

6) 粗车和精车。粗车的目的是尽快从工件上切去大部分加工余量，使工件接近最后的形状和尺寸。粗车要给精车留下合适的加工余量，而对精度和表面质量的要求都不高。粗车时优先选用较大的背吃刀量 a_p，其次适当加大进给量 f，最后确定切削速度 v_c。粗车的切削用量推荐值为：a_p = 2~4 mm，f = 0.15~0.40 mm/r，v_c = 50~70 m/min（硬质合金车刀切钢），或 v_c = 40~60 m/min（硬质合金车刀切铸铁）。此外，粗车毛坯材料时，第一刀的背吃刀量要大些，使车刀尽可能多地切在材料的内部，防止刀尖被毛坯料的硬皮磨损。精车的目的是要保证零件的尺寸精度和表面粗糙度要求。粗车给精车或半精车留下的加工余量一般为 0.5~2 mm，精车的尺寸公差等级一般为 IT8~IT7，尺寸精度主要靠试切、准确地测量和准确地进刻度来保证。精车的表面粗糙度 Ra 值一般为 3.2~1.6 μm，保证粗糙度的措施主要有：选择较小的车刀主、副偏角，选择较大的车刀前角；选择较高的切削速度、较小的进给量；合理选择切削液等。精车的推荐切削用量为：a_p = 0.2~0.3 mm（高速精车）或 0.05~0.10 mm（低速精车），f = 0.05~0.2 mm/r，v_c = 100~200 m/min（硬质合金车刀切钢）或 60~100 m/min（硬质合金车刀切铸铁）。

7) 车床安全操作规程。

①穿工作服，系紧领口、袖口和腰部，禁止穿裸露脚面的鞋，禁止戴手套，禁止佩戴项链、手链、戒指和耳环等饰品。

②留长发者需将头发盘好，佩戴工作帽后方可操作。

③应在停车状态下调整主轴转速，在停车状态下安装或拆卸工件与刀具，并在停车状态下清理切屑。

④工件和车刀必须夹牢，卡盘扳手和刀架扳手用后要及时取下。

⑤禁止触摸加工中的工件和主轴，禁止触摸刚形成的切屑，禁止在加工中测量工件尺寸。

⑥操作者要密切注意机床的加工情况，如遇紧急情况要立即按下急停按钮。

⑦操作者离开机床前要停车断电。

⑧调整切削液喷嘴必须在关机状态下进行。

⑨禁止出现多人同时操作一台车床进行加工的情况。

7.1.3 外圆和端面的加工

车外圆是车削中最基本、最常见的加工。常用的外圆车刀及车外圆方法如图 7-16 所示。外圆车刀有尖刀、45°弯头刀和90°右偏刀。尖刀主要用来粗车外圆和车没有台阶或台阶不大的外圆，45°弯头刀用来车外圆、端面、倒角或有45°台阶的外圆，90°右偏刀多用于半精车和精车。另外90°右偏刀的背向力小，所以加工细长轴和带有垂直台阶的外圆时多采用90°右偏刀。

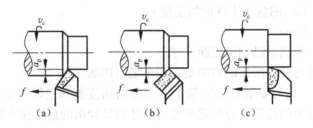

图 7-16 车外圆

(a) 尖刀车外圆；(b) 45°弯头刀车外圆；(c) 90°右偏刀车外圆

车端面也是车削中常见的加工。通常用弯头刀和偏刀两种方法车端面，如图 7-17 所示。弯头刀用来车削实心的轴类和盘类零件，偏刀用于车削带孔的零件端面。弯头刀车削端面时刀具从外向里切削，偏刀车削时刀具从里向外切削。

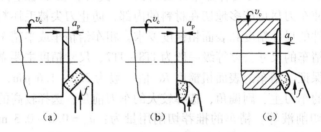

图 7-17 车端面

(a) 弯头刀车端面；(b) 偏刀车端面（由外向中心）；(c) 偏刀车端面（由中心向外）

车端面时要注意以下几点：

1）车刀的刀尖要和工件的回转中心等高，以免车出的端面留下凸台。

2）端面的直径在加工中是变化的，因此不易车出较高的表面精度，所以在车削端面时工件的转速要比车外圆的高。

3）车削余量较大的端面时，背吃刀量也相对较大，这时应将大滑板锁紧到导轨上，避免刀具纵向移动。通常用小刀架调整背吃刀量。

7.1.4 孔的加工

孔的加工也是车床常见的加工内容。在车床上可以进行钻孔、扩孔、铰孔和用车刀车孔。

1）钻孔。

钻孔是用麻花钻在工件实体上钻孔。车床上钻孔是将麻花钻安装在车床尾座上，工件旋转，钻头纵向进给，钻出和钻头一样大的孔。工件上的孔有通孔和盲孔两种。

2）扩孔。

扩孔是在钻孔的基础上将孔进一步扩大。有的孔比较大，一次加工时难度较大，所以需要多次加工。扩孔属于孔的半精加工,用比钻孔的钻头大的钻头再钻削一次,使原来的孔加大。

3) 铰孔。

铰孔是孔的精加工。利用铰刀对半精加工的孔进行精加工,使孔达到较高的精度。在车床上一般是加工较小的孔。

4) 车孔。

车孔俗称镗孔,是对铸造、锻造和钻出的孔的进一步加工。图 7-18 所示为车削通孔和盲孔的实例。

车孔可以将原有孔的偏心很好地矫正,可以进行粗加工、半精加工和精加工。车通孔和车盲孔的车刀有差别,如图 7-18 所示。车盲孔时,应在车削到顶端时车刀横向走刀加工内端面。

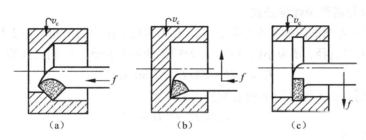

图 7-18 车孔
(a) 车通孔;(b) 车盲孔;(c) 车槽

车孔刀的刀杆应尽可能粗一些,以提高刀杆的强度、减小刀具的变形和振动。刀尖要略高于工件的回转中心,选用较小的进给量和背吃刀量,进行多次走刀。

7.1.5 切槽和切断

切槽和切断本质上没有区别,使用的刀具也一样。只是切断刀要比切槽刀的刀头长,切断时刀头要超过工件的回转中心。

1) 切槽。

槽宽在 5 mm 以下(含 5 mm)叫窄槽,大于 5 mm 为宽槽。窄槽可以一次切出,宽槽切削要分几次切出,如图 7-19 所示。前几次切槽的深度需留有少量余量,最后一次横向进给切完后应沿纵向移动精车槽的底部,如图 7-19 所示。

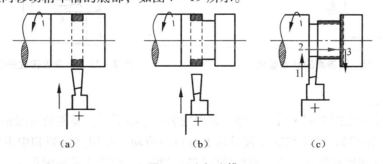

图 7-19 切宽槽
(a) 第一次横向进给;(b) 第二次横向进给;(c) 最后一次横向进给后再以纵向进给精车槽底

2) 切断。

切断的工件一般应用卡盘夹紧，断口需尽可能靠近卡盘，如图 7-20 所示。通常切断的工件不应用顶尖支撑。切断刀的刀尖高度应与工件中心等高，刀头伸出部分应尽可能短。切断一般要用手动进给，进给要均匀，快断时要放慢进给速度，以免刀头折断；也可以在就要断时将刀退出，停车后用手来折断。

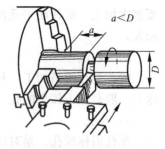

图 7-20 在卡盘上切断

7.1.6 车削圆锥面

许多零件是靠锥度配合的，原因是圆锥面配合比圆柱面配合紧密，拆装方便，且多次拆装仍能保持准确定心。

1. 圆锥各部分名称和计算公式

图 7-21 所示为圆锥面的基本参数，其中 C 为锥度，α 为圆锥角（$\alpha/2$ 是圆锥半角，也叫斜角），D 为大端直径，d 为小端直径，L 为圆锥的轴向长度。它们之间的关系是

$$C = (D-d)/L = 2\tan(\alpha/2)$$

当 $\alpha/2 < 6°$ 时，$\alpha/2$ 可以用下列近似公式来计算

$$\alpha/2 = 28.7° \times (D-d)/L$$

2. 车锥面的方法

车削锥面的方法有小滑板转位法、靠模法、尾座偏移法和宽刀法四种。

（1）小滑板转位法

小滑板转位法是最常用的车锥面方法。如图 7-22 所示，小滑板旋转 $\alpha/2$，手动进给让小滑板带动车刀运动即可车出圆锥表面。这种方法操作简单，可保证一定的加工精度，并可以加工内锥面和锥角较大的锥面。但小滑板的行程较短，所以加工的锥面不宜太长，而且要用手动进给而不能自动走刀，劳动强度大，所以只适宜加工单件小批量生产且精度要求不高和长度较短的锥面。

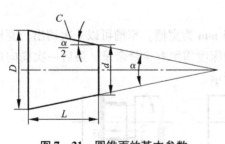

图 7-21 圆锥面的基本参数

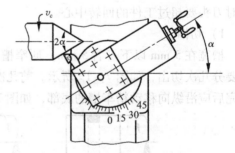

图 7-22 小滑板转位法车锥面

（2）靠模法

靠模法车锥面如图 7-23 所示。靠模装置安装在床身后面。靠模板可以相对工件轴线偏转一定的角度（$\alpha/2$），滑块在靠模板导轨上可自由滑动，并用连接板和中滑板相连。将中滑板的丝母与横向丝杠脱开，当大滑板纵向进给时车刀就会沿着靠模偏角 $\alpha/2$ 的方向移动从而车出锥面。靠模法车锥面时，小滑板一定要扳转 90°，即小滑板丝杠要垂直主轴，目的是

调整车刀的横向进刀量 a_p。靠模法加工锥面的精度和效率较高，但加工的圆锥半角 $\alpha/2 < 12°$，适宜加工大批量和长度较长的内外圆锥面。

（3）尾座偏移法

尾座偏移法车锥面如图7-24所示。车削时工件用双顶尖装夹，将尾座相对底座偏移一定距离 S，使工件轴线和主轴轴线有一个 $\alpha/2$ 的夹角，车刀车削时沿主轴轴线移动即可车出所需锥面。该法车削精度较高，适宜加工在顶尖上安装较长的工件，不能加工内锥面，所加工的圆锥半角 $\alpha/2 < 8°$。

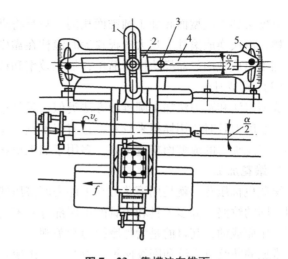

图7-23 靠模法车锥面
1—连接板；2—滑块；3—销钉；4—靠模板；5—底座

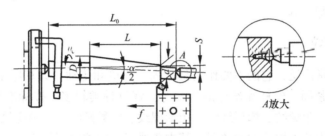

图7-24 尾座偏移法车锥面

（4）宽刀法

宽刀法加工的锥面不宜过长，且加工时刀刃必须平直，如图7-25所示。刀刃和工件轴线夹角应等于圆锥半角 $\alpha/2$，工件和刀具的刚度需足够强，否则容易引起振动，影响加工精度。宽刀法加工锥面的效率较高，在大批量生产中应用较多。

7.1.7 车成型面和滚花

1. 车成型面

成型面是指一根任意曲线（母线）绕一固定轴线旋转一周所形成的表面，最常见的是球面。车削成型面的方法有双手控制法、靠模法和成型刀法等。

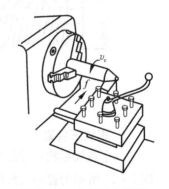

图7-25 宽刀法车锥面

（1）双手控制法

双手控制法车削成型面一般用圆弧车刀加工。车削时由操作者用双手同时摇动中滑板和大拖板（也可以是小滑板）的手轮，使车刀沿着成型面母线轨迹移动，经过多次重复走刀，最后还需要用锉刀、砂布等进行精修，从而加工出所要的成型面。这种方法加工精度较低，要求操作者的操作技术较高，但不需要特殊的装备，多用于单件加工。

（2）靠模法

靠模法加工成型面和加工圆锥面相同，只是将靠模的靠模槽做成与成型面的母线相同的曲线槽，滑块换成滚柱。当大滑板移动时滚柱在靠模曲线槽内移动，从而带动车刀做曲线移动，加工出成型面。靠模法操作简单，加工效率和精度都较高，多用于批量生产。

(3) 成型刀法

成型刀法和宽刀法加工圆锥面方法类似，只是车刀的刀刃要磨削成和工件的母线相同的形状。磨削刀具时要用样板来校对，且刀刃不宜太宽。由于磨削的刀具曲线形状不可能十分准确，因此加工的成型面精度不高，多用于加工形状比较简单、要求精度不太高的成型面。

2. 滚花加工

滚花也称压花，就是用滚花刀在工件表面挤压使工件表面材料产生塑性变形，形成和滚花刀相同的纹路。许多工具和用具的手握部分有不同的花纹，这些花纹一般是在车床上用滚花刀滚压而成的，其目的是增加摩擦力和美观。

常见的花纹有直纹和网纹两种。滚花刀是由滚轮、滚轮架和刀杆组成的。加工时将滚轮接触工件横向进刀，以加大径向挤压力，然后轴向移动刀具，使工件表面形成花纹。由于金属工件被挤压变形的过程较慢，所受径向力较大，所以滚花时工件的转速要低一些，还要供给充足的切削液冷却刀具。

7.1.8 车螺纹

螺纹的应用非常广泛，它的主要作用是紧固、连接和传动，如车床主轴与卡盘的连接、刀架螺钉对车刀的紧固、丝杠和丝母的传动等。螺纹种类较多，按标准制有公制和英制两种；按牙型有普通三角螺纹、梯形螺纹、矩形螺纹、模数螺纹、弧形螺纹和渐开线螺纹等几种。图 7-26 所示为几种螺纹的示意图，其中普通三角螺纹应用最广。

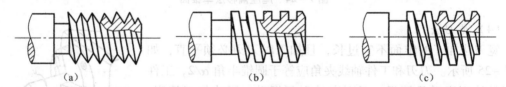

图 7-26 螺纹的种类

(a) 三角螺纹；(b) 方牙螺纹；(c) 梯形螺纹

1. 螺纹三要素

决定螺纹形状尺寸的牙型、中径 d_2 (D_2) 和螺距 P 三个基本要素，称为螺纹三要素。图 7-27 所示为普通三角螺纹的牙型及尺寸示意图。

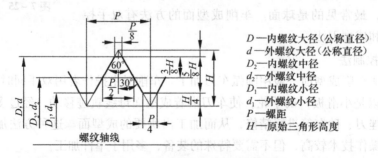

D—内螺纹大径（公称直径）
d—外螺纹大径（公称直径）
D_2—内螺纹中径
d_2—外螺纹中径
D_1—内螺纹小径
d_1—外螺纹小径
P—螺距
H—原始三角形高度

图 7-27 普通三角螺纹的牙型及尺寸

(1) 螺纹牙型

螺纹牙型是指通过螺纹轴线的剖面上螺纹的轮廓形状。三角螺纹的牙型角 α 应对称于轴线的垂线，即两个牙型半角 α/2 必须相等。公制三角螺纹的牙型角 α = 60°，英制三角螺纹的牙型角 α = 55°。

(2) 螺纹中径 d_2 (D_2)

螺纹中径是螺纹的牙厚与牙间相等处的圆柱直径。中径是螺纹的配合尺寸，当内外螺纹的中径一致时，两者才能很好地配合。中径也是螺纹精度的一个重要指标。

(3) 螺距 P

螺距是指螺纹相邻两牙对应点的轴向距离。公制螺纹的螺距以毫米为单位，英制螺纹的螺距以每英寸牙数来表示。

车削螺纹，当上述三个参数都符合要求时，螺纹才是合格的。

2. 车削螺纹

各种螺纹的车削加工方法基本相同，现以车削普通三角螺纹为例加以说明。

(1) 保证牙型

为了获得正确的牙型，必须有符合牙型角的车刀，并且保证正确的安装。

1) 在刃磨车刀时应保证两个条件：一是要使车刀切削部分的形状与螺纹沟槽截面形状吻合，即车刀的刀尖角等于牙型角 α；二是要使车刀的前角 $\gamma_o = 0°$。（粗车时可以用正前角的车刀加工，以提高车削效率，但精车时必须用 0° 前角的车刀。）

2) 在安装车刀时也应符合两个条件：一是车刀的刀尖必须和工件的回转中心等高；二是利用对刀样板将车刀刀尖角的平分线垂直于工件的轴线。普通螺纹车刀的形状及对刀方法如图 7-28 所示。

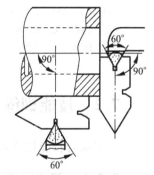

图 7-28 普通螺纹车刀的形状及对刀方法

(2) 保证螺距

为确保工件螺距 $P_工$，必须让车刀切削的轨迹与螺纹的轨迹相同。一般常用的螺纹只要参照车床上的标牌调整所需手柄的位置即可获得。对于一些特殊的螺纹，还要根据要求调整车床挂轮箱内的配换齿轮来获得正确的走刀螺距。加工时要通过多次走刀才能完成，每次走刀时车刀必须落在前一次切出的螺纹槽内，否则就会"乱扣"。乱扣后螺纹就报废了。如果工件螺纹螺距 $P_工$ 和丝杠螺距 $P_丝$ 之比为整数，就可以打开开合螺母，手动纵向退刀，再合上开合螺母，母车刀仍会重复上次的运行轨迹，不会乱扣。如果工件螺距 $P_工$ 和丝杠螺距 $P_丝$ 之比不是整数，就不能打开开合螺母，纵向退刀时要用反转将车刀退回。

在车削螺纹过程中，为避免乱扣的发生，还应调整中、小滑板的间隙（调整导轨镶条），使滑板的运动均匀平稳。切削中如需换刀，则要重新对刀。对刀是指在对开螺母闭合的状态下移动小滑板，将车刀落入已切削好的螺纹槽内。

(3) 保证中径

螺纹中径 d_2 (D_2) 的大小是靠控制多次进刀的总背吃刀量 $\sum a_p$ 来实现的。先根据螺纹牙高由横向刻度盘大概控制精度，最后用螺纹千分尺或螺纹量规来测量，精加工到所要求的精度。

(4) 车削螺纹的方法和步骤

车削螺纹要先将工件外圆或内孔加工到螺纹外径 d 或内螺纹小径 D_1，然后再车削螺纹。车削内、外螺纹的方法和步骤类似，以外螺纹为例来说明。图 7-29 所示为车削外螺纹的方法和步骤。

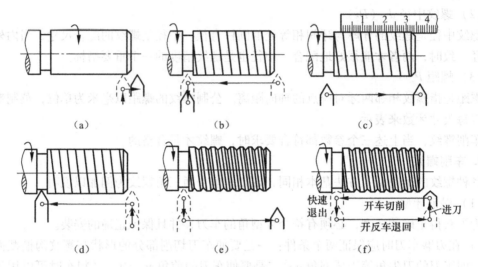

图 7-29 车削外螺纹的方法和步骤

(a) 开车，使车刀与工件轻微接触，记下刻度盘读数，向右退出车刀；(b) 合上开合螺母，在工件表面上车出一条螺旋线，横向退出车刀，停车；(c) 开反车使车刀退到工件右端，停车，用钢尺检查螺距是否正确；(d) 利用刻度盘调整切深，开车切削；(e) 车刀将至行程终了时，应做好退刀停车准备，先快速退出车刀，然后停车，开反车退回刀架；(f) 再次横向进切，继续切削

7.2 技能训练

车工综合技能训练包括车床基本操作方法和装配式锤柄的车削加工两个部分。

7.2.1 普通卧式车床的基本操作方法

以 CDE6140A 普通卧式车床为例。

1. 普通卧式车床的组成

CDE6140A 普通卧式车床主要由主轴箱、进给箱、床身、溜板箱、光杠、丝杠、大刀架、中刀架、小刀架、方刀架、尾座等部件组成，如图 7-30 所示。主轴箱用于调节主轴转速。进给箱用于调节自动走刀加工非螺纹表面时的进给量以及车削螺纹时的螺距。溜板箱是进给运动的操纵机构，它既可实现动力的传递，也可实现运动形式的转化。床身连接机床各部件，并保证各部件之间具有正确的相对位置。光杠和丝杠是自动走刀车削加工时的传动部件，其中光杠用于车削非螺纹表面，丝杠用于车削螺纹。大刀架可以带动车刀做纵向移动，进而影响零件的长度尺寸。中刀架可以带动车刀做横向移动，进而影响零件的直径尺寸。小刀架可以带动车刀做短距离的移动，并可通过小刀架转位法实现短距离圆锥面的加工。方刀架用于夹持车刀。尾座主要用于孔的加工、支撑工件和攻丝、套扣等场合。

图 7-30　CDE6140A 卧式车床的组成
1—主轴箱；2—主轴；3—三爪卡盘；4—刀架；5—尾座；
6,7—丝杠、光杠；8—溜板箱；9—床身；10—进给箱

2. 主轴转速的调整

调整主轴转速是通过改变主轴箱内部齿轮变速机构中的齿轮配合关系来实现的。主轴转速的调整通过调节主轴箱上的 1、2 号手柄来完成，主轴箱如图 7-31 所示。

图 7-31　主轴箱
1,2,3—手柄

1 号手柄的作用是调节具体的转速值。1 号手柄上的每一个数字都代表了主轴能够输出的一个转速，单位是 r/min。所有转速数值被分成二圈，内侧一圈转速的数值全部较小，属于低速区；中间一圈转速的数值居中，属于中速区；外侧一圈的转速数值全部较大，属于高速区。当扳动 1 号手柄使其中的某一列数值处于白色三角形指针下方时就可以调节出三个不同的转速，在图 7-31 所示的状态下，主轴能够输出 350 r/min、56 r/min 和 14 r/min 三个不同的转速，但具体输出的是哪一个转速还需要通过 2 号手柄来选择。

2 号手柄的作用是选择主轴的转速区域。2 号手柄上存在不同的挡位选择区域："D"代表低速区，上面标注的数字"11-56"就代表了低速区的转速范围是 11~56 r/min，即 1 号手柄内侧一圈数字的数值范围；"Z"代表中速区，上面标注的数字"45-220"就代表了中

速区的转速范围是 45~22 0r/min，即 1 号手柄中间一圈数字的数值范围；"G"代表高速区，上面标注的数字"280-1400"就代表了高速区的转速范围是 280~1 400 r/min，即 1 号手柄外侧一圈数字的数值范围；"0"代表空挡位置，当 2 号手柄调节到"0"位置时，主轴处于脱开状态。在如图 7-31 所示的状态下，2 号手柄处于高速挡位置。在 1、2 号手柄的现有挡位选择和组合关系下，主轴输出的转速为 350 r/mim。

调整主轴转速时需要注意的安全问题有两个：一是不允许在主轴转动的状态下调速，必须"先停车后变速"，即在主轴停止转动后才可以变速，否则容易打断主轴箱内部的齿轮，损坏车床；二是调整转速时经常遇到 1、2 号手柄无法调节到位的情况，出现这个问题的原因是主轴箱内部的齿轮没有实现正确的啮合，当遇到这情况时可以用一只手前后扳动三爪卡盘以调节主轴位置，同时用另一只手转动 1、2 号手柄的位置，这样就能很容易地使主轴箱内部的齿轮实现正确配合了。

3. 自动车削非螺纹表面时进给量的调整及车螺纹时螺距的调节

自动车削非螺纹表面时进给量的调整及车螺纹时螺距的调节都需要通过变换进给箱上的 4、5、A、B 手柄和主轴箱上的 2、3 号手柄的位置，使箱体内部的齿轮形成不同的配合关系来实现。进给箱及其上的手柄如图 7-32 所示，纵向进给量、横向进给量及公制螺纹的螺距数值分别如图 7-33、图 7-34 和图 7-35 所示。每一个进给量及螺距的数值都对应着 2、3、4、5、A、B 手柄在一个特定位置上的组合关系，通过观察进给量与螺距数值表可以发现，这种对应关系可以理解为某个特定的横纵坐标，例如当调节纵向进给量 0.035 mm 时，其纵坐标为 a、K、G、I，横坐标为 1、1，我们只需要分别将 4 号手柄调节到 a 挡位、3 号手柄调节到 K 挡位、2 号手柄调节到 G 挡位、5 号手柄调节到 I 挡位及 A、B 手柄均调节到 1 挡位即可，这样机床箱体内部的齿轮配合关系就可以实现自动切削非螺纹表面时车刀的纵向进给量为 0.035 mm/r。横向进给量及螺纹螺距的调节均按照这个方法来实现。需要特别指出的是 3 号手柄用于选择光杠与丝杠的旋转方向进而影响螺纹的旋向，5 号手柄上的 I、II、III、IV 挡位用于车削非螺纹表面，V、VI、VII、VIII 挡位用于车削螺纹。

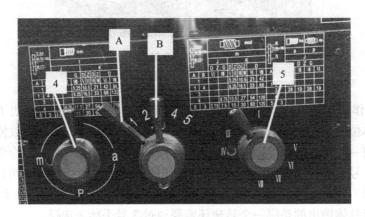

图 7-32 进给箱
4、5、A、B—手柄

图 7-33 纵向进给量
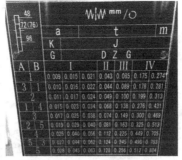
图 7-34 横向进给量
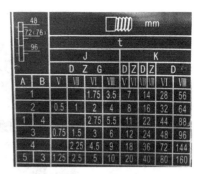
图 7-35 公制螺纹螺距

4. 光杠和丝杠的作用

光杠和丝杠都是进给运动的动力传递部件，当进给箱将进给量或螺距调整好之后，自动走刀加工所需要的动力由光杠或丝杠传递给溜板箱进而带动车刀移动。光杠与丝杠在传动过程中本身都做旋转运动，所以它们所传递的动力为转矩的形式。不同之处在于由光杠传动时车刀切削的是非螺纹表面，而由丝杠传动时车刀切削的是螺纹表面。光杠和丝杠如图 7-36 所示。

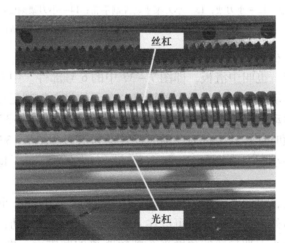
图 7-36 光杠和丝杠

5. 溜板箱与刀架的作用及其上各手柄的使用方法

溜板箱与刀架如图 7-37 所示。

溜板箱是进给运动的操纵机构，溜板箱一方面实现动力的传递，将进给箱的动力传递给刀架；另一方面还实现了运动形式的转化，将光杠与丝杠传递来的旋转运动转化为车刀在刀架上的直线运动。溜板箱与刀架直接相连，其上方即为刀架。

车床上的刀架由四部分组成，各部分可以实现不同的功能。

第一部分为大刀架，也叫大拖板，即图 7-37 中的 9 号部件。大刀架的功能是带动车刀做纵向移动，即车刀运动的方向平行于主轴轴线，车刀的纵向切削运动可以加工圆柱面或螺纹表面，并且纵向运动会直接影响被加工零件的长度尺寸。图 7-37 中的 10 号部件为大刀架手动控制手轮，逆时针转动为进刀，顺时针转动为退刀。图 7-37 中的 11 号部件为大刀

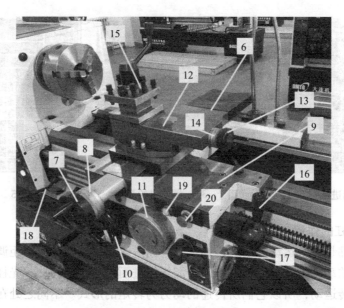

图7-37 溜板箱与刀架

6—中刀架；7—中刀架手动控制手轮；8—中刀架刻度盘；9—大刀架；10—大刀架手动控制手轮；11—大刀架刻度盘；12—小刀架；13—小刀架手动控制手轮；14—小刀架刻度盘；15—方刀架；16—自动走刀方向选择手柄；17—对开螺母手柄；18—主轴启停手柄；19—电动机点动启动按钮；20—电源控制开关

架刻度盘，其上的每一小刻度格代表车刀纵向移动距离为 1 mm。

第二部分为中刀架，也叫中滑板，即图 7-37 中的 6 号部件。中刀架的功能是带动车刀做横向移动，即车刀运动的方向垂直于主轴轴线，车刀的横向切削运动可以加工端平面、倒角或沟槽，并且横向运动会直接影响被加工零件的直径尺寸。图 7-37 中的 7 号部件为中刀架的手动控制手轮，顺时针转动为进刀，逆时针转动为退刀。图 7-37 中的 8 号部件为中刀架刻度盘，其上的每一小刻度格代表车刀横向移动距离为 0.05 mm，即车刀沿工件半径方向进（退）刀 0.05 mm。

第三部分为小刀架，也叫小滑板，即图 7-37 中的 12 号部件。小刀架的功能是带动车刀做短距离的移动，另外小刀架的导轨可以在 +90°~ -90°之间转动，利用小刀架的这一特点，我们可以通过调节小刀架导轨的角度来车削短距离的圆锥面，即小刀架转位法车圆锥。图 7-37 中的 13 号部件为小刀架的手动控制手轮，顺时针转动为进刀，逆时针转动为退刀。图 7-37 中的 14 号部件为小刀架刻度盘，其上的每一小刻度格代表车刀移动的距离为 0.05 mm。

第四部分为方刀架，即图 7-37 中的 15 号部件。方刀架用于夹持车刀，逆时针转动手柄可以换刀，顺时针转动手柄可以锁紧方刀架。

图 7-37 中的 16 号部件为自动走刀方向选择手柄，其上共有五个选择挡位，中间挡位的功能是停止自动走刀，前后左右四个挡位则对应着自动走刀的四个不同方向。另外，16 号部件的手柄上还有一个按钮，按下这个按钮可以实现刀架的快速移动。图 7-37 中的 17 号部件为对开螺母手柄，当丝杠传动时，压下此手柄可以切削螺纹表面。图 7-37 中的 18 号部件为主轴启停手柄，其上有上、中、下三个挡位，分别用于控制主轴的正转、停车和反转。图 7-37 中的 19 号部件为机床电动机的点动启动按钮，20 号部件为车床机械传动系统

的电源控制开关，也可以实现紧急断电。

7. 尾座的作用

尾座如图 7-38 所示。尾座安装在车床导轨上，可以沿导轨移动，尾座中的套筒可以前后伸缩。当被加工零件的长度较长时，可以在尾座套筒内安装顶尖对工件进行支撑。当在套筒内安装钻头、铰刀时可以进行孔的加工，当在套筒内安装丝锥、板牙等刀具时可以进行攻丝、套扣等螺纹表面的加工。

图 7-38 尾座

7. 三爪自定心卡盘的功能和使用方法

三爪自定心卡盘是车床上最常用的一种夹具，用于装夹工件。三爪自定心卡盘对工件的外形有特殊的要求，只能装夹外形为圆形、正三角形和正六边形的工件。三爪自定心卡盘具有自动定心的功能，当工件被三爪自定心卡盘夹紧之后可以实现工件的中心轴线与主轴的中心轴线完全重合。使用三爪自定心卡盘装夹工件时必须保证三个夹爪同时接触到工件的外表面，否则会造成工件所受夹紧力不平衡，工件旋转时会飞出伤人。需要特别注意的是使用卡盘扳手夹紧工件后，扳手要及时取下，避免发生安全事故。三爪卡盘如图 7-39 所示。

图 7-39 三爪自定心卡盘

8. 常用车刀

常用车刀如图 7-40 所示，它们分别是 45°弯头车刀、90°外圆车刀、成型车刀、滚花刀、切断刀和外圆弧车刀。45°弯头车刀用于加工端平面、内外倒角以及宽刀法车削短距离圆锥面；90°外圆车刀用于加工外圆柱面；成型车刀用于加工圆球面、纺锤面等特殊的成型表面；滚花刀用于滚压花纹，切断刀用于切断材料和切削退刀槽；外圆弧车刀用于加工外圆锥面以及成型表面。

切削常见金属所用的车刀材料主要为硬质合金和高速钢两种。图 7-40 中的 45°弯头车刀、90°外圆车刀、切断刀和外圆弧车刀的刀头材料均为硬质合金，成型车刀和滚花刀的刀头材料均为高速钢。

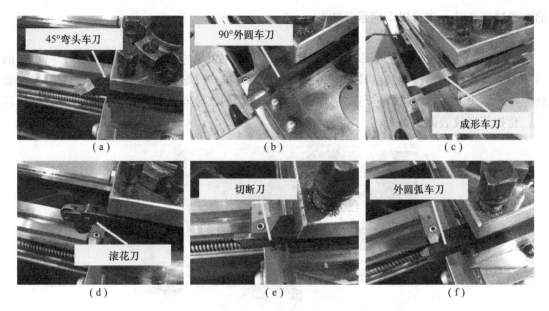

图7-40 常用车刀

7.2.2 装配式锤柄的车削加工

以一个典型工业产品——装配式锤柄为例进行车削加工综合技能训练。图7-41、图7-42所示为装配式锤柄的实物图,图7-43所示为锤柄实物图,图7-44所示为锤柄零件图,图7-45所示为套筒实物图,图7-46所示为套筒零件图。锤柄与套筒通过内外螺纹连接成为一个简单的装配体。锤柄的加工工艺如表7-1所示,套筒的加工工艺如表7-2所示。

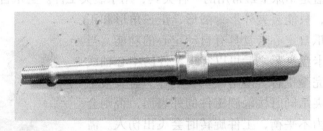

图7-41 装配式锤柄连接图

图7-42 装配式锤柄拆分图

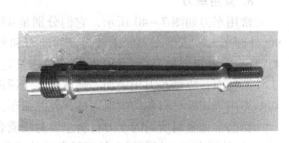

图7-43 锤柄实物图

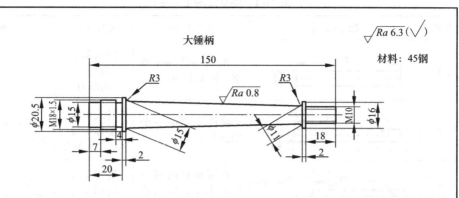

图 7-44 锤柄零件图

图 7-45 套筒实物

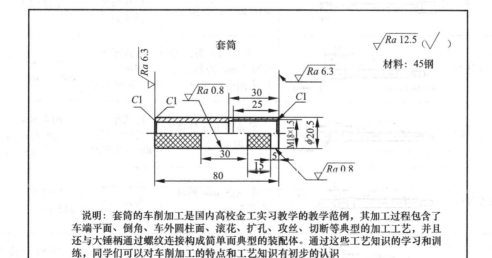

图 7-46 套筒零件图

表 7-1　锤柄车削工艺卡片

序号	名称	加工简图	加工内容	使用工具	备注
1	下料	152, φ25	准备 φ25 mm 圆钢，长 152 mm	卧式车床 钢板尺 切断刀	
2	车端面	v_c, 25~35, n=550 r/min, f	将圆钢料的一个端面车平	卧式车床 游标卡尺 45°弯头车刀	刀尖车到工件的圆心即可
3	掉头车端面	v_c, 25~35, n=550 r/min, 150, f	将圆钢料的另一端面车平，控制总长度 150 mm	卧式车床 游标卡尺 45°弯头车刀	刀尖车到工件的圆心即可
4	钻中心孔	v_c, 25~35, n=550 r/min, f	在尾座上安装中心钻，钻中心孔	卧式车床 钻夹头 A3 中心钻头	钻削至钻头上圆锥面长度的一半位置处
5	车外圆	130, 120, n=550 r/min, v_c, φ16, f	采用"一夹一顶"的装夹方式，车 φ16 mm 外圆，长度 120 mm	卧式车床 活顶尖 游标卡尺 90°外圆车刀	先试车，再车至 φ16 mm
6	车外圆	v_c, 18, n=550 r/min, f, φ10	采用"一夹一顶"的装夹方式，车 φ10 mm 外圆，长度 18 mm	卧式车床 活顶尖 游标卡尺 90°外圆车刀	φ10 mm 尺寸的上偏差为 0，下偏差为 -0.2 mm
7	套扣	v_c, M10 手动加工, f	在尾座上安装 M10 板牙，套扣	卧式车床 M10 板牙 板牙夹具	手动加工
8	车外圆	40, 30, v_c, φ20.5, n=550 r/min, f	工件掉头，车 φ20.5 mm 外圆，毛坯表面全部切掉	卧式车床 游标卡尺 90°外圆车刀	先试车，再车至 φ20.5 mm
9	车外圆	v_c, 20, φ18, n=550 r/min, f	车 φ18 mm 外圆，长度 20 mm	卧式车床 游标卡尺 90°外圆车刀	φ18 mm 尺寸的上偏差为 -0.2 mm，下偏差为 -0.4 mm
10	车外圆	v_c, 7, φ15, n=550 r/min, f	车 φ15 mm 外圆，长度 7 mm	卧式车床 游标卡尺 90°外圆车刀	先试车，再车至 φ15 mm
11	切槽	v_c, 4×2, n=320 r/min, f	切宽度 4 mm、深度 2 mm 的退刀槽	卧式车床 切槽刀	切槽刀要切在 φ20.5 mm 与 φ18 mm 的中间位置处

续表

序号	名称	加工简图	加工内容	使用工具	备注
12	套扣	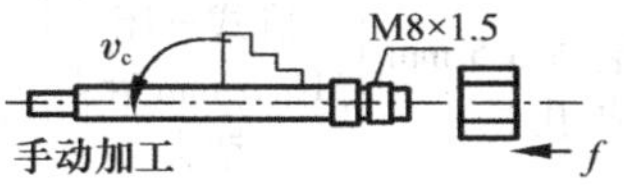 手动加工 M8×1.5	在尾座上安装 M18×1.5 的板牙，套扣	卧式车床 M18×1.5 板牙 板牙夹具	手动加工
13	车圆锥面	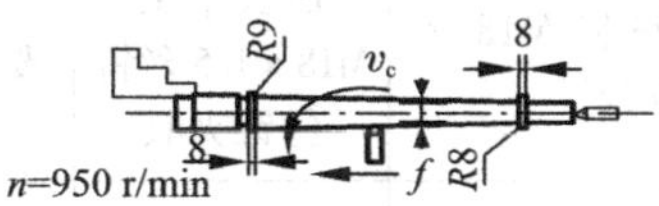 n=950 r/min R9 8 R8	小刀架转位法车圆锥面，小刀架逆时针偏转 1.5°	卧式车床 活顶尖 外圆弧车刀 游标卡尺	分两刀切成，保证右侧 $\phi11$ mm 尺寸
14	抛光	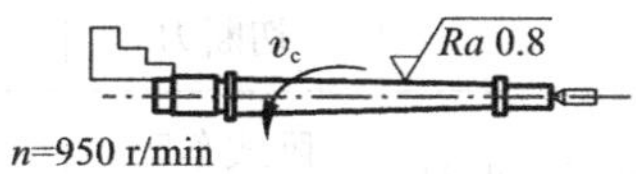 n=950 r/min Ra 0.8	圆锥面抛光，粗加工用锉刀，精加工用砂纸	卧式车床 活顶尖 锉刀 砂纸	手动加工

表 7-2 套筒车削工艺卡片

序号	名称	加工简图	加工内容	使用工具	备注
1	下料	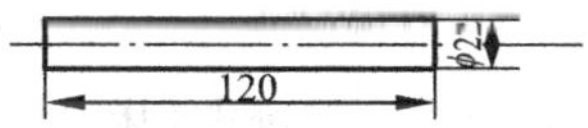 120 ϕ22	准备 ϕ22 mm 管料，长度 120 mm	卧式车床 游标卡尺 切断刀	
2	车端面	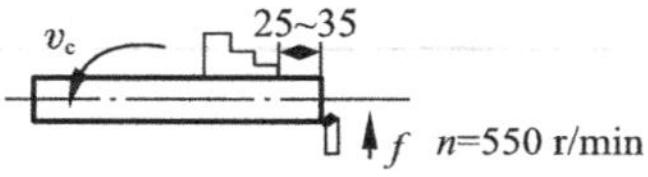 25~35 n=550 r/min	将管料一端端面车平	卧式车床 游标卡尺 45°弯头车刀	
3	车内倒角	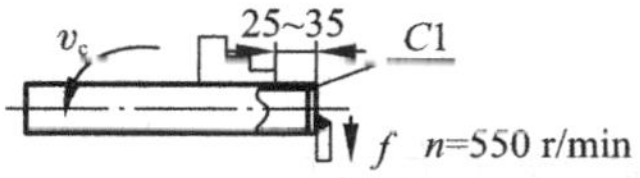 25~35 C1 n=550 r/min	管料内壁车倒角	卧式车床 45°弯头车刀	
4	车外圆	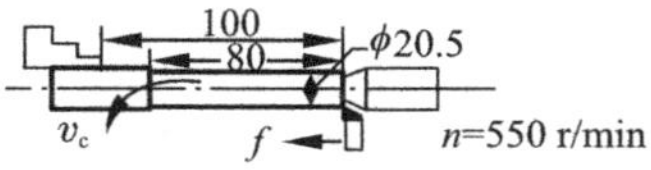 100 80 ϕ20.5 n=550 r/min	采用"一夹一顶"的装夹方式，车 ϕ20.5 mm 外圆，长度 80 mm	卧式车床 活顶尖 游标卡尺 90°外圆车刀	先试车，再车至 ϕ20.5 mm
5	划线	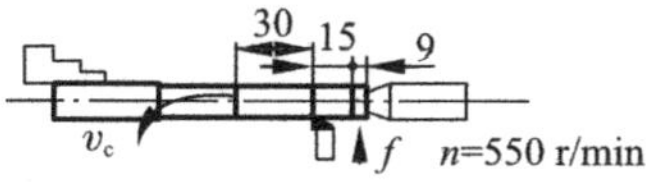 30 15 9 n=550 r/min	采用"一夹一顶"的装夹方式，按图示尺寸，在管料表面分别划三条线	卧式车床 活顶尖 游标卡尺 90°外圆车刀	注意找准划线的尺寸基准
6	抛光	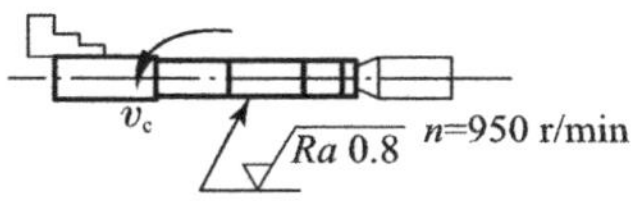 Ra 0.8 n=950 r/min	采用"一夹一顶"的装夹方式，在管料中间 30 mm 长度范围内抛光	卧式车床 活顶尖 锉刀 砂纸	粗加工用锉刀，精加工用砂纸，手动加工
7	滚花	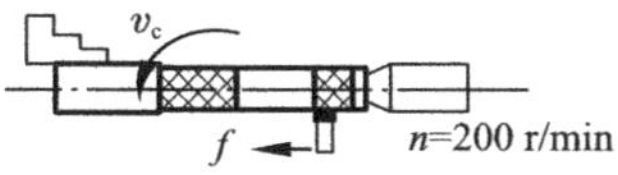 n=200 r/min	采用"一夹一顶"的装夹方式，在指定区域滚花	卧式车床 活顶尖 滚花刀	注意控制横向进刀的力度

续表

序号	名称	加工简图	加工内容	使用工具	备注
8	扩孔	ϕ16.5, 25~30, n=200 r/min, v_c, f	在尾座安装 ϕ16.5 mm 麻花钻头，扩孔	卧式车床 ϕ16.5 mm 麻花钻头	扩孔深度 30 mm 左右
9	攻丝	v_c, 手工加工, M18×1.5, f	在尾座安装 M18×1.5 丝锥，攻丝	卧式车床 M18×1.5 丝锥 丝锥夹具	每进 4~5 圈要退一圈，手动加工
10	切断	80, f, v_c, n=320 r/min	在长度 80 mm 处将套筒切断	卧式车床 游标卡尺 切断刀	
11	车端面	25~30, n=550 r/min, v_c, f	掉头车端面，保证长度 80 mm	卧式车床 游标卡尺 45°弯头车刀	
12	车内倒角	25~30, n=550 r/min, v_c, f	套筒内壁车倒角	卧式车床 45°弯头车刀	
13	车外倒角	25~30, n=550 r/min, v_c, f	套筒外壁车倒角	卧式车床 45°弯头车刀	

思考与练习题

1. 卧式车床主要由哪些部分组成？各部分的功能分别是什么？
2. 车削加工的主运动和进给运动分别是什么？
3. 为什么要开车对零点？
4. 试切的目的是什么？试切的步骤是什么？
5. 为什么要对工件进行加工极限位置检查？如何检查？

第 8 章
铣 削

8.1 基本知识

1. 铣削运动

铣削是金属切削加工中最常用方法之一，主要加工平面、沟槽和各种成型表面。它的切削运动是由铣刀的旋转运动和工件的直线移动组成的，其中铣刀的旋转运动为主运动，工件的直线移动为进给运动，如图 8-1 所示。

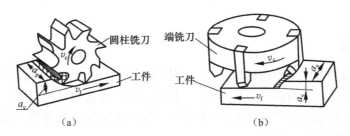

图 8-1 铣削运动及铣削要素
（a）在卧铣上铣平面；（b）在立铣上铣平面

2. 铣削要素

（1）铣削速度 v_c

铣削速度即为铣刀切削处最大直径点的线速度，可用下面公式计算：

$$v_c = \frac{\pi d n}{1\,000}$$

式中　v_c——铣削速度，m/min；

　　　d——铣刀直径，mm；

　　　n——铣刀每分钟转数，r/min。

（2）铣削进给量

铣削进给量有三种表示方式：

1）进给速度 v_f（mm/min）。指每分钟工件对铣刀的进给量，即每分钟工件沿进给方向移动的距离。

2）每转进给量 f（mm/r）。指铣刀每转一转工件对铣刀的进给量，即铣刀每转工件沿进给方向移动的距离。

3) 每齿进给量 a_f（mm/z）。指铣刀每转过一个刀齿时工件对铣刀的进给量，即铣刀每转过一个刀齿，工件沿进给方向移动的距离。

它们三者之间的关系式为

$$a_f = \frac{f}{z} = \frac{v_f}{z \cdot n}$$

式中　n——铣刀每分钟转数，r/min；
　　　z——铣刀齿数。

(3) 铣削深度 a_p

铣削深度 a_p 为沿铣刀轴线方向上测量的切削层尺寸，如图 8-1 所示。切削层是指工件上正被刀刃切削的那层金属。

(4) 铣削宽度 a_e

铣削宽度 a_e 为垂直铣刀轴线方向上测量的切削层尺寸，如图 8-1 所示。

3. 铣削的特点和应用

铣刀是一种回转多齿刀具。铣削时，铣刀每个刀齿不像车刀和钻头那样连续进行切削，而是间歇进行切削，因而刀刃的散热条件好，切速可以高些。铣削时经常是多齿同时进行切削，因此铣削的生产率较高。由于铣刀刀齿不断切入和切出，因此铣削力是不断变化的，易产生振动。

8.1.1 铣床

铣床的加工范围很广，是机械加工的主要设备之一，可以加工平面（按加工时所处的位置有水平面、斜面、垂直面几种）、台阶、各种沟槽、齿轮和成型面等，还可以进行分度和钻孔工作。铣床可加工的零件如图 8-2 所示。铣床加工的公差等级一般为 IT9~IT8，表面粗糙度 Ra 值一般为 6.3~1.6 μm。

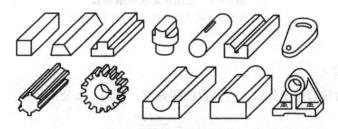

图 8-2　铣床可加工的零件

由于铣床使用旋转的多齿刀具加工工件，同时有数个刀齿参加切削，所以生产率较高。但是，由于铣刀每个刀齿的切削过程是断续的，且每个刀齿的切削厚度又是变化的，这就使切削力相应地发生变化，容易引起机床振动，因此，铣床在结构上要求有较高的刚性和抗振性。

铣床的类型很多，主要类型有卧式升降台铣床、立式升降台铣床、龙门铣床、工具铣床和各种专门化铣床等。机械加工中常采用卧式升降台铣床和立式升降台铣床。

1. 卧式铣床

卧式铣床的主要特征是铣床主轴轴线与工作台台面平行，用它可铣削平面、沟槽、成型面和螺旋槽等。根据加工范围和结构，卧式铣床又可分为卧式升降台铣床、万能升降台铣床、万能回转头铣床、万能摇臂铣床、卧式回转头铣床、广用万能铣床、卧式滑枕升降台铣床等。其中，万能升降台铣床工作台纵向与横向之间有一回转盘并刻有度数，可把工作台在水平面内扳转±45°，以便应用圆盘铣刀加工螺旋槽等工件。同时，这种铣床还带有较多附件，因而比其他卧式铣床应用范围广。

图 8-3 所示为 X6125 型卧式万能升降台铣床。编号"X6125"中字母和数字的含义为："X"表示铣床类；"6"表示卧铣；"1"表示万能升降台铣床；"25"表示工作台宽度的 1/10，即工作台的宽度为 250 mm。X6125 的旧编号为 X6lW。

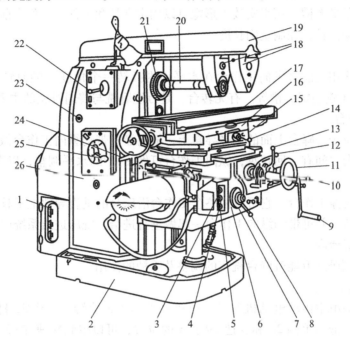

图 8-3 X6125 型卧式万能升降台铣床

1—总开关；2—底座；3—主轴电动机启动按钮；4—进给电动机启动按钮；5—机床总停按钮；6—升降台；7—进给高、低调整盘；8—进给数码转盘手柄；9—升降手动手柄；10—纵向、横向、垂向快动手柄；11—横向手动手轮；12—升降自动手柄；13—横向自动手柄；14—纵向自动手柄；15—横向工作台；16—转台；17—纵向工作台；18—吊架；19—横梁；20—刀轴；21—主轴；22—主轴高、低速手柄；23—主轴点动按钮；24—纵向手动手轮；25—主轴变速手柄；26—床身

(1) X6125 型卧式万能升降台铣床组成

X6125 型卧式万能升降台铣床主要由床身和底座、主轴、横梁、纵向工作台、转台、横向工作台、升降台组成。

1) 床身和底座。

床身和底座支撑和连接铣床各部件，其内部装有传动机构。升降台丝杠的螺母座安装在底座上，底座的空腔用来盛装切削液。床身是机床的主体，大部分部件安装在床身上。床身的前壁有燕尾形的垂直导轨，升降台可沿导轨上下移动。床身上有水平导轨，横梁可在导轨上水平移动。

2) 主轴。

主轴是一根空心轴，前端有锥度为 7∶24 的圆锥孔，铣刀刀杆就安装在锥孔中。主轴前端面有两个凸键，起传递扭矩作用，主轴通过刀杆带动铣刀做旋转运动。

3）横梁。

横梁与挂架横梁的一端装有吊架，吊架上面有与主轴同轴线的支撑孔，用它来支撑刀杆的外端，以增强刀杆的刚性。横梁可沿床身顶部的水平导轨移动，它向外伸出的长度可在一定范围内调整，以满足不同长度刀杆的需要。

4）纵向工作台。

纵向工作台可以在转台的导轨上做纵向移动，以带动安装在台面上的工件做纵向进给。工作台上面有 3 条 T 形槽，用来安放 T 形螺钉以固定夹具和工件。工作台前侧面有一条 T 形槽，用来固定自动挡铁，控制铣削长度。

5）转台。

转台的唯一作用是能将纵向工作台在水平面内扳转一个角度（顺时针、逆时针最大均可转过 45°），用于铣削螺旋槽等。有无转台，是万能卧铣与普通卧铣的主要区别。

6）横向工作台。

横向工作台位于升降台上面的水平导轨上，横向溜板带动纵向工作台做横向移动，横向溜板和纵向工作台之间有一回转盘，纵向工作台可做 ±45° 的水平调整，以满足加工需要。

7）升降台。

升降台用来支撑工作台，它可以使整个工作台沿床身的垂直导轨上下移动，以调整工作台面到铣刀的距离，并可带动纵向工作台一起做垂直进给。铣床进给系统中的电动机和变速机等就安装在升降台内。

(2) X6125 型卧式万能升降台铣床的调整及手柄的使用

1）主轴转速的调整。

主轴变速机构由主传动电动机通过变速机构带动主轴旋转，操作床身侧面的手柄和转盘，改变主轴高、低速手柄 22 和变速手柄 25 的位置，可以得到转速在 65~1 800 r/min 之间的 16 种不同的转速。注意：变速时一定要停车，在主轴停止旋转后进行；若变速手柄扳不到正常位置，则可按一下主轴点动按钮 23。

2）进给量的调整。

进给电动机通过进给变速机构带动工作台移动，操作相应的手柄和转盘，就可获得需要的进给量。先转动进给高、低速调整盘 7，指向蓝点（低速挡）或红点（高速挡），然后再扳转进给数码转盘手柄 8，可使工作台在纵向、横向和垂向分别得到 35~980 r/min 之间的 16 种不同的进给量。注意：垂向进给量只是数码转盘上所列数值的 1/2。

3）手动手柄的使用。

操作者面对铣床，顺时针摇动工作台左端纵向手动手轮 24，工作台向右移动；逆时针摇动，工作台向左移动。顺时针摇动横向手动手轮 11，工作台向前移动；逆时针摇动，工作台向后移动。顺时针摇动升降手动手柄 9，工作台上升；逆时针摇动，工作台下降。

4）自动手柄的使用。

在进给电动机启动的状态下，向右扳动纵向自动手柄 14，工作台向右自动进给；向左扳动，工作台向左自动进给；中间是停止位置。向前推横向自动手柄 13，工作台向前自动进给；向后拉，工作台向后自动进给；中间是停止位置。向前推升降自动手柄 12，工作台向上自动进给;向后拉,工作台向下自动进给;中间是停止位置。

5)快动手柄的使用。

在某一方向自动进给状态下,向上提起快动手柄10,即可得到工作台在该方向的快速移动。注意:快动手柄只能用于空程走刀或退刀。

2. 立式铣床

立式铣床与卧式铣床的主要区别是主轴与工作台面相垂直。因主轴处于铅垂位置,所以称作立铣。立铣和卧铣一样,能装上镶有硬质合金刀头的端铣刀进行高速铣削。立式铣床加工范围很广,在立式铣床上可以应用面铣刀、立铣刀、成型铣刀等铣削各种沟槽、平面、角度面。另外利用机床附件,如回转工作台、分度头,还可以加工圆弧、直线成型面、齿轮、螺旋槽、离合器等较复杂的工件。

(1) X5030型立式升降台铣床的型号及组成

图8-4所示为X5030型立式铣床的外形。在编号"X5030"中,"X"表示铣床类;"5"表示立式铣床;"0"表示立式升降台铣床;"30"表示工作台宽度的1/10,即工作台的宽度为300 mm。

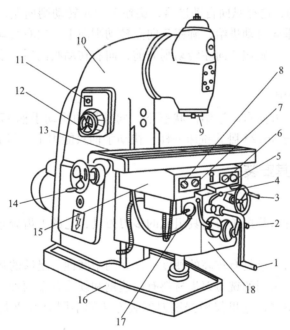

图8-4 X5030型立式升降台铣床外形图

1—升降手动手柄;2—进给量调整手柄;3—横向手动手轮;4—纵向、横向、垂向自动进给选择手柄;5—机床启动按钮;6—机床总停按钮;7—自动进给换向旋钮;8—切削液泵旋钮开关;9—主轴;10—床身;11—主轴点动按钮;12—主轴变速手轮;13—纵向工作台;14—纵向手动手轮;15—横向工作台;16—底座;17—快动手柄;18—升降台

X5030型立式升降台铣床的主要组成部分与X6125型万能升降台卧式铣床基本相同,除主轴所处位置不同外,它还没有横梁、吊架和转台。铣削时,铣刀安装在主轴上,由主轴带动做旋转运动,工作台带动工件做纵向、横向、垂向的进给运动。

(2) X5030型立式升降台铣床的调整及手柄使用

1) 主轴转速的调整。

转动主轴变速手轮 12，可以得到转速在 40~1 500 r/min 之间的 12 种不同的转速。注意：变速时必须停车，且在主轴停止旋转之后进行；若变速手轮转不到位，可按一下主轴点动按钮 11。

2）进给量的调整。

顺时针扳转进给量调整手柄 2，可获得数码盘上标示的 18 种低速挡进给量；若先顺时针扳转手柄 2 然后逆时针锁紧，则可获得 18 种高速挡进给量。注意：垂向进给量只是数码盘所列数值的 1/3。

3）手动手柄的使用。

使用方法与 X6125 型卧式万能升降台铣床相同。操作者面对铣床，顺时针摇动工作台左端纵向手动手轮 14，工作台向右移动；逆时针摇动，工作台向左移动。顺时针摇动横向手动手轮 3，工作台向前移动；逆时针摇动，工作台向后移动。顺时针摇动升降手动手柄 1，工作台上升；逆时针摇动，工作台下降。

4）自动手柄的使用。

在机床启动的状态下，配合使用纵向、横向、垂向自动进给选择手柄 4 和进给换向旋钮 7。手柄 4 向右扳动，选择纵向自动进给，旋钮 7 向左转动则向左，向右转动则向右；手柄 4 向左扳动，选择垂向自动进给，旋钮 7 向左转动则向上，向右转动则向下；手柄 4 向前推，选择横向自动进给，旋钮 7 向左转动则向前，向右转动则向后。手柄 4 和旋钮 7 的中间位置均为停止位置。

5）快动手柄的使用。

在机床启动和某一方向自动进给的状态下，向外拉动快动手柄 17，即可得到工作台在该方向的快速移动。与 X6125 卧式铣床一样，快动手柄只能用于空程走刀或退刀。

8.1.2　铣刀及其安装

1. 铣刀

铣刀实质上是一种由几把单刃刀具组成的多刃刀具，它的刀齿分布在圆柱铣刀外回转表面或端铣刀的端面上。

铣刀切削部分材料要求具有较高的硬度、良好的耐磨性、足够的强度和韧性、良好的热硬性和良好的工艺性。常用的铣刀刀齿材料有高速钢和硬质合金两种。

铣刀的分类方法很多，这里仅根据铣刀安装方法的不同分为两大类：带孔铣刀和带柄铣刀。

（1）带孔铣刀

带孔铣刀如图 8-5 所示，多用于卧式铣床。其中圆柱铣刀（见图 8-5（a））主要用其圆周刃铣削中小型平面；三面刃盘铣刀（见图 8-5（b））用于铣削小台阶面、直槽和四方或六方螺钉小侧面；锯片铣刀（见图 8-5（c））用于铣削窄缝或切断；盘状模数铣刀（见图 8-5（d））属于成型铣刀，用于铣削齿轮的齿形槽；角度铣刀（见图 8-5（e）、（f））属于成型铣刀，用于加工各种角度槽和斜面；半圆弧铣刀（见图 8-5（g）、（h））属于成型铣刀，用于铣削内凹和外凸圆弧表面。

（2）带柄铣刀

带柄铣刀如图 8-6 所示，多用于立式铣床，有时也可用于卧式铣床。其中镶齿端铣刀

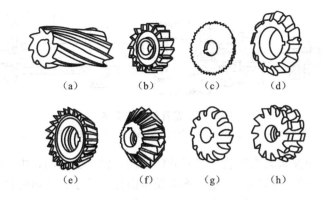

图 8-5 带孔铣刀

(a) 圆柱铣刀；(b) 三面刃盘铣刀；(c) 锯片铣刀；(d) 盘状模数铣刀；
(e)、(f) 角度铣刀；(g)、(h) 半圆弧铣刀

（见图 8-6（a））一般在钢制刀盘上镶有多片硬质合金刀齿，用于铣削较大的平面，可进行高速铣削；立铣刀（见图 8-6（b））的端部有三个以上的刀刃，用于铣削直槽、小平面、台阶平面和内凹平面等；键槽铣刀（见图 8-6（c））的端部只有两个刀刃，专门用于铣削轴上封闭式键槽；T 形槽铣刀（见图 8-6（d））和燕尾槽铣刀（见图 8-6（e））分别用于铣削 T 形槽和燕尾槽。

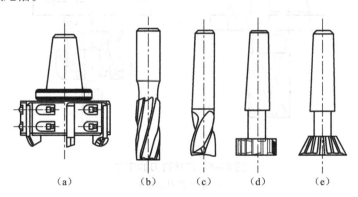

图 8-6 带柄铣刀

(a) 镶齿端铣刀；(b) 立铣刀；(c) 键槽铣刀；(d) T 形槽铣刀；(e) 燕尾槽铣刀

2. 铣刀的安装

（1）带孔铣刀的安装

带孔铣刀多用于长刀轴安装，如图 8-7 所示。安装时，铣刀应尽可能靠近主轴或吊架，使铣刀具有足够的刚度；套筒与铣刀的端面均要擦净，以减小铣刀的端面跳动；在拧紧刀轴压紧螺母之前，必须先装好吊架，以防刀轴弯曲变形。拉杆的作用是拉紧刀轴，使之与主轴锥孔紧密配合。

（2）带柄铣刀的安装

带柄铣刀可分为锥柄和直柄两种，安装方法如图 8-8 所示。图 8-8（a）所示为锥柄铣刀的安装，根据铣刀锥柄尺寸，选择合适的变锥套，将各配合表面擦净，然后用拉杆将铣刀和变锥套一起拉紧在主轴锥孔内。图 8-8（b）所示为直柄铣刀的安装，这类铣刀直径一

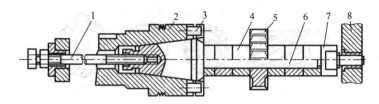

图 8-7 带孔铣刀的安装
1—拉杆；2—主轴；3—端面键；4—套筒；5—铣刀；6—刀杆；7—螺母；8—吊架

般不大于 20 mm，多用弹簧夹头安装。铣刀的柱柄插入弹簧套孔内，由于弹簧套上面有三个开口，所以用螺母压弹簧套的端面，使外锥面受压而孔径缩小，从而将铣刀夹紧。弹簧套有多种孔径，以适应不同尺寸的直柄铣刀。

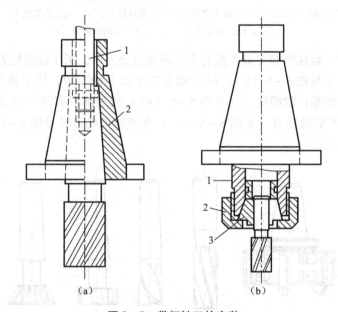

图 8-8 带柄铣刀的安装
（a）锥柄铣刀的安装；
1—拉杆；2—变锥套
（b）直柄铣刀的安装
1—夹头体；2—螺母；3—弹簧套

8.1.3 铣床附件及工件装夹

1. 铣床附件

铣床的主要附件有平口钳、万能铣头、回转工作台和分度头等。

（1）万能铣头

在卧式铣床上装万能铣头，其主轴可以扳转成任意角度，能完成各种立铣工作。万能铣头的外形如图 8-9（a）所示。其底座用螺栓固定在铣床的垂直导轨上。铣床主轴的运动通过铣头内的两对锥齿轮传到铣头主轴上。铣头的大本体可绕铣床主轴轴线偏转任意角度，如图 8-9（b）所示。装在铣头主轴的小本体还能在大本体上偏转任意角度，如图 8-9（c）

所示。因此,万能铣头的主轴可在空间偏转成任意所需的角度。

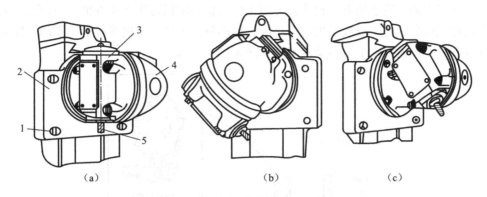

图 8-9 万能铣头
1—螺栓;2—底座;3—小本体;4—大本体;5—铣刀

(2) 回转工作台

回转工作台又称为圆形工作台、转盘和平分盘等,如图 8-10 所示,它的内部有一对蜗轮蜗杆。摇动手轮,通过蜗杆轴直接带动与转台相连接的蜗轮转动。转台周围有刻度,用于观察和确定转台位置,也可进行分度工作。拧紧固定螺钉,可以固定转台。当底座上的槽和铣床工作台上的 T 形槽对齐后,即可用螺栓把回转工作台固定在铣床工作台上。

铣圆弧槽时,工件用平口钳或三爪自定心卡盘安装在回转工作台上。安装工件时必须通过找正,使工件上圆弧槽的中心与回转工作台的中心重合。铣削时,铣刀旋转,用手(或机动)均匀缓慢地转动回转工作台,即可在工件上铣出圆弧槽,如图 8-11 所示。

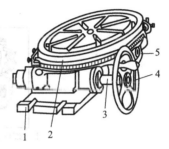

图 8-10 回转工作台
1—底座;2—转台;3—蜗杆轴;
4—手轮;5—固定螺钉

(3) 分度头

在铣削加工中,经常进行的加工任务有铣六方、齿轮、花键及刻线等工作。这时,工件每铣过一面或一个槽,都需要转过一定角度,再铣削第二面或第二个槽,这种工作叫作分度。分度头就是分度用的附件,其中万能分度头最为常见,如图 8-12 所示。根据加工需要,万能分度头可以在水平、垂直和倾斜位置工作。

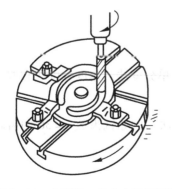

图 8-11 在回转工作台上铣圆弧槽

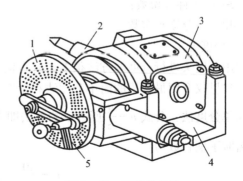

图 8-12 万能分度头
1—分度头;2—主轴;3—回转体;4—底座;5—扇形叉

1）万能分度头的构造。

万能分度头的底座上装有回转体，分度头的主轴可随回转体在垂直平面内扳转。主轴的前端常装有三爪自定心卡盘或顶尖。分度时，摇动分度手柄，通过蜗杆蜗轮带动分度头主轴旋转进行分度。万能分度头的传动示意图如图8-13所示。

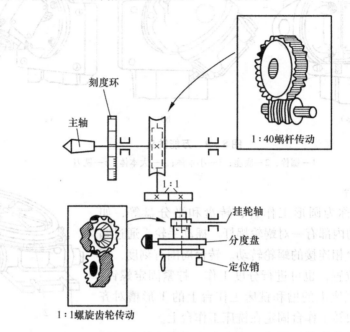

图8-13 万能分度头的传动示意图

分度头中蜗杆和蜗轮的传动比 $i = \dfrac{蜗杆的线数}{蜗轮的齿数} = \dfrac{1}{40}$

即当手柄通过一对直齿轮（传动比为1∶1）带动蜗杆转动一周时，蜗轮只能带动主轴转过1/40周。若已知工件在整个圆周上的分度数为 z，则每分一个等份就要求分度头主轴转 $1/z$ 圈。这时，分度手柄所需转动的圈数 n 即可由下列比例关系推得：

$$1 : 40 = \frac{1}{z} : n \quad 即 \quad n = \frac{40}{z}$$

式中　n——手柄转数；

　　　z——工件等份数；

　　　40——分度头定数。

2）分度方法。

使用分度头进行分度的方法很多，有直接分度法、简单分度法、角度分度法和差动分度法等。这里仅介绍最常用的简单分度法和角度分度法。

简单分度法：公式 $n = \dfrac{40}{z}$ 所表示的方法即为简单分度法。例如铣齿数 $z = 36$ 的齿轮，每次分齿时手柄转数为

$$n = \frac{40}{z} = \frac{40}{36} = 1\frac{1}{9}$$

即每分一齿，手柄需转过一整圈后再多摇1/9圈。这1/9圈一般通过分度盘来控制，分度盘

如图8-14所示。国产分度头一般备有两块分度盘。分度盘的正、反两面各钻有许多圈盲孔,各圈孔数均不相等,而同一孔圈上的孔距是相等的。

第一块分度盘正面各圈孔数依次为24,25,28,30,34,37;反面各圈孔数依次为38,39,41,42,43。

第二块分度盘正面各圈孔数依次为46,47,49,51,53,54;反面各圈孔数依次为57,58,59,62,66。

简单分度法需将分度盘固定,再将分度手柄上的定位销调整到孔数为9的倍数的孔圈上,即孔数为54的孔圈上。此时手柄转过1周后,再沿孔数为54的孔圈转过6个孔距$\left(n=1\frac{1}{9}=1\frac{6}{54}\right)$。

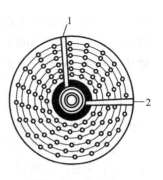

图8-14 分度盘

为了确保手柄转过的孔距数可靠,可调整分度盘上的扇股(又称扇形叉)1、2间的夹角(见图8-14),使之正好等于6个孔距,这样就可以保证依次进行分度时准确无误。

角度分度法:铣削的工件有时需要转过一定的角度,这时就要采用角度分度法。由简单分度法的公式可知,手柄转1圈,主轴带动工件转过1/40圈,即转过9°。若工件需要转过的角度为θ,则手柄的转数为

$$n=\frac{360°}{\theta}(圈)$$

上式即为角度分度法的计算公式,具体的操作方法与简单分度法相同。

2. 工件的安装

铣床常用的工件安装方法有平口钳安装,如图8-15(a)所示,工件用平口钳安装在工作台台面上时,应注意仔细清除台面及平口钳底面的杂物和毛刺。对于长工件,钳口应与主轴垂直,在立式铣床上应与进给方向一致。对于短工件,一般钳口与进给方向垂直较好。在粗铣和半精铣时,因为固定钳口比较牢固,故希望使铣削力指向固定钳口。压板螺栓安装如图8-15(b)所示,对中型、大型和形状比较复杂的工件,一般利用压板把工件直接压牢在铣床工作台台面上。对于不太大的工件,如用面铣刀在卧式铣床上加工,也往往利用压

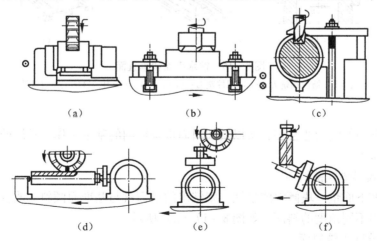

图8-15 铣床常用的工件安装方法

(a) 平口钳;(b) 压板螺钉;(c) V形铁;(d) 分度头顶尖;(e) 分度头卡盘(直立);(f) 分度头卡盘(倾斜)

板装夹工件。在铣床上用压板装夹工件时，所用的工具比较简单，主要是压板、垫铁、T形螺栓（或T形螺母和螺栓）及螺母。但为了满足装夹不同形状工件的需要，压板的形状也做成很多种。V形铁安装如图8-15（c）所示，分度头安装如图8-15（d）、（e）、（f）所示等。分度头多用于安装有分度要求的工件，它既可用分度头卡盘（或顶尖）与尾座顶尖一起使用安装轴类零件，也可只使用分度头卡盘安装工件。由于分度头的主轴可以在垂直平面内扳转，因此可利用分度头把工件安装成水平、垂直及倾斜位置。

当零件的生产批量较大时，可采用专用夹具或组合夹具安装工件，这样既能提高生产效率，又能保证产品质量。

8.1.4 铣削基本工作

铣床的工作范围很广，常见的铣削工作有铣平面、铣斜面、铣沟槽、铣成型面、钻孔、扩孔、铰孔和铣孔及铣螺旋槽等。

1. 铣平面

铣平面可用刀具包括镶齿端铣刀（见图8-16（a）、（b））、圆柱铣刀（见图8-16（c））、立铣刀（见图8-16（d）、（e））和三面刃盘铣刀（见图8-16（f））等。

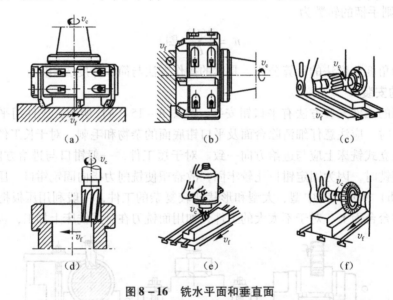

图8-16　铣水平面和垂直面
(a)，(b) 镶齿端铣刀；(c) 圆柱铣刀；(d)，(e) 立铣刀；(f) 三面刃盘铣刀

2. 铣斜面

工件上有斜面的结构非常多，所以铣削斜面也是铣削的基本工作，常用的铣削斜面的方法如图8-17所示。

（1）使用倾斜垫铁铣斜面

在零件基准下面垫一块倾斜的垫铁，则铣出的平面就与基准面倾斜。改变倾斜垫铁的角度，即可加工出不同角度的斜面，如图8-17（a）所示。

（2）利用分度头铣斜面

在一些圆柱形体积特殊形状的零件上加工斜面时，可利用分度头将工件转成所需角度铣出斜面，如图 8-17（b）所示。当加工零件批量较大时，常采用专用夹具铣斜面。

（3）用万能铣头铣斜面

由于万能铣头可方便地改变刀轴的空间位置，故通过扳转铣头使刀具相对工件倾斜一个角度便可铣出所需斜面，如图 8-17（c）所示。

（4）用角度铣刀铣斜面

较小的斜面可用合适的角度铣刀铣削，角度铣刀如图 8-5（e）、（f）所示。

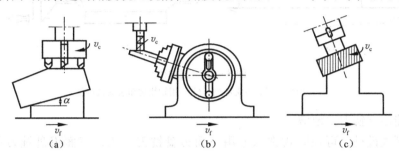

图 8-17 铣斜面
（a）使用倾斜垫铁铣斜面；（b）利用分度头铣斜面；（c）用万能铣头铣斜面

3. 铣沟槽

铣床能加工的沟槽种类很多，如直槽、键槽、角度槽、燕尾槽、T 形槽、圆弧槽和螺旋槽等，如图 8-18 所示。这里着重介绍键槽和 T 形槽的铣削加工。

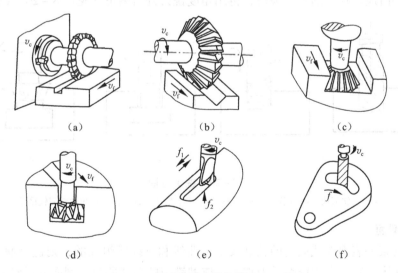

图 8-18 铣沟槽

（1）铣键槽

常见的键槽有封闭式和敞开式两种。对于封闭式键槽，单件生产时一般在立式铣床上加工，而当批量较大时则常在键槽铣床上加工。在键槽铣床上加工时，利用平口钳（见图 8-19（a））或轴用虎钳（又称抱钳）（见图 8-19（b））装夹，把工件夹紧后，再用键槽铣刀一薄层一薄层地铣削，直到符合要求为止。

由于立铣刀端部中心部位无切削刃，不能向下进刀，因此必须预先在键槽的一端钻一个

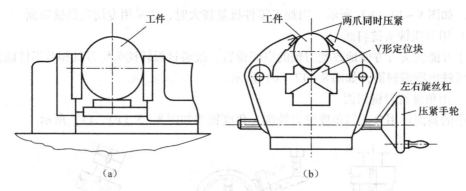

图 8-19 铣键槽

(a) 用平口钳装夹铣键槽；(b) 用轴用虎钳装夹铣键槽

落刀孔，才能用立铣刀铣键槽。

对于敞开式键槽，可在卧式铣床上用三面刃盘铣刀加工，三面刃盘铣刀参见图 8-5 (b)。

(2) 铣 T 形槽

T 形槽应用很多，如在铣床和刨床的工作台上用来安放紧固螺栓头的就是 T 形槽。铣 T 形槽时，必须首先用立铣刀或三面刃盘铣刀铣出直槽（见图 8-20 (a)），然后在立式铣床上用 T 形槽铣刀铣削（见图 8-20 (b)）。由于 T 形槽铣刀工作时排屑困难，因此切削用量应选小些，同时应多加切削液。最后，再用角度铣刀铣出倒角（见图 8-20 (c)）。

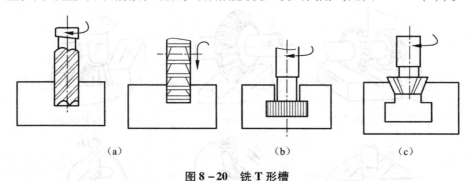

图 8-20 铣 T 形槽

(a) 立铣刀或三面刃盘铣刀铣直槽；(b) T 形槽铣刀铣削；(c) 角度铣刀铣倒角

4. 铣成型面

若零件的某一表面在截面上的轮廓线是由曲线和直线所组成的，则这个面就是成型面。成型面一般在卧式铣床上用成型铣刀加工，成型铣刀的形状要与成型面的形状相吻合。常见的成型面加工有凸、凹圆弧面的铣削，如图 8-21 所示。

对于要求不高的简单曲线外形表面，可以在工件表面上划出加工界线，并用样冲打出样冲眼，加工时顺着划好的界线将样冲眼铣掉一半就可以了。在成批和大量生产中，常采用靠模夹具或专用靠模铣床对成型面进行加工。

5. 铣齿

在普通铣床上，用与被切齿轮的齿槽截面形状相符合的成型刀具切出齿轮齿形的加工方法称为铣齿。

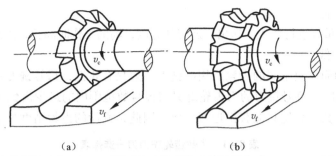

图 8-21 铣凹凸圆弧面
(a) 凸半圆铣刀铣凹圆弧面;(b) 凹半圆铣刀铣凸圆弧面;

齿轮齿形的加工原理可分为两大类:一类是展成法(又称范成法),它是利用齿轮刀具与被切齿轮的互相啮合运动而切出齿形的方法,如插齿和滚齿加工等;另一类是成型法(又称仿形法),它是利用仿照与被切齿轮齿槽形状相符的盘状铣刀或指状铣刀切出齿形的方法,如图 8-22 所示。在铣床上加工齿形的方法属于成型法。

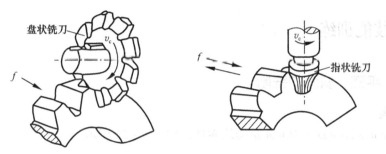

图 8-22 用盘状铣刀和指状铣刀铣齿轮

铣齿时,工件在卧式铣床上用分度头、圆柱心轴和尾架装夹,用一定模数的盘状或指状铣刀进行铣削,如图 8-23 所示。当铣完一个齿槽后,对工件分度,再铣下一个齿槽。

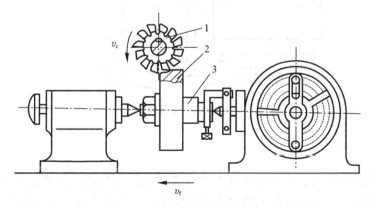

图 8-23 用分度头、圆柱心轴和尾架装夹铣齿轮
1—齿轮铣刀;2—齿轮坯;3—圆柱心轴

成型法加工齿形的特点是"三低",即:
(1) 生产费用低
铣齿可以在普通铣床上进行,所用刀具简单,成本也较低。

（2）生产效率低

每铣一齿都要重复进行切入、切出、退刀和分度，辅助工作时间长，因此生产效率较低。

（3）加工精度低

铣削模数相同而齿数不同的齿轮所用的铣刀一般只有8把，每号铣刀有它规定的加工齿数范围（见表8-1）。每号铣刀的刀齿轮廓只与该号数范围内的最少齿数齿槽的理论轮廓相一致，而对其他齿数的齿轮只能获得近似齿形。因此，铣齿的齿轮精度只能达到IT11～IT9。

表8-1 模数齿轮铣刀刀号选择表

铣刀号数	1	2	3	4	5	6	7	8
齿数范围	12～13	14～16	17～20	21～25	26～34	35～54	55～134	135以上

根据上述特点，成型法铣齿一般多用于加工单件生产和修配工作中某些转速低、精度要求不高的齿轮。对大批量生产或精度要求较高的齿轮加工，都在专门的齿轮加工机床上进行。

8.2 技能训练

8.2.1 平面、斜面的铣削

1. 铣平面

铣削 50 mm×30 mm×30 mm 矩形块零件，如图8-24所示。

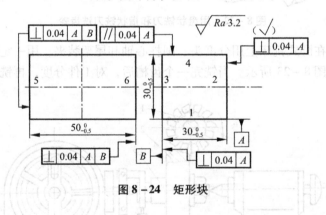

图8-24 矩形块

操作步骤：

（1）分析图样

根据图样和技术要求，了解图样所有加工部位的尺寸精度、位置精度和表面粗糙度要求。确定定位基准面，选择零件上的设计基准面 A 作定位基准面。这个基准面应首先加工，并用作其他各面加工时的定位基准面。

（2）机床、刀具的选择与安装

选择并安装 $\phi150$ mm 端铣刀盘，刃磨并安装硬质合金刀片，将铣刀安装在 X5030 型立式升降台铣床的主轴上。

（3）机用虎钳的安装

平口钳底面必须与工作台台面紧密贴合，并目测校正，使钳口与纵向工作台平行。

(4) 切削用量的选用

根据毛坯的加工余量（毛坯尺寸约为 55 mm × 35 mm × 35 mm）选择主轴转速为 600 r/min，进给速度约为 90 mm/min，背吃刀量为 2~4 mm。

(5) 工件的装夹

采用平口钳装夹工件，对刀试切并调整。

(6) 铣削平面

矩形块的铣削顺序如图 8-25 所示。

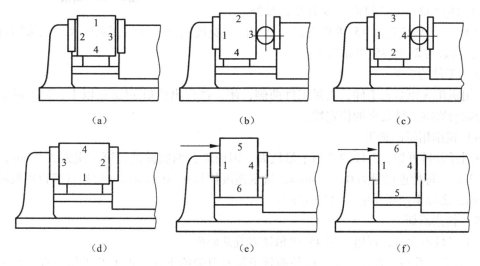

图 8-25 矩形块的铣削顺序

1) 铣面 1（基准面 A）时平口钳固定钳口与铣床主轴轴线应平行安装。以面 2 为粗基准，靠向固定钳口，两钳口与工件间垫铜皮装平工件，如图 8-25 (a) 所示，铣平基准面，留余量。

2) 铣面 2 时以面 1 为精基准贴紧固定钳口，在活动钳口与工件间放置圆棒装夹工件，如图 8-25 (b) 所示，保证与基准面垂直度，留余量。

3) 铣面 3 时仍以面 1 为基准装夹工件，如图 8-25 (c) 所示，保证与基准面垂直度、与面 2 平行度和尺寸 30 mm，精度要控制在公差范围之内。

4) 铣面 4 时以面 1 为基准贴紧平行垫铁，面 3 贴紧固定钳口装夹工件，如图 8-25 (d) 所示，保证与基准面平行度，与面 2、面 3 的垂直度和尺寸 30 mm，精度要控制在公差范围之内。

5) 铣面 5 时仍以面 1 为基准贴紧固定钳口，用 90°角尺校正工件面 2 与平口钳钳体导轨面垂直，装夹工件，如图 8-25 (e) 所示，保证与基准面 A、B 的垂直度，精度要控制在公差范围之内，留余量。

6) 铣面 6 时仍以面 1 为基准贴紧固定钳口，面 5 贴紧平行垫铁装夹工件，如图 8-25 (f) 所示，保证与基准面 A、B 的垂直度和尺寸 50 mm，精度要控制在公差范围之内。

(7) 工件的检测

工件铣削完成后，按照零件图纸的技术要求对工件进行检测。

2. 铣斜面

铣削如图 8-26 所示的斜铁零件。

操作步骤：

(1) 分析图样

根据图样和技术要求分析，毛坯为 50 mm × 30 mm × 30 mm 矩形工件，要求铣出两个对称斜面。

(2) 刀具选择

由图样可知，工件斜面宽度较小，且倾

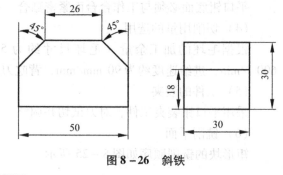

图 8-26 斜铁

斜角为 45°，因而应选用 45°单角铣刀，且切削刃宽度要比工件斜面宽度大。现采用直径为 75 mm、齿数为 24 的 45°单角铣刀。

(3) 工件的装夹

采用机用虎钳装夹工件，夹紧工件两侧，使工件高出钳口 14 mm 以上，但不可高得太多，否则会影响工件装夹的稳定性。

(4) 铣削用量的选用

由图样分析可如，工件的铣削余量较大，因而应分两次铣削，第一次铣去 9 mm，第二次铣去 3 mm。每齿进给量为 0.03 mm/z，铣削速度控制在 20 m/min（根据计算得主轴转速为 85 r/min，实际生产操作中应取 75 r/min）。

(5) 铣削斜面

当生产量不大时，可用一把 45°单角铣刀铣此斜面。

1) 对刀。升高工作台，使工件外侧处于铣刀刀尖的下面，再上升工作台直至铣刀开始微量切到工件，然后退出工件。

2) 铣一侧斜面。根据刻度盘记号，把工作台上升 9 mm，进行铣削。铣完后检测，看所留加工余量是否为 3 mm，再调整背吃刀量，铣出一侧斜面。

3) 铣另一侧斜面。松开工件，将工件旋转 180°，重复前两步，即可铣出另一侧斜面。

对于大批量生产，则采用两把规格相同、切削刃相反的 45°单角铣刀组合起来铣削。

其操作步骤与单角铣刀铣削时的 1)、2) 步相同，只是在第一刀铣削掉 9 mm 后，一方面要检测实际留下的加工余量，另一方面要检测两个斜面是否对称。若不对称，则应根据实际加工余量大小做相应的调整，然后进行第二次铣削加工以达到图样要求。

(6) 工件的检测

工件铣削完成后按照零件图纸的技术要求对工件进行检测。

8.2.2 台阶面、直角沟槽的铣削

1. 铣削 T 形块零件

铣削如图 8-27 所示 T 形块零件的操作步骤：

(1) 分析图样

由图 8-27 可知，T 形块台阶的宽度为 12 mm，深度为 12 mm，要求表面粗糙度 Ra 不超过 3.2 μm，毛坯可以采用如图 8-26 所示的斜铁零件为毛坯。

(2) 机床刀具选择

根据台阶的宽度，可选用外径 $D=80$ mm、宽度 $L=16$ mm、孔径 $d=27$ mm、齿数 $z=12$ 的直齿三面刃盘铣刀。加工机床使用 X6125 型万能卧式升降台铣床。

（3）工件的装夹

工件的装夹与加工图 8-26 所示斜铁零件相同。

（4）切削用量的选用

从图纸分析知，此零件精度要求不高，加工时开车对刀试切后，应分几次切削将两侧台阶加工成型。切削用量可以选用：主轴转速 400 r/min，进给速度 50 mm/min，背吃刀量为 $2\sim 4$ mm。

（5）工件的检测

工件铣削完成后，按照零件图纸的技术要求对工件进行检测。

2. 铣削压板零件

铣削如图 8-28 所示压板零件的操作步骤。

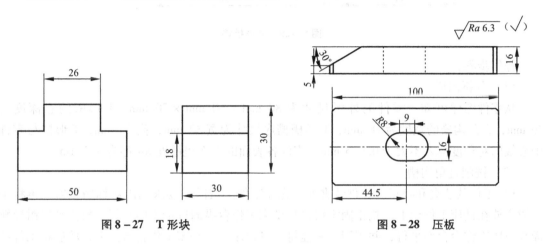

图 8-27　T 形块　　　　　　图 8-28　压板

（1）分析图样

从零件图样可知，中间通孔的宽度为 16 mm，深度（贯通）为 16 mm，槽内表面粗糙度 Ra 为 6.3 μm，毛坯外形已加工，并钻好落刀孔，本次加工只铣削沟槽。

（2）刀具选择

根据通孔尺寸，选用直径 $D=16$ mm、齿数 $z=3$ 的立铣刀。

（3）工件的装夹

采用平口钳装夹。因为是贯通的，因而应在工件下面垫两块较窄的垫铁，且工件应预先划好线，并钻好落刀孔。

（4）铣削用量的选用

主轴转速 $n=300$ r/min。因为沟槽长度较短，所以可采用手动进给铣削完成。

（5）铣削加工

1）移动各工作台手柄对刀，使铣刀与工件上预先钻的落刀孔重合。

2）开动机床手动进给铣削，使铣刀穿过落刀孔，紧固横向工作台和主轴套筒，手摇工作手柄做纵向进给铣削。铣削时，由于铣刀刚性差，易产生偏斜，故手摇进给速度不能过快。

（6）工件的检测

工件铣削完成后,按照零件图纸的技术要求对工件进行检测。

8.2.3 成型沟槽的铣削

铣削如图 8-29 所示的 T 形槽块零件。

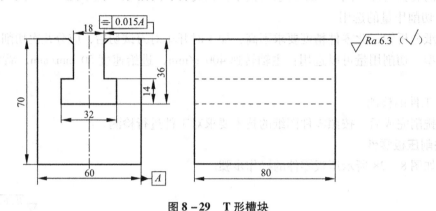

图 8-29 T 形槽块

操作步骤:

(1) 分析图样

从零件图样可知,零件的外形尺寸为 80 mm×60 mm×70 mm,T 形槽的总深度为 36 mm,直角沟槽的宽度为 18 mm;T 形槽槽底尺寸为宽 32 mm,高 14 mm;T 形槽与零件中心线的对称度偏差不大于 0.015 mm;零件各表面的表面粗糙度 Ra 都为 6.3 μm。

(2) 铣削直角沟槽

1) 工件的装夹和找正。工件装夹前,先在工件上按图样要求划出对称槽宽度,再将平口钳安放在铣床工作台上,找正固定钳口与铣床工作台纵向进给方向平行,校正平口钳导轨面与铣床工作台台面平行,并用固定螺栓将平口钳压紧在铣床工作台台面上,然后将工件装夹在平口钳内,找正工件与铣床工作台台面平行。

2) 铣刀的选用安装。根据图样所标示的直角沟槽尺寸,选用一种 8 mm 的立铣刀或键槽铣刀,直柄铣刀安装在铣夹头上,锥柄铣刀用变径套紧固在主轴上。

3) 铣削用量的选用。主轴转速 235 r/min,进给速度 30 mm/min。

4) 铣刀位置调整。根据事先划好的对称槽宽度线的位置,将铣刀调整到正确的铣削位置,紧固横向工作台位置。

5) 吃刀量的调整。吃刀量的调整分两次进给完成。第一次铣出 22 mm,第二次铣出 14 mm,即在第一次的位置上,工作台垂向上升 14 mm。铣削开始时采用手动进给,待铣削平稳后改为机动进给,两次的进给方向应一致。

(3) 铣底槽

铣削好直角沟槽后,不要松开铣床工作台横向紧固位置,按下面方法与步骤铣削 T 形槽底槽。

1) 铣刀的选用。根据图样所示 T 形槽的尺寸,选用直径 D 为 32 mm、宽度 L 为 14 mm、直柄尺寸与直角沟槽宽度(18 mm)相等的直柄铣刀。

2) 铣削用量选用。主轴转速 118 r/min,进给速度 23.5 mm/min。

3)吃刀量的调整。因直角沟槽铣削完后,横向进给工作台紧固未动,故不需要对刀。这时只需根据图样标示的尺寸,调整吃刀量便可铣削了。铣削开始时使用手动进给,待铣刀有一半以上切入工件后,改为机动进给。

吃刀量的调整,实际上就是调整T形槽铣刀对底槽平面的上下位置,它有两种方法:贴纸试切法和擦刀试切法。

(4)槽口倒角

T形槽底槽铣削完毕后,同样不要松开横向工作台位置,这样就不需要对刀了。这时主轴转速需改为 235 r/min,并增大进给速度至 47.5 mm/min,然后选用外径 $D=25$ mm、角度 $\theta=45°$ 的反燕尾槽铣刀,调整吃刀量,即可铣削。

(5)工件的检测

工件铣削完成后,按照零件图纸的技术要求对工件进行检测。

8.2.4 分度头装夹的零件铣削

铣削如图 8-30 所示的六方体零件。

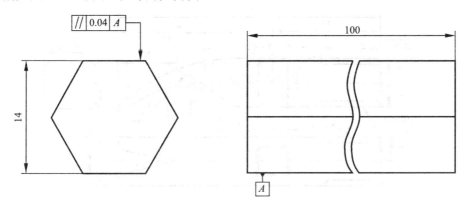

图 8-30 六方体零件

操作步骤:

(1)分析图样

根据图样和技术要求分析,毛坯采用 45 热轧圆钢,毛坯车削至尺寸 $\phi17$ mm×100 mm。用万能分度头装夹,分粗、精加工,保证接刀处无明显刀痕,选用 X5030 型立式升降台铣床进行加工。

(2)刀具选择

选择 $\phi25$ mm 立铣刀,并安装在铣床主轴上。

(3)工件的装夹

安装万能分度头及尾座,采用"一夹一顶"的方法装夹工件,并用百分表校正上母线与工作台的平行度误差在 0.04 mm 以内。

(4)计算分度手柄转数

分度手柄转数 $n=\dfrac{40}{z}=40/6=6\dfrac{44}{66}$。安装有 66 孔的分度盘,调整定位插销位置及分度叉之间的孔距数为 44。

（5）对刀试铣

开机后使工件与铣刀轻轻接触，将工作台上升 1 mm，试铣一刀（铣削长度方向的一半），然后将工件转过 180°，铣出对边尺寸，并进行测量。

（6）铣削

1) 根据测得的尺寸，将工作台上升余量的一半依次分度，将一端六面铣至图样尺寸要求。

2) 工件掉头装夹。工件掉头装夹，并用百分表校正，保证未加工的工件上母线与工作台面的平行度误差在 0.03 mm 以内，已加工一面与工作台面的平行度误差在 0.03 mm 以内。

3) 铣另一端。按同样方法加工另一端至图样尺寸要求，要求无明显接刀痕迹。

（7）质量检查

检查质量合格后取下工件。

8.2.5 铣工综合技能训练

铣削如图 8-31 所示的羊角锤零件，此零件大部分结构都已采用钳工方法加工完毕，在 X6125 型万能卧式升降台铣床上只需完成内圆弧面和羊角槽的加工。

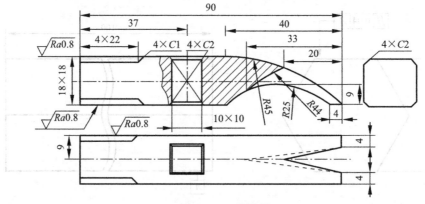

图 8-31 羊角锤

思考与练习题

1. X6125 型卧式万能升降台铣床主要由哪几部分组成？各部分的主要作用是什么？
2. 铣床的主运动是什么？进给运动是什么？
3. 在铣床上为什么要开车对刀？为什么必须停车变速？
4. 铣床能加工哪些表面？各用什么刀具？能达到怎样的尺寸公差等级和表面粗糙度 Ra 值？
5. 铣床的主要附件有哪几种？其主要作用是什么？
6. 卧铣和立铣的主要区别是什么？
7. 铣床上工件的主要安装方法有哪几种？
8. 轴上铣键槽可选用什么机床和刀具？
9. 简单分度的公式是什么？拟铣一齿数 $z=30$ 的直齿圆柱齿轮，试用简单分度法计算每铣一齿分度头手柄应转过多少圈。

第 9 章 刨 削

9.1 基本知识

在机械加工中,刨削占有一定的位置。在刨床上用刨刀加工工件叫作刨削。刨削主要用来加工平面(水平面、垂直面、斜面)、沟槽(直槽、T 形槽、V 形槽、燕尾槽)及直线成型面等。刨床能加工的典型零件如图 9-1 所示。

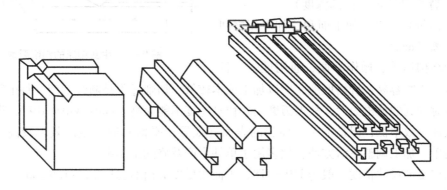

图 9-1 刨床加工零件举例

刨床是通过刀具和工件之间产生的相对直线往复运动来刨削工件表面的。往复直线运动是刨床的主运动,也叫切削运动。

在牛头刨床上加工水平面时,刀具的直线往复运动为主运动,工件的间歇移动为进给运动。在龙门刨床上加工表面时,工作台带动工件的直线往复运动为主运动,刀具间歇移动为进给运动。刨削运动如图 9-2 所示。

牛头刨床刨削时,其刨削要素包括刨削速度 v_c、进给量 f 和背吃刀量 a_p,如图 9-3 所示。

(1) 刨削速度 v_c

刨削速度是工件和刨刀在刨削时的相对速度,可用下式计算:

$$v_c \approx 2Ln_r/1\,000$$

式中　v_c——刨削速度,m/min,一般 $v_c = 17 \sim 50$ m/min;

　　　L——行程长度,mm;

　　　n_r——滑枕每分钟的往复行程次数,str/min。

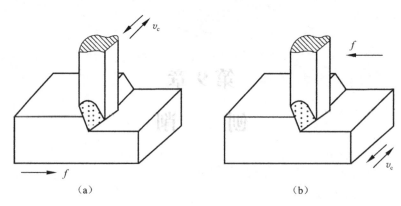

图 9-2 刨削运动
(a) 牛头刨床上的刨削；(b) 龙门刨床上的刨削

(2) 进给量 f

进给量指刨刀每往复一次，工件沿进给方向移动的距离（mm/str）。

(3) 背吃刀量 a_p（刨削深度）

背吃刀量是工件已加工面和待加工面之间的垂直距离（mm）。

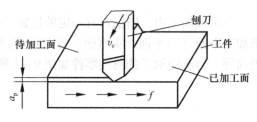

图 9-3 牛头刨床的刨削要素

刨床结构简单、操作方便、通用性强，且刨刀制造、刃磨容易，价格低廉，所以加工成本较低。切削过程是断续切削，每个行程往复中，切入时受到的冲击力大，故刀刃磨损较快且速度不能太高。同时是单向切削，即回程不切削，故加工效率低；但是加工窄而长的表面（如导轨平面）时，生产效率较高。同时由于刨刀简单，加工调整灵活方便，故多用于单件生产及修配工作中。

刨削加工的尺寸精度一般为 IT9~IT8，表面粗糙度 Ra 值可达 3.2~1.6 μm。

9.1.1 刨床

刨床的种类和型号较多。下面介绍三种刨床，了解它们的功用、牌号及工作原理和主要机构。

1. 牛头刨床

牛头刨床是刨削类机床中应用较广的一种刨床，它适合刨削长度不超过 1 000 mm 的中、小型工件。以 B665 型牛头刨床为例进行介绍。

(1) 牛头刨床的编号及组成

图 9-4 所示为 B665 型牛头刨床。在编号"B665"中，"B"表示刨床类；"6"表示牛头刨床；"65"表示刨削工件最大长度的 1/10，即最大刨削长度为 650 mm。

牛头刨床主要由床身、滑枕、刀架、工作台、横梁、底座等组成。

床身用于支撑和连接刨床的各部件，其顶面导轨供滑枕往复运动用，侧面垂直导轨供工作台升降用。床身的内部装有传动机构。

滑枕主要用于带动刨刀做直线往复运动，其前端装有刀架。

刀架（见图 9-5）用于夹持刨刀。摇动刀架手柄时，滑板便可沿转盘上的导轨上下移动。松开转盘上的螺母,将转盘扳转一定角度后,可使刀架斜向进给。滑板上还装有可偏转的刀座。刀座上装有抬刀板,刨刀随刀架安装在抬刀板上,在刨刀的返回行程,刨刀随抬刀板绕 A 轴向上抬起,以减少刨刀与工件的摩擦。刨刀背吃刀量是由刀架手轮控制的,刀架手轮每转过 1 圈,刨刀垂直移动 5 mm,手轮每转过 1 格,刨刀移动 0.1 mm。

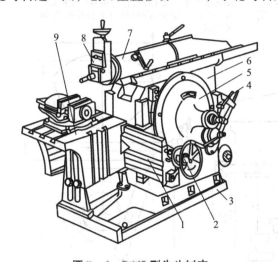
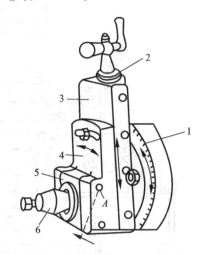

图 9-4　B665 型牛头刨床
1—横梁；2—进刀机构；3—底座；4—变速机构；
5—摆杆机构；6—床身；7—滑枕；8—刀架；9—工作台

图 9-5　牛头刨床刀架
1—转盘；2—刻度盘；3—滑板；
4—刀座；5—抬刀板；6—刀夹

工作台用于安装工件,它可与横梁做上下调整,并可沿横梁做水平方向移动或做进给运动。

底座用于支撑床身,并通过地脚螺栓与地基相连。

（2）牛头刨床的传动系统及机构调整

牛头刨床的传动系统及机构调整如图 9-6 所示,其中包括下述内容：变速机构；摆杆机构；滑枕往复直线运动速度的变化；行程长度的调整；行程位置的调整；横向进给机构及进给量的调整。

1）变速机构。

变速机构可以改变滑枕的运动速度,以适应不同尺寸、不同材料和不同技术条件的零件的加工要求。机械传动牛头刨床的变速机构是由几个齿数不同的固定齿轮和滑移齿轮及其相应的操纵机构组成的,如图 9-6（a）所示。适当地改变滑移齿轮的位置,就能把电动机的同一个转速以几种不同的转速传给摆杆机构,从而使滑枕得到不同的运动速度,达到变速的目的。

2）摆杆机构。

摆杆机构是牛头刨床的主要机构,如图 9-6（a）所示,它的作用是把电动机的转动变成滑枕的往复直线运动。摆杆机构主要由摆杆、滑块、曲柄销、摆杆齿轮、丝杠和一对伞齿轮等零件组成。摆杆中间有空槽,上端用铰链与滑枕中的滑块螺母连接,下端通过开口滑槽与用铰链连接在床身上的滑块连接。曲柄销的一端插在滑块孔内,另一端插在丝杠螺母上,丝杠固定在齿轮的端面支架上。当摆杆齿轮转动时,便带动曲柄销和滑块一起转动,而滑块又装在摆杆的槽内，因此，摆杆齿轮的转动就引起了摆杆绕下支点的摆动，于是就实现了滑枕的往复直线运动。

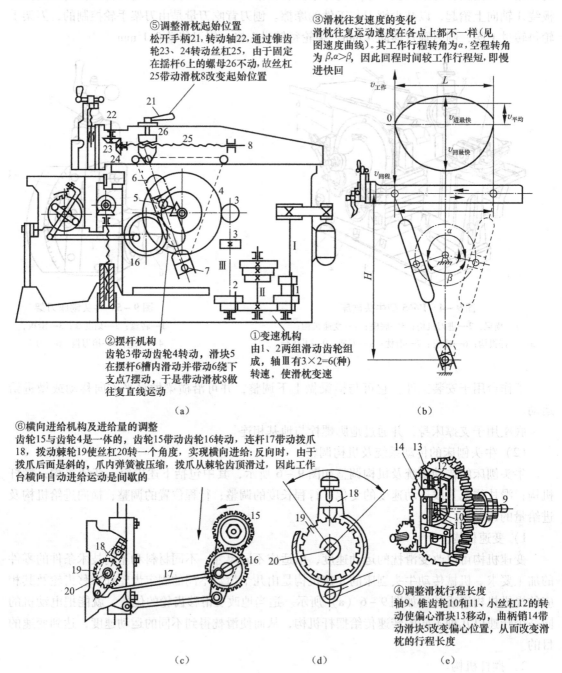

图9-6 牛头刨床传动系统及机构调整图

1，2，3，4，15，16—齿轮；5，13—滑块；6—摇杆；7—下支点；8—滑枕；9，22—轴；10，11，23，24—锥齿轮；12，20，25—丝杠；14—曲柄销；17—连杆；18—拨爪；19—棘轮；21—手柄；26—螺母

3) 滑枕往复直线运动速度的变化。

滑枕的运动为前进运动和后退运动，前进运动叫作工作行程，后退运动叫作回程。牛头

刨床滑枕的工作行程速度比回程速度慢得多，这是符合加工要求的，同时也有利于提高生产率。为什么摆杆的摆动会使滑枕的回程速度比工作行程速度快？这是因为：如图 9-6（b）所示，摆杆齿轮做逆时针等速转动，滑块也随之绕摆杆齿轮的中心做逆时针等速转动，滑枕在工作行程和回程时，摆杆绕下支点摆过的角度相同。摆杆摆过工作行程的转角时，滑块需绕摆杆齿轮的中心转过 α 角；而摆杆摆过回程的转角时，滑块只需绕摆杆齿轮的中心转过 β 角。从图中可以看出，α 角显然大于 β 角，所以滑块转过 α 角所用的时间，比转过 β 角所用的时间长，即滑枕工作行程所用的时间比回程时间长，而滑枕的工作行程和回程所走的距离相等，所以，滑枕的回程速度比工作行程速度大。实质上，滑枕的速度每时每刻都在变化，在工作行程时，滑枕的速度从零逐步升高，然后又逐步降低到零；回程也是如此，滑枕的速度先从零逐步升高，然后又逐步降低到零，如图 9-6（b）中滑枕的速度图解所示。

4）行程长度的调整。

被加工工件有长有短，滑枕行程长度可以做相应的调整。调整时，如图 9-6（e）所示先将方头端部的滚花帽松开，再用摇把转动方头，就可以改变滑枕行程的长度。顺时针转动时，滑枕行程变长；逆时针转动时则变短。调整完毕，需把滚花螺帽锁紧。

⑤行程位置的调整。

如图 9-6（a）所示，根据被加工工件装夹在工作台的前后位置，滑枕的起始位置也要做相应的调整。调整时，先松开滑枕上部的锁紧手柄，再用方孔摇把转动滑枕上的方头，就能改变滑枕的起始位置。顺时针转动方头，滑枕的起始位置偏后，逆时针转动方头则偏前。调整完毕，将锁紧手柄锁紧。

⑥横向进给机构及进给量的调整。

B665 型牛头刨床进给机构如图 9-6（c）、（d）所示，它采用的是棘轮、棘爪机构，主要由棘轮、棘爪、连杆和圆盘等零件组成，它可以使工作台实现横向间歇和自动进刀运动。工作台横向进刀量的调整是采用改变棘轮罩的位置，棘爪每摆动一次，拨动棘轮齿数的方法来实现的。有缺口的圆形棘轮罩套在棘轮的外面，转动棘轮罩改变其缺口的位置，可以盖住在棘爪架摆动角内棘轮的一定齿数，盖住的齿数越少，进刀量越大；反之，进刀量越小。全部盖住，工作台横向自动进刀停止。B665 型牛头刨床工作台的横向进给量共有 10 种（见表 9-1），当需反向进刀时，应将棘爪反转 180°。

表 9-1　B665 型牛头刨床工作台横向进给量

每次拨动棘轮的齿数	1	2	3	4	5	6	7	8	9	10
工作台横向进给量/mm	0.33	0.67	1.00	1.33	1.67	2.00	2.33	2.67	3.00	3.33

2. 龙门刨床

龙门刨床因有一个"龙门"式的框架结构而得名。图 9-7 所示为 B2010A 龙门刨床。在编号"B2010A"中，"B"表示刨床类；"20"表示龙门刨床；"10"表示最大刨削宽度的 1/10，即最大刨削宽度为 100 mm；"A"表示机床结构经过一次重大改进。

龙门刨床与牛头刨床不同，它的主运动为工件的往复直线运动，进给运动为刨刀做间歇移动。刨削时，安装在工作台上的工件做主运动，横梁上的刀架沿横梁导轨水平间歇移动，以刨削工件的水平面；立柱上的侧刀架沿立柱导轨垂直间歇移动，以刨削工件的垂直面；刀架还能转动一定的角度刨削斜面。此外，横梁还可沿立柱导轨上下升降，以调整刀具与工件的相对位置。

龙门刨床主要用于加工大型零件上的平面或长而窄的平面，也常用于同时加工多个中小型零件的平面。

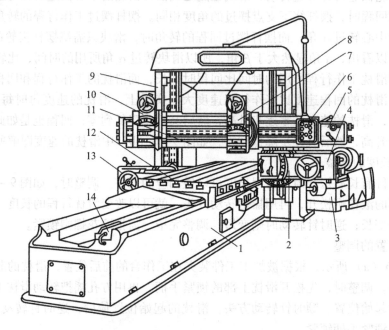

图 9-7　B2010A 龙门刨床外形图

1—床身；2—右侧刀架；3—工作台减速箱；4—右侧刀架进刀箱；5—垂直刀架进刀箱；6—悬挂按钮站；7—右垂直刀架；8—右立柱；9—左立柱；10—左垂直刀架；11—横梁；12—工作台；13—左侧刀架进刀箱；14—液压安全器

3. 插床

图 9-8 所示为 B5032 型插床。在编号"B5032"中，"B"表示刨床类；"50"表示插床；"32"表示最大插削长度的 1/10，即最大插削长度为 320 mm。

插床实际是一种立式刨床。工作中，插床的滑枕带动插刀在垂直方向的上下往复直线运动为主运动，工作台由下拖板、上拖板及圆工作台三部分组成。下拖板可做横向进给，上拖板可做纵向进给，圆工作台可带动工件回转。

插床主要用于加工工件的内部表面，如方孔、长方孔、各种多边形孔和孔内键槽等。在插床上插削方孔和孔内键槽的方法如图 9-9 所示。

插床上多用三爪自定心卡盘、四爪单动卡盘和插床分度头等安装工件，亦可用平口钳和压板螺栓安装工件。

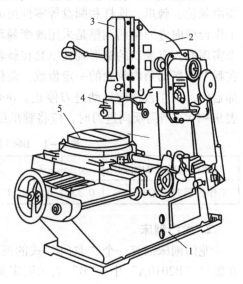

图 9-8　B5032 插床外形图

1—底座；2—床身；3—滑枕；
4—刀架；5—工作台

在插床上加工内孔表面时，刀具需进入工件的孔内进行插削，因此工件必须先有孔，然

第9章 刨 削

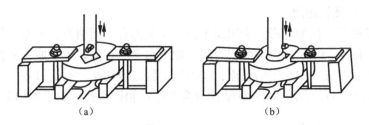

图 9-9 插削方孔和孔内键槽

(a) 插削方孔；(b) 插削孔内键槽

后才可进行插削加工。

插床多用于工具车间、修理车间及单件小批生产的车间。插削加工面的平直度、侧面对基面的垂直度及加工面的垂直度一般为 0.025/300 mm，表面粗糙度 Ra 值一般为 6.3 ~ 1.6 μm。

9.1.2 刨刀及其安装

刨削加工中，刨刀的好坏直接会影响加工工件的精度、表面粗糙度及生产效率。

1. 刨刀的几何参数及其特点

刨刀的结构和几何参数与车刀相似。但由于刨削加工的不连续性，刨刀切入工件时会受到较大的冲击力，所以一般刨刀刀杆的横截面较车刀大 1.25 ~ 1.5 倍。图 9-10 所示为一种平面刨刀的几何参数，其中 γ_o 为前角；α_o 为后角；κ_r 为主偏角，一般为 45° ~ 75°；κ_r' 为副偏角；λ_s 为刃倾角，一般为 -10° ~ 20°。为了增加刀尖强度，刨刀刃倾角 λ_s 一般为负值。刨刀切削部分最常用的材料有硬质合金和高速钢等。

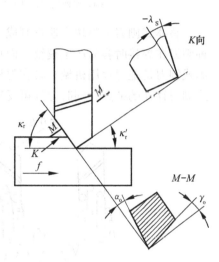

图 9-10 平面刨刀的几何参数

刨刀往往做成弯头，这是刨刀的一个显著特点。弯头刨刀在受到较大的切削力时，刀杆所产生的弯曲变形围绕 O 点向后上方弹起，因此刀尖不会扎入工件，如图 9-11（a）所示。而直头刨刀受力变形将会啃入工件，损坏刀刃及加工表面，如图 9-11（b）所示。

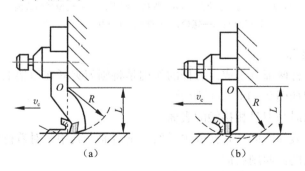

图 9-11 弯头刨刀和直头刨刀的比较

(a) 弯头刨刀；(b) 直头刨刀

169

2. 刨刀的种类及其应用

刨刀的种类很多，按加工形式和用途不同，常见的有平面刨刀、偏刀、角度偏刀、切刀及弯切刀等，如图 9-12 所示。平面刨刀用于加工水平面；偏刀用于加工垂直面或斜面；角度偏刀用于加工相互成一定角度的表面；切刀用于刨槽或切断。按走刀方向分为右刨刀和左刨刀，如图 9-13（a）所示；按刀具结构分为整体式和焊接式，如图 9-13（b）所示。

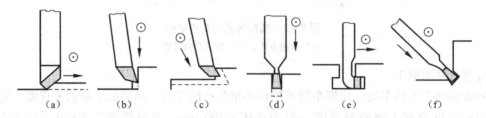

图 9-12 常见刨刀的形状及应用
（a）平面刨刀；（b）偏刀；（c）角度偏刀；（d），（f）切刀；（e）弯切刀

整体式刨刀由整块高速钢制成。焊接式刨刀是在碳素钢的刀杆上焊上硬质合金刀片。这种刨刀在焊接时容易产生裂纹，而且刨刀刃磨困难，但由于制造简单而被广泛使用。机械紧固式刨刀是把刀片用机械夹紧在刀杆上的一种刨刀，如图 9-13（c）所示。它可避免焊接式刨刀存在的缺点，同时刀杆可反复使用，节约了大量的刀杆材料。

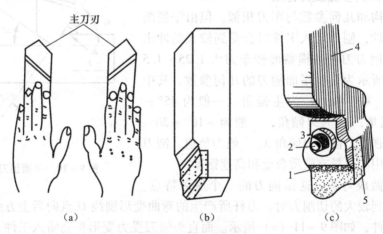

图 9-13 刨刀的结构
（a）左、右刨刀示意图；（b）焊接式刨刀；（c）机械紧固式刨刀
1—压板；2—螺栓；3—螺帽；4—刀杆；5—刀头

3. 刨刀各部分名称

刨刀由刀头及刀杆两部分组成。刀杆的作用是将刨刀夹紧在刀架上，刀头担负着切削任务，其各组成面、刃如图 9-14（a）所示。

前面：切屑滑出时与刀具相接触的表面。

后面：对着工件表面的面。它又分主后面和副后面，其中，对着待加工表面的面叫主后面，对着已加工表面的面叫副后面。

切削刃：前面和后面的交线便是切削刃。切削刃又分主切削刃和副切削刃。

主切削刃：由前面和主后面相交形成，担负主要切削工作。

副切削刃：由前面和副后面相交形成，它可切去主切削刃留下的一部分金属。

过渡刃：为了增加刀尖强度和耐磨性，往往将主切削刃和副切削刃的交点磨成圆弧或一段折线，如图9-14（b）所示，这段圆弧或折线的刀刃部分称为过渡刃。

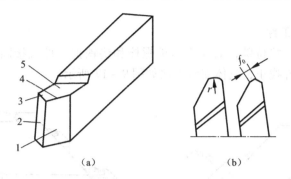

图9-14 刨刀刀头的结构

（a）刀头结构；（b）过渡刃

1—主后面；2—副后面；3—副切削刃；4—主切削刃；5—前面

9.1.3 工件的装夹

在刨床上安装工件的常用方法有平口钳安装、压板螺栓安装和专用夹具安装等。

1. 平口钳安装工件

平口钳是一种通用夹具，经常用于安装小型工件，使用时先把平口钳钳口找正并固定在工作台上，然后再安装工件。常用的按划线找正安装工件的方法如图9-15（a）所示。

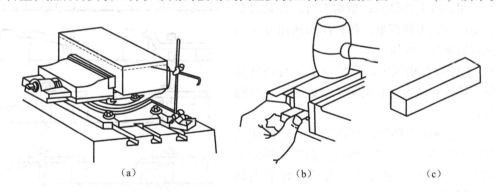

图9-15 用平口钳安装工件

（a）按划线找正安装；（b）用垫铁垫高工件；（c）平行垫铁

使用平口钳时应注意以下几项：

1）工件的被加工表面必须高出钳口，否则需用平行垫铁垫高工件，如图9-15（b）、（c）所示。

2）为了能安装牢固，防止刨削时工件松动，必须把比较平整的平面贴紧在垫铁和钳口上。为使工件贴紧垫铁，应一面夹紧，一面用手锤轻击工件的上平面，如图9-15（b）所示。

3）为了保护钳口和工件已加工表面，安装工件时往往要在钳口处垫上铜皮。

4）用手挪动垫铁检查贴紧程度，如图9-15（b）所示，如有松动，说明工件与垫铁之间贴合不好，应松开平口钳重新夹紧。

5）对于刚度不足的工件，安装时应增加支撑，避免夹紧力大而使工件变形，如图9-16所示。

2. 压板螺栓安装工件

有些工件较大或形状特殊，需要用压板螺栓和垫铁把工件直接固定在工作台上进行刨削。安装时需先把工件找正，具体安装方法如图9-17所示。

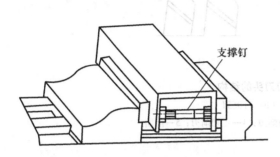

图9-16 框形工件的安装

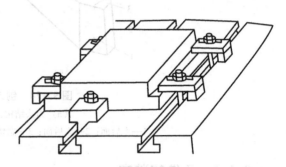

图9-17 用压板螺栓安装工件

用压板螺栓安装工件的注意事项如下：

1）压板的位置要安排得当，压点要靠近刨削面，夹紧力大小要合适。粗加工时，夹紧力要大，以防切削时工件移动；精加工时，夹紧力要合适，注意防止工件变形。各种压板使用方法的正误比较如图9-18所示。

2）工件放在垫铁上，要检查工件与垫铁是否贴紧，若没有贴紧，必须垫上纸或铜皮，直到贴紧为止。

3）装夹薄壁工件时，可在其空心处使用活动支撑或千斤顶等，以增加刚度，否则工件会因受切削力而产生振动和变形。薄壁工件装夹如图9-19所示。

4）压板必须压在垫铁处，以免工件因夹紧力而变形。

5）工件夹紧后，要用划针复查加工线是否仍然与工作台平行，避免工件在装夹过程中变形或走动。

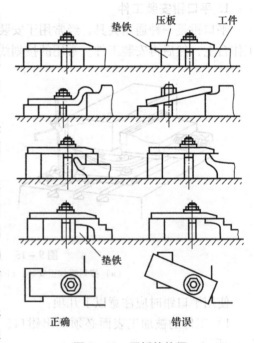

图9-18 压板的使用

3. 专用夹具安装工件

用专用夹具安装工件是一种较完善的安装方法，它既保证了工件加工后的准确性，又安装迅速，无须花费找正时间，但要预先制造专用夹具，所以多用于成批生产。

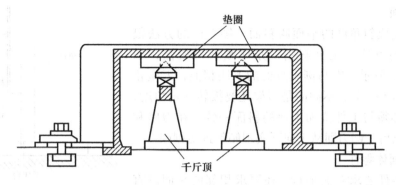

图 9-19 薄壁工件的装夹

9.1.4 刨削基本工作

1. 刨水平面

刨水平面时，刀架和刀座均在垂直位置上，如图 9-20（a）所示。粗刨时，用普通平面刨刀，背吃刀量 $a_p \approx 2 \sim 4$ mm，进给量 $f \approx 0.3 \sim 0.6$ mm/str；精刨时，可用窄的精刨刀（切削刃为 $R \approx 6 \sim 15$ mm 的圆弧），背吃刀量 $a_p \approx 0.5 \sim 2$ mm，进给量 $f \approx 0.1 \sim 0.3$ mm/str。切削速度 v_c 随刀具材料和工件材料的不同而略有不同，一般取 20 m/min 左右。上述切削用量也适用于刨垂直面和刨斜面。

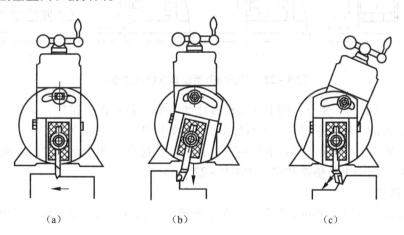

图 9-20 刨水平面、垂直面和斜面的方法
(a) 刨水平面；(b) 刨垂直面；(c) 刨斜面

2. 刨垂直面

刨垂直面是用刨刀垂直进给来加工平面的方法，如图 9-20（b）所示，用于不能用刨水平面的方法加工的平面。例如加工工件较长的两端面，用刨垂直面的方法就较为方便。加工前，检查刀架转盘的刻线是否对准零线。如果刻度不准确，可按图 9-21 所示的方法找正刀架，使刨出的平面与工作台平面垂直。刀座需按一定方向（即刀座上端偏离加工面的方向）偏转合适的角度，一般为 10°~15°，如图 9-20（b）所示。转动刀座的目的是抬刀板在回程时，使刀具抬离工件的加工面，以减少刨刀的磨损，避免划伤已加工表面。

3. 刨斜面

与水平面成斜角度的平面叫斜面。刨斜面的方法很多，最常用的方法是正夹斜刨，亦称倾斜刀架法，如图 9-20（c）所示。它与刨垂直面的方法相似，刀座相对滑板要偏 10°~15°，不同的是刀架还要扳转一定角度，其角度大小必须与工件待加工面的斜面一致。在刀座和刀架调整完以后，刨刀即从上向下实现倾斜进给刨削。

4. 刨六面体零件

六面体零件要求对面平行，还要求相邻的平面成直角。这类零件可以铣削加工，也可刨削加工。刨六面体的加工步骤如图 9-22 所示。

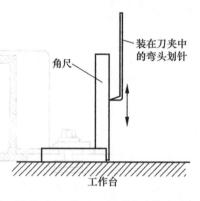

图 9-21 找正刀架垂直度的方法

1）先刨出大面 1，作为精基准面，如图 9-22（a）所示。

2）将已加工的大面作为基准面贴紧固定钳口，在活动钳口与工件之间的中部垫一圆棒后夹紧，然后加工相邻的面 2，如图 9-22（b）所示。面 2 对面 1 的垂直度取决于固定钳口与水平走刀方向的垂直度。在活动钳口与工件之间垫一圆棒是为了使夹紧力集中在钳口中部，以利于面 1 与固定钳口可靠贴紧。

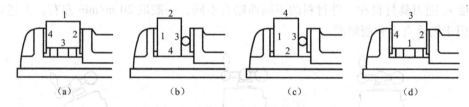

图 9-22 保证四个面垂直度的加工步骤

3）把加工过的面 2 朝下，按上述同样方法使基面 1 紧贴固定钳口。夹紧时，用手锤轻轻击打工件，使面 2 贴紧平口钳，即可加工面 4，如图 9-22（c）所示。

4）加工面 3 时，把面 1 放在平行垫铁上，工件直接夹在两个钳口之间。夹紧时要求用手锤轻轻敲打，使面 1 与垫铁贴实，如图 9-22（d）所示。

5. 刨 T 形槽

T 形槽常用在各种机床的工作台上。在 T 形槽中放入方头或六角螺栓，可用来安装工件或夹具。

刨 T 形槽时，应先刨出各相关平面，并在工件端面和上平面划出加工线，如图 9-23 所示，然后按图 9-24 所示的步骤加工。

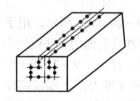

图 9-23 T 形槽工件的划线

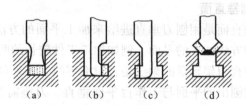

图 9-24 T 形槽的刨削步骤

1）先安装工件，在纵、横方向上进行找正；用切槽刀切出直角槽，使其宽度等于 T 形槽口的宽度、深度等于T形槽的深度，如图9-24（a）所示。

2）用弯头切刀刨削一侧的凹槽，如图9-24（b）所示。如果凹槽的高度较大，一刀不能刨完，可分几次刨削。但凹槽的垂直面要通过垂直走刀精刨一次，这样才能使槽壁平整。

3）换上方向相反的弯头切刀，刨削另一侧的凹槽，如图9-24（c）所示。

4）换上45°刨刀完成槽口倒角，如图9-24（d）所示。

9.2 技能训练

9.2.1 平面的刨削

刨平面是经常遇到且最基本的一种刨削加工。刨削平面反映了刨削加工的普遍规律。通过刨平面可以掌握刨削加工中许多共性的东西，例如工件的装夹和找正、如何选用刀具和切削用量，等等。可见，平面加工是刨削的基础。

1. 加工前的准备工作

1）看清图纸。为了保证加工质量，要弄懂图纸上的工件形状、加工尺寸、表面粗糙度和技术要求，按照要求决定加工的定位面和基准面。

2）根据图纸检查毛坯。检查毛坯的形状、尺寸和加工余量是否符合图纸要求。当毛坯有裂纹、缩孔、疏松、气孔等缺陷和加工余量不够时，应剔除，以免浪费工时。

3）准备工、夹、量具。在加工前按图纸要求将要用到的一切工、夹、量具，例如平行垫铁、压板、螺钉、手锤、扳手、卡尺、角尺、划针盘等有次序地放在工具架上。

4）修锉基准面。按图纸要求确定基准面并检查其是否平整。如有凸出必须修平，边缘处毛刺必须锉去。如果精度要求较高，还必须对工作台面进行检查，有凸出的地方要修平、擦净。

5）选择和安装刨刀。应按加工要求、工件材料、工件形状选择不同的刨刀。粗刨应尽可能采用强力刨削，且在保证刨刀有足够的强度下把刨刀磨得锋利些；精刨应尽可能使刀具锋利，使切削顺利，以得到较低的表面粗糙度。安装刨刀时，为了加工方便，往往将刀架扳转一定角度，或把刀杆装斜，但必须拧紧，否则切削力会使刀架转动而扎刀。刨刀不宜伸出太长，一般约为刀杆厚度的1.5倍，弯头刨刀伸出可稍长些。

6）调整机床和选择切削用量。行程长度要大于加工面的长度，一般首先确定最大背吃刀量，然后再选最大进给量和切削速度。牛头刨床刨平面切削用量可参考表9-2和表9-3。

表9-2 牛头刨床刨平面切削用量（刀具：高速钢；工件：结构钢）

背吃刀量/mm	进给量（mm/双行程）						
	0.3	0.4	0.5	0.6	0.75	0.9	1.1
	切削速度/（m·min^{-1}）						
1.0		50	43	37.5	32.8	29.3	25.5
2.5		39.6	34.2	30.5	26.2	23.2	20.4
4.5	41.3	34	29.4	26	22.3	20	
9.0	36.2	29.8	25.6	22.6	19.5	17.4	

表9-3 牛头刨床刨平面切削用量（刀具：高速钢；工件：灰铸铁）

背吃刀量/mm	进给量（mm/双行程）					
	0.28	0.40	0.55	0.75	1.1	1.5
	切削速度/（m·min^{-1}）					
0.7	34	80	26	23	20	18
1.5	30	26	23	20	18	16
4.0	26	23	20	18	16	14.1
10	23	20	18.1	16	14.1	12.3

2. 工件的装夹

刨削工作中，由于切削力大，通常工件外形大且结构复杂，又多采用简单装夹工具，故给装夹和找正带来了很大困难。常用的装夹方法第10章10.2.1中有介绍，这里不再叙述。

3. 刨平面的顺序

刨平面可按下列顺序进行。

1) 装夹工件。

2) 装夹刀具。

3) 把工作台升降到合适的位置。

4) 调整行程长度及行程位置。

5) 移动刀架，把刨刀调整到选好的背吃刀量上。调整刨刀可以用以下三种方法来进行：

①用目测深度进行试刨，然后测量，根据测量的数值再移动刀架到需要的尺寸位置。

②用划针盘对刀。将划针盘调整到加工线上或按钢板尺对刀尺寸，留0.2~0.5mm尺寸。

③用刀架上的刻度盘来调整刨刀背吃刀量。调整时可在工件上放一张纸，移动刀架，使刨刀轻压在纸上，然后记下刻度盘上的刻度数，每垂直下降0.1mm转过一个刻度值。

6) 进行试切。手动控制走刀，刨0.5~1.0mm后停车测量所应控制的尺寸。手动走刀时，走刀量应保持均匀，并且走刀应在回程完毕、进程开始的短时间内进行，这样可以减轻刀具的磨损，也可用自动进刀进行试切。

7) 刨削完毕后，先停车检验，合格后再卸下工件。

刨水平面和垂直面实例：平行垫铁的加工，如图9-25所示，工件材料为45钢，毛坯为锻件，刀具材料为高速钢。

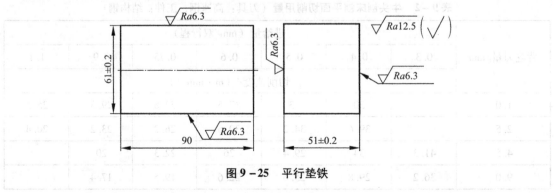

图9-25 平行垫铁

其刨削步骤如图 9-22 所示。

4. 刨平面注意事项

1）调整好吃刀深度后，一定要把刀架侧的紧丝拧紧（见图 9-26）才能开始刨削，否则刀架在切削过程中会往下松动，使背吃刀量发生改变。

2）应注意把刀架上的滑板镶条松紧调整合适，否则刀架会左右晃动，使加工面呈现波纹状。

3）要及时消除机床、工件、刀具系统的振动，避免加工表面出现纵向或横向波纹。

4）牛头刨床上大齿轮内曲柄销丝杠一端的丝杠背帽（见图 9-27）要拧紧，否则会使摆杆机构产生振动，发出噪声。

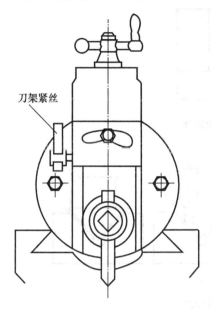

图 9-26 刀架紧丝

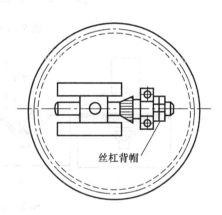

图 9-27 丝杠背帽的位置

9.2.2 刨工综合技能训练

现以图 9-28 所示零件说明 V 形槽的加工。工件材料为铸铁，刀具材料为硬质合金。

1）准备四把刨刀：主偏角为 60°偏刀、切槽刀、左角度偏刀和右角度偏刀。

2）外形加工之后，在工件上划线。

3）用水平进刀法粗刨去大部分加工余量，如图 9-29（a）所示。

4）用切槽刀切出 V 形槽底部的直角形槽至要求的尺寸，如图 9-29（b）所示。先切出底部的直角槽形是为了刨削斜面时有空刀位置。

5）倾斜刀架和刀箱，并换上两个角度偏刀或切槽刀精刨两个斜面，如图 9-29（c）所示；若 V 形槽较小，也可以采用成型刀同时刨出两个斜面，如图 9-29（d）所示。

6）采用专用夹具装夹工件，图 9-30 所示为用刨削台阶的方法刨削 V 形槽。

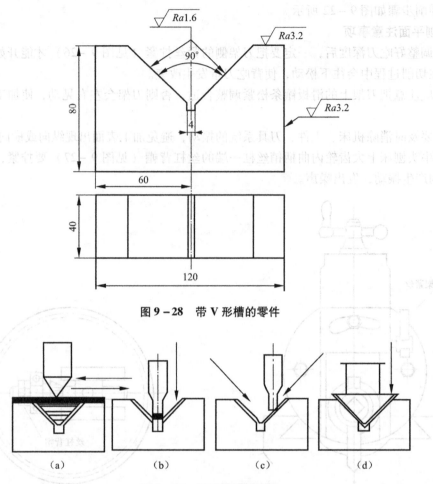

图 9–28　带 V 形槽的零件

图 9–29　V 形槽刨削步骤

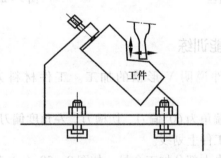

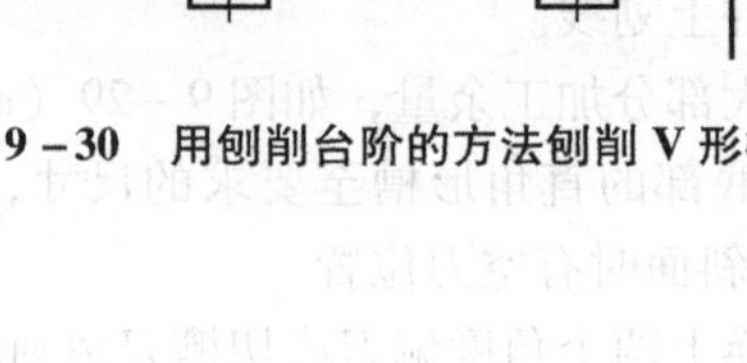

图 9–30　用刨削台阶的方法刨削 V 形槽

思考与练习题

1. 牛头刨床主要由哪几部分组成？各有什么功能？刨削前，机床需做哪些方面的调整？如何调整？

2. 为什么刨刀往往做成弯头的？
3. 简述刨削四面体的操作步骤。
4. 插床适宜加工哪种表面？用于哪些场合？
5. 牛头刨床的滑枕往复直线运动速度是如何变化的？为什么？
6. 在切削运动和应用场合方面，龙门刨床与牛头刨床有何区别？

第 10 章
磨 削

10.1 基本知识

10.1.1 磨削加工简介

在磨床上用砂轮对工件表面进行切削加工的方法,称为磨削加工。磨削加工属于精加工,是应用较为广泛的材料去除成型方法之一。

1. 磨削特点

磨削用的砂轮是由许多细小而又极硬的磨粒用结合剂黏结而成的。将砂轮表面放大可以看到砂轮表面上杂乱地布满很多尖棱形多角的磨粒,这些锋利的小磨粒就像铣刀的刀刃一样,在砂轮的高速旋转下切入工件的表面,所以磨削的实质是一种多刀多刃的超高速铣削过程。如图 10 – 1 所示。

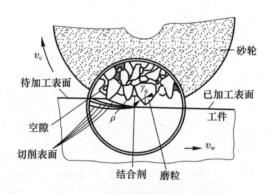

图 10 – 1 砂轮磨削原理示意图

磨削速度快,切削温度高。目前高速磨削的砂轮线速度可达 60 ~ 250 m/s,由于产生大量的切削热,砂轮导热性差,故磨削区温度瞬时可达到 1 000 ℃以上。同时,炽热的磨屑在空气中发生氧化作用,产生火花,且高温下工件材料的性能也会发生改变而影响工件质量。因此,在磨削过程中应使用大量的切削液。

由于砂轮磨粒的硬度极高,因此磨削不仅可以加工一般的金属材料,如碳钢、铸铁等,而且可以加工一般金属刀具很难加工的硬度很高的材料,如淬火钢、硬质合金等。但磨削不适合加工硬度低而塑性很好的有色金属材料,因为磨削这些材料时砂轮容易被堵塞,使砂轮失去切削能力。

磨削加工精度高,表面粗糙度 Ra 值低。尺寸公差等级一般可以达到 IT6~IT5,高精度磨削可超过 IT5;表面粗糙度 Ra 值一般为 0.8~0.2 μm,镜面磨削可控制到 Ra 值小于 0.01 μm。磨削加工质量与砂轮、磨床的结构有关,磨床的制造精度比其他切削加工机床的制造精度高,结构上具有微量进给吃刀机构,而且砂轮使用前均要经过金刚石砂轮修整器的修整,将磨粒的棱边修整成若干个等高的微刃(又叫微刃等高性),磨削就是用这些等高的微刃进行切削的,每一个微刃只从工件表面挤刮掉极薄的一层金属,从而保证了高精度加工的实现。

砂轮具有"自锐性",可以进行连续的强力切削。磨削过程中,磨粒在高速、高压与高温的作用下,将逐渐磨损而变钝。此时继续磨削,磨削力增大,最终使磨粒破碎而形成新的锋刃,或整粒脱落露出新的磨粒锋刃。砂轮的这种自行推陈出新,以保证自身锋利的性能,称为"自锐性"。砂轮的"自锐性"保证了磨削过程的顺利进行,但时间长了,切屑和碎磨粒会把砂轮堵塞,使砂轮失去切削能力。另外,破碎的磨粒一层层脱落下来,会使砂轮失去外形精度。为了恢复砂轮的切削能力和外形精度,磨削一定时间后,应将对砂轮进行修整。

2. 磨削加工范围

磨削的加工方式很多,它可以利用不同类型的磨床进行工件磨削加工。磨削主要用于零件的内外圆柱面、内外圆锥面、平面及成型表面(如花键、螺纹、齿轮等)的精加工,还常用于各种切削刀具的刃磨。几种常见的磨削加工类型如图 10-2 所示。

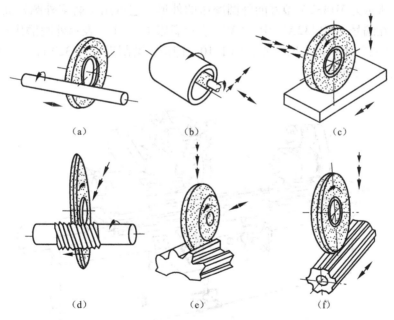

图 10-2 磨削加工范围

(a)磨外圆;(b)磨内圆;(c)磨平面;(d)磨螺纹;(e)磨齿轮齿形;(f)磨花键

10.1.2 磨床

1. 磨床的类型

磨床是以磨料、磨具为工具进行磨削加工的机床,随着高精度、高硬度机械零件数量的增加,以及精密铸造、精密锻造工艺的发展,为了满足磨削各种表面、工件形状及生产批量等方面的要求，磨床的种类越来越多。

1）外圆磨床：主要用于磨削圆柱形和圆锥形外表面的磨床。该类磨床包括万能外圆磨床、普通外圆磨床和无心外圆磨床等。

2）内圆磨床：主要用于磨削圆柱形和圆锥形内表面的磨床。该类磨床包括普通内圆磨床、坐标磨床、无心内圆磨床等。

3）平面磨床：主要用于磨削工件平面的磨床。该类磨床包括卧轴矩台平面磨床、立轴矩台平面磨床、卧轴圆台平面磨床和立轴圆台平面磨床。

4）工具磨床：用于磨削工具的磨床。该类磨床包括工具曲线磨床、钻头沟槽磨床、丝锥沟槽磨床等。

5）专用磨床：专门用于磨削某一类零件的磨床。该类磨床包括曲轴磨床、凸轮轴磨床、花键轴磨床、球轴承套圈沟磨床、活塞环磨床、叶片磨床、导轨磨床及齿轮和螺纹磨床等。

6）其他磨床：该类磨床主要包括珩磨机、研磨机、抛光机、超精加工机床、砂轮机等。

磨床的种类很多，机械制造生产中应用最广泛的是外圆磨床、内圆磨床和平面磨床。本书主要介绍外圆磨床和平面磨床。

2. 外圆磨床结构及运动

图 10-3 所示为 M1432A 型万能外圆磨床的外形。它可用于磨削外圆柱面、外圆锥面、轴肩端面等。在编号"M1432A"中，"M"表示磨床类；"1"表示外圆磨床；"4"表示万能外圆磨床；"32"表示最大磨削直径的1/10，即最大磨削直径为 320 mm；"A"表示在性能或结构上经过一次改进。

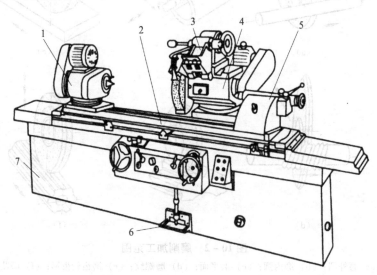

图 10-3 M1432A 万能外圆磨床

1—头架；2—工件台；3—内磨装置；4—砂轮架；5—尾座；6—脚踏操纵板；7—床身

M1432A 万能外圆磨床由床身、工作台、头架、尾座、砂轮架、操纵板等组成。

1）床身。它用于支撑和连接磨床的各个部件，底部用于储存油料，内部装有液压传动装置，砂轮架安装在床身的后上部。床身上有平行导轨，工作台在其上运动。

2）工作台。工作台有上下两层，下工作台通过液压结构使其沿床身导轨做纵向往复运动，上工作台相对下工作台可以做一定角度的偏转，以便磨削圆锥面。

3）头架。头架内有主轴，主轴经变速机构做旋转运动，可获得不同的转速。主轴前端可以安装顶尖或卡盘，用以夹持工件。

4）尾座。磨削细长工件时用于支撑工件，并可以在工作台上移动，当调整到所需位置时将其紧固。扳动尾座上的手柄时，套筒内的顶尖可以伸出或缩进，以便装夹或卸下工件。

5）砂轮架。砂轮装在砂轮架的主轴上，可装夹两个砂轮，由单独电动机带动做高速旋转，分别磨削内孔和外圆。砂轮架可沿着床身上的横向导轨前后移动，移动的方式有三种：自动周期进给、快速引进与退出和手动进给，前两种是由液压传动实现的。

万能外圆磨床与普通外圆磨床的不同之处是在前者的砂轮架、头架和工作台上都装有转盘，能回转一定角度，并增加了内圆磨具等附件，因此它不仅可以磨削外圆柱面，还可以磨削内圆柱面，以及锥度较大的内、外圆锥面和端面。

（1）万能外圆磨床磨削运动

1）主运动。磨削外圆时砂轮的旋转运动为主运动，磨削内圆表面时内圆磨具的旋转运动为主运动。

2）进给运动。工件高速旋转为圆周进给运动，工件往复移动为纵向进给运动；砂轮磨削时做横向进给运动，其中工件往复纵向进给时，砂轮做周期性横向间歇进给，砂轮切入磨削时为连续横向进给。

3）辅助运动。为了方便装卸和测量工件，砂轮所做的横向快速回退运动，以及尾架套筒所做的伸缩运动都属于辅助运动。

（2）外圆磨床的液压传动系统

在磨床传动中，广泛采用液压传动。这是因为液压传动具有可在较大范围内无级调速、机床运转平稳、操作简单方便等优点。但是它结构复杂，制造成本较高。外圆磨床的液压传动系统比较复杂，下面对它作简单介绍。图10-4所示为外圆磨床部分液压传动示意图。

机床液压传动系统由油箱20、齿轮油泵13、换向调节装置、油缸19等组成。工作时，油从齿轮油泵13经管路、换向阀6流到油缸19的右端或左端，使工作台2向左或向右做进给运动。此时，油缸19另一端的油经换向阀6、操纵滑阀10及调节阀11流回油箱。调节阀11是用来调节工作台运动速度的。

工作台的往复换向动作是由挡块5使换向阀6的活塞自动转换而实现的。挡块5固定在工作台2侧面的槽内，按照要求的工作台行程长度调整其位置。当工作台每到行程终了时，挡块5先推动杠杆8，然后杠杆8带动活塞向前移动，从而完成换向工作。换向阀6的活塞转换快慢由油阀16调节。

用手扳动操纵滑阀10的杠杆17，油腔14与油缸19的右导管和左导管接通，工作台便停止移动。此时，油桶18中的油在弹簧活塞压力作用下经油管流回油箱。活塞被弹簧压下后，$z=17$的齿轮与$z=31$的齿轮啮合。因此，可利用手轮9移动工作台。

横向进给及砂轮的快速引进和退出均是液压传动，图中未画出。

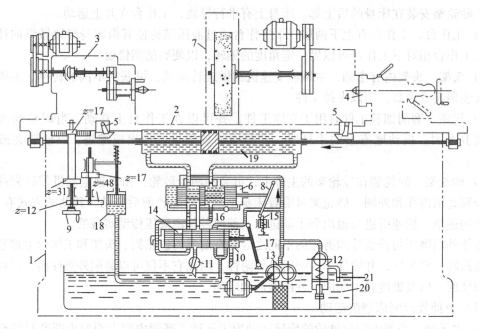

图 10-4　外圆磨床部分液压传动示意图

1—床身；2—工作台；3—床头架；4—尾架；5—挡块；6—换向阀；7—砂轮；8，17—杠杆；9—手轮；
10—操纵滑阀；11—调节阀；12—安全阀；13—齿轮油泵；14—油腔；15—换向开关；
16—油阀；18—油桶；19—油缸；20—油箱；21—回油管

3. 平面磨床结构及运动

平面磨床用于平面磨削。平面磨床分为立轴式和卧轴式两类，立轴式平面磨床用砂轮的端面进行磨削平面，卧轴式平面磨床用砂轮的圆周进行磨削平面。图 10-5 所示为 M7120A

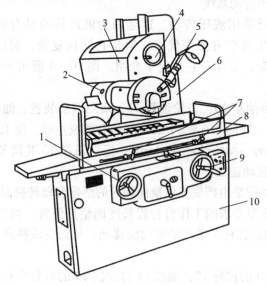

图 10-5　M7120A 平面磨床

1—驱动工作台手轮；2—磨头；3—拖板；4—横向进给手轮；
5—砂轮修整器；6—立柱；7—行程挡块；8—工作台；9—垂直进给手轮；10—床身

型卧轴矩台式平面磨床。在编号"M7120A"中,"M"表示磨床类;"7"表示平面及端面磨床;"1"表示卧轴矩平面磨床;"20"表示磨床工作台宽度的 1/10,即工作台宽度为 200 mm;"A"表示在性能或结构上做过一次重大改进。

M7120A 平面磨床由床身、工作台、立柱、磨头、砂轮修整器和电器操纵板等组成。

平面磨床的矩形工作台装在床身的导轨上,由液压传动实现其往复运动,带动工件做纵向进给,工作台也可用手轮操纵,以便进行必要的调整。另外,工作台上还有电磁吸盘,用来装夹工件。

砂轮装在磨头上,砂轮的旋转为主运动,由电动机直接驱动旋转。磨头沿滑板的水平导轨可做横向进给运动。该运动可由液压驱动或由手轮操纵。滑板可沿立柱的垂直导轨移动,以调整磨头的高低位置完成垂直进给运动,这一运动通过转动手轮来实现。

平面磨削的方式通常可分为周磨法与端磨法两种。

周磨法用砂轮的圆周面磨削平面,这时需要以下几个运动:

(1) 砂轮的高速旋转为主运动。
(2) 工件的纵向往复运动或圆周运动,即为纵向进给运动。
(3) 砂轮的周期性横向移动,即为横向进给运动。
(4) 砂轮对工件做定期垂直移动,即为垂直进给运动。

端磨法用砂轮的端面磨削平面。这时需要下列运动:

(1) 砂轮高速旋转为主运动。
(2) 工作台做纵向往复进给或周进给。
(3) 砂轮轴向垂直进给。

平面磨床的液压传动系统与外圆磨床相似,详见外圆磨床部分。

10.1.3　砂轮

1. 砂轮的结构

砂轮是磨削的主要工具,它是由磨料和结合剂以适当的比例混合,经压坯、干燥、烧结而成的疏松体,其是由磨粒、结合剂和空隙构成的多孔物体。磨粒、结合剂和空隙是构成砂轮的三要素,如图 10-1 所示。磨粒起磨削作用,锋利的小磨粒就像铣刀的刀刃一样,结合剂起支持磨粒的作用;空隙则有助于排屑和散热。磨削就是依靠这些小磨粒,在砂轮高速旋转下切入工件表面的。

2. 砂轮的特性

因磨料、结合剂及制造工艺的不同,砂轮的特性可能会产生很大的差别。砂轮的特性由以下因素决定,它包括磨料、粒度、结合剂、硬度和组织。

(1) 磨料

磨料是制造砂轮的主要原料,直接担负切削工作,必须锋利和坚硬,且具有较好的耐热性。常用的磨料有刚玉和碳化硅两类。刚玉类磨料主要成分是 Al_2O_3,韧性好,适合于磨削钢料及一般刀具等;碳化硅类磨料硬度比刚玉类高,磨粒锋利,导热性好,适合于磨削铸铁、青铜等脆性材料及硬质合金刀具等。

(2) 粒度

磨粒的大小用粒度表示。粒度号数值越大,磨粒越小。粗磨粒用于粗加工,细磨粒用于精加工。磨软材料时为防止砂轮堵塞，用粗磨粒；磨削脆性材料和硬材料，精磨工件时用细磨粒。

（3）结合剂

结合剂的作用是将磨粒黏结在一起，使之成为具有一定强度和形状尺寸的砂轮。磨粒用结合剂可以成黏结各种形状和尺寸的砂轮，以适应磨削不同形状和尺寸的表面，如图 10 - 6 所示。结合剂有陶瓷结合剂（V）、树脂结合剂（B）、橡胶结合剂（R）和金属结合剂等，其中以陶瓷结合剂最为常用。

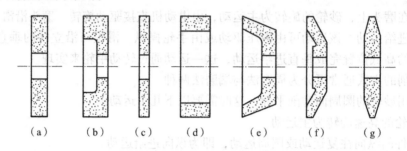

图 10 - 6　砂轮的形状

(a) 平形；(b) 单面凹形；(c) 薄片形；(d) 筒形；(e) 碗形；(f) 碟形；(g) 双斜边形

（4）硬度

砂轮的硬度是指砂轮表面上的磨粒在外力作用下脱落的难易程度。它与磨粒本身的硬度是两个完全不同的概念，磨粒黏结越牢，砂轮的硬度越高。磨粒容易脱落的砂轮，称为软砂轮，反之则为硬砂轮。同一种磨粒可以做成多种不同硬度的砂轮。

（5）组织

砂轮的组织是指磨料和结合剂的疏松程度，它反映了砂轮中磨料、结合剂和空隙三者间的体积比例关系。砂轮中所含磨料的比例越大，组织越紧密；反之，空隙越大，砂轮组织就越疏松。砂轮组织分为紧密、中等和疏松 3 大类，共 16 级（0～15），号数越小，表示组织越紧密。

为了便于选用砂轮，在砂轮的非工作表面上印有其特性代号，根据 GB/T 2485—2016 技术条件规定，例如标记为：

P400 × 150 × 203 A 60 L5 V 35

其中，"P" 表示砂轮的形状为平行，"400 × 150 × 203" 分别表示砂轮的外径、厚度和内径尺寸（mm），"A" 表示磨料为棕刚玉，"60" 表示粒度为 60 号，"L" 表示硬度为 L 级（中软），"5" 表示组织为 5 号（磨料率 52%），"V" 表示结合剂为陶瓷，"35" 表示最高工作线速度为 35m/s。

选用砂轮时，应综合考虑工件的形状、材料性质及磨床结构等各种因素。在考虑尺寸大小时，应尽可能把外径选得大些。磨内孔时，砂轮的直径取工件内孔直径的 2/3 左右，有利于提高磨具的刚度。但应特别注意不能使砂轮工作时的线速度超过标记的最高工作线速度。

3. 砂轮的检查、安装、平衡和修整

由于砂轮在高速旋转下工作，故安装时必须经过外观检查，不允许有裂纹。砂轮选定后要进行外观和裂纹的鉴定，一般不易直接看到，要用响声检验法，用木槌轻敲听其声音，声音清脆则为没有裂纹的好砂轮。

安装砂轮时，要求将砂轮不松不紧地套在轴上。最常用的砂轮安装方法是用法兰盘装夹砂轮，在砂轮和法兰盘之间垫上 1~2mm 厚的、由皮革或橡胶制成的弹性垫板，以防止磨削时受热膨胀将砂轮胀裂。砂轮的安装方法如图 10-7 所示。大砂轮通过台阶法兰盘装夹，如图 10-7（a）所示；不太大的砂轮用法兰盘直接安装在主轴上，如图 10-7（b）所示；小砂轮直接用螺母紧固在主轴上，如图 10-7（c）所示；更小的砂轮可黏固在轴上，如图 10-7（d）所示。

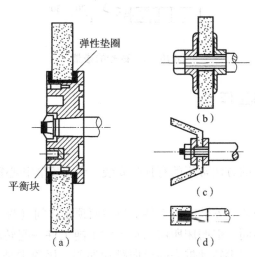

图 10-7 砂轮的安装

（a）台阶法兰盘安装；（b）法兰盘安装；（c）螺母紧固；（d）黏固安装

不平衡的砂轮在高速旋转时会引起机床振动、主轴和轴承磨损加快、砂轮磨损不均匀和工件表面质量恶化等，影响磨削加工质量和机床精度，严重时还会造成机床损坏和砂轮碎裂。因此在安装砂轮前必须进行平衡，砂轮的平衡有静平衡和动平衡两种。为使砂轮平稳地工作，凡直径大于 125mm 的砂轮都要进行静平衡调整。

图 10-8 所示为砂轮的静平衡。平衡时将砂轮装在法兰盘上，再将法兰盘套在心轴上，然后放到平衡架的平衡轨道上。如果不平衡，则较重的部分总是转到下面，这时可移动法兰盘端面环槽内的平衡铁进行平衡，然后再进行下一次平衡。这样反复进行，直到砂轮圆周的任意位置都能静止不动，这就说明砂轮各部分质量均匀。

砂轮工作一段时间以后，表面磨粒逐渐变钝，砂轮表面空隙被堵塞，这时需对砂轮进行修整，使磨钝的磨粒脱落，露出新鲜锋利的磨粒，恢复砂轮的切削能力和外形精度。及时而正确的修整是提高

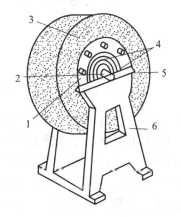

图 10-8 砂轮的静平衡

1—砂轮套筒；2—心轴；3—砂轮；
4—平衡铁；5—平衡轨道；6—平衡架

磨削效率和保证磨削质量不可缺少的重要环节。砂轮常用金刚石修整器进行修整，如图 10-9 所示。修整时要用大量的冷却液，以避免金刚石因温度过高而破裂。

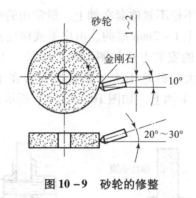

图 10-9 砂轮的修整

10.1.4 磨削基本工作

1. 磨外圆

（1）工件的安装

外圆磨床上安装工件的方法常用的有顶尖安装、卡盘安装和心轴安装等。

1）顶尖安装。

轴类工件常用顶尖安装。安装时，工件支持在两顶尖之间（见图 10-10），其安装方法与车削中所用方法基本相同。但磨床所用的顶尖均不随工件一起转动（死顶尖），这样可以提高加工精度，避免由于顶尖转动带来的径向跳动误差。尾顶尖是靠弹簧推力顶紧工件的，这样可以自动控制松紧程度，避免工件因受热伸长带来的弯曲变形。

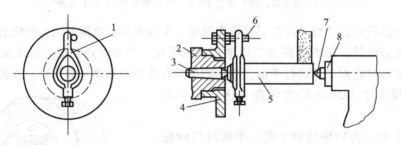

图 10-10 顶尖安装

1—卡箍；2—头架主轴；3—前顶尖；4—拨盘；5—工件；6—拨杆；7—后顶尖；8—尾架套筒

磨削前，工件的中心孔均要进行修研，以提高其形状精度和降低表面粗糙度。修研的方法在一般情况下是用四棱硬质合金顶尖（见图 10-11）在车床或钻床上进行挤研，研亮即可。当中心孔较大、修研程度要求较高时，必须选用

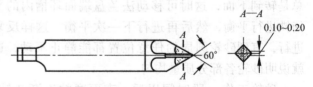

图 10-11 四棱硬质合金顶尖

油石顶尖作前顶尖，普通顶尖作后顶尖，如图 10-12 所示。修研时，头架旋转，工件不旋转（用手握住），研好一端后再研另一端。

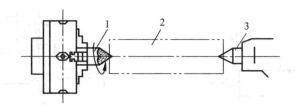

图 10 – 12　用油石顶尖修研中心孔

1—油石顶尖；2—工件（手握）；3—后顶尖

2）卡盘安装。

磨削短工件的外圆时可用三爪自定心卡盘或四爪单动卡盘安装工件，如图 10 – 13（a）、(b) 所示，安装方法与车床基本相同。用四爪单动卡盘安装工件时，要用百分表找正。对形状不规则的工件还可以用花盘安装。

3）心轴安装。

盘套类空心工件常以内孔定位磨削外圆。此时，常用心轴安装工件，如图 10 – 13（c）所示。常用的心轴种类与车床上使用的相同，但磨削用心轴的精度要求更高些，多用锥度心轴，其锥度一般为 1/7 000 ~ 1/5 000。心轴在磨床上的安装与车床一样，也是通过顶尖安装的。

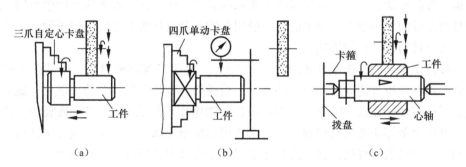

图 10 – 13　外圆磨床上用卡盘和芯轴安装工件

(a) 三爪自定心卡盘装夹；(b) 四爪单动卡盘装夹及其找正；(c) 锥度心轴装夹

(2) 磨削外圆的方法

磨削时根据工件的形状、尺寸、磨削余量和加工要求来选择磨削方法。在外圆磨床上磨削外圆的方法常用的有纵磨法和横磨法两种，而其中又以纵磨法用得最多。

1）磨法。

如图 10 – 14 所示，磨削时工件转动（圆周进给）并与工作台一起做直线往复运动（纵向进给），当每一纵向行程或往复行程终了时，砂轮按选定的磨削深度做一次横向进给，每次磨削深度很小，当工件加工到最终尺寸时（留下 0.005 ~ 0.01 mm），无横向进给地纵向往复走几次至火花消失为止。纵磨法的特点是可用同一砂轮磨削长度不同的各种工件，且加工质量好，但磨削效率较低，目前在生产中应用最广，特别是在单件小批生产中或精磨时均采用此方法。

磨削轴肩端面的方法如图 10 – 15 所示，外圆磨到所需尺寸后，将砂轮稍微退出一些 (0.05 ~ 0.10 mm)，用手摇工作台的纵向移动手柄，使工件的轴肩端面靠向砂轮，磨平即可。

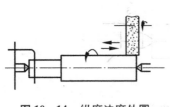
图10-14 纵磨法磨外圆

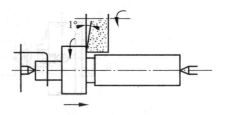
图10-15 磨削轴肩端面

2) 横磨法。

如图10-16所示，磨削时工件只转动，不做纵向进给运动，而砂轮以很慢的速度连续或断续地向工件做横向进给运动，直至把工件余量全部磨掉为止。横磨法的特点是充分发挥了砂轮的切削能力，生产效率高。但是横磨时，工件与砂轮的接触面较大，工件容易发生变形和烧伤。因此，这种磨削法仅适用于磨削短的工件及两侧有台阶的轴颈和粗磨等。

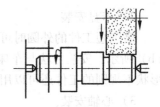
图10-16 横磨法磨外圆

2. 磨削平面

（1）工件的安装

根据工件的形状、尺寸和材料等因素来选择装夹方法。在平面磨床上磨削由钢、铸铁等导磁性材料制成的中小型工件的平面，一般用电磁吸盘直接吸住工件，对于铜、铝等非导磁性工件，要通过精密平口钳等装夹。

电磁吸盘工作台的工作原理如图10-17所示。电磁盘钢制吸盘体，中部凸起的芯体上绕有线圈，钢制盖板被绝缘层隔成一些小块。当线圈通直流电时，芯体被磁化，磁力线由芯体经过盖板—工件—盖板—吸盘—芯体而闭合（图中用虚线表示），工件被吸住。绝缘层由铅、铜或巴氏合金等非磁性材料制成，它的作用是使绝大部分磁力线能通过工件后再回到吸盘体，而不能通过盖板直接回去，这样才能保证工件被牢固地吸在工作台上。

当磨削键、垫圈、薄壁套等尺寸较小而壁较薄的零件时，因零件与工作台接触面积小，吸力弱，容易被磨削力弹出去而造成事故。因此安装这类零件时，须在工件四周或左右两端用挡铁围住，以免工件移动，如图10-18所示。

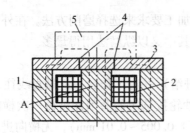
图10-17 电磁吸盘的工作原理
1—吸盘体；2—线圈；3—盖板；4—绝磁层；5—工件；A—芯体

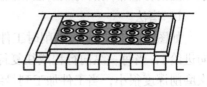
图10-18 用挡铁围住工件

磨削平面时，一般以一个平面为基准磨削另一个平面。若两个平面都要磨削且要求平行，则可互为基准，反复磨削。

（2）磨削平面的方法

平面磨削常用的方法有周磨法和端磨法，如图10-19所示。

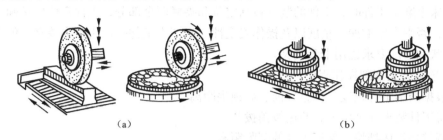

图 10-19 磨削平面的方法
(a) 周磨法；(b) 端磨法

1）周磨法。

其特点是利用砂轮的圆周面进行磨削，工件与砂轮的接触面积小，磨削热少，排屑容易，冷却与散热条件好，砂轮磨损均匀，磨削精度高，表面粗糙度 Ra 值低，但生产率低，单件、小批量或大批大量生产中均可采用。

2）端磨法。

其特点是利用砂轮的端面进行磨削，砂轮轴立式安装，刚度好，可采用大的磨削用量，且工件与砂轮的接触面积大，生产率明显高于周磨法。但磨削热多，冷却与散热条件差，工件变形大，精度比周磨低，多用于大批量生产中磨削要求不太高的平面，或作为精磨的前工序——粗磨。

除磨削外圆和磨削平面外，磨削也能用于内圆、内圆锥面和外圆锥面的精加工。内圆和内圆锥面可在内圆磨床或万能外圆磨床上用内圆磨头进行磨削。内圆磨削与外圆磨削基本相同，但砂轮的旋转方向与外圆磨削相反。和外圆磨削相比，内圆磨削用的砂轮直径受到工件孔径和长度的限制，砂轮直径较小，细而长，刚性差，磨削热大，排屑条件差，工件易发热变形，砂轮易堵塞，因而生产效率较低，加工质量也不如外圆磨削高。磨外圆锥面与磨外圆的主要区别是工件和砂轮的相对位置不同。磨内、外圆锥面时，工件轴线必须相对于砂轮轴线偏斜一圆锥角，常用转动工作台法或转动头架法磨内、外圆锥面。

10.2 技能训练

10.2.1 外圆磨削

1. 操作目的

1）熟悉外圆磨床的基本操作方法。

2）能根据工件的特点，选择合适的夹具（三爪自定心卡盘、四爪单动卡盘、花盘、顶尖等）、砂轮和量具。

3）能选择合理的磨削用量，按照零件的技术要求加工出零件的表面（外圆、内孔等）。

一般根据工件的形状大小、精度要求、磨削余量的多少和工件的刚性等来选择磨削方法。外圆磨削的常用基本方法有横磨法和纵磨法等。

2. 工件的装夹

在磨床上磨削工件时，工件的装夹包括定位和夹紧两个部分，工件定位要正确，夹紧要有效可靠，否则会影响加工精度以及操作安全性。生产中工件一般用顶尖装夹，但有时依据工件的形状和磨削要求也用卡盘装夹。

（1）顶尖装夹磨削操作程序

1）根据磨削工件长度，调整好前、后顶尖距离。

2）将工件装夹在夹头上，并用拨销拨紧。

3）调整好机床挡块，保证工件的磨削距离。

4）根据工件精度，合理选用磨削用量，根据生产批量确定是否要分粗、精磨。

5）修整砂轮。

6）开车试磨前，检查工件是否夹紧，然后用空车行程确定磨削长度是否合适，合适后方可磨削。

7）选用合适的测量工具，如生产批量大，先磨好首件，确认合格后方可继续磨削。

8）工件磨完后，退出砂轮，停车后将工件卸下。

（2）用卡盘装夹工件

两端无中心孔的轴类零件和盘形工件可选用三爪卡盘装夹，外形不规则的工件可用四爪卡盘装夹，其装夹方法见图 10 - 13 (a)、(b)。

1）三爪卡盘装夹工件必须注意以下几点：

①检查卡盘与头架主轴的同轴度，有误差必须找正。

②找正时，装夹力适当小些，目测工件摆动情况，用铜棒轻敲工件到大致符合要求，再用百分表找正，跳动控制在 0.05 mm 以内。

③夹持精加工表面时必须垫铜皮。

2）用四爪卡盘装夹时，必须用划针盘或百分表找正工件右端和左端两点，夹爪的夹紧力应均匀，并要两夹爪对称调整。夹紧后要将四个爪拧紧一遍，再用百分表校正工件后方可开车磨削。

10.2.2 平面磨削操作

1. 操作目的

1）熟悉平面磨床的基本操作方法。

2）能根据工件的特点，选择合适的夹具（电磁吸盘等）、砂轮和量具。

3）能选择合理的磨削用量，按照零件的技术要求加工出零件的平面等。

2. 电磁吸盘的合理使用

平面零件的装夹方法由尺寸和材料而定。电磁吸盘为最常用的夹具之一，凡是由钢、铸铁等磁性材料制成的平行面零件，都可以用电磁吸盘装夹。

使用电磁吸盘应注意以下事项：

1）关掉电磁吸盘的电源后，工件和电磁吸盘上仍会保留一部分磁性，这种现象称为剩磁。因此，工件不易取下，这时只要将开关转到退磁位置，多次改变线圈中的电流方向，把剩磁去掉，工件就容易取下。

2）由于工作台的剩磁以及光滑表面间的黏附力较大，因此不容易将工件从电磁吸盘取下，这时可根据工件形状先用木棒将工件扳松或敲打后再取下，切不可用力硬拖工件，以防工作台面与工件表面拉毛损伤。

3）装夹工件时，工件定位表面盖住绝磁层条数应尽可能多，以充分利用磁件吸力，小而薄的工件应放在绝磁层中间，并在其左右放置挡板，以防止工件松动。装夹高度较高而定位面较小的工件时，应在工件的四周放上较大的挡板。挡板的高度应略低于工件的高度，这样可以避免因吸力不够而造成工件翻倒，使砂轮碎裂。

4）电磁吸盘的台面要经常保持平整光洁，如果台面出现拉毛，可用三角油石或细砂纸修光，再用金相砂纸抛光。如果台面使用时间较长，表面上划纹和细麻点较多，或者有某些变形，可以对电磁吸盘台面做一次修磨。修磨时，电磁吸盘应接通电源，使它处于工作状态，磨削进给量要小，冷却要充分，待磨光至无火花时即可。应尽量减少修磨次数，以延长电磁吸盘的使用寿命。

3. 平面的磨削方法

1）磨削平面的主要技术要求是：平面本身的平面度、表面粗糙度和两平面的平行度。

2）磨削时应选择大且较平整的面作为定位基准，当定位表面为粗基准时，应用锉刀、砂纸清除工件平面的毛刺和热处理氧化层。粗磨时，要注意使工件两面磨去的余量均匀。精磨时可在垂直进给停止后做几次光磨，以减小工件的表面粗糙度。为了获得较高的平行度，可将工件多翻几次身，反复精磨，这样可以把工件两个面上残留的误差逐步减小。

3）采用横向（周磨法）磨削法。横向磨削法是最常用的一种磨削方法，每当工作台纵向行程终了时，砂轮主轴做一次横向进给，待工件上第一层金属磨去后，砂轮再做垂直进给，直至切除全部余量达到尺寸要求为止。

4）磨削量的选择。一般粗磨时，横向进给量 $f =（0.1～0.50）B$/双行程，B 为砂轮宽度；背吃刀量（垂直进给量）$a_p = 0.01～0.50$ mm。精磨时 $f =（0.005～0.10）B$/双行程，$a_p = 0.005～0.10$ mm。

5）砂轮的选择。常用平行的陶瓷砂轮。由于平面磨削时砂轮与工件的接触弧面较外圆磨削大，所以砂轮的硬度比外圆磨削时软些，粒度应比磨削外圆时粗些。

6）切入磨削法。当工件磨削宽度 b 小于砂轮宽度 B 时，可采用切入磨削法。磨削时砂轮不做横向进给，故机动时间缩短，在磨削即将结束时，做适当横向移动，可降低工件表面的表面粗糙度值。

4. 磨削平面的主要操作程序

1）检查和修整砂轮，使砂轮适应平面磨削。

2）检查工件余量和清理毛刺。

3）检查或者修磨电磁吸盘工作台。

4）粗磨平面，检查平行度，留 0.05～0.10 mm 的余量。

5）修整砂轮，清理砂轮表面、工件和工作台，不得有磨屑存在。

6）精磨平行面，光磨（不进给）至尺寸要求。

5. 磨削平面的注意事项

1）在磨削前应选好先磨平面的定位面，这是为了换面磨削时精确找正。

2）磨削小工件时应加挡铁。

3）应防止因磨削热引起热变形，并有效地使用冷却液。
4）粗磨后应按图纸要求预检平行度和平面度。
5）精磨时应注意防止磨屑、砂粒拉伤表面。

6. 开动平面磨床的步骤

1）接通机床电源；
2）启动电磁吸盘吸牢工件；
3）启动液压油泵；
4）启动工作台往复移动；
5）启动砂轮旋转，一般使用低速挡；
6）启动切削液泵，停车一般先停工作台，后总停。

思考与练习题

1. 磨削加工的特点有哪些？形成这些特点的主要原因是什么？
2. 砂轮特性主要取决于哪几个方面？
3. 外圆磨床由哪几部分组成？各有什么作用？
4. 磨削平面有哪些方法？各有什么特点？如何选用？
5. 磨床液压传动的特点有哪些？
6. 外圆磨削的基本方法有哪些？各有什么特点？

第 11 章 钳 工

11.1 基本知识

11.1.1 钳工入门知识

钳工是指利用台虎钳及各种手动工具对金属进行切削加工的方法。它的特点是工具简单，操作机动、灵活，可以完成机械加工不便完成或难以完成的工作。钳工大部分是手工操作，劳动强度大，对工人的技术要求较高，但在机械制造和修配工作中，仍是不可缺少的重要工种。

在电力、冶金、石油、化工等各个行业中，钳工也占有重要的位置。

钳工主要操作方法有：划线、錾削、锯削、锉削、刮削、钻孔、扩孔、铰孔、攻螺纹、套螺纹、维修、装配等。

钳工的应用范围很广，一般可以完成以下工作：

1) 完成制作零件过程中的某些加工工序，如孔加工、攻螺纹、套螺纹、刮削等。
2) 进行精密零件的加工，如锉样板、刮削等。
3) 进行机器与仪器的装配和调试。
4) 进行机器与仪器的维护和修理。

钳工操作主要是在钳工工作台上，将工件夹持在台虎钳上进行的。

台虎钳是夹持工件的主要工具，其规格用钳口宽度表示，常用台虎钳的钳口宽度为 100 ~ 150 mm。

1. 钳工工作台

钳工工作台也称为钳台，有单人用和多人用两种，一般用木材或钢材做成。工作台要求平稳、结实，其高度为 800 ~ 900 mm，长和宽依工作需要而定。钳口高度恰好与人手肘平齐为宜，如图 11 - 1 所示。钳台上必须装防护网，其抽屉用来放置工、量用具。

2. 台虎钳

台虎钳（见图 11 - 2）是夹持工件的主要工具，其规格用钳口宽度表示，常用台虎钳的钳口宽度为 100 ~ 150 mm。

使用台虎钳时，应注意下列事项：

1) 工件应尽量夹在虎钳钳口中部，以使钳口受力均匀。

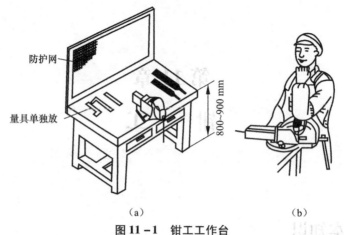

图 11-1 钳工工作台
(a) 工作台；(b) 虎钳的合适高度

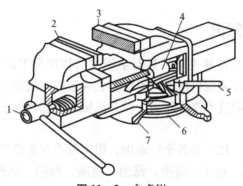

图 11-2 台虎钳
1—丝杠；2—活动钳口；3—固定钳口；4—螺母；5—夹紧手柄；6—夹紧盘；7—转盘座

2）当转动手柄夹紧工件时，只能用手扳紧手柄，绝不能接长手柄或用手锤敲击手柄，以免虎钳丝杠或螺母损坏。

3）夹持工件的光洁表面时，应垫铜皮加以保护。

11.1.2 划线

根据图纸的尺寸要求，用划线工具在毛坯或半成品工件上划出待加工部位的轮廓线或作出基准点、线的操作称为划线。

1. 划线的作用

1）在工件上划出加工线，作为加工的依据。

2）检查毛坯形状、尺寸，可以剔除不合格毛坯。

3）通过划线，可以合理分配各表面的加工余量。

2. 划线的种类

划线分为平面划线和立体划线两种。

平面划线是在工件或毛坯的一个平面上划线，如图 11-3 所示。

立体划线是平面划线的复合，是在工件或毛坯的几个表面上划线，即在工件的长、宽、高三个方向划线，如图 11-4 所示。

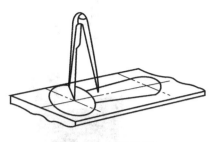
图11-3 平面划线

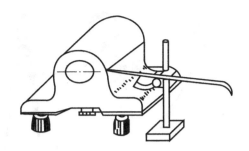
图11-4 立体划线

3. 划线工具

1) 划线平台（图11-5）：划线的主要基准工具。要求安放平稳、牢固，上平面保持水平，平面各处要均匀使用，避免碰撞或敲击。注意表面清洁，长期不用时应涂防锈油，并盖保护罩。

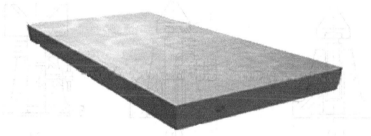
图11-5 划线平台

2) 高度尺（图11-6）：主要划水平线。

3) 划针盘（图11-7）：可用于划水平线，也可用于找正。

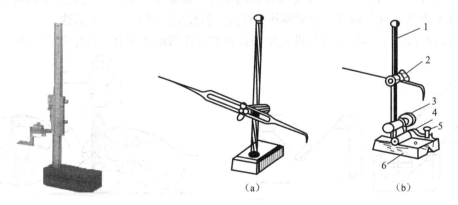

图11-6 高度尺

图11-7 划针盘
(a) 普通划针盘；(b) 可调划针盘
1—支杆；2—划针夹头；3—锁紧装置；
4—绕动杠杆；5—调整螺钉；6—底座

4) 划规（图11-8）：划圆和圆弧用。

5) 直尺：找正用。

6) 方箱（图11-9）：装夹小型零件。

197

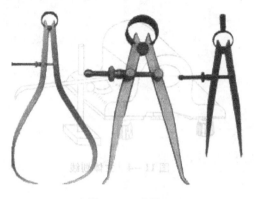
图11-8 划规

图11-9 方箱

7）千斤顶（图11-10）：装夹中、大型零件。

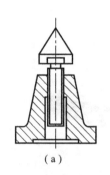
(a)

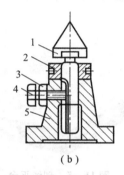
(b)

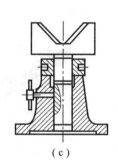
(c)

图11-10 千斤顶

1—顶杆；2—圆螺母；3—锁紧螺母；4—定向螺母；5—千斤顶座

8）V形铁（图11-11）：装夹大直径的零件，如果工件直径大且长，则同时用三个V形铁，但V形铁高度要相等。如果零件直径大，但较短，可用一个V形铁。

9）样冲（图11-12）：在钻孔的中心位置和零件的形状线上，打标记或小的孔洞。

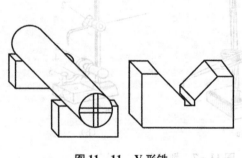
图11-11 V形铁

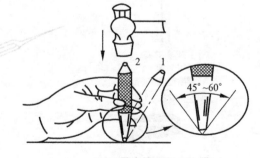
图11-12 样冲

10）钢板尺：测量工具。

4. 划线的基准

基准是零件上用来确定其他点、线、面位置依据的点、线、面，作为划线依据的基准，称为划线基准。

选择划线基准的方法有以下几点。

1) 如果工件已加工，则选择已加工面为划线基准。
2) 如果工件有对称的中心线，要选择对称中心线为划线基准。
3) 若工件有孔，则用主要孔作为划线基准。
4) 如果工件为毛坯，要选择较大的面和有凸台的部位为基准。

5. 划线步骤

首先是工件和工具的准备，工件的准备包括对工件清理、检查和表面涂色，有时还需在工件的中心设置中心塞块；再根据工件图样要求，选择合适的工具，并检查和校验工具；看懂图样，确定出划线基准，装夹好工件，再进行划线，最后在线条上打样冲眼。

11.1.3 锯削

用手锯分割材料或在工件上切槽的加工称为锯削。

1. 手锯的构造

手锯由锯弓和锯条组成。锯弓的形式有两种，即固定式和可调式。固定式锯弓的长度不能变动，只能使用单一规格的锯条。可调式锯弓可以使用不同规格的锯条，故目前应用广泛。锯弓如图 11-13 所示。

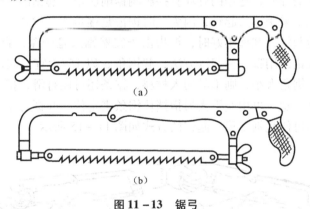

图 11-13 锯弓
（a）固定式；（b）可调式

锯条用碳素工具钢或合金钢制成，并经过热处理淬硬。常用的手工锯条长 300 mm、宽 12 mm、厚 0.8 mm。

锯条齿形和排列形状如图 11-14 所示。锯条按锯齿的齿距大小，可分为粗齿、中齿、细齿 3 种，其各自用途见表 11-1。锯齿排列呈左右错开状，称为锯路。图 11-14（a）所示为交叉排列，图 11-14（b）所示为波浪形排列。其作用就是防止在锯削时锯条夹在锯缝中，同时可以减少锯削时的阻力和便于排屑。

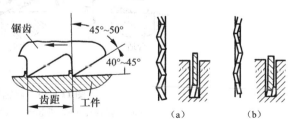

图 11-14 锯条齿形和排列形状
（a）交叉排列；（b）波浪形排列

表 11-1　锯条的齿距及用途

锯齿粗细	每 25 mm 长度内含齿数目	用　途
粗齿	14～18	锯铜、铝等软金属及厚工件
中齿	24	加工普通钢、铸铁及中等厚度的工件
细齿	32	锯硬钢板料及薄壁管

2. 锯削操作

（1）工件的装夹

工件应夹在虎钳的左边，避免操作时左手与虎钳相碰。同时工件伸出钳口的部分不要太长，以免在锯削时引起工件抖动。工件夹持应该牢固，防止工件松动或使锯条折断。

（2）锯条的安装

安装锯条时松紧要适当，过松或过紧都容易使锯条在锯削时折断。因手锯是向前推时进行切削，而在向后返回时不起切削作用，因此安装锯条时一定要保证齿尖的方向朝前。

（3）起锯

起锯是锯削工作的开始，起锯的好坏直接影响锯削质量。起锯的方式有远边起锯和近边起锯两种。一般情况下采用远边起锯，因为此时锯齿是逐步切入材料，不易被卡住，起锯比较方便。如采用近边起锯，掌握不好时，锯齿由于突然锯入且较深，容易被工件棱边卡住，甚至崩齿或崩断。无论采用哪一种起锯方法，起锯角 α 以 15°为宜。起锯角太大，则锯齿易被工件棱边卡住；起锯角太小，则不易切入材料，锯条还可能打滑，把工件表面锯坏。为了使起锯的位置准确和平稳，可用左手大拇指挡住锯条来定位。起锯时压力要小，往返行程要短，速度要慢，这样可使起锯平稳。起锯的方式如图 11-15 所示。

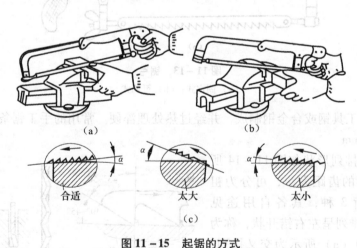

图 11-15　起锯的方式
(a) 远起锯；(b) 近起锯；(c) 起锯角太大或太小

（4）锯削的姿势

锯削姿势如图 11-16 所示。锯削时要直立站稳，稍向前倾，人体质量均分在两腿上，右手握稳锯柄，左手扶在锯弓前端。锯削时，锯弓做往复直线运动，不应出现摇摆现象，以防止锯条断裂。向前推锯时，两手要均匀施加压力，实现切削作用；返回时，锯条要轻轻滑过加工表面，两手不施加压力。锯削时，往复运动不宜过快，每分钟 20~40 次，过快锯条会发热，影响锯条的使用寿命。应使锯条全长的三分之二部分参与锯切工作，以防锯条局部磨损，损坏锯条。另外，在锯削时，为了润滑和散热，应适当加些润滑剂，如钢件用机油、铝件用水等。锯削时推力和压力主要由右手控制。

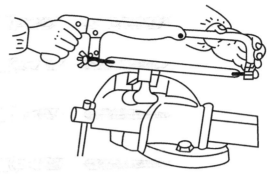

图 11-16　锯削的姿势

推锯时锯弓运动方式有两种：

一种是直线运动，适用于锯缝底面要求平直的槽和薄壁工件的锯削；另一种是锯弓做上下摆动，这样操作自然，两手不易疲劳。手锯在回程中因不进行切削，故不施加压力，以免锯齿磨损。

(5) 锯削操作注意事项

1) 锯条要装得松紧适当，锯削时不要突然用力过猛，防止锯条折断，乃至从锯弓上崩出伤人。

2) 工件夹持要牢固，以免工件松动、锯缝歪斜、锯条折断。

3) 要经常注意锯缝的平直情况，如发现歪斜应及时纠正。

4) 工件将锯断时压力要小，避免压力过大使工件突然断开，手向前冲造成事故。一般工件将锯断时要用左手扶住工件断开部分，以免落下伤脚。

在锯削钢件时，可加机油，以减小锯条与工件的摩擦，延长锯条的使用寿命。

11.1.4　锉削

用锉刀对工件表面进行切削，使其达到所要求的形状、尺寸和表面粗糙度的加工方法称为锉削。锉削加工简便，加工工件范围广，多用于錾削、锯削之后，可对工件上的平面、曲面、内外圆弧、沟槽以及其他复杂表面进行加工，其最高加工精度可达 IT7~IT8，表面粗糙度 Ra 可达 0.8 μm。

1. 锉刀

锉刀是锉削的主要工具，常用碳素工具钢 T12、T13 制成，并经热处理淬硬至 62~67 HRC。由于锉削工作应用广泛，目前锉刀已标准化。锉刀由锉刀面、锉刀边、锉刀舌、锉刀尾、木柄等部分组成，如图 11-17 所示。

图 11-17　锉刀

2. 锉刀的种类

1) 锉刀按用途可分为普通锉、特种锉和整形锉（什锦锉）三类。

普通锉按其截面形状可分为平锉、方锉、圆锉、半圆锉及三角锉五种，如图 11-18 所示。

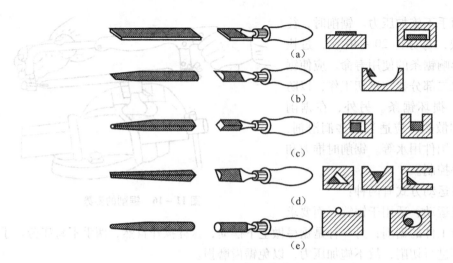

图 11-18 锉刀的种类及应用示例
(a) 平锉刀及其应用示例；(b) 半圆锉刀及其应用示例；(c) 方锉刀及其应用示例；
(d) 三角锉刀及其应用示例；(e) 圆锉刀及其应用示例

整形锉（什锦锉）主要用于精细加工及修整工件上难以机加工的细小部位，它由若干把各种截面形状的锉刀组成一套，如图 11-19 所示。

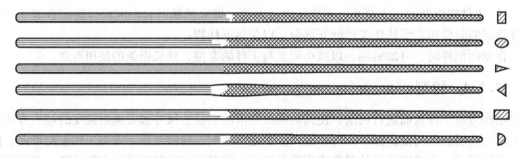

图 11-19 整形锉

特种锉用于加工零件上的特殊表面，有直的、弯曲的两种，其截面形状很多，如图 11-20 所示。

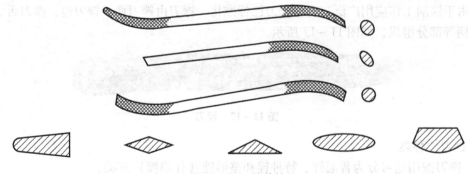

图 11-20 特种锉

2) 按其长度可分为 100 mm、150 mm、200 mm、250 mm、300 mm、350 mm 及 400 mm

等七种。

3) 按其齿纹可分单齿纹、双齿纹。按其齿纹粗细可分为粗齿、中齿、细齿、粗油光（双齿）、细油光五种。

3. 锉刀的选用

根据工件材料、加工余量、精度、表面粗糙度来选择锉刀。粗锉用于粗加工及锉削较软的材料；细锉用于锉削钢、铸铁等较硬的材料；油光锉仅用于表面修光。锉刀断面形状的选择，取决于工件加工表面的形状。特种锉刀用于加工特形表面；整形锉刀很小，形状很多，主要用于修整精密细小的零件。合理选用锉刀对保证加工质量、提高工作效率和延长锉刀寿命有很大的影响。

4. 锉削操作方法

锉刀的握法主要分大锉刀握法、中锉刀握法、小锉刀握法和更小锉刀握法几种。

(1) 大锉刀的握法

右手心抵着锉刀柄的端头，大拇指放在锉刀木柄的上面，其余四指弯在下面，配合大拇指捏住锉刀木柄。左手则根据锉刀大小和用力的轻重，有多种姿势。大锉刀的握法如图 11-21 所示。

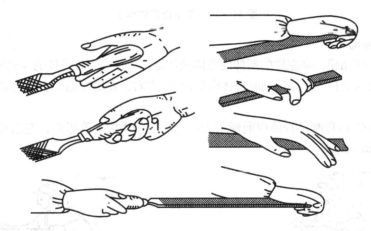

图 11-21 大锉刀的握法

(2) 中锉刀的握法

右手握法与大锉刀握法相同，左手用大拇指和食指捏住锉刀前端，如图 11-22 所示。

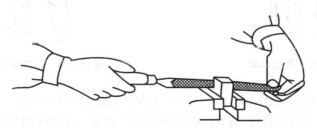

图 11-22 中锉刀的握法

(3) 小锉刀的握法

右手食指伸直，拇指放在锉刀木柄上面，食指靠在锉刀的刀边，左手几个手指压在锉刀中部，如图11-23所示。

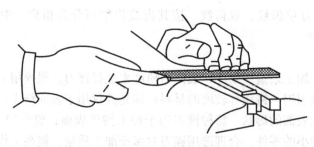

图11-23 小锉刀的握法

(4) 更小锉刀的握法

一般只用右手拿着锉刀，食指放在锉刀上面，拇指放在锉刀左侧，如图11-24所示。

图11-24 更小锉刀的握法

5. 锉削的姿势

锉削时，两脚站稳，靠左膝的屈伸使身体做往复运动，手臂和身体的运动要互相配合，并要充分利用锉刀的全长。开始锉削时身体向前倾10°左右，左肘弯曲，右肘向后，如图11-25所示。

锉刀推出1/3行程时，身体向前倾斜15°左右，这时左腿稍弯曲，左肘稍直，右臂向前推，如图11-26所示。

图11-25 开始锉削　　　　图11-26 锉刀推出1/3行程

锉刀推到2/3行程时身体逐渐倾斜到18°左右，如图11-27所示。

左腿继续弯曲，左肘渐直，右臂向前使锉刀继续推进，直到推到尽头，身体随着锉刀的反作用退回到15°位置，如图11-28所示。行程结束后，把锉刀略微抬起，使身体与手回复到开始时的姿势，如此反复。

图 11-27 锉刀推出 2/3 行程

图 11-28 锉刀行程推尽时

6. 锉削力的运用

锉削力的正确运用,是锉削的关键。锉削力有水平推力和垂直压力两种。推力主要由右手控制,其大小必须大于切削阻力才能锉去切屑。压力是由两手控制的,其作用是使锉齿深入金属表面。两手施力大小必须随着锉削进行变化,这是保证锉刀平直运动的关键。其方法是:随着锉刀推进,左手压力应由大而逐渐减小,右手的压力则由小而逐渐增大,锉削到中间时两手压力大致相等。锉削力的运用如图 11-29 所示。

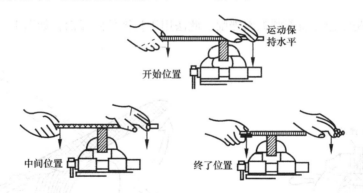

图 11-29 锉削力的运用

锉削时,对锉刀的总压力不能太大,因为锉齿存屑空间有限,压力太大只会使锉刀磨损加快;但压力也不能过小,过小锉刀打滑,则达不到切削目的。一般是以向前推进时手上有一种韧性感觉为宜。锉削速度一般为每分钟 30~60 次。速度太快,操作者容易疲劳,且锉齿易磨钝;太慢,则切削效率低。

7. 锉削加工方法

(1) 平面锉削

平面锉削是最基本的锉削,常用的方法有三种,即顺向锉法、交叉锉法及推锉法。

1) 顺向锉法。锉刀沿着工件表面横向或纵向移动,锉削平面可得到正直的锉痕,比较整齐美观,适用于锉削小平面和最后修光工件。顺向锉法如图 11-30 所示。

2) 交叉锉法。交叉锉法是以交叉的两方向顺序对工件进行锉削。由于锉痕是交叉的,容易判断锉削表面的不平程度,因而也容易把表面锉平。交叉锉法去屑较快,适用于平面的粗锉。交叉锉法如图 11-31 所示。

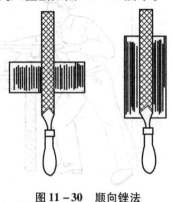

图 11-30 顺向锉法

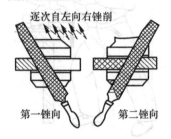

图 11-31 交叉锉法

3) 推锉法。两手对称地握住锉刀,用两大拇指推锉刀进行锉削。这种方法适用于较窄表面且已经锉平、加工余量很小的情况,用来修正尺寸和减小表面粗糙度。推锉法如图 11-32 所示。

(2) 外圆弧面锉削

锉削外圆弧面时锉刀要同时完成两个运动,即锉刀的前推运动和绕圆弧面中心的转动。前推是完成锉削,转动是保证锉出圆弧形状。常用的外圆弧面锉削方法有滚锉法和横锉法两种。

1) 滚锉法是使锉刀顺着圆弧面锉削,此法用于精锉外圆弧面,如图 11-33 所示。

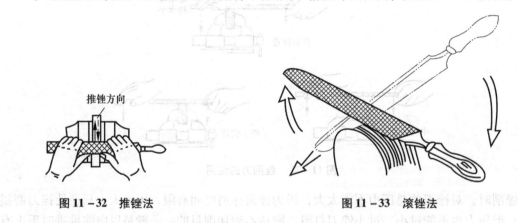

图 11-32 推锉法　　　　　　　　　图 11-33 滚锉法

2) 横锉法是使锉刀横着圆弧面锉削,此法用于粗锉外圆弧面或不能用滚锉法的情况,如图 11-34 所示。

(3) 内圆弧面锉削

锉削内圆弧面时锉刀要同时完成三个运动,即锉刀的前推运动、锉刀的左右移动和锉刀自身的转动,否则锉不好内圆弧面。内圆弧面锉削如图 11-35 所示。

 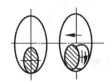 

图 11 – 34　横锉法　　　　　　　　图 11 – 35　内圆弧面锉削

（4）通孔的锉削

锉削通孔时，根据通孔的形状、工件材料、加工余量、加工精度和表面粗糙度来选择所需的锉刀，如图 12 – 36 所示。

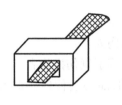  

图 11 – 36　通孔的锉削

8. 锉削质量与质量检查

（1）锉削质量问题

1）平面中凸、塌边和塌角。由操作不熟练、锉削力运用不当或锉刀选用不当所致。

2）形状、尺寸不准确。由划线错误或锉削过程中没有及时检查工件尺寸所致。

3）表面较粗糙。由锉刀粗细选择不当或锉屑卡在锉齿间所致。

4）锉掉了不该锉的部分。由锉削时锉刀打滑，或者没有注意带锉齿工作边和不带锉齿光边所致。

5）工件被夹坏。由工件在虎钳上夹持不当所致。

（2）锉削质量检查

1）检查直线度。用钢尺和直角尺以透光法来检查，如图 11 – 37 所示。

2）检查垂直度。用直角尺以透光法检查，应先选择基准面，然后对其他各面进行检查，如图 11 – 38 所示。

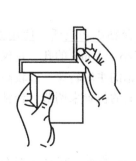 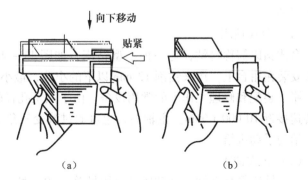

图 11 – 37　透光法检查直线度　　　　图 11 – 38　透光法检查垂直度

（a）正确；（b）不正确

3）检查尺寸。用游标卡尺在全长不同的位置上测量几次。

4）检查表面粗糙度。一般用眼睛观察即可，如要求精确，可用表面粗糙度样板对照检查。

9. 锉削操作要点及注意事项

（1）锉削操作要点

1）操作姿势、动作要正确。

2）两手用力方向和用力大小变化正确、熟练。要经常检查加工面的平面度和直线度情况，以便随时判断和改进锉削时的施力，逐步掌握平面锉削的技能。

（2）锉削操作注意事项

1）不准使用无柄锉刀锉削，以免被锉舌戳伤手。

2）不准用嘴吹锉屑，以防锉屑飞入眼中。

3）锉削时，锉刀柄不要碰撞工件，以免锉刀柄脱落伤人。

4）放置锉刀时不要把锉刀露出钳台外面，以防锉刀落下砸伤操作者。

5）锉削时不可用手摸被锉过的工件表面，因手上的油污会使锉削时锉刀打滑而造成事故。

6）锉刀齿面塞积切屑时，用钢丝刷顺着锉纹方向刷去锉屑。

11.1.5 钻孔、扩孔和铰孔

各种零件上的孔加工，除一部分用车、镗、铣等机床完成外，很大一部分是由钳工利用各种钻床和钻孔工具完成的。钳工加工孔的方法一般包括钻孔、扩孔和铰孔。钻孔是用钻头在实体材料上加工孔的方法。钻孔的加工精度较低，公差等级一般在 IT14～IT11 之间，表面粗糙度 Ra 为 25～12.5 μm。

一般情况下，孔加工都应同时完成两个运动，即主运动和进给运动，如图 11-39 所示。主运动，即刀具绕轴线的旋转运动（箭头方向1）；进给运动，即刀具沿轴线方向的直线运动（箭头方向2）。

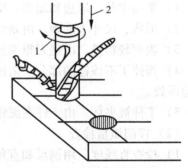

图 11-39　孔加工时的运动

1—主运动；2—进给运动

1. 钻孔设备

常用的孔加工设备有台式钻床、立式钻床和摇臂钻床三种。

（1）台式钻床

台式钻床简称台钻，是一种小型钻床，如图 11-40 所示。台钻小巧灵活，使用方便，通常安装在钳台上，用来钻削 12 mm 以下的小孔，最小可以加工小于 1 mm 的孔，是仪表制造、钳工装配和修理工作中的常用设备。由于加工孔径较小，台钻的主轴转速一般较高，最高转速接近 10 000 r/min。主轴的转速可通过改变三角带在带轮上的位置来调节。台钻的主轴进给为手动进给。

（2）立式钻床

立式钻床简称立钻，是钻床中应用最普遍的一种，如图 11-41 所示。它有多种不同的型号，可用来加工各种尺寸的孔。这类钻床的最大钻孔直径有 25 mm、35 mm、40 mm、

50 mm 等几种,其规格用最大钻孔直径表示。立钻主要由主轴、主轴变速箱、立柱工作台和机座等组成。电动机的运动通过主轴变速箱使主轴获得需要的各种转速。主轴变速箱与车床的变速箱相似,钻小孔时转速应高些,钻大孔时转速应低些。主轴的向下进给既可手动也可自动。

在立钻上加工一个孔后,再钻下一个孔时,需移动工件,使钻头对准下一个孔的中心,而一些较大的工件移动起来比较麻烦,因此立钻适用于加工中小型工件。

（3）摇臂钻床

摇臂钻床自动化程度较高,使用范围广,是一种高精度的大型钻床,如图 11-42 所示。它有一个能绕立柱旋转的摇臂,摇臂可带着主轴箱沿立柱垂直移动,同时主轴箱还能在摇臂上做横向移动。由于摇臂钻床结构上的这些特点,操作时能很方便地调整刀具的位置,以对准被加工孔的中心,而不需要移动工件来进行加工,因此,摇臂钻床适用于一些笨重的大工件以及多孔工件的加工,这比在立钻上加工方便很多。它广泛应用于单件和成批生产中。

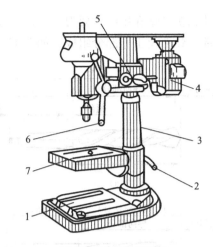

图 11-40 台式钻床

1—机座；2—工作台锁紧手柄；3—立柱；4—电动机；
5—锁紧手柄；6—进给手柄；7—工作台

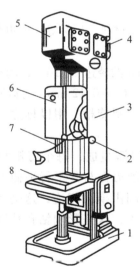

图 11-41 立式钻床

1—机座；2—进给手柄；3—立柱；4—电动机；
5—主轴变速箱；6—进给箱；7—主轴；8—工作台

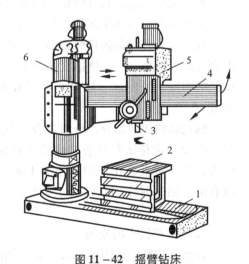

图 11-42 摇臂钻床

1—机座；2—工作台；3—主轴；
4—摇臂；5—主轴箱；6—立柱

另外手电钻也是钳工常用的孔加工设备,其操作简单,使用灵活,常用在不便用钻床加工的地方。

2. 麻花钻头

（1）麻花钻头的组成

麻花钻头是钻孔用的主要刀具，常用高速钢制造，工作部分热处理淬硬至62～65 HRC。它由柄部、颈部及工作部分组成，如图11-43所示。

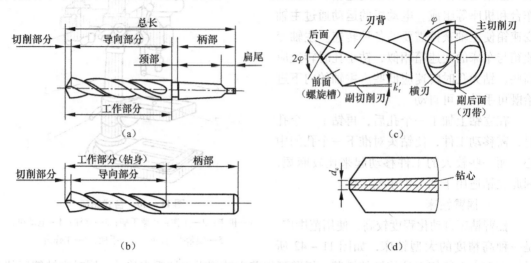

图11-43 麻花钻头的组成
(a) 锥柄；(b) 直柄；(c) 切削部分；(d) 钻心

柄部是钻头的夹持部分，起传递动力的作用，有直柄和锥柄两种。一般钻头直径小于或等于13 mm的制成直柄，直径大于13 mm的制成锥柄。直柄传递扭矩较小；锥柄顶部是扁尾，起传递扭矩作用，可传递较大的扭矩。

颈部是在制造钻头时砂轮磨削退刀用的，钻头直径、材料、厂标等一般也刻在颈部。

工作部分包括导向部分与切削部分。

导向部分有两条狭长螺旋形的、高出齿背0.5～1 mm的棱边（刃带），起导向作用。它的直径前大后小，略有倒锥度，每100 mm长度上减少0.03～0.12 mm，可以减少钻头与孔壁间的摩擦。导向部分经铣、磨或轧制形成两条对称的螺旋槽，用以排除切屑和输送切削液。

麻花钻的切削部分担负着主要切削工作，由两个刀瓣组成，每个刀瓣相当于一把车刀。因此，麻花钻有两条对称的主切削刃，两条主切削刃在与其平行平面上投影的夹角称为顶角。标准麻花钻的顶角为118°。两主切削刃中间由横刃相连，这是其他刀具上所没有的。钻削时作用在横刃上的轴向力和摩擦力都很大，这是影响钻孔精度和生产率的主要因素。

(2) 麻花钻头的安装

直柄麻花钻一般用钻夹头装夹，如图11-44所示。钻夹头的锥柄安装在钻床的主轴锥孔中，麻花钻的直柄装夹在钻夹头三个能自动定心的夹爪中。

锥柄麻花钻一般用过渡套筒安装，如图11-45所示。如用一个过渡套仍无法与主轴孔配合，还可用两个或两个以上套筒作过渡连接。套筒上端接近扁尾处的长方形横孔是卸钻头时打入楔铁用的，若钻头尺寸合适，也可直接安装在钻床主轴的锥孔中。

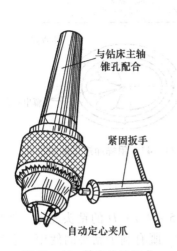

图 11-44 钻夹头的组成

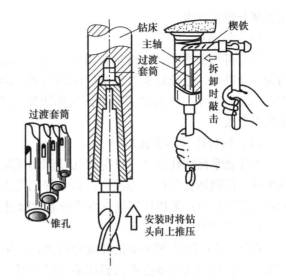

图 11-45 锥柄麻花钻的安装

3. 工件的安装

小型工件通常用虎钳或平口钳装夹，较大的工件可用压板螺栓直接安装在工作台上，对于圆柱形工件上的钻孔可安放在 V 形铁上进行，如图 11-46 所示。

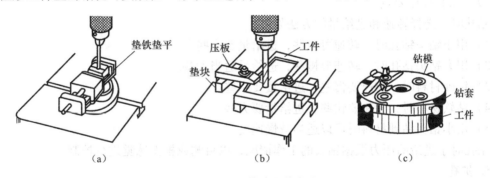

图 11-46 工件的安装方法
(a) 虎钳装夹；(b) 压板螺栓装夹；(c) V 形铁装夹

4. 钻孔方法

（1）切削用量的选择

钻孔切削用量是指钻头的切削速度、进给量和切削深度的总称。切削用量越大，单位时间内切除量越多，生产效率越高。但切削用量受到钻床功率、钻头强度、钻头耐用度、工件精度等许多因素的限制，不能任意提高。

钻孔时选择切削用量的基本原则是：在允许范围内，尽量先选较大的进给量，当进给量受孔表面粗糙度和钻头刚度的限制时，再考虑较大的切削速度。

（2）按划线位置钻孔

工件上的孔径圆和检查圆均需打上样冲眼作为加工界线，中心眼应打大一些。钻孔时先用钻头在孔的中心锪一小窝（占孔径的1/4左右），检查小窝与所划圆是否同心。如稍偏离，可用样冲将中心冲大矫正或移动工件矫正，如图 11-47 所示。若偏离较多，可逐渐将偏斜部分矫正过来。

(3) 钻通孔

在孔将被钻透时，进给量要减少，变自动进给为手动进给，避免钻头在钻穿的瞬间抖动，出现"啃刀"现象，影响加工质量，损坏钻头，甚至发生事故。

(4) 钻盲孔（不通孔）

要注意掌握钻孔深度，以免将孔钻深出现质量事故。控制钻孔深度的方法有：调整好钻床上的深度标尺挡块；采用长度量具或用粉笔做标记。

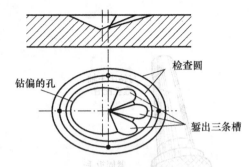

图 11-47 用样冲矫正钻偏的孔

(5) 钻大孔

直径（D）超过 30 mm 的孔应分两次钻。第一次用（0.5~0.7）D 的钻头先钻，然后再用所需直径的钻头将孔扩大到所要求的直径。分两次钻削，既有利于钻头的使用（负荷分担），也有利于提高钻孔质量。

(6) 钻削时的冷却润滑

钻削钢件时，为降低表面粗糙度多使用机油作冷却润滑液（切削液），为提高生产效率则多使用乳化液；钻削铝件时，多用乳化液、煤油；钻削铸铁件则用煤油。

(7) 钻孔操作要点

钻孔时，选择转速和进给量的方法如下。

1）用小钻头钻孔时，转速可快些，进给量要小些。

2）用大钻头钻孔时，转速要慢些，进给量适当大些。

3）钻硬材料时，转速要慢些，进给量要小些。

4）钻软材料时，转速要快些，进给量要大些。

5）用小钻头钻硬材料时可以适当减慢速度。

钻孔时手进给的压力根据钻头的工作情况，以目测或根据感觉进行控制。

5. 扩孔

扩孔是指用扩孔工具将工件上原来的孔径扩大的加工方法，以提高孔的加工精度、降低表面粗糙度。扩孔属于半精加工，其尺寸公差等级可达 IT10~IT9，表面粗糙度 Ra 值可达 6.3~3.2 μm。

常用的扩孔方法有麻花钻扩孔和扩孔钻扩孔两种。

1）用麻花钻扩孔时，由于钻头横刃不参与切削，轴向切削力小，故进给省力。但因钻头外缘处前角较大，容易把钻头从锥套中拉出，所以应把钻头外缘处的前角磨得小一些，并适当控制进给量。

2）用扩孔钻对工件扩孔时，生产效率高，加工质量好，常用作半精加工及铰孔前的预加工，如图 11-48 所示。

6. 铰孔

铰孔（见图 11-49(b)）是用铰刀从工件孔壁上切除微量金属层，以提高孔加工质量的方法。铰孔属于孔的精加工方法之一，尺寸精度可达 IT7，表面粗糙度 Ra 值可达 32~0.8 μm，但铰孔不能修正孔的位置误差。

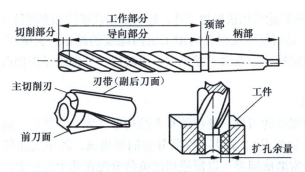

图 11-48 扩孔钻扩孔

铰刀的结构如图 11-49（a）所示，分手用铰刀和机用铰刀两种。手用铰刀为直柄，柄尾有方头，工作部分较长，刀齿数较多，用于手工铰孔。机用铰刀多为锥柄，装在钻床、镗床主轴或车床尾座轴上进行铰孔，但一般应采用浮动连接。

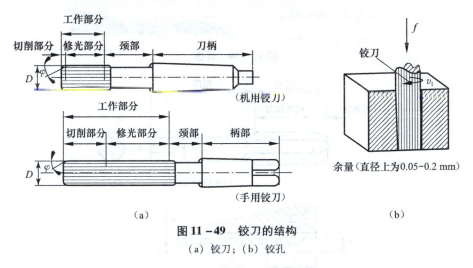

图 11-49 铰刀的结构
（a）铰刀；（b）铰孔

铰刀相当于直槽扩孔钻，通常有 6~12 个刀齿，导向性好，刚性好，铰孔余量小，因此切削热小，加工时铰刀和工件的受力、受热变形小，加之有较长的修光刃起校准孔径和修光孔壁的作用，故铰孔质量远远超过扩孔。

铰孔注意事项主要有下列几个。

1）合理选择铰孔余量。铰削余量太大，孔铰不光，铰刀易磨损；余量太小，不能纠正上一工序留下的加工误差，达不到铰孔的要求。

2）铰孔时要选用合适的切削液进行润滑和冷却。铰钢件一般用乳化液，铰铸铁件一般用煤油。

3）机铰时要选择较低的切削速度和较大的进给量。

4）铰孔时，铰刀在孔中绝对不能倒转，否则铰刀和孔壁之间易挤住切屑，造成孔壁划伤。机铰时，要在铰刀退出孔后再停车，否则孔壁有拉毛痕迹。铰通孔时，铰刀修光部分不可全部露出孔外，否则出口处会被划伤。

11.1.6 攻螺纹与套螺纹

工件圆柱外表面上的螺纹称为外螺纹，工件圆柱孔内侧面上的螺纹称为内螺纹。常用的三角形螺纹工件，其螺纹除采用机械加工外，还可采用攻螺纹和套螺纹等钳工加工方法获得。

攻螺纹（攻丝）是用丝锥在圆孔内加工出内螺纹的操作，套螺纹（套丝）是用板牙在圆杆上加工出外螺纹的操作。在钳工操作中，手攻内、外螺纹操作仍占相当大的比例。

1. 攻螺纹

（1）攻螺纹工具

丝锥是用来攻内螺纹的刀具。丝锥的基本结构形状像一个螺钉，轴向有几条容屑槽，相应地开成几瓣刀刃（切削刃），其由工作部分和柄部组成，其中工作部分由切削部分与校准部分组成。切削部分常磨成圆形，以便使切削负荷分配在几个刀齿上，其作用是切去孔内螺纹牙间的金属。校准部分的作用是修光螺纹和引导丝锥。丝锥上有三四条容屑槽，便于容屑和排屑。柄部为方头，其作用是与铰杠相配合并传递扭矩。丝锥外形和结构分别如图 11-50、图 11-51 所示。

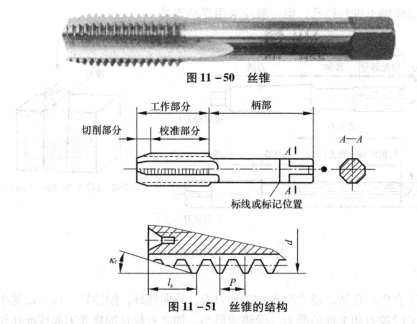

图 11-50　丝锥

图 11-51　丝锥的结构

铰杠是用来夹持丝锥的工具，有固定式和可调式两种，如图 11-52 所示。常用的是可调式铰杠，旋动右边手柄，即可调节方孔的大小，以便夹持不同尺寸的丝锥。铰杠长度应根据丝锥尺寸大小进行选择，以便控制攻螺纹时的施力（扭矩），防止丝锥因施力不当而折断。

（2）攻内螺纹前底孔直径和深度的确定

丝锥主要用于切削金属，但也有挤压金属的作用。因此攻内螺纹前的底孔直径（即钻孔直径）必须大于螺纹标准中规定的螺纹内径。

底孔钻头直径 d_0 可采用查表法（见有关手册资料）确定，或用下列经验公式计算。

对钢料及韧性金属：

$$d_0 \approx d - P$$

对铸铁及脆性金属：

$$d_0 \approx d - (1.05 \sim 1.1)P$$

式中：d_0——底孔直径，mm；

d——螺纹公称直径，mm；

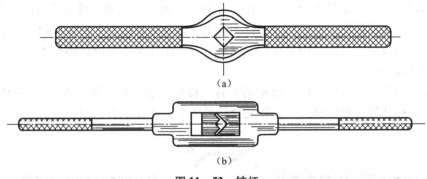

图 11-52 铰杠
(a) 固定式；(b) 可调试

p——螺距。

攻盲孔（不通孔）的螺纹时，因丝锥不能攻到底，所以孔的深度要大于螺纹长度，盲孔深度可按下列公式计算，即

$$孔的深度 = 所需螺孔深度 + 0.7d$$

(3) 攻内螺纹的操作方法

1) 先将螺纹钻孔端面孔口倒角，以利于丝锥切入。

2) 先旋入一两圈，检查丝锥是否与孔端面垂直（可目测或用直角尺在互相垂直的两个方向检查），然后继续使铰杠轻压旋入。

3) 当丝锥的切削部分已经切入工件后，可只转动而不加压，每转1圈应反转1/4圈，以便切屑断落，如图11-53所示。

4) 攻完头锥再继续攻二锥、三锥。

5) 每更换一锥，先要旋入一两圈，扶正定位，再用铰杠旋入，以防乱扣。

6) 攻钢料工件时，加机油润滑可使螺纹光洁，并能延长丝锥使用寿命；对铸铁件，可加煤油润滑。

2. 套螺纹

(1) 套螺纹工具

板牙是加工外螺纹的刀具，由合金工具钢 9SiCr 制成并经热处理淬硬，其外形像一个圆螺母，只是上面钻有几个排屑孔，并形成刀刃，如图 11-54 所示。

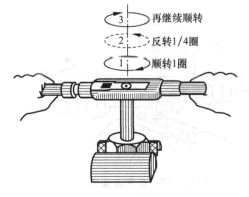

图 11-53 丝锥的转动方法

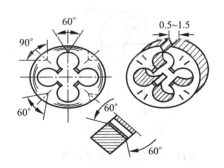

图 11-54 板牙

板牙由切削部分、定径部分、排屑孔（一般有三四个）组成。排屑孔的两端有60°的锥度，起着主要的切削作用。定径部分起修光作用。板牙的外圆有1条深槽和4个锥坑，锥坑用于定位和紧固板牙，当板牙的定径部分磨损后，可用片状砂轮沿槽将板牙切割开，借助调整螺钉将板牙直径缩小。

板牙架是用来夹持板牙、传递扭矩的工具。板牙是装在板牙架（见图11-55）上使用的，工具厂按板牙外径规格制造了各种配套的板牙架，供使用者选用。

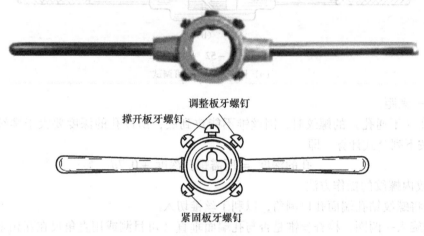

图 11-55　板牙架

（2）套螺纹前圆杆直径的确定

圆杆外径太大，板牙难以套入；太小，套出的螺纹牙型不完整。因此，圆杆直径应稍小于螺纹公称尺寸。计算圆杆直径的经验公式为

$$圆杆直径 \approx 螺纹外径 - 0.31P$$

（3）套螺纹的操作方法

套螺纹的圆杆端部应倒角（见图11-56）使板牙容易对准工件中心，同时也容易切入。工件伸出钳口的长度，在不影响螺纹要求长度的前提下，应尽量短些。

套螺纹过程与攻螺纹相似。板牙端面应与圆杆垂直，操作时用力要均匀。开始转动板牙时，要稍加压力，套入三四扣后，可只转动不加压，并经常反转，以便断屑。套螺纹操作如图11-57所示。

图 11-56　套螺纹前的准备

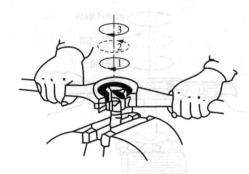

图 11-57　套螺纹操作

3. 攻螺纹与套螺纹的操作要点

起攻、起套要从前后、左右两个方向观察与检查，及时进行垂直度的找正。这是保证攻螺纹、套螺纹质量的重要操作步骤。

特别是套螺纹，由于板牙切削部分圆锥角较大，起套的导向性较差，容易产生板牙端面与圆杆轴心线不垂直的情况，造成烂牙（乱扣），甚至不能继续切削。

起攻、起套操作正确，两手用力均匀及掌握好最大用力限度是攻螺纹、套螺纹的基本功之一，必须用心掌握。

11.1.7 拆卸与装配

1. 拆卸

机器经过长期使用，某些零件会产生磨损、变形，甚至损坏，这时就需要对机器进行拆卸检查和修理。

拆卸工作的一般要求如下：

1）拆卸前，要先熟悉图纸，对机器零部件的结构、连接方式和装配关系等了解清楚；然后确定拆卸的方法和顺序，防止盲目拆卸、猛敲乱拆，造成零件的损伤或变形。

2）拆卸的顺序一般与装配的顺序相反，即先装的零件后拆，后装的零件先拆；先拆紧固件，后拆其他件；并按先外后里、先上后下的顺序拆卸。

3）对于成套加工或不能互换的零件，拆卸时要做好标记，拆下后尽可能按原结构组合在一起。

4）小件和标准件，如螺钉、螺母、垫圈等拆下后按尺寸规格放入带标志的木盒内，防止丢失和错乱。

5）拆卸时，使用的工具必须保证对合格零件不会产生损伤，严禁使用手锤直接在零件表面敲击。

6）拆卸时要注意人身安全。

2. 装配的概念

任何一台机器都是由许多零件组成的。将零件按照设计的技术要求组装，并经过调整、检验使之成为合格产品的操作过程称为装配。

在成批生产较复杂的产品时，很少有各个零件直接装配成产品，而是需要经过几个步骤。一般装配工艺过程包括组件装配、部件装配和总装配。

1）组件装配是将若干个零件安装在一个基础零件上构成组件的过程。

2）部件装配是将若干个零件、组件安装在一个基础零件上构成一个具有独立功能的组合体的过程，如车床床头箱部件的装配。

3）总装配是将若干个零件、组件、部件组装成一个完整机器产品的过程，如机床、汽车等的装配。总装配一般在总装生产线上完成，之后经过试车、调整、喷漆、包装即可出厂。

3. 装配过程

1）研究和熟悉装配图的技术要求，了解产品的整体结构、各零件之间的连接关系和功用。

2）确定装配顺序、方法和所需工具。

3) 清洗零件，去除油污、锈蚀及其他脏物，一般用柴油或煤油清洗。零件上有毛刺应及时修去。

4) 根据产品图纸的技术要求，按照组件装配、部件装配的顺序，最后完成总装配，并经调整试验、检验、喷漆和装箱等步骤将合格产品入库或准备出厂。

4. 典型零件的装配方法

（1）螺纹连接的装配

螺纹连接常用的零件有螺栓、螺钉、螺母、紧定螺钉及各种专用螺纹紧固件。常用的工具为扳手、螺丝刀等。装配时应注意以下事项。

1) 螺母或螺栓与零件的贴合面要平整光洁，使承压面受力均匀，必要时可加垫圈。

2) 螺母端面应与螺纹轴线垂直，避免产生有害的附加弯曲应力。

3) 预紧力应适当，过小不能保证机器工作的可靠性，过大则会使螺栓拉长而易发生断裂。

4) 双头螺栓要紧密地拧在机体上，不能有任何松动。

5) 成组螺钉、螺母装配时，为使零件贴合面受力均匀，不产生变形，应按一定顺序逐步拧紧，不可一次将某一个完全拧紧。成组螺钉拧紧顺序如图11-58所示。

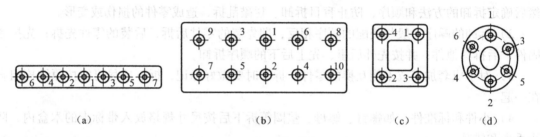

图 11-58 成组螺钉拧紧顺序

（2）齿轮的安装

一般齿轮与轴之间是靠键连接传递运动和动力的。安装齿轮时，先将平键轻轻地打入轴上键槽内，然后再将齿轮压装在轴上，最后安装齿轮侧面的定位挡圈或定位套。

若使用钩头键，则先将齿轮套好，使齿轮孔上的键槽与轴上的键槽对正，然后将钩头键打入键槽，应有一定的楔紧力。

（3）球轴承的安装

球轴承的内圈与轴、外圈与机体多数为较小的过盈配合或过渡配合，常用手锤击打或压力机压装。为使轴承圈受到均匀压力，常采用垫套加压。轴承压到轴上时，应通过垫套施力于内圈端面；轴承压到机体孔时，应施力于外圈端面；若同时压到轴上和机体孔中，则内、外圈端面应同时加压，如图11-59所示。

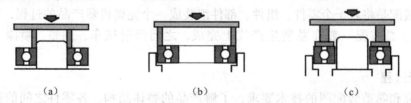

图 11-59 轴承的安装
(a) 压装在轴上；(b) 压装进机体孔中；(c) 同时压装到轴上和机体孔中

若轴承与轴是较大的过盈配合，最好将轴承吊放在80 ℃ ~90 ℃的热机油中加热，然后趁热装入，称为热装。

11.2 技能训练

11.2.1 平面划线、立体划线

1. 平面划线

根据图11-60所示平板零件的要求，在板料上进行平面划线。

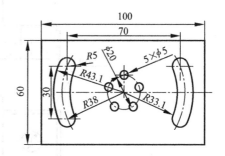

图11-60 平板零件

操作步骤：

1）备料。准备60 mm×100 mm×δ5 mm板料一件。

2）涂色。工件上表面涂淡金水。

3）划线。划出所有加工线条。

①选定划线基准，分别划出中心线，确定中心点；

②以中心点为圆心、$R10$ mm为半径，划出 $\phi20$ mm圆；

③将 $\phi20$ mm圆五等分，并以5个等分点为圆心，分别划出5个均布的 $\phi5$ mm的圆；

④以长中心线为基准，上下各偏移15 mm划出两条平行线，再以短中心线为基准，左右各偏移35 mm划出两条平行线；

⑤以4条平行线的交点为圆心，分别划出4个$R5$ mm的圆；

⑥以中心点为圆心，分别以$R33.1$ mm和$R43.1$ mm为半径，划与4个$R5$ mm的小圆相切的圆，得到2个圆弧槽轮廓；

⑦检查所划线条各尺寸是否与图纸要求相符。

4）对2个圆弧槽轮廓线和5个 $\phi5$ mm圆的轮廓线进行强化，打样冲眼，疏密均匀。

2. 立体划线

根据图11-61所示轴承座零件的要求，在轴承座毛坯上进行立体划线。

操作步骤：

1）涂色。需划线部位涂粉笔或石炭水。

2）划线。划出所有的加工界线。

①以底面为基准，用三只千斤顶作为支撑校平基准面；

②根据图纸要求利用划针划出两端面及两侧面与底面平行的加工界线和各孔横向中心线；

③将工件翻转，侧面向下用三只千斤顶作为支撑，调整千斤顶，用直角尺将底面校垂直；

④根据图纸要求利用划针划出两端面及两侧面其他加工界线和各孔纵向中心线；

⑤将工件翻转，端面向下用三只千斤顶作为支撑，调整千斤顶，用直角尺将底面校垂直；

⑥根据图纸要求，划出所有加工界线。

3）检查。检查所划线条，并确保准确无误。

4）打样冲眼。对所划线条打样冲眼，疏密均匀。

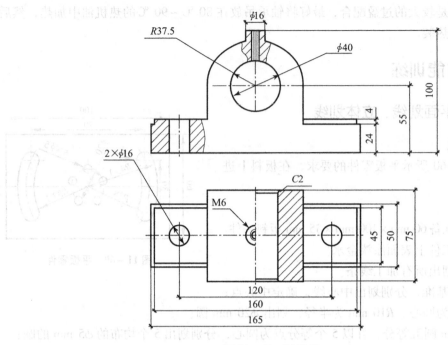

图 11-61 轴承座

11.2.2 锯削、锉削

根据图 11-62 所示 V 形块零件的要求，制作 V 形块。

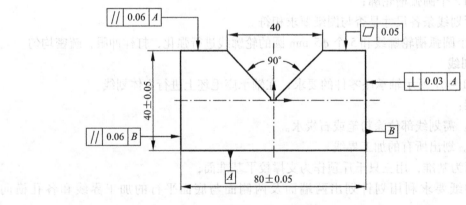

图 11-62 V 形块

操作步骤：

1) 备料。从 10 mm 厚的钢板上锯割毛坯料 82 mm×42 mm。
2) 划线。按图纸要求划出加工界线。
3) 锉削。按图纸要求和所划加工界线进行锉削（粗锉）。
4) 锯割。按图纸要求和所划加工界线锯割出 90° V 形槽，并锯割出 2 mm×2 mm 越程槽。
5) 精锉。按图纸要求精锉各面，用平尺、直尺和游标卡尺等检测工具，一边锉一边检测,使各尺寸达到图纸要求。

11.2.3 钻孔、扩孔和铰孔

根据图 11-63 所示孔板零件要求,进行钻孔、扩孔和铰孔练习。

操作步骤:

1)备料。准备 50 mm×100 mm×δ10 mm 板料一件。

2)涂色。工件上表面涂淡金水。

3)划线。按图纸要求划线,划出所有孔的中心线。

4)打样冲眼。所有孔中心打样冲眼。

5)钻孔。用刃磨好的 $\phi6$ mm 的麻花钻头依次钻孔。

6)扩孔。用刃磨好的 $\phi7.9$ mm 的扩孔钻或麻花钻头,对已钻好的 $\phi6$ mm 孔依次扩孔。

7)铰孔。用 $\phi8$ mm 的铰刀对 $\phi7.9$ mm 的孔依次铰孔。

11.2.4 攻螺纹、套螺纹

根据图 11-64 所示螺纹孔板零件要求,进行攻螺纹练习。

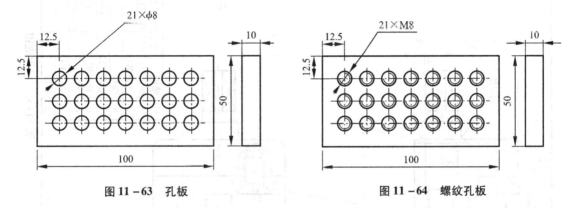

图 11-63 孔板　　　　　图 11-64 螺纹孔板

操作步骤:

1)备料。准备 50 mm×100 mm×δ10 mm 板料一件。

2)涂色。工件上表面涂淡金水。

3)划线。按图纸要求划线,划出所有孔的中心线。

4)打样冲眼。所有孔中心打样冲眼。

5)钻孔。用刃磨好的 $\phi6.8$ mm 的麻花钻头依次钻孔。

6)攻丝。用 M8 丝锥对 $\phi6.8$ mm 孔依次攻丝。

11.2.5 拆卸和装配

根据图 11-65 所示机用虎钳的装配图要求,进行机用虎钳的拆装。

操作步骤:

1)拆卸。认真阅读装配图,确定各零部件之间的结构及连接关系,合理并正确使用各种拆卸工具,安全文明地将各零部件拆卸下来。

2)清洗。将拆下来的零部件放入柴油中清洗,擦拭干净后摆放整齐。

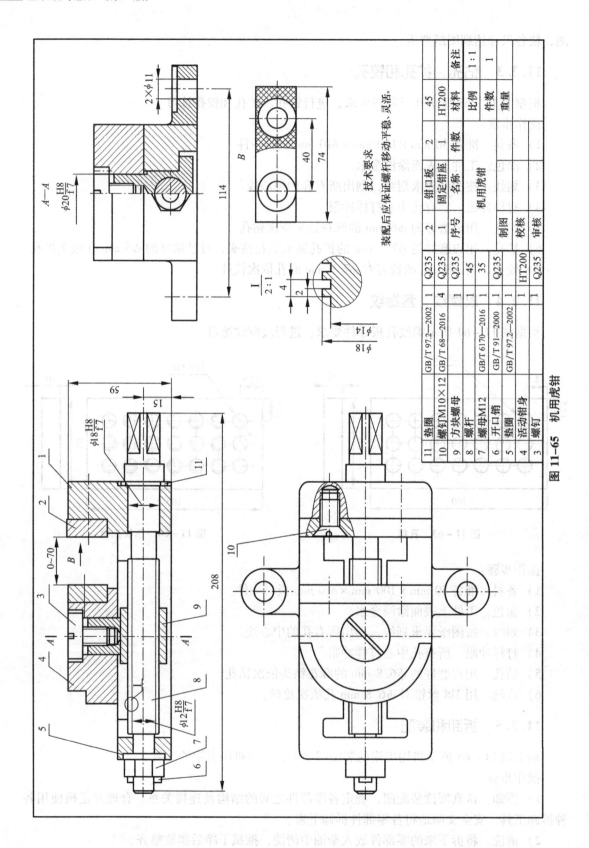

图 11-65 机用虎钳

3）装配。根据装配图要求，按顺序将各零部件装配起来，做到文明装配，保证装配质量。

4）检查调试。对装配好的机用虎钳进行调试，保证装配好后螺杆移动平稳、灵活。

11.2.6 钳工综合技能训练

根据图11-66所示零件要求制作羊角锤。

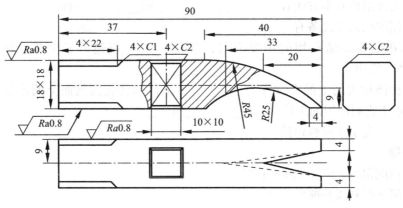

图11-66 羊角锤

操作步骤：

1）备料。锯割19 mm×19 mm方料一件，长度（93±1）mm。

2）锉削。

①选择一个面作为基准面进行锉削；

②锉相邻两面垂直于基准面，保证尺寸为18 mm；

③锉对面平行于基准面，保证尺寸为18 mm；

④锉两个端面垂直于基准面，保证长度尺寸为（90+0.5）mm。

3）检查、锉修。用透光法或在平台上用涂色法检查平面度，修整并保证平面度±0.1 mm。

4）划线。按图纸要求划出R25 mm（内弧）、R45 mm（外弧）、方孔线及倒角线等。

5）打样冲眼。按划线要求将R25 mm（内弧）、R45 mm（外弧）、方孔等尺寸线打样冲眼。

6）锯割。在保证R45 mm圆弧的锉削余量下，锯割多余部分。

7）锉削。锉削R45 mm圆弧至要求尺寸，R25 mm圆弧锉削至R23 mm（为铣削留加工余量），将各倒角锉削至要求尺寸。

8）修整并精修。检查表面粗糙度和各尺寸是否符合尺寸要求，然后精修各面。

9）钻孔。用φ9 mm麻花钻头钻削10 mm×10 mm方孔底孔。

10）锉孔。锉削10 mm×10 mm方孔，尺寸与手锤柄过盈配合。

11）去毛刺、检验。按图纸要求去尖角、毛刺并自检后，交指导老师检验。

思考与练习题

1. 填空

（1）钳工的基本操作包括 _____、_____、_____、_____、_____、

3）锯削，根据锯齿粗细，其切削板料、薄壁管材的齿条应为_____、_____、_____、_____。

（2）划线分_____和_____两种。

（3）锯条安装时，锯齿的齿尖方向应是_____方向。

（4）按用途来分，锉刀可分为_____、_____和_____三类。普通锉按其截面形状可分为_____、_____、_____、_____及_____五种。

（5）平面锉削的基本方法有_____、_____和_____三种。

（6）常用的孔加工设备有_____、_____和_____三种。

（7）麻花钻头是钻孔用的主要刀具，常用_____制造，工作部分热处理淬硬至_____HRC。它由_____、_____及_____组成。

（8）工件圆柱表面上的螺纹称为_____，工件圆柱孔内侧面上的螺纹为_____，钳工操作中加工它们使用的工具分别是_____和_____。

（9）一般装配工艺过程包括_____、_____和_____。

2. 问答题

（1）使用虎钳时，应注意哪些问题？

（2）如何选择划线基准？

（3）锯削操作时的注意事项有哪些？

（4）锉削操作时要把注意力集中在哪两方面？

（5）要想錾子能顺利地切削，它必须具备哪两个条件？

（6）钻孔加工的主运动和进给运动分别是什么？

（7）分别写出攻螺纹时确定底孔直径和套螺纹时确定圆杆直径的经验公式。

（8）装配的概念是什么？

第 12 章

数控车床加工

本章以配备 FANUC 0i – TC 数控系统的 CKA6150 型卧式数控车床为例介绍数控车床加工。

12.1 基本知识

12.1.1 数控车床的种类

数控车床品种很多,按数控系统的功能和机械构成可分为简易数控车床(经济型数控车床)、多功能数控车床和数控车削中心。

简易数控车床是低档次数控车床,控制部分比较简单,机械部分是在普通车床的基础上进行改进设计的。

多功能数控车床也称为全功能型数控车床,由专门的数控系统控制,具备数控车床的各种结构特点。

数控车削中心是在数控车床的基础上增加了其他的坐标轴。

CKA6150 型卧式数控车床是由大连机床集团有限公司生产,并配备日本 FANUC 0i – TC 操作系统的两轴联动经济型数控车床。由于采用了半闭环控制系统,所以编程简单,加工操作方便。它适合于轴、盘、套类及锥面、圆弧和球面加工,加工稳定,精度较高,适用于中小批量生产。

"CKA6150"符号含义:"C"为机床类别代号,车床类;"K"为数控;"A"为第一次重大改进;"61"为落地及卧式车床;"50"为最大回转直径 500 mm。

12.1.2 数控车床的组成和功能

数控车床由控制部分和机床主体组成。

1. 控制部分

(1) 存储介质

在数控机床上加工零件时,要将加工程序存储在存储介质上,即 NC 机床的磁盘上。

(2) 输入、输出装置

该装置是机床与外部设备的接口,CKA6150 型卧式数控车床使用的是 RS232 串口与计算机连接。

(3) 数控装置

该装置是数控机床的核心,其主要功能是将编好的程序转换成各种指令信息传输给伺服系统,使设备按照规定的动作执行。

2. 机床主体

(1) 伺服系统

伺服系统是数控机床的执行机构,作用是把来自数控装置的脉冲信号转换成机床移动部件的运动信号,每一个脉冲信号使机床移动部件的移动量叫作脉冲当量。CKA6150型卧式数控车床的脉冲当量为0.001 mm/脉冲。

(2) 机床本体

机床本体是机床加工运动的实际机械部件,主要包括主运动部件、进给运动部件、支撑部件及冷却、润滑、转位部件等。

12.1.3 主要用途、适用范围和规格

1. 主要用途和适用范围

CKA6150型卧式数控车床是由电气系统控制的。其中步进电动机驱动的简式数控卧式车床能自动完成内外圆柱面、锥面、圆弧面和公、英制螺纹等各种车削加工;配有自动回转刀架,可同时安装六把车刀,以满足不同需求的加工。本机床有可开闭的防护门,以确保操作者的安全,适合于多品种、中小批量产品的加工,对复杂、高精度零件更能显示其优越性。

2. 主要规格

CKA6150型卧式数控车床主要技术参数见表12-1。

表12-1 CKA6150型卧式数控车床主要技术参数

项 目	参 数
床身上最大工件回转直径/mm	φ500
刀架上最大工件回转直径/mm	φ280
最大工件长度/mm	1 000
最大加工长度/mm	930
刀架最大X向行程/mm	280
刀架最大Z向行程/mm	935
中心高/mm	250(距床身)
刀位数	卧式6工位
刀台转位重复定位精度/mm	0008
换刀时间(单工位)/s	30
刀杆截面/mm	□25×25
主轴通孔直径/mm	φ82
套筒最大行程/mm	150
套筒直径/mm	φ75
套筒锥孔锥度	莫氏5号
数控系统	FANUC 0i-TC

12.1.4 数控车床编程

要使 NC 机床动作，首先要编程，然后用程序来控制 NC 机床的运转。对某一实际零件的加工分两个阶段，即编程阶段和操作阶段。本部分主要讲解编程方法和指令系统，在实际编程以前，要根据机床特点和工艺分析来确定加工方案，以保证车床能正确运转。

数控切削工艺指令主要分成两大类：一类是准备性工艺指令（又称 G 指令或 G 代码），这类指令是用来命令机床进行加工运动和插补运算而做好准备的工艺指令；另一类是辅助性工艺指令（又称 M 代码或 M 指令），这类指令是用来命令机床做一些辅助动作的代码，与插补运算无关。本书主要参照 FANUC 0i - TC 数控系统机床来介绍编程指令与方法。

1. 数控加工程序

（1）数控加工编程的概念

数控机床是用数字信息来控制机床进行自动加工的。将能控制机床进行加工的数字信息归纳、综合成便于加工的指令代码，按工件图纸及工艺要求将这些指令代码有序排列，即组成数控加工编程。

（2）数控加工程序包含的内容

1）程序的编号。

2）工件原点的设置。

3）所选刀具号、换刀指令、主轴旋转方向及相应的切削速度（或转速）、进给量（或进给速度）等。

4）刀具引进和退出路径。

5）加工方法和刀具运动轨迹。

6）其他说明，如冷却液的开关等。

7）程序结束语。

（3）程序的组成

一个完整的程序，一般由程序号、程序内容和程序结束语三部分组成。

每个语句的开头表示 NC 动作顺序的顺序号，末尾用"；"表示语句结束符号，程序段的内容如下。

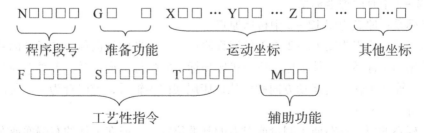

2. 参考点和坐标系

对于 NC 机床坐标系统，我国目前依据 GB/T 19660—2005《工业自动化系统与集成机床数字控制坐标系和运动命名》的标准，它与 ISO841 标准相同。标准坐标系采用右手直角笛卡儿坐标系，对 NC 机床的坐标和运动方向予以规定，如图 12 - 1 所示。

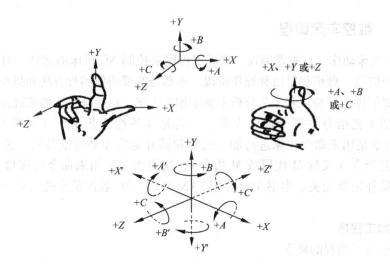

图 12-1 右手直角笛卡儿坐标系

图 12-1 中大拇指所指的方向为 X 轴的正方向，食指所指的方向为 Y 轴的正方向，中指所指的方向为 Z 轴的正方向。

车床主轴中心线为 Z 轴，垂直于 Z 轴的为 X 轴，车刀远离工件的方向为两轴的正方向。

机床原点（机床零点）一般定在主轴中心线（即 Z 轴）和主轴安装夹盘面的交点上。为使数控装置得知机床原点所在位置的信息，常借助访问参考点来完成，机床参考点是由机床制造厂在机床装配、调试时确定的一个点，此点坐标值为 $X_参$、$Z_参$，如 12-2 图所示。

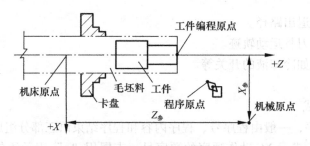

图 12-2 机床坐标系

在图 12-2 中有两种坐标系：

机床坐标系：原点为图 12-2 中机床原点。

工件坐标系：原点为图 12-2 中工件编程原点。工件坐标系也称为加工坐标系，它指加工工件时使用的坐标系。工件坐标系应与机床坐标系的坐标方向一致，X 轴对应径向；Z 轴对应轴向；C 轴（主轴）的运动方向则以从机床尾架向主轴看，逆时针为 $+C$ 向，顺时针为 $-C$ 向，如图 12-3 所示。

加工坐标系的原点选在便于测量或对刀的基准位置，一般在工件的右端面或左端面上。

3. 尺寸单位和坐标指令方式

（1）尺寸单位

FANUC 数控系统以 G20 表示用英制单位编程，G21 表示用公制单位编程，机床通电后自动使 G21 生效。

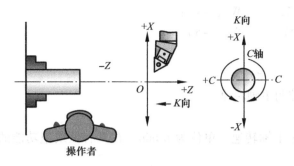

图 12 - 3　C 轴的运动方向

指令格式：G20　　　　　输入数据单位为英制
　　　　　G21　　　　　输入数据单位为公制

注意：G20 和 G21 不要在程序运行中途转换。

（2）坐标指令方式

直径编程方式：在车削加工的数控程序中，X 轴的坐标值取为零件图样上的直径值，如图 12 - 4 所示。

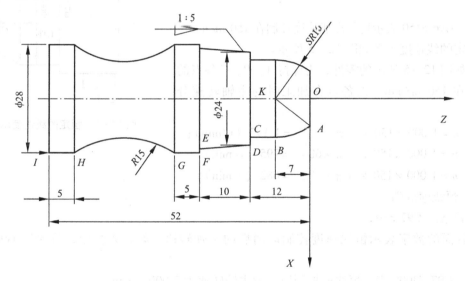

图 12 - 4　手柄车削零件

在图 12 - 4 中，C 点的坐标值为（20，- 12），H 点的坐标值为（28，- 47）。

采用直径尺寸编程时，尺寸值与零件图样中的尺寸标注一致，这样可避免尺寸换算过程中可能造成的错误，给编程带来很大方便。

（3）坐标值表示方法

绝对编程　X（　　）Z（　　）；

相对编程　U（　　）W（　　）；

混合编程　X（　　）W（　　）或 U（　　）Z（　　）。

如图 12 - 4 各轮廓点：

A 点绝对　X（14.28）　　Z（0）；

B 点相对　U（5.72）　　W（-7）；
C 点混合　X（20）　　　W（-5）。

4. 主要指令

（1）主轴功能（S 功能）

S 功能指令用于控制主轴转速。

编程格式　S…；

S 后面的数字表示主轴转速，单位为 r/min。在具有恒线速功能的机床上，S 功能指令还有以下作用。

1）最高转速限制。

编程格式　G50 S…；

S 后面的数字表示最高转速，单位为 r/min。

例：G50 S3000 表示最高转速限制为 3 000 r/min。

2）恒线速控制。

编程格式　G96 S…；

S 后面的数字表示的是恒定的线速度，单位为 m/min。

例：G96 S150 表示切削点线速度控制在 150 m/min。

恒定的线速度示例如图 12-5 所示。

对如图 12-5 所示的零件，为保持 A、B、C 各点的线速度在 150 m/min，则各点在加工时的主轴转速分别为

$A: n = 1\ 000 \times 150 \div (\pi \times 40) = 1\ 193\ (r/min)$；

$B: n = 1\ 000 \times 150 \div (\pi \times 60) = 795\ (r/min)$；

$C: n = 1\ 000 \times 150 \div (\pi \times 70) = 682\ (r/min)$。

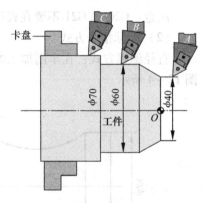

图 12-5　恒定的线速度示例图

3）恒线速取消。

编程格式 G97 S…；

S 后面的数字表示恒线速度控制取消后的主轴转速，如 S 未指定，将保留 G96 的最终值。

例：G97 S3000 表示恒线速控制取消后主轴转速为 3 000 r/min。

（2）刀具功能（T 代码）

T 功能指令用于选择加工所用刀具。

编程格式　T…；

T 后面通常用两位数表示所选择的刀具号码。但也有 T 后面用四位数字的，前两位是刀具号；后两位是刀具长度补偿号，又是刀尖圆弧半径补偿号。

例：T0303 表示选用 3 号刀及 3 号刀具长度补偿值和刀尖圆弧半径补偿值；T0300 表示取消刀具补偿。

（3）辅助功能（M 代码）

M 代码是用来指令机床的辅助功能，大部分送到机床侧，用于执行某功能的通/断。

1）M 代码表（见表 12-2）。

表 12-2　M 代码表

代码	功能	备注
M00	程序停止	执行时主轴停止，用循环启动恢复运行
M01	条件程序停止	有效与否取决于机床侧 M01，其他同 M00
M02	程序结束	程序停止但不返回到程序开头
M03	主轴正转 CW	
M04	主轴反转 CCW	
M05	主轴停止	
M08	冷却液开 ON	
M09	冷却液关 OFF	
M30	程序结束	程序停止并返回到程序开头
M41	主轴变挡 I	
M42	主轴变挡 II	在有机械挡位的机床中，该指令为变速功能
M43	主轴变挡 III	
M44	主轴变挡 IV	
M50	螺纹退尾开关 ON	在 G92/G76 车削螺纹时使用（有些机床使用软开关）
M51	螺纹退尾开关 OFF	
M98	子程序调用	
M99	子程序结束	

2）M98　M99。

格式：M98 P■■■◆◆◆◆调用子程序；■■■为调用重复次数，◆◆◆◆为子程序号。
　　　M99 子程序结束并返回到主程序。

注：

①当加工中有固定顺序和重复模式时，可将其作为子程序存放在存储器中。

②子程序结束除用 M99 外，在格式和输入上完全等同于主程序。

③在执行子程序调用指令时，程序转到指令的子程序继续运行，一次指令可多次运行，执行次数完成后返回，主程序调用的下一程序段运行。在主程序中可多次调用子程序。

④子程序也可调用子程序，FANUC 0i-TD 可允许 2 重嵌套。

(4) 进给运动（F 代码）

F 功能指令用于控制切削进给量。在程序中，有两种使用方法。

每转进给量：编程格式 G99 F…；F 后面的数字表示主轴每转进给量，单位为 mm/r。

例：G99 F0.2 表示进给量为 0.2 mm/r。

每分钟进给量：编程格式 G98 F…；F 后面的数字表示每分钟进给量，单位为 mm/min。

例：G98 F100 表示进给量为 100 mm/min。

(5) 准备功能（G 代码）

G 代码表如表 12-3 所示。

表 12-3　G 代码表

代码	组别	功能	备注
▼G00	01	快速移动定位	
G01		直线插补	
G02		圆弧插补（顺圆）	
G03		圆弧插补（逆圆）	
G04	00	暂停	
G18	16	ZX 平面选择	
G20	06	英制输入	
▼G21		公制输入	
G27	00	参考点返回检查	
G28		参考点返回	
G30		第二参考点返回	
G32	01	螺纹切削	
▼G40	07	刀尖半径补偿取消	
G41		刀尖半径左补偿	
G42		刀尖半径右补偿	
G50	00	坐标系设定/主轴限速设定	
G70	00	精加工循环	
G71		外圆、内孔粗车循环	
G72		端面粗车循环	
G73		封闭切削循环	
G74		端面深孔加工循环	
G75		外圆、内孔切槽循环	
G76		螺纹切削复合循环	
G90	01	外圆、内孔固定切削循环	
G92		螺纹固定循环切削	
G94		端面固定循环切削	
G96	02	恒线速控制	
▼G97		恒线速撤销	
G98	05	每分钟进给	
▼G99		每转进给	

注：
① 00 组的 G 代码是非模态的，只在指定它的程序段有效。
② 在同一程序段内能够指定若干个不同组别的代码，若指定多个同组的代码，最后的代码有效。
③ ▼ 表示通电时系统处于此 G 代码状态。

5. 插补概述

（1）插补的基本概念

数控系统根据零件轮廓线型的有限信息，计算出刀具的一系列加工点，完成所谓的数据"密化"工作。

插补有两层意思：一是用小线段逼近产生基本线型（如直线、圆弧等）；二是用基本线型拟合其他轮廓曲线。

插补运算具有实时性，直接影响刀具的运动。插补运算的速度和精度是数控装置的重要指标。插补原理也叫轨迹控制原理。

（2）插补方法的分类

1）基准脉冲插补。

2）数据采样插补。

（3）插补原理及特点

1）原理。每次仅向一个坐标轴输出一个进给脉冲，而每走一步都要通过偏差函数计算，判断偏差点的瞬时坐标与规定加工轨迹之间的偏差，然后决定下一步的进给方向。每个插补循环由偏差判别、进给、偏差函数计算和终点判别四个步骤组成。逐点比较法可以实现直线插补、圆弧插补及其他曲线插补。

2）特点。运算直观，插补误差不大于一个脉冲当量，脉冲输出均匀，调节方便。

6. G 代码的详细介绍

（1）坐标系设定/主轴最高转速限制指令（G50）

通过该指令来建立一个坐标系。

指令格式：G50　X…　Z…；

通过该指令来限定主轴最高转速。

指令格式：G50　S…；

（2）进给方式指定（G98　G99）

用来指定切削进给中进给量的单位。

G98 表示进给量以每分钟进给指定，单位为 mm/min。

G99 表示进给量以每转进给指定，单位为 mm/r。

（3）快速定位 G00

用来指令快速移动。

指令格式：G00　X（U）…Z（W）…；

指令格式中　X，Z——绝对编程时目标点在工件坐标系中的坐标；

　　　　　　U，W——增量编程时刀具移动的距离。

G00 指令刀具相对于工件以各轴预先设定的速度，从当前位置快速移动到程序段指令的定位目标点。

G00 指令中的快移速度由机床参数"快移进给速度"对各轴分别设定，所以快速移动速度不能在地址 F 中规定，快速移动速度可由面板上的快速修调按钮修正。

在执行 G00 指令时，由于各轴以各自的速度移动，不能保证各轴同时到达终点，因此联动直线轴的合成轨迹不一定是直线，操作者必须格外小心，以免刀具与工件发生碰撞。常见 G00 运动轨迹如图 12-6 所示，从 A 点到 B 点常见的有两种方式：直线 AB、折线 AEB。折线的起始角 θ 是固定的，它取决于各坐标的脉冲当量。

G00 为模态功能，可由 G01、G02、G03 等功能注销。目标点位置坐标可以用绝对值，也可以用相对值，甚至可以混用。例如，将刀具从起点 S 快速定位到目标点 P，如图 12-7 所示。

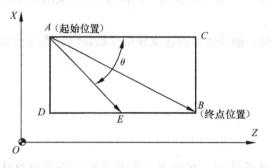 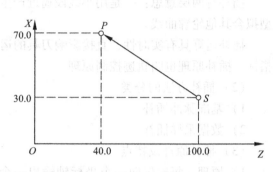

图 12-6　G00 运动轨迹　　　　　　　图 12-7　G00 S 点到 P 点

G00 编程方法如表 12-4 所示。

表 12-4　G00 的三种编程方法

绝对编程	G00	X70	Z40
相对编程	G00	U40	W-60
混合编程	G00	U40	Z40
	G00	X70	W-60

（4）直线插补（G01）

用来指令直线切削进给。

指令格式：G01　X（U）…Z（W）…F…；

1）插补是指数控系统中特定的某种运算，通过这种运算的结果，可对进给脉冲进行分配以实现轨迹控制。

2）F 值为进给量，它是模态量，可根据需要用操作面板上的进给倍率开关进行调节。

举例：加工如图 12-8 所示零件。

如图 12-8（a）所示零件的各加工面已完成了粗车，试设计一个精车程序。

①设工件零点和换刀点。工件零点 O 设在工件端面（工艺基准处），换刀点（即刀具起点）设在工件的右前方 A 点，如图 12-8（b）所示。

②确定刀具工艺路线。如图 12-8（b）所示，刀具从起点 A（换刀点）出发，加工结束后再回到 A 点，走刀路线为 A→B→C→D→E→F→A。

③计算刀尖运动轨迹坐标值。根据图 12-8（b）得各点绝对坐标值：A（60，15）、B（20，2）、C（20，-15）、D（28，-26）、E（28，-36）、F（42，-36）。

④编程。精加工程序如下：

O1234；

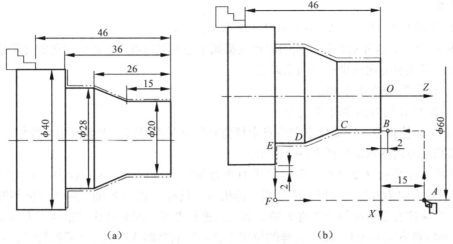

图 12-8 粗、精车外轮廓图

```
N10 M03 S1200;
N20 T0101;
N30 M08;
N40 G00 X20;
N50 G00 Z2;
N60 G01 Z-15 F0.12;
N70 G01 X28 Z-26 F0.15;
N80 G01 Z-36;
N90 G01 X42;
N100 G00 X60 Z15;
N110 M09;
N120 M05;
N130 M30;
```

（5）圆弧插补（G02 G03）

圆弧插补是用来指定刀具进行圆弧加工，其指令见表 12-5。

表 12-5 圆弧插补指令表

项 目	指定内容		指 令	意 义
1	旋转方向		G02	顺时针旋转
			G03	逆时针旋转
2	终点位置	绝对值	X、Z	工件坐标系的终点位置
		增量值	U、W	从始点到终点的距离
3	从始点到圆心的距离		I、K	从始点到圆心的距离（带符号）
4	圆弧的半径		R	圆弧的半径
5	进给速度		F	沿着圆弧的速度

指令格式：

G02（G03）X（U）…Z（W）…R（I…K…）…F…;

I、K 后面的数值分别是从圆弧的起点到圆弧中心的矢量在 X、Z 轴方向的分量值，该值为增量值，其正负方向由坐标方向来确定。

当 I、K 值为零时可以省略。

当 I、K 与 R 同时指令时 R 优先。

当用 I、K 值指令，圆弧始点和终点半径值有误差时不报警，误差值用直线相连。

圆弧顺逆方向的判定如图 12-9 所示。

沿圆弧所在平面（如 XZ 平面）的垂直坐标轴的负方向（$-Y$）看去，顺时针方向为 G02，逆时针方向为 G03。数控车床是两坐标机床，只有 X 轴和 Z 轴，那么如何判断圆弧的顺、逆呢？应按右手定则的方法将 Y 轴也加上去进行考虑。观察者让 Y 轴的正方向指向自己（即沿 Y 轴的负方向看去），站在这样的位置上就可正确判断 XZ 平面上圆弧的顺、逆了。圆弧的顺、逆方向可按如图 12-9（a）所示的方向判断：沿与圆弧所在平面（如 XZ 平面）相垂直的另一坐标轴的负方向（$-Y$）看去，顺时针为 G02，逆时针为 G03，图 12-9（b）所示为车床上圆弧的顺、逆方向。

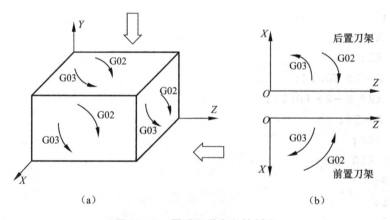

图 12-9 圆弧顺逆方向的判定

例：车削如图 12-10 所示的球头手柄。试设计一个精车程序，在 $\phi 25$ mm 的塑料棒上加工出该零件。

解答过程：

零件图工艺分析：

1）技术要求分析。如图 12-10 所示，零件主要包括凹、凸圆弧面和圆柱面。零件材料为塑料棒。

2）确定装夹方案、定位基准、加工起点、换刀点。毛坯为塑料棒，用三爪自定心卡盘软卡爪夹紧定位。工件零点设在工件右端面旋转中心处，加工起点和换刀点可以设为同一点，为工件的右前方 M 点，如图 12-10 所示，其距工件右端面 Z 向 100 mm，X 向距轴心线 50 mm。

3）确定刀具及切削用量。

4）确定刀具加工工艺路线。如图 12-10 所示，刀具从起点 M（换刀点）出发，加工

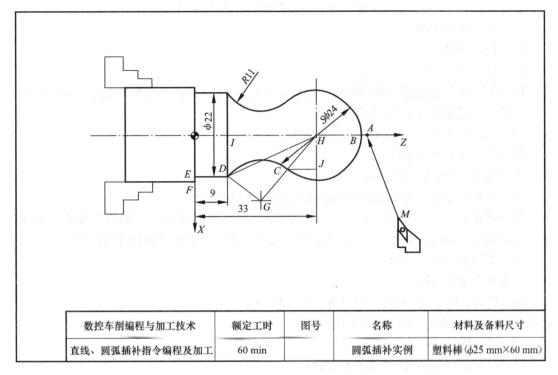

图 12-10 球头手柄

结束后再回到 M 点，走刀路线为：M→A→B→C→D→E→F→M。

工件参考程序与加工操作过程：

1）工件的参考程序如下。

O1234;	（程序名）
N10 M03 S1200;	（主轴正转，转速 1 200 r/min）
N20 T0101;	（换一号刀）
N30 G00 X0 Z2;	（快速定位到 A 点）
N40 G01 Z0 F0.15;	（以 0.15 mm/r 的速度插补到 B 点）
N50 G03 X18.15 Z-19.925 R12 F0.12;	（逆时针圆弧插补到 C 点）
N60 G02 X22 Z-36 R11 F0.12;	（顺时针圆弧插补到 D 点）
N70 G01 Z-45 F0.15;	（直线插补到 E 点）
N80 G01 X26 F0.15;	（直线插补到 F 点）
N90 G00 X100 Z100;	（快速退刀到 M 点）
N100 M05;	（主轴停转）
N110 M30;	（程序结束）

2）输入程序。

3）数控编程模拟软件对加工刀具轨迹进行仿真，或数控系统进行图形仿真加工，并进行程序校验及修整。

4）安装刀具，进行对刀操作，建立工件坐标系。

5）启动程序，自动加工。

6) 停车后,按图纸要求检测工件,对工件进行误差与质量分析。

(6) 延时指令 G04

用于指令延时。

指令格式:G04 X(U)…;

用"X""U"地址指令延时时间,用小数点时,单位为 s;不用小数点时,单位为 ms。另外可采用地址指令 P,单位为 ms。

(7) 返回参考点指令 G28

用以指令机床回参考点。

指令格式:G28 X(U)…Z(W)…;

参考点是数控机床为实现某些功能而设置的一固定点。

指令格式中 X(U)…Z(W)…所指定的点是为避免干涉而设置的返回参考点前经过的一个中间点,即返回参考点前,首先向该点定位,该点必须包含两轴方向的量。

(8) 螺纹切削指令 G32

用来指令螺纹切削。

指令格式:G32 X(U)…Z(W)… F…;

指令格式中 X,Z——螺纹终点坐标;

F——螺纹长轴方向导程

1) 用该指令切削螺纹时无退尾功能。

2) X 省略时为圆柱螺纹切削,Z 省略时为端面螺纹切削;X、Z 均不省略时为锥螺纹切削。

3) 加工锥角大于 45°的锥度螺纹时,导程值认定在 X 轴方向。

4) 切削螺纹时不能改变主轴转速。

5) 进给倍率、暂停键在切削螺纹时无效。

6) 在螺纹切削开始和结束部分,由于伺服系统的滞后会造成螺距的变化,所以在加工螺纹时要分别加入导刀距离 δ 和退刀距离 δ。

7) 使用该指令可切削连续螺纹。

(9) 刀尖半径补偿 G40、G41、G42

刀尖半径补偿指令用来自动补偿加工中由于刀尖半径所带来的加工误差。

1) 使用该指令时需先在刀具偏置中给出刀尖半径 R 值及按图 12-11 所示给出刀尖方位号。

2) 在加工程序中,首先要在定位段内指令 G41 或 G42,然后按工件轨迹指令。

3) 需要在退刀程序段用指令 G40 撤销刀尖半径补偿。

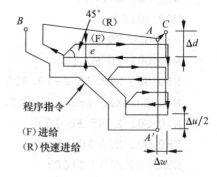

图 12-11 粗车外轮廓循环

4) 在同样切削情况下,因进给方向不同,指令方向也将随之改变,但不能在中途进行指令方向的改变。

5) 在程序中,不能有连续两段或两段以上的无进给指令。

6) 该指令为模态指令,在同一个方向的补偿中不能再次指令该指令。

7) 如需改变补偿方向,需用 G40 指令撤销原补偿指令后再指令新的补偿方向。

（10）复合固定循环 G71、G72、G73、G70

在复合固定循环中，对零件的轮廓定义之后，即可完成从粗加工到精加工的全过程，使程序得到进一步简化。

G71 外圆粗车固定循环如图 12-11 所示。

指令格式：

G71 U(Δd) R(e);

G71 P(ns) Q(nf) U(Δu) W(Δw) F(f) S(s) T(t);

从顺序号 ns 到 nf 的程序段，指定 A 及 B 间的移动指令。

Δd：吃刀量（半径指定），无符号。

切削方向依照 AA' 的方向决定，在另一个值指定前不会改变。

e：退刀量。本指定是状态指定，在另一个值指定前不会改变。

ns：精加工形状程序的第一个段号。

nf：精加工形状程序的最后一个段号。

Δu：X 方向精加工预留量的距离及方向。

Δw：Z 方向精加工预留量的距离及方向。

注意：

① Δu、Δw 精加工余量的正负判断：

② ns→nf 程序段中的 F、S、T 功能，即使被指定也对粗车循环无效。

③ 零件轮廓必须符合 X 轴、Z 轴方向同时单调增大或单调减少的要求；X 轴、Z 轴方向非单调时，ns→nf 程序段中第一条指令必须在 X、Z 向同时有运动，如图 12-12 所示。

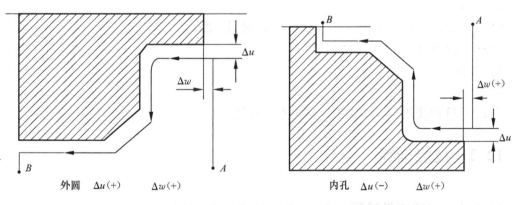

图 12-12 单调增大或单调减少

根据图 12-13 编程：

O1234;
N10 T0101;
N20 M03 S450;
N30 G00 X121 Z5;   （起刀位置）
N40 M08;
N50 G71 U2 R1;   （粗车循环）
N60 G71 P70 Q140 U1 W0.3 F0.2;

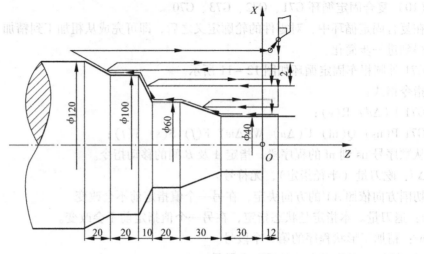

图 12-13　G71 指令编程应用图

```
N70 G00 X40;                    （ns 第一段，此段不允许有 Z 方向的定位）
N80 G01 Z0;
N90 Z-30;
N100 X60 Z-60;
N110 W-20;
N120 X100 Z-90;
N130 W-20;
N140 X120 Z-130;                （nf 最后一段）
N150 G00 X150 Z100 M09;
N160 M05;
N170 M30;
```

G72、G73 的使用与 G71 类似，这里不再重复。

12.2　技能训练

12.2.1　数控车外轮廓

例1：如图 12-14 所示，轴类加工。工件毛坯 $\phi40$ mm；选择刀具：90°外圆粗车刀，93°外圆精车刀。

```
O1000;                          （程序名）
N10 M03 S800;                   （主轴正转 800 r/min）
N20 T0101;                      （选择外圆粗车刀）
N30 M08;                        （打开冷却液）
N40 G00 X40 Z3;                 （外圆粗车循环起点）
N50 G71 U2 R1;                  （外圆粗车纵向循环）
```

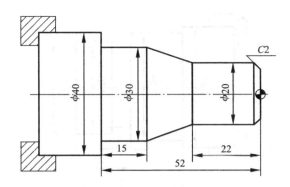

图 12-14 外轮廓车削实例图

```
N60 G71 P70 Q140 U0.5 W0.3 F0.15;    （为精加工留余量，半径方向为 0.5 mm、长
                                      度方向为 0.3 mm，走刀速度为 0.15 mm/r）
N70 G00 X0;                          （刀具快速移动到轴线）
N80 G01 Z0;                          （刀尖移动到端面）
N90 X16;                             （倒角起点）
N100 X20 W-2;                        （倒角）
N110 Z-22;                           （车削外圆）
N120 X30 Z-37;                       （车削锥度表面）
N130 W-15;                           （车削外圆）
N140 G01 X42;                        （工件轮廓结束段）
N150 G00 X100 Z100;                  （退刀点）
N160 T0202;                          （选择外圆精车刀）
N170 M03 S850;                       （变速，转速为 850 r/min）
N180 G00 X40 Z3;                     （精车循环起点）
N190 G70 P70 Q140;                   （精车外圆循环）
N200 G28 U0 W0;                      （刀具返回参考点）
N210 M09;                            （冷却液关闭）
N220 M05;                            （主轴停）
N2230 M30;                           （程序结束）
```

例2：如图 12-15 所示，切槽与切断。图示槽宽 7 mm，切刀刀头宽 4 mm，切槽后再切断。

```
程序                                 说明
O1002;                               （程序名）
N10 M03 S500;                        （主轴正转，转速 500 r/min）
N20 T0101;                           （换切刀）
N30 G00 X42 Z-21;                    （切刀快速定位点在 φ42 mm 处，距端面距离
                                      负向 21 mm 处）
N40 G01 X30.1 F0.05;                 （切槽第一刀，留余量 0.1 mm）
N50 G00 X42;                         （退刀到 φ42 mm 处）
```

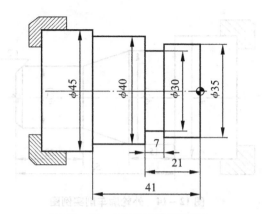

图 12-15 切槽与切断实例图

程序	说明
N60 Z-18;	（进刀到距端面 18 mm 处）
N70 G01 X30 F0.05;	（切槽第二刀，保证 ϕ30 mm）
N80 G04 X2.3;	（切刀暂停 2.3 s）
N90 G01 Z-21;	（精车底径 ϕ30 mm，宽 7 mm）
N100 G00 X46;	（退刀到 ϕ46 mm 处）
N110 Z-45;	（工件长度方向进刀至距端面 45 mm 处）
N120 G01 X0 F0.05;	（切断，走刀速度 0.05 r/min）
N130 G00 X46;	（退刀到 ϕ46 mm 处）
N140 G28 U0 W0;	（车刀返回参考点）
N150 M05;	
N160 M09;	
N170 M30;	（程序结束）

例 3：如图 12-16 所示，成型面的加工。工件毛坯 ϕ55 mm，刀具为 90°外圆偏刀，切刀刀头宽为 4 mm。

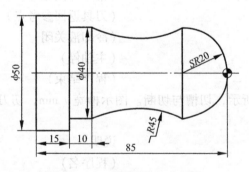

图 12-16 成型面加工实例图

程序	说明
O1003;	（程序名）
N10 M03 S500;	
N20 T0101;	（外圆粗车刀）

N30 M08;
N40 G00 X55 Z3;   （粗车循环起点）
N50 G71 U2 R05;   （粗车循环）
N60 G71 P70 Q140 U05 W0.3 F0.15;
N70 G00 X0;   （工件轮廓程序）
N80 G01 Z0;
N90 G03 X40 Z-20 R20;
N100 G02 X40 Z-60 R45;
N110 G01 W-10;
N120 X50;
N130 Z-85;
N140 G01 X55;   （粗车循环结束段）
N150 G00 X100 Z100;   （退刀点）
N160 T0202;   （换精车刀）
N170 M03 S600;   （变换速度）
N180 G00 X55 Z2;   （精车刀快速定位）
N190 G70 P70 Q140;   （精车外轮廓循环）
N200 G00 X100 Z100;   （退刀点）
N210 T0303;   （选择切刀）
N220 M03 S400;   （变速）
N220 G00 X57 Z-89;   （快速定位）
N230 G01 X1 F0.05;   （切断）
N240 G00 X100;
N250 G28 U0 W0;   （刀具返回参考点）
N260 M05;   （主轴停）
N270 M30;   （程序结束）

12.2.2 数控车内轮廓

如图 12-17 所示，套类加工。工件底孔 $\phi 28$ mm，刀具为 T0303（粗镗刀）和 T0404（精镗刀）。

程序   说明
O1004;   （程序名）
N10 M03 S400;
N20 T0303;
N30 M08;
N40 G00 X27 Z2;   （刀具定位在镗孔循环起点）
N50 G71 U2 R0.5;   （镗孔粗车纵向循环）
N60 G71 P70 Q140 U-0.5 W0.1 F0.15; （镗孔余量为负方向）
N70 G00 X52;   （工件轮廓程序）

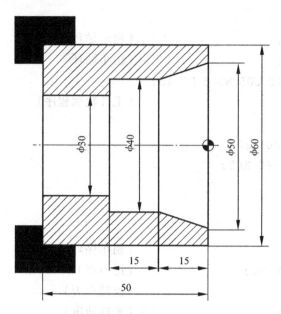

图 12-17 套类零件加工实例图

N80 G01 Z0 F0.08;
N90 X50;
N100 X40 Z-15;
N110 Z-30;
N120 X30;
N130 Z-52;
N140 G01 X27;   (循环结束)
N150 G00 X100 Z100;
N160 T0404;   (换精镗孔刀)
N170 M03 S450;   (变速)
N180 G00 X27 Z2;   (镗孔刀定位)
N190 G70 P70 Q140;   (精镗内孔循环)
N200 G28 U0 W0;
N210 M30;   (程序结束)

12.2.3 数控车螺纹

例1：圆柱外螺纹加工，如图 12-18 所示。螺纹导程为 2 mm，$\delta_1 = 4$ mm，$\delta_2 = 2$ mm，试编写螺纹加工程序。

$d_{大} = 30 - 0.1 \times 2 = 29.8$ （mm）；

$d_{小} = 30 - 1.3 \times 2 = 27.4$ （mm）；

螺牙高度 $t = 0.6495 \times 2 = 1.299$ （mm）；

分五次切削，吃刀深度（直径）分别为：0.9 mm，0.6 mm，0.6 mm，0.4 mm，0.1 mm。

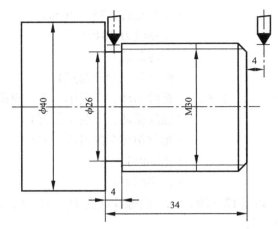

图 12-18 圆柱外螺纹加工实例

方法一：G32 螺纹加工

……

G00 X40 Z4;
G00 X29.1;
G32 Z-32 F2;   （第　刀）
G00 X40;
Z4;
X28.5;
G32 Z-32 F2;   （第二刀）

……

……

方法二：G92 螺纹切削循环加工

G00 X40 Z4;
G92 X29.1 Z-32 F2;
X28.5;
X27.9;
X27.5;
X27.4;

例2：三角形外螺纹加工，如图 12-19 所示。

刀具：60°三角螺纹刀（三角螺纹全高：$h = 0.65P$，P 表示螺距），T0404——螺纹刀。

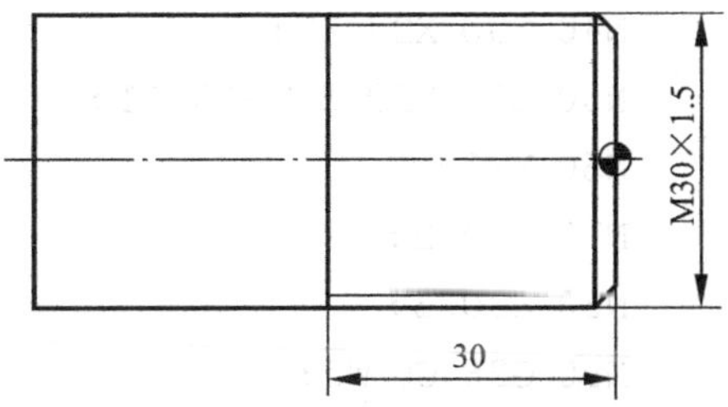

$D_{大} = 30 - 0.1 \times 1.5 = 29.85$（mm）；

$D_{小} = 30 - 0.65 \times 1.5 \times 2 = 28.05$（mm）；

螺牙高度 $t = 0.6495 \times 1.5 = 0.9675$（mm）；

分三次切削，吃刀深度（直径）分别为：0.9 mm，0.6 mm，0.3 mm。

程序	说明
O1007;	（程序名）

图 12-19 三角形外螺纹加工实例

```
N10 M03 S750;              （主轴正转，750 r/min）
N20 T0404;                 （换螺纹刀 T0404）
N30 M08;                   （开冷却液）
N40 G00 X32 Z3;            （螺纹加工循环起点）
N50 G92 X28.95 Z-30 F1.5;  （螺纹循环，车削第一刀，螺距为 1.5 mm）
N60 X28.35;                （螺纹循环，车削第二刀）
N70 X28.05;                （螺纹循环车削最后一刀）
N80 M05;                   （主轴停）
N90 M30;                   （程序结束）
```

例3：内螺纹加工，如图 12-20 所示。内螺纹底孔 $D_1 = D - P$，D 表示螺纹大径，P 表示螺距；T0303——内螺纹刀。

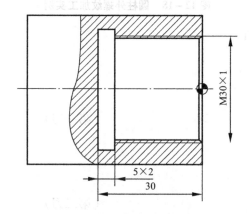

图 12-20 内螺纹加工实例图

```
程序                       说明
O1008;                     （程序名）
N10 M03 S500;
N20 T0303;                 （选择内螺纹刀）
N30 M08;
N40 G00 X27 Z5;            （螺纹加工循环起点）
N50 G92 X29.5 Z-27 F1;     （内螺纹加工循环第一刀）
N60 X30;                   （循环第二刀）
N70 X30.2;                 （循环第三刀）
N80 X30.3;                 （螺纹加工循环结束）
N90 G28 U0 W0;             （回参考点）
N100 M30;
```

12.2.4 数控车综合技能训练

例1：如图 12-21 所示工件，毛坯为 φ25 mm×65 mm 棒材，材料为 45 钢。

（1）确定工艺方案及加工路线

1）对短轴类零件，轴心线为工艺基准，用三爪自定心卡盘夹持 φ25 mm 外圆，一次装

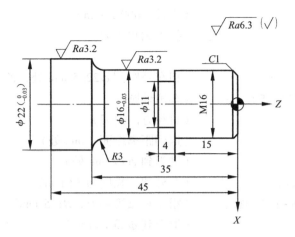

图 12-21 综合类型零件加工实例 1

夹完成粗、精加工。

2）工步顺序。

①粗车外圆。基本采用阶梯切削路线，为编程时数值计算方便，圆弧部分可用同心圆车圆弧法，分三刀切完。

②自右向左精车右端面及各外圆面：车右端面→倒角→车削螺纹外圆→车削 $\phi16$ mm 外圆→车削 $R3$ mm 圆弧→车削 $\phi22$ mm 外圆。

③切槽。

④车螺纹。

⑤切断。

（2）选择机床设备

根据零件图样要求，选用 CKA6150 型数控车床即可达到要求。

(3) 选择刀具

根据加工要求，选用五把刀具：T0101 为 90°外圆车刀；T0202 为端面车刀；T0303 为精车刀；T0404 为切刀，刀宽为 4 mm；T0606 为 60°螺纹刀。同时把五把刀安装在回转盘刀架上，且都对好刀，把它们的刀偏值输入相应的刀具参数中。

（4）确定切削用量

切削用量的具体数值应根据该机床性能、相关手册并结合实际经验确定，详见加工程序。

（5）确定工件坐标系、对刀点和换刀点

确定以工件右端面与轴心线的交点 O 为工件原点，建立 XOZ 工件坐标系，如图 12-18 所示。

采用手动试切对刀方法，把点 O 作为对刀点。换刀点设置在工件坐标系下 $X50$，$Z50$ 处。

（6）编写程序（该程序用于 FANUC 数控系统的数控车床）

按该机床规定的指令代码和程序段格式，把加工零件的全部工艺过程编写成程序清单。该工件的加工程序如下：

程序   说明
O1010;   （程序名）

N10 M03 S800;	（主轴，800 r/min）
N20 T0101;	（换外圆粗车刀）
N30 M08;	
N40 G00 X22.5 Z3;	（粗车外圆到φ22.5 mm处，留余量0.5 mm）
N50 G01 Z-49 F0.15;	（车削外圆）
N60 G00 X26;	（直径方向退刀）
N70 G00 Z2;	（退到距离端面2 mm处）
N80 X19;	（进刀到φ19 mm处）
N90 G01 Z-32 F0.15;	（车外圆，长度为32 mm）
N100 G02 X22 W-1.5 R1.5;	（粗车圆弧第一刀，R1.5 mm）
N110 G00 X23;	（退刀到φ23 mm处）
N120 Z2;	（距端面2 mm处）
N130 G00 X17;	（进刀到φ17 mm处）
N140 G01 Z-32 F0.15;	（车外圆）
N150 G02 X22 W-2.5 R2.5;	（粗车圆弧第二刀）
N160 G00 X50 Z50;	（T0101退到φ50 mm，距端面长度50 mm处）
N170 T0202;	（换端面车刀）
N180 G00 X18 Z0;	（端面车刀定位）
N190 G01 X0 F0.15;	（平端面）
N200 G00 Z50;	（退刀至端面50 mm处）
N210 X50;	
N220 T0303;	（换精车刀）
N230 G00 X12 Z1;	（精车刀快速定位点）
N240 G01 X14 Z0 F0.15;	（倒角起点）
N250 X15.8 Z-1;	（倒角）
N260 Z-19;	（精车外圆）
N270 X16;	
N280 Z-32;	（精车φ16 mm的外圆，其公差由对刀精度和磨损补偿来保证）
N290 G02 X22 Z-35 R3;	（精车圆弧）
N300 G01 Z-49;	（精车φ22 mm的外圆，其公差由对刀精度和磨损补偿来保证）
N310 G00 X50 Z50;	（退刀）
N320 T0404;	（换切槽刀）
N330 G00 X18 Z-19;	（切槽刀快速定位）
N340 G01 X11 F0.05;	（切槽，0.05 mm/r）
N350 G00 X50;	
N360 Z50;	
N370 T0606;	（换螺纹刀）

```
N380 G00 X18 Z3;              （螺纹刀快速定位）
N390 G92 X15 Z-17 F2;          （加工螺距为2 mm的螺纹第一刀）
N400 X14.4;                    （循环第二刀）
N410 X13.6;                    （循环第三刀）
N420 X13.5;                    （循环第四刀）
N430 X13.4;                    （循环第五刀）
N440 G00 X50 Z50;              （退刀至换刀点）
N450 T0404;                    （换切断刀切断，保证工件总长为45 mm）
N460 G00 X26 Z-49;
N470 G01 X0 F0.05;             （切断）
N480 G00 X50;
N490 G28 U0 W0;
N500 M05;
N510 M30;                      （程序结束）
```

例2：加工如图12-22所示的工件。毛坯底孔ϕ28 mm，直径ϕ65 mm，长度80 mm，材料45钢，试编写加工程序。

(1) 根据零件图样要求、毛坯情况，确定工艺方案及加工路线

1) 对套类零件，轴心线为工艺基准，用三爪自定心卡盘夹持ϕ66 mm外圆，一次装夹完成粗、精加工。

2) 工步顺序。

车端面→粗车外圆→粗镗孔→精加工孔→切内槽→车内螺纹→精车外圆→切断（保证总长为50 mm）。

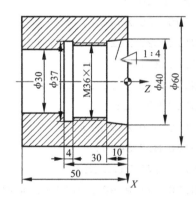

图12-22 综合类型零件加工实例2

(2) 选择机床设备

根据零件图样要求，选用CKA6150型数控车床即可达到要求。

(3) 选择刀具

根据加工要求，选用六把刀具：T0101为90°外圆加工车刀；T0202为镗孔刀；T0303为内孔切槽刀，刀宽为4 mm；T0404为60°内螺纹刀；T0505为切断刀；T0606为端面车刀。安装好车刀，把它们的刀偏值输入相应的刀具参数中。

(4) 确定切削用量

切削用量的具体数值应根据该机床性能、相关手册并结合实际经验确定，详见加工程序。

(5) 确定工件坐标系、对刀点和换刀点

确定以工件右端面与轴心线的交点O为工件原点，建立XOZ工件坐标系，如图12-19所示。

采用手动试切对刀方法，把点O作为对刀点，换刀点设置在工件坐标系下X100，Z100处。

(6) 编写程序

按该机床规定的指令代码和程序段格式,把加工零件的全部工艺过程编写成程序清单。该工件的加工程序如下:

程序	说明
O1011;	(程序名)
N10 M03 S450;	
N20 T0606;	(换端面车刀)
N30 G00 X65 Z2;	(端面车刀快速定位点)
N40 M08;	
N50 G01 Z0 F0.15;	(加工余量由对刀和工件安装长度决定)
N60 G01 X27;	(底孔 $\phi 28$ mm)
N70 G00 Z100;	(退刀至端面 100 mm 处)
N80 G00 X100;	(退刀到 $\phi 100$ mm)
N90 T0101;	(换外圆车刀)
N100 G00 X66 Z2;	(外圆车刀快速定位)
N110 G90 X62 Z-54 F0.15;	(外圆车刀车削循环)
N120 X61;	
N130 G00 X100 Z100;	(外圆车刀快退)
N140 T0202;	(换镗孔刀)
N150 G00 X27 Z3;	(镗孔刀定位)
N160 M03 S400;	(变速)
N170 G71 U1.5 R1;	(内孔粗车循环)
N180 G71 P190 Q250 U-0.4 W0.2 F0.1;	(为精镗孔留余量,直径方向 0.8 mm,长度方向 0.2 mm)
N190 G00 X42.0;	(快速定位直径 42 mm,启动刀尖圆弧半径左补偿)
N200 G01 X40.0;	(轮廓程序)
N210 X37.5 Z-10;	
N220 X34.9;	
N230 Z-30;	
N230 X30;	
N240 G01 Z-52.0;	
N250 G01 X28;	
N260 G70 P190 Q250;	(精镗内轮廓)
N270 G00 X100 Z100;	
N280 T0303;	(选内孔槽刀)
N290 M03 S300;	
N300 G00 X29 Z3;	(内槽刀定位)
N310 Z-30;	

```
N320 G01 X37.0 F0.05;              （切槽）
N330 G01 X28 F0.20;                （退刀）
N340 G00 Z100;
N350 X100.0;
N360 T0404;                        （换螺纹车刀）
N370 G00 X29 Z3;                   （螺纹刀定位）
N380 Z-7;                          （快进刀到螺纹循环起点）
N390 G92 X35.5 Z-28 F1.0;          （内螺纹加工循环）
N400 X36.0;
N410 X36.2;
N420 X36.3;
N430 G00 Z100;
N440 X100;
N450 T0101;                        （换外圆加工车刀，精加工 φ60 mm 外圆）
N460 G00 X60 Z3;
N470 G01 Z-54 F0.1;
N480 X65;
N490 G00 X100 Z100;
N500 T0505;                        （换切断刀）
N510 G00 X66 Z-50;
N520 G01 X29 F0.05;                （切断）
N530 G00 Z50;                      （退刀）
N540 G28 U0 W0;                    （刀具回参考点）
N550 M05;                          （主轴停）
N560 M30;                          （程序结束）
```

例 3：加工如图 12-23 所示的套筒零件，毛坯直径 φ45 mm，长 50 mm；材料为 45 钢，未注倒角 C1，未注表面粗糙度 Ra 为 12.5μm。

根据零件图样要求、毛坯情况，确定工艺方案及加工路线。

1）装夹 φ45 mm 的外圆，找正。粗加工 φ34 mm 的外圆，粗、精加工 φ42 mm 的外圆，切 2 mm×0.5 mm 的槽。所用刀具：外圆加工正偏刀（T0101）、刀宽 2 mm 的切槽刀（T0202）。加工工艺路线为：粗加工 φ42 mm 的外圆（留余量）→粗加工 φ34 mm 的外圆（留余量）→精加工 φ42 mm 的外圆→切槽→切断。

2）用三爪卡盘装夹 φ34 mm 外圆，加工内孔。所用刀具：45°端面刀（T0101）、内

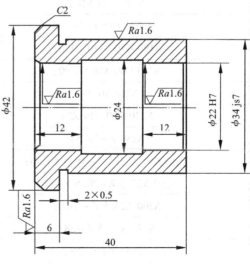

图 12-23 套筒零件

孔车刀（T0202）、刀宽为 4 mm 的内孔切槽刀（T0303）。加工工艺路线为：加工端面→粗加工 φ22 mm 的内孔→精加工 φ22 mm 的内孔→切槽（φ24 mm × 16 mm）。加工内孔的程序见表 12 - 6。

表 12 - 6 加工内孔的程序

程　序	说　明
O1014；	程序名
N10 M03 S500；	主轴正转，转速 500 r/min
N20 M08；	打开冷却液
N30 T0101；	换端面车刀
N40 G00 X44 Z0；	快速定位到 φ44 mm 直径处
N50 G01 X20 F0.15；	车端面
N60 G00 Z50；	刀尖快速退刀到距端面 50 mm 处
N70 X100；	刀尖快速定位到 φ100 mm 直径处
N80 T0202；	换内孔刀
N90 G00 X18 Z2；	刀尖快速定位
N100 G71 U1.5 R1；	粗车 φ22 mm 外圆
N110 G71 P170 Q150 U - 0.4 W0 F0.15；	留径向余量 0.4 mm
N120 G01 X24；	进刀到 φ24 mm 处
N130 G01 Z0；	刀尖到达 X 坐标轴
N140 G01 X22 W - 1；	倒角 C1
N150 Z - 39；	
N160 X24 Z - 40；	倒角
N165 Z - 42；	
N170 G00 X18；	退刀
N180 G00 Z2；	退刀至循环起点
N190 G70 P170 Q150；	精车循环
N200 G00 X100 Z100；	快速退刀
N210 T0303；	换刀宽 4 mm 内孔切槽刀
N220 G00 X19 Z2；	切槽刀快速定位
N230 Z - 16.5；	
N240 G90 X23.5 Z - 16.5 F0.05；	切第一刀
N250 X23.5 Z - 20.5 F0.05；	切第二刀
N260 X23.5 Z - 24.5；	切第三刀
N270 X23.5 Z - 28；	切第四刀
N280 G00 Z - 28；	精加工切槽进刀点
N290 G01 X24；	切到尺寸直径为 φ24 mm 处

续表

程 序	说 明
N300 Z-16;	保证槽宽
N310 X20;	退到直径为 φ20 mm 处
N320 Z100;	快速退刀
N330 X100;	
N340 M05;	主轴停止
N350 M30;	程序结束

3) 工件套芯轴，两顶尖装夹，精车 φ34 mm 的外圆。所用刀具为精加工正偏刀（T0101）。加工工艺路线为：精加工 φ34 mm 的外圆。加工外圆程序见表 12-7。

表 12-7 精车 φ34 mm 外圆的程序

程 序	说 明
O1015;	程序名
N20 M03 S1000;	主轴正转，转速 1 000 r/min
N30 M06 T0101;	外圆精车刀
N40 G00 Z2;	
N50 X36;	
N60 G01 X30 Z1 F50;	
N70 X34 Z-1;	倒角 C1
N80 Z-34;	精车 φ34 mm 的外圆
N90 G01 X45;	
N100 G00 X100 Z100;	刀尖快速定位到 φ100 mm 直径，距端面 100 mm 处
N110 T0000;	清除刀偏
N115 M05;	主轴停
N120 M30;	程序结束

4) 工序安排。

5) 加工 φ34 mm、φ42 mm 外圆，切 2 mm×0.5 mm 槽，切断的程序。

程序　　　　　　　　　　　　说明
O1013;　　　　　　　　　　　（程序名）
N10 M03 S600;　　　　　　　（主轴正转，转速 600 r/min）;
N20 T0101;　　　　　　　　　（选外圆粗加工右偏刀）
N30 M08;　　　　　　　　　　（打开冷却液）
N40 G00 X45 Z3;　　　　　　（刀尖快速定位到直径 45 mm，距离端面 3 mm 处）

```
N50 G71 U2 R1;                    (外圆粗车循环)
N60 G71 P70 Q100 U0.5 W0.2;       (为精加工留余量,直径方向0.5 mm,长
                                   度方向0.2 mm)
N70 G00 X32;                      (循环首段)
N80 G01 X34 W-1;
N90 Z-34;
N100 X42;
N110 Z-44;
N120 G01 X45;                     (循环尾段)
N130 G00 X100 Z100;               (快速退刀到直径100 mm,距端面100 mm
                                   处)
N140 T0202;                       (换宽2 mm的切槽刀)
N150 G00 X46 Z-34;                (刀尖快速定位到$\phi$46 mm直径,距端面
                                   34 mm处)
N160 G01 X33 F0.05;               (切2 mm×0.5 mm的槽)
N170 G00 X51;                     (刀尖移到$\phi$51 mm直径处)
N180 Z-42.5;                      (刀尖移到距端面42.5 mm处)
N190 G01 X2 F0.05;                (切断工件,保持工件长40.5 mm)
N200 G00 X50;                     (退刀到直径为50 mm处)
N210 X100 Z100;                   (刀尖快速定位到$\phi$100 mm直径,距端面
                                   100 mm处)
N210 M05;                         (主轴停)
N220 M30;                         (程序结束)
```

思考与练习题

1. 轴类零件如图12-24所示,C1表示1×45°倒角,试编写精加工程序,其中ϕ58 mm 圆柱面不加工。

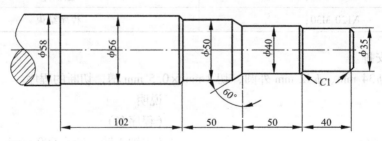

图12-24 轴类零件加工实例图

2. 试用循环程序编写图12-25所示带螺纹的工件。
3. 精车图12-26所示带螺纹的工件,试编程。

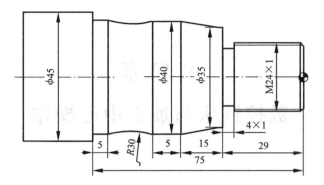

图 12-25 循环程序加工螺纹实例图

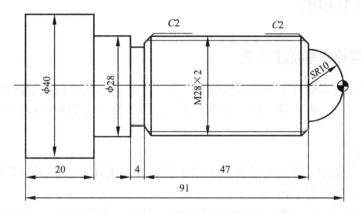

图 12-26 精车螺纹实例图

第 13 章 数控铣床与加工中心操作

13.1 基本知识

13.1.1 数控铣削加工工艺

数控铣削加工是机械加工中最常用的加工方法之一，它主要包括平面铣削和轮廓铣削，也可以对零件进行钻、扩、铰、镗、锪加工及螺纹加工等。数控铣削主要适合于下列几类零件的加工。

（1）平面类零件

平面类零件是指加工面平行或垂直于水平面，或加工面与水平面的夹角为一定值的零件，这类加工面可展开为平面。

如图 13-1 所示的三个零件均为平面类零件。其中，曲线轮廓面 A 垂直于水平面，可采用圆柱立铣刀加工。凸台侧面 B 与水平面成一定角度，这类加工面可以采用专用的角度成型铣刀来加工。对于斜面 C，当工件尺寸不大时，可用斜板垫平后加工；当工件尺寸很大而斜面坡度又较小时，常用行切加工法加工，在加工面上留下进刀时的刀锋残留痕迹要用钳修方法加以清除。

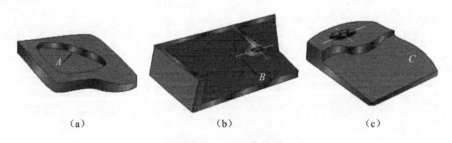

图 13-1 平面类零件
(a) 轮廓面 A；(b) 轮廓面 B；(c) 轮廓面 C

（2）直纹曲面类零件

直纹曲面类零件是指由直线依某种规律移动所产生的曲面类零件。如图 13-2 所示零件的加工面就是一种直纹曲面，当直纹曲面从截面（1）至截面（2）变化时，其与水平面间的夹角从 3°10′均匀变化为 2°32′；从截面（2）到截面（3）时，又均匀变化为 1°20′；最后到截面（4），斜角均匀变化为 0°。直纹曲面类零件的加工面不能展开为平面。

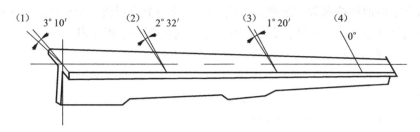

图 13-2 直纹曲面

当采用四坐标或五坐标数控铣床加工直纹曲面类零件时，加工面与铣刀圆周接触的瞬间为一条直线。这类零件也可在三坐标数控铣床上采用行切加工法实现近似加工。

(3) 立体曲面类零件

加工面为空间曲面的零件称为立体曲面类零件。这类零件的加工面不能展成平面，一般使用球头铣刀切削，加工面与铣刀始终为点接触，若采用其他刀具加工，易产生干涉而铣伤邻近表面。加工立体曲面类零件一般使用三坐标数控铣床，采用以下两种加工方法。

1) 行切加工法。

采用三坐标数控铣床进行二轴半坐标控制加工，即行切加工法。如图 13-3 所示，球头铣刀沿 XY 平面的曲线进行直线插补加工，当一段曲线加工完后，沿 Y 轴方向进给 ΔY 再加工相邻的另一曲线，如此依次用平面曲线来逼近整个曲面。相邻两曲线间的距离 ΔY 应根据表面粗糙度的要求及球头铣刀的半径选取。球头铣刀的球半径应尽可能选得大一些，以增加刀具刚度，提高散热性，降低表面粗糙度值。加工凹圆弧时的铣刀球头半径必须小于被加工曲面的最小曲率半径。

2) 三坐标联动加工。

采用三坐标数控铣床三轴联动加工，即进行空间直线插补。如半球形，可用行切加工法加工，也可用三坐标联动的方法加工。这时，数控铣床用 X、Y、Z 三坐标联动的空间直线插补实现球面加工，如图 13-4 所示。

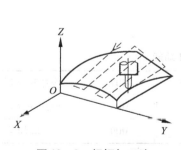

图 13-3 行切加工法

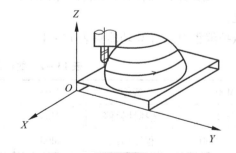

图 13-4 三坐标联动加工

13.1.2 数控铣床编程

1. 程序结构与格式

数控机床所使用的程序是按一定的格式并以代码的形式编制的，一般称为加工程序。加工程序是由若干程序段组成，而程序段是由一个或若干指令字组成，指令字代表某一信息单元；每个指令字由地址符和数字组成，它代表机床的一个位置或一个动作；每个程序段结束处有语句分割符（通常为";"），表示该程序结束转入下一个程序段。

程序结构举例如下：

例：%
O1000;
N10 G90 G54 G00 X50 Y30 Z50;
N20 G00 Z5 M03 S800 M08;
N30 G01 X88.1 Y30.2 F200;
N40 X100 Y60;
N50 X150 Y80;
……
N300 M30;
%

1) %：程序起始符、程序结束符。

2) N10、N20、N30…：程序段序号（简称顺序号）通常由大写字母 N 后面跟 1~4 位正整数组成。

3) 准备功能（简称 G 功能）：由表示准备功能的地址符"G"和两位数字组成，G 功能的代码已标准化。

4) 坐标字：由坐标地址符及数字组成，且按一定的顺序进行排列，各组数字必须具有作为地址代码的字母（如 X、Y 等）开头。

5) 进给功能 F：由进给地址符 F 及数字组成，数字表示选定的进给速度，单位一般为 mm/min。

6) 主轴转速功能 S：由主轴地址符 S 及两位数字组成，数字表示主轴转速，单位为 r/min。

7) 辅助功能（简称 M 功能）：由辅助操作地址符 M 和两位数字组成，M 功能的代码已标准化。

数控编程中常用 M 功能见表 13-1。

表 13-1　数控编程常用 M 功能

M00	暂停	M03	主轴正转	M07	冷却开（风冷）
M01	选择性暂停	M04	主轴反转	M08	冷却开（油冷）
M02、M30	程序结束	M05	主轴停转	M09	冷却关

需要说明的是，数控机床的指令格式在国际上有很多标准，并不完全一致，随着数控机床的发展、不断改进和创新，其数控系统功能更加强大，使用更加方便。在不同数控系统之间，程序格式上存在一定差异。因此，在具体掌握某一数控机床时要仔细了解其数控系统的编程格式。

2. 常用编程指令（G 代码即准备功能字）

数控加工程序是由各种功能字按照规定的格式组成的。正确地理解各个功能字的含义，恰当地使用各种功能字，按规定的程序指令编写程序，是编好数控加工程序的关键。

程序编制的规则，首先是由所采用的数控系统来决定的，所以应详细阅读数控系统编程、操作说明书，以下按常用数控系统的共性概念进行说明。

(1) 绝对尺寸指令和相对尺寸指令 G90、G91

绝对尺寸与相对尺寸如图 13-5 所示。

G90 指定尺寸值为绝对尺寸，G91 指定尺寸值为相对尺寸。

G90 G01 X30 Y37 F100;

或

G91 G01 X20 Y25 F100;

(2) 坐标平面选择指令 G17、G18、G19

坐标平面的选择指令如图 13-6 所示。

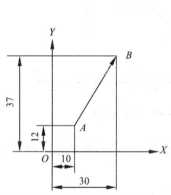

图 13-5　绝对尺寸与相对尺寸

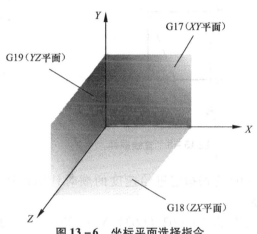

图 13-6　坐标平面选择指令

坐标平面选择指令是用来选择圆弧插补的平面和刀具补偿平面的。

G17 表示选择 XY 平面，G18 表示选择 ZX 平面，G19 表示选择 YZ 平面。

一般，数控铣床默认在 XY 平面内加工。

(3) 快速点定位指令 G00

快速点定位指令控制刀具以点位控制的方式快速移动到目标位置，其移动速度由参数来设定。指令执行开始后，刀具沿着各个坐标方向同时按参数设定的速度移动，最后减速到达终点，如图 13-7 所示。注意：在各坐标方向上有可能不是同时到达终点。刀具移动轨迹是几条线段的组合，不是一条直线。

程序格式：G00 X…Y…Z…;

程序中　X，Y，Z——快速点定位的终点坐标值。

例：从 A 点到 B 点快速移动的程序段为

G90 G00 X20 Y30;

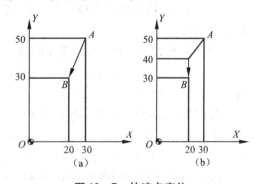

图 13-7　快速点定位

(a) 同时到达终点；(b) 单向移动至终点

(4) 直线插补指令 G01

直线插补（见图 13-8）指令用于产生按指定进给速度 F 实现的空间直线运动。

程序格式：G01 X… Y… Z… F…；

程序中 X，Y，Z——直线插补的终点坐标值。

例：实现图中从 A 点到 B 点的直线插补运动，其程序段为

绝对方式编程：G90 G01 X10 Y10 F100；

相对方式编程：G91 G01 X-10 Y-20 F100；

(5) 圆弧插补（见图 13-9）指令 G02、G03

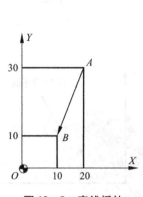

图 13-8 直线插补

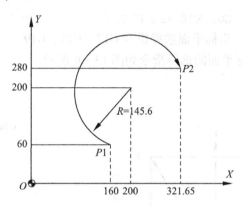

图 13-9 圆弧插补

G02 为按指定进给速度的顺时针圆弧插补，G03 为按指定进给速度的逆时针圆弧插补。

程序格式：G02（G03）X… Y… I… J…（R…）F…；

程序中 X，Y，Z——圆弧插补的终点坐标值，当用 G90 编程时为圆弧终点的绝对坐标，当用 G91 编程时为相对圆弧起点的相对坐标；

I，J——圆弧起点到圆心的相对坐标，与 G90、G91 无关；

R——指定圆弧半径，当圆弧的圆心角≤180°时 R 值为正；当圆弧的圆心角>180°时 R 值为负。

例：在图 13-9 中，若圆弧 A 的起点为 P1，终点为 P2，则圆弧插补程序段为

G90 G02 X321.65 Y280 I40 J140 F50；

或 G90 G02 X321.65 Y280 R-145.6 F50；

若圆弧 A 的起点为 P2，终点为 P1，则圆弧插补程序段为

G90 G03 X160 Y60 I-121.65 J-80 F50；

或 G90 G03 X160 Y60 R-145.6 F50；

(6) 刀具半径补偿指令 G40、G41、G42

数控程序是按刀具的中心编制的，在进行零件轮廓加工时，刀具中心轨迹相对于零件轮廓通常应让开一个刀具半径的距离，即所谓的刀具偏置或刀具半径补偿。

具有刀具半径补偿功能的数控系统具有以下优点：

1）在编程时可以不考虑刀具的半径，直接按图样所给尺寸进行编程，只要在实际加工时输入刀具的半径值即可。

2）可以使粗加工的程序简化。利用有意识地改变刀具半径补偿量，则可用同一刀具、同一程序、不同的切削余量完成加工。

程序格式：

   G17 G41（或G42） G00（或G01） X… Y… D…；

或 G18 G41（或G42） G00（或G01） X… Z… D…；

或 G19 G41（或G42） G00（或G01） Y… Z… D…；

   G40

程序中的 D 为刀具半径补偿地址，地址中存放的是刀具半径的补偿量；X、Y 为由非刀补状态进入刀具半径补偿状态的起始位置。

这里的 X、Y 即为刀具中心的位置。

注意：只能在 G00 或 G01 指令下建立刀具半径补偿状态及取消刀具半径补偿状态。

在建立刀补时，必须有连续两段的平面位移指令。这是因为，在建立刀补时，控制系统要连续读入两段平面位移指令，才能正确计算出进入刀补状态时刀具中心的偏置位置，否则将无法正确建立刀补状态。

G41 是相对于刀具前进方向左侧进行补偿的，称为左刀补，如图 13 – 10（a）所示。这时相当于顺铣。

G42 是相对于刀具前进方向右侧进行补偿的，称为右刀补，如图 13 – 10（b）所示。这时相当于逆铣。

从刀具寿命、加工精度、表面粗糙度而言，顺铣效果较好，因此 G41 使用较多。

D 是刀补号地址，是系统中记录刀具半径的存储器地址，后面跟的数值是刀具号，用来调用内存中刀具半径补偿的数值。刀补号地址可以有 D00～D99 共 100 个，其中的值可以用 MDI 方式预先输入在内存刀具表中相应的刀具号位置上。进行刀具补偿时，要用 G17/G18/G19 选择刀补平面，默认状态是 XY 平面。

G40 是取消刀具半径补偿功能，所有平面上取消刀具半径补偿的指令均为 G40。

G40、G41、G42 是模态代码，它们可以互相注销。

下面结合图 13 – 11 来介绍刀具半径补偿的运动。

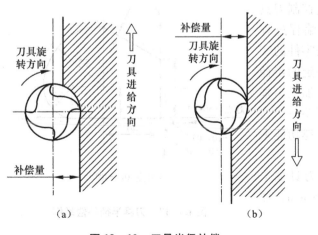

图 13 – 10 刀具半径补偿

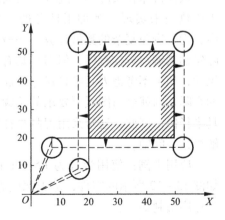

图 13 – 11 刀具半径补偿

按相对方式编程：

```
O0001;
N10 G91 G54 G17 G00 M03;        （G17 指定刀补平面（XOY 平面））
N20 G41 X20.0 Y10.0 D01;        （建立刀补（刀补号为01））
N30 G01 Y40.0  F200;
N40 X30.0;
N50 Y-30.0;
N60 X-40.0;
N70 G00 G40 X-10.0 Y-20.0 M05;  （解除刀补）
N80 M30;
```

按绝对方式编程：

```
O0002;
N10 G90 G54 G17 G00 M03;        （G17 指定刀补平面（XOY 平面））
N20 G41 X20.0 Y10.0 D01;        （建立刀补（刀补号为01））
N30 G01 Y50.0  F200;
N40 X50.0;
N50 Y20.0;
N60 X10.0;
N70 G00 G40 X0 Y0 M05;          （解除刀补）
N80 M30;
```

刀补动作为：

启动阶段—刀补状态—取消刀补。

这里要特别提醒注意的是，在启动阶段开始后的刀补状态中，如果存在两段以上的没有移动指令或存在非指定平面轴的移动指令段，则可能产生进刀不足或进刀超差。其原因是进入刀具状态后，只能读出连续的两段，这两段都没有进给，也就作不出矢量，确定不了前进的方向。

数控机床在实际加工过程中是通过控制刀具中心轨迹来实现切削加工任务的。在编程过程中，为了避免复杂的数值计算，一般按零件的实际轮廓来编写数控程序，但刀具具有一定的半径尺寸，如果不考虑刀具半径尺寸，那么加工出来的实际轮廓就会与图纸所要求的轮廓相差一个刀具半径值。因此，通常采用刀具半径补偿功能来解决这一问题。

应用举例：使用半径为 $R5$ mm 的刀具加工如图 13-12 所示的零件，加工深度为 5 mm，加工程序编制如下：

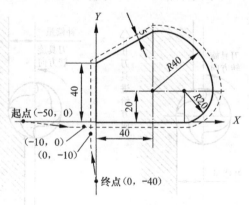

图 13-12　刀具半径补偿举例

```
O0010;
G90 G54 G01 Z40 F2000;            （进入加工坐标系）
M03 S500;                         （主轴启动）
G01 X-50 Y0;                      （到达X，Y坐标起始点）
G01 Z-5 F100;                     （到达Z坐标起始点）
G01 G42 X-10 Y0 H01;              （建立右偏刀具半径补偿）
G01 X60 Y0;                       （切入轮廓）
G03 X80 Y20 R20;                  （切削轮廓）
G03 X40 Y60 R40;                  （切削轮廓）
G01 X0 Y40;                       （切削轮廓）
G01 X0 Y-10;                      （切出轮廓）
G01 G40 X0 Y-40;                  （撤销刀具半径补偿）
G01 Z40 F2000;                    （Z坐标退刀）
M05;                              （主轴停）
M30;                              （程序停）
```

(7) 刀具长度补偿指令

刀具长度补偿指令格式如下：

格式：G43（G44）Z… H…；

程序中　Z——补偿轴的终点值；

H——刀具长度偏移量的存储器地址。

把编程时假定的理想刀具长度与实际使用的刀具长度之差作为偏置设定在偏置存储器中，该指令不改变程序就可以实现对Z轴（或X、Y轴）运动指令的终点位置进行正向或负向补偿。

使用G43指令时，实现正向偏置；用G44指令时，实现负向偏置。无论是绝对指令还是增量指令，由H代码指定的已存入偏置存储器中的偏置值在G43时加上，在G44时则是从Z轴（或X、Y轴）运动指令的终点坐标值中减去。计算后的坐标值成为终点。

取消长度补偿指令格式：

G49 Z（或X或Y）…；

实际上，它和指令"G43（G44）Z… H…；"的功能是一样的。G43、G44、G49为模态指令，它们可以相互注销。

下面是一包含刀具长度补偿指令的程序，其刀具运动过程如图13-13所示。

```
H01=-4.0（偏置值）
N10 G91 G00 X120.0 Y80.0 M03 S500;
N20 G43 Z-32.0 H01;
N30 G01 Z-21.0 F1000;
N40 G04 P2000;
N50 G00 Z21.0;
N60 X30.0 Y-50.0;
N70 G01 Z-41.0;
```

```
N80 G00 Z41.0;
N90 X50.0 Y30.0;
N100 G01 Z-25.0;
N110 G04 P2000;
N120 G00 Z57.0 H00;
N130 X-200.0 Y-60.0;
N140 M05;
N150 M30;
```

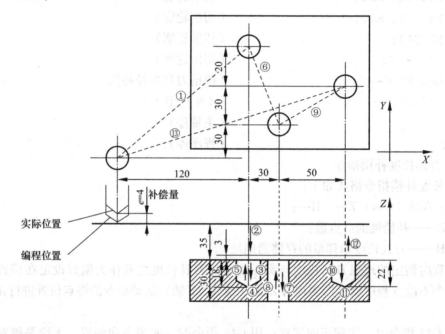

图 13-13 刀具长度补偿

由于偏置号的改变而造成偏置值的改变时,新的偏置值并不加到旧偏置值上。例如,H01 的偏置值为 20.0,H02 的偏置值为 30.0 时:

G90 G43 Z100.0 H01;　　Z 将达到 120.0
G90 G43 Z100.0 H02;　　Z 将达到 130.0

刀具长度补偿同时只能加在一个轴上,在必须进行刀具长度补偿轴的切换时,要取消一次刀具长度补偿。

(8) 孔加工固定循环指令概述

孔加工固定循环指令有 G73、G74、G76、G80~G89,通常由下述 6 个动作构成,如图 13-14 所示,图中实线表示切削进给,虚线表示快速进给。

动作 1：X、Y 轴定位；
动作 2：快速运动到 R 点（参考点）；
动作 3：孔加工；
动作 4：在孔底的动作；

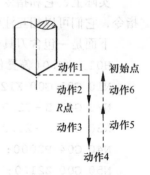

图 13-14 钻孔循环

动作 5：退回到 R 点（参考点）；
动作 6：快速返回到初始点。
固定循环的程序格式如下：

G98（或 G99）G73（或 G74 或 G76 或 G80~G89）X… Y… Z… R… Q… P… I… J… K… F… L…；

程序中，第一个 G 代码（G98 或 G99）指定返回点平面，G98 为返回初始平面，G99 为返回 R 点平面；第二个 G 代码为孔加工方式，即固定循环代码 G73、G74、G76 和 G81~G89 中的任一个。固定循环的数据表达形式可以用绝对坐标（G90）和相对坐标（G91）表示，分别如图 13-15（a）和图 13-15（b）所示。数据形式（G90 或 G91）在程序开始时就已指定，因此，在固定循环程序格式中可不写出。X、Y 为孔位数据，指被加工孔的位置；Z 为 R 点到孔底的距离（G91 时）或孔底坐标（G90 时）；R 为初始点到 R 点的距离（G91 时）或 R 点的坐标值（G90 时）；Q 指定每次进给深度（G73 或 G83 时）或指定刀具位移增量（G76 或 G87 时）；P 指定刀具在孔底的暂停时间；I、J 指定刀尖向反方向的移动量；K 指定每次退刀（G76 或 G87 时）刀具位移增量；F 为切削进给速度；L 指定固定循环的次数。G73、G74、G76 和 G81~G89、Z、R、P、F、Q、I、J 都是模态指令。G80、G01~G03 等代码可以取消固定循环。

在固定循环中，定位速度由前面的指令速度决定。

1）高速深孔加工循环 G73。

该固定循环用于 Z 轴的间歇进给，使深孔加工时容易排屑，减少退刀量，提高加工效率。q 值为每次的进给深度，退刀采用快速方式，其值 K 为每次的退刀量。G73 指令动作循环如图 13-16 所示。

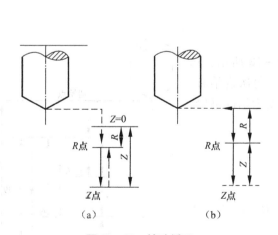

图 13-15 钻孔循环

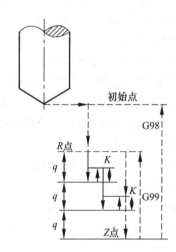

图 13-16 G73 指令动作

```
% O0073;
N10 G92 X0 Y0 Z80;
N20 G00 Z10;
N30 G98 G73 G90 X100 G90 R40 P2 Q-10 K5 G90 Z0 L2 F200;
N40 G00 X0 Y0 Z80;
```

265

N50 M02;

注意：如果 Z、K、Q 移动量为零，则该指令不执行。

2) 钻孔循环（钻中心孔）G81。

G81 指令的循环动作如图 13-17 所示，包括 X、Y 坐标定位，快进，工进和快速返回等动作。

例：钻孔的程序如下

%O0081;
N10 G92 X0 Y0 Z80;
N15 G00 -Z10;
N20 G99 G81 G90 X100 G90 R40 G90 Z0 P2 F200 I2;
N30 G90 G00 X0 Y0 Z80;
N40 M02;

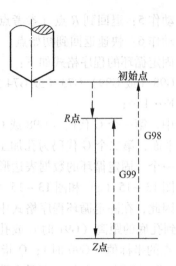

图 13-17　G81 指令循环动作

注意：如果 Z 的移动位置为零，则该指令不执行。

3) 带停顿的钻孔循环 G82。

该指令除了要在孔底暂停外，其他动作与 G81 相同，暂停时间由地址 P 给出。此指令主要用于加工盲孔，以提高孔深精度。

%O0082;
N10 G92 X0 Y0 Z80;
N20 G99 G82 G90 X100 G90 R40 P2 G90 Z0 F200 I2;
N30 G90 G00 X0 Y0 Z80;
N40 M02;

4) 深孔加工循环 G83。

深孔加工指令 G83 的循环动作如图 13-18 所示，每次进刀量用地址 Q 给出，其值 q 为增量值。每次进给时，应在距已加工面 d (mm) 处将快速进给转换为切削进给，d 是由参数确定的。

例：加工某深孔的程序如下

%O0083;
N10 G92 X0 Y0 Z80;
N20 G99 G83 G91 X100 G90 R40 P2 Q-10 K5 Z0 F200 I2;
N30 G90 G00 X0 Y0 Z80;
N40 M02;

注意：如果 Z、Q、K 的移动量为零，则该指令不执行。

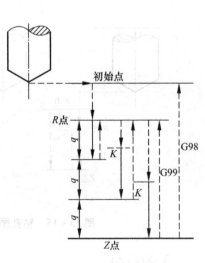

图 13-18　G83 指令循环动作

5) 精镗循环 G76。

G76 指令的循环动作如图 13-19 所示。精镗时，主轴在孔底定向停止后，向刀尖反方向移动,然后快速退刀,退刀位置由 G98 和 G99 决定。这种带有让刀的退刀不会划伤已加工平面,保证了镗孔精度。刀尖反向位移量用地址 Q 指定,其值只能为正值。Q 值是模态的,位移方向由 MDI 设定,可为 ±X、±Y 中的任一个。

例:精镗孔的程序如下

%O0076;

N10 G92 X0 Y0 Z80;

N20 G99 G76 G91 X100 G91 R-40 P2 I-20 G91 Z-40 I2 F200;

N30 G00 X0 Y0 Z80;

N40 M02;

注意:如果 Z、Q、K 移动量为零,则该指令不执行。

6) 镗孔循环 G86(图 13-20)。

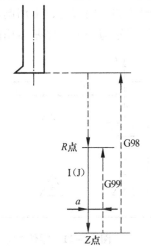

图 13-19 G76 指令循环动作

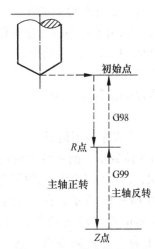

图 13-20 镗孔循环 G86

G86 指令与 G81 相同,但在孔底时主轴停止,然后快速退回。

%O0086;

N10 G92 X0 Y0 Z80;

N20 G98 G86 G90 X100 G90 R40 Q-10 K5 P2 G90 Z0 F200 I2;

N30 G90 G00 X0 Y0 Z80;

N40 M02;

注意:如果 Z 的移动位置为零,则该指令不执行。

7) 取消固定循环 G80。

该指令能取消固定循环,同时 R 点和 Z 点也被取消。

使用固定循环指令时应注意以下几点:

①在固定循环中,定位速度由前面的指令决定。

②固定循环指令前应使用 M03 或 M04 指令使主轴回转。

③各固定循环指令中的参数均为非模态值,因此每句指令的各项参数应写全。在固定循环程序段中,X、Y、Z、R 数据应至少指令一个才能进行孔加工。

④控制主轴回转的固定循环(G74、G84、G86)中,如果连续加工一些孔间距较小,

或者初始平面到 R 点平面的距离比较短的孔，则会出现在进入孔的切削动作前主轴还没有达到正常转速的情况，遇到这种情况时，应在各孔的加工动作之间插入 G04 指令，以获得时间。

⑤用 G00～G03 指令之一注销固定循环时，若 G00～G03 指令之一和固定循环出现在同一程序段，且程序格式为

G00（G02，G03） G… X… Y… Z… R… Q… P… I… J… F… L…

则按 G00（或 G02，G03）进行 X、Y 移动。

⑥在固定循环程序段中，如果指定了辅助功能 M，则在最初定位时送出 M 信号，等待 M 信号完成，才能进行加工循环。

⑦固定循环中定位方式取决于上次是 G00 还是 G01，因此如果希望快速定位，则在上一程序段或本程序段加 G00。

（9）子程序调用

编程时，为了简化程序的编制，当一个工件上有相同的加工内容时，常用调用子程序的方法进行编程。调用子程序的程序叫作主程序。子程序的编号与一般程序基本相同，只是程序结束字为 M99 表示子程序结束，并返回到调用子程序的主程序中。

调用子程序的编程格式为

M98 P…;

程序中　P——子程序调用情况。

P 后共有 8 位数字，前 4 位为调用次数，省略时为调用一次；后 4 位为所调用的子程序号。

例：如图 13-21 所示，在一块平板上加工 6 个边长为 10 mm 的等边三角形，每边的槽深为 2 mm，工件上表面为 Z 向零点，其程序的编制就可以采用调用子程序的方式来实现（编程时不考虑刀具补偿）。

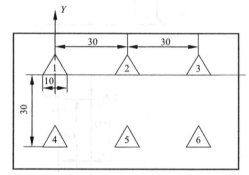

图 13-21　零件图样

主程序：
O0010;
N10 G54 G90 G01 Z40 F2000;　　　（进入工件加工坐标系）
N20 M03 S800;　　　　　　　　　（主轴启动）
N30 G00 Z3;　　　　　　　　　　（快进到工件表面上方）
N40 G01 X0 Y8.66;　　　　　　　（到 1 号三角形上顶点）
N50 M98 P20;　　　　　　　　　（调 20 号切削子程序切削三角形）
N60 G90 G01 X30 Y8.66;　　　　（到 2 号三角形上顶点）
N70 M98 P20;　　　　　　　　　（调 20 号切削子程序切削三角形）
N80 G90 G01 X60 Y8.66;　　　　（到 3 号三角形上顶点）
N90 M98 P20;　　　　　　　　　（调 20 号切削子程序切削三角形）
N100 G90 G01 X0 Y-21.34;　　　（到 4 号三角形上顶点）
N110 M98 P20;　　　　　　　　（调 20 号切削子程序切削三角形）
N120 G90 G01 X30 Y-21.34;　　（到 5 号三角形上顶点）
N130 M98 P20;　　　　　　　　（调 20 号切削子程序切削三角形）

```
N140 G90 G01 X60 Y-21.34;        （到6号三角形上顶点）
N150 M98 P20;                    （调20号切削子程序切削三角形）
N160 G90 G01 Z40 F2000;          （抬刀）
N170 M05;                        （主轴停）
N180 M30;                        （程序结束）
子程序：
O0020;
N10 G91 G01 Z-2 F100;            （在三角形上顶点切入（深）2 mm）
N20 G01 X-5 Y-8.66;              （切削三角形）
N30 G01 X10 Y0;                  （切削三角形）
N40 G01 X5 Y8.66;                （切削三角形）
N50 G01 Z5 F2000;                （抬刀）
N60 M99;                         （子程序结束）
```

13.1.3 数控铣床自动编程简介

1. CAM 概述

计算机辅助制造（CAM）是数控加工技术发展的必然需求，它为解决复杂曲面加工编程问题提供了有效的解决途径。CAM 是利用 CAD 产生的几何模型，应用 CAM 自动生成 NC 加工机床所需的控制程序，因此，CAM 程序是依赖 CAD 的 NC 加工自动编程系统。

2. 自动编程的特点

图形交互式自动编程是一种全新的编程方法，与手工编程相比有以下特点。

1）这种编程方法不像手工编程那样需要计算各节点的坐标数据，而是在计算机上直接面向零件的几何模型，以鼠标定位、菜单选择、对话框交互输入等方式进行编程，其结果也以图形方式显示在计算机上。因此，该方法具有简便、直观、准确和便于检索等优点。

2）编程速度快，效率高，准确性好。编程过程中，图形数据的提取、节点数据的计算、程序的编制及输出都是由计算机自动完成的，充分发挥了计算机速度快、准确率高的优点，特别对于复杂零件，更能显示其优点。

3）CAD/CAM 软件都是在计算机上运行的，不需要专门的编程机，便于普及推广。

3. 自动编程的基本步骤

目前，国内外的 CAD/CAM 软件有很多种，其功能和面向用户的接口也不尽相同，但总体来看，编程原理和基本步骤大体是一致的，归纳起来可分为以下几个步骤。

1）零件图样及加工工艺分析。
2）几何造型。
3）刀位轨迹的计算及生成。
4）模拟仿真。
5）后置处理。
6）程序输出。

下面以国产 CAXA 制造工程师 2006 为例进行一个简单零件的设计与编程，了解其工作过程。

1）打开 CAXA 制造工程师软件，然后选择"文件"—"打开"，浏览到 CAXA 制造工程师安装目录下的 C:\CAXA\CAXAME\Samples，打开里面的五角星文件，如图 13-22 所示。

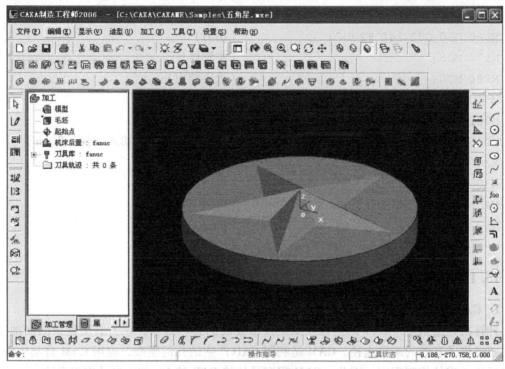

图 13-22　五角星零件

2) 设置加工栏的加工参数（绘图区的左侧，包括模型、毛坯、起始点、机床后置等），如图 13-23 所示。

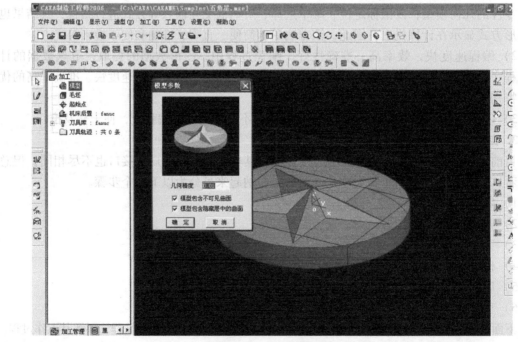

图 13-23　加工参数设置

3) 选择菜单栏的加工—粗加工—等高线粗加工，设置相应的参数，按照信息提示栏的信息在绘图区进行相应的操作后生成刀具轨迹，如图 13-24 所示。

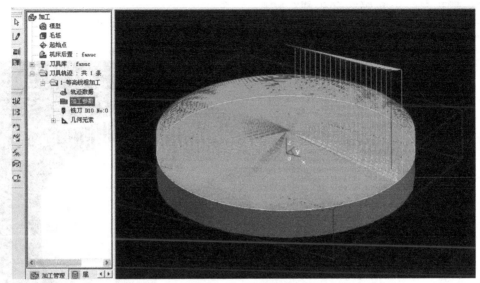

图 13-24 加工编程

4) 用计算机进行模拟仿真加工，如图 13-25 所示。

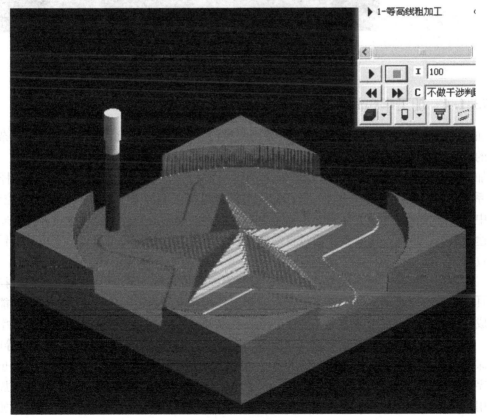

图 13-25 模拟仿真

5) 生成 G 代码程序，如图 13-26 所示。

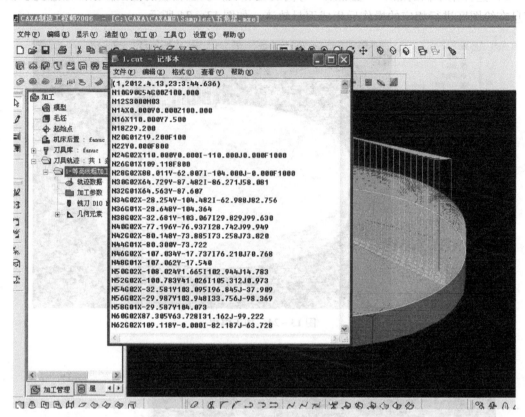

图 13-26　生成 G 代码

13.1.4　加工中心简介

加工中心（Machining Center，MC）是由机械设备与数控系统组成的用于加工复杂形状工件的高效率自动化机床。

加工中心最初是从数控铣床发展而来的。与数控铣床相同的是，加工中心同样是由 CNC 系统、伺服系统、机械本体、液压系统等部分组成。但加工中心又不等同于数控铣床，加工中心与数控铣床的最大区别在于加工中心具有自动交换刀具的功能，通过在刀库安装不同用途的刀具，可在一次装夹中通过自动换刀装置改变主轴上的加工刀具，实现钻、镗、铰孔，攻螺纹，切槽等多种加工功能。

工件在加工中心上经一次装夹后，NC 系统能控制机床按不同加工工序，自动选择及更换刀具，自动改变机床主轴转速、进给速度和刀具相对工件的运动轨迹及其他辅助功能，依次完成工件多个面上多工序的加工。加工中心有多种换刀或选刀功能，从而使生产效率大大提高。加工中心由于工序的集中和自动换刀，减少了工件的装夹、测量和机床调整等时间，使机床的切削时间达到机床开动时间的 80% 左右（普通机床仅为 15% ~ 20%）；同时也减少了工序之间的工件周转、搬运和存放时间，缩短了生产周期，具有明显的经济效益。加工中心适用于零件形状比较复杂、精度要求较高、产品更换频繁的中小批量生产。与立式加工中心相比较，卧式加工中心结构复杂，占地面积大，价格也较高，而且卧式加工中心在加工时不便观察，零件装夹和测量时不方便，但加工时排屑容易，对加工有利。

13.2 技能训练

13.2.1 铣削内外轮廓

如图 13-27 所示，在一块长 100 mm、宽 60 mm、高 5 mm 的亚克力板上加工 NC 字母及包围这两个字母的槽，槽深及槽宽都为 2 mm，其余尺寸见图 13-27，用直径为 φ2 mm 的立铣刀加工，编写其加工程序。（图中 O 点为编程原点。）

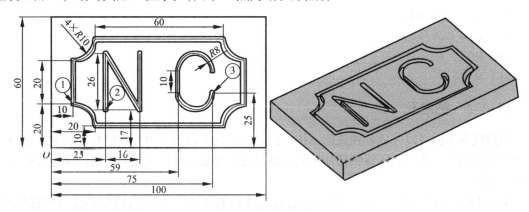

图 13-27　平面轮廓加工

```
O0010;
N10  G17 G21 G40 G49 G80;              (机床初始化)
N12  G90 G54 G00 X10 Y20;              (刀具定位到 1 点上方，先准备加工外轮廓)
N14  M03 S8000;                        (主轴正转，转速为 8 000 r/min)
N16  G00 Z2;
N18  G01 Z-2 F300;                     (刀具在 1 点切入 2 mm 深)
N20  G01 Y40 F800;                     (逆时针方向向上加工)
N22  G03 X20 Y50 R10;
N24  G01 X80;
N26  G03 X90 Y40 R10;
N28  G01 Y20;
N30  G03 X80 Y10 R10;
N32  G01 X20;
N34  G03 X10 Y20 R10;
N36  G00 Z2;                           (外轮廓加工完毕，抬刀)
N38  G00 X25 Y17;                      (刀具定位到 2 点上方)
N40  G01 Z-2 F300;
N42  G91 G01 Y26 F800;                 (根据图中标注的尺寸，用 G91 相对尺寸指令编
                                        程更简单)
```

```
N44 X16 Y-26;
N46 Y26;
N48 G90 Z2;
N50 G00 X75 Y25;          （刀具定位到 3 点上方）
N52 G01 Z-2 F300;
N54 G03 X59 R8 F800;
N56 G01 Y35;
N58 G03 X75 R8;
N60 G00 Z100;
N62 G91 G28 Z0;
N64 G91 G28 Y0;
N66 M05;
N68 M30;
```

13.2.2　钻削孔

数控铣床不但可以完成各种铣削工作，同时因其具有较高的重复定位精度，对于位置精度要求较高的孔，普通的划线钻孔加工无法满足加工要求时可以采用数控铣床来进行高精度的钻孔工作。

如图 13-28 所示零件，法兰零件中有待加工的孔共 6 个，以圆的中心作为编程原点，试用数控铣床编程进行加工。

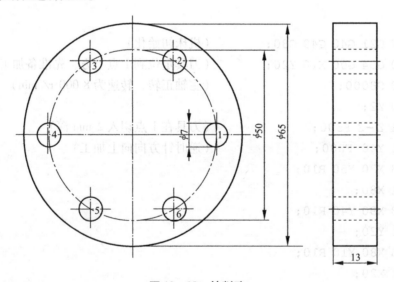

图 13-28　钻削孔

方法一：使用极坐标编程方式编程。
```
O0010;
N10 G16 G17 G21 G40 G49 G80;    （G16 为极坐标编程方式，初始化机床）
N20 G90 G54 G00 X25 Y0;         （定位到第一个孔中心，X25 为半径 25，Y0 是与 X
```

轴正半轴夹角为0°)

N30 M03 S800;
N40 G00 Z5;
N50 G99 G81 X25 Y0 Z-15 R2 F40;
N60 X25 Y60;
N70 X25 Y120;
N80 X25 Y180;
N90 X25 Y240;
N100 X25 Y300;
N110 G80;
N120 G15;
N130 G91 G28 Z0;
N140 G91 G28 Y0;
N150 M05;
N160 M30;

方法二：使用直角坐标编程，各孔中心坐标如表13-2所示。

表13-2　各孔中心坐标

孔序号	X 坐标	Y 坐标
1	25	0
2	12.5	21.651
3	-12.5	21.651
4	-25	0
5	-12.5	-21.651
6	12.5	-21.651

O0010;
N10 G17 G21 G40 G49 G80;
N20 G90 G54 G00 X25 Y0;　　　　　　（定位到第一个孔中心）
N30 M03 S800;
N40 G00 Z5;
N50 G99 G81 X25 Y0 Z-15 R2 F40;
N60 X12.5 Y21.651;
N70 X-12.5 Y21.651;
N80 X-25 Y0;
N90 X-12.5 Y-21.651;
N100 X12.5 Y-21.651;
N110 G80;
N120 G91 G28 Z0;

N130 G91 G28 Y0;
N140 M05;
N150 M30;

13.2.3 数控铣综合技能训练

如图 13-29 所示，工件给定的毛坯为 45 钢，毛坯尺寸 86 mm×55 mm×10 mm，工件形状规则，可用通用平口钳装夹，编程坐标原点设在工件上表面中心位置。

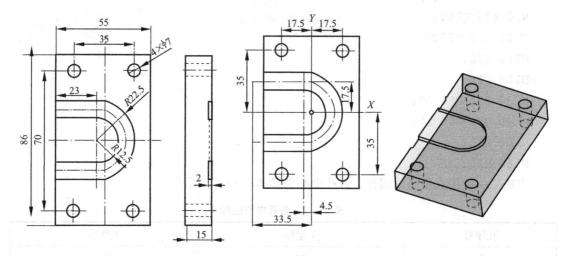

图 13-29 数控铣综合训练

1) 分析图中加工内容共两项，一个 10 mm 宽、2 mm 深的槽和四个直径为 $\phi 7$ mm 的孔，两加工内容不干涉，这里先加工槽、后加工孔。

2) 选择加工用刀具、刀具长度补偿以及切削用量如表 13-3 所示。

表 13-3 加工刀具、刀具长度补偿及切削用量

刀具名称及刀号	刀具补偿地址	主轴转速 $S/$ (r·min^{-1})	进给速度 $F/$ (mm·min^{-1})
$\phi 10$ 立铣刀 T_1	H01	600	60
$\phi 2.5$ 中心钻 T_2	H02	1 200	40
$\phi 7$ 钻头 T_3	H03	800	60

加工程序如下：
O0020;
（机床主轴先安装好 1 号刀具）
N20 G17 G21 G40 G49 G80;   （初始化机床）
N30 G90 G54 G00 X-33.5 Y17.5;
N40 M3 S600;
N50 G00 G43 Z-2 H01;
N60 G01 X-4.5 F60;
N70 G02 Y-17.5 R17.5;

N80 G01 X-33.5;
N90 G00 Z100;
N100 M05;
N110 M00;   (程序暂停，手动更换2号刀具)
N120 G90 G54 G00 X-17.5 Y35;
N130 M03 S1200;
N140 G00 G43 Z5 H02;
N150 G99 G81 X-17.5 Y35 Z-3 R2 F40;
N160 X17.5 Y35;
N170 X17.5 Y-35;
N180 X-17.5 Y-35;
N190 G80;
N200 G00 Z100
N210 M05;
N220 M00;   (程序暂停，手动更换3号刀具)
N230 G90 G54 G00 X-17.5 Y35;
N240 M03 S800;
N250 G00 G43 Z5 H03;
N260 G99 G81 X-17.5 Y35 Z-18 R2 F60;
N270 X17.5 Y35;
N280 X17.5 Y-35;
N290 X-17.5 Y-35;
N300 G80;
N310 G00 Z100;
N310 G91 G28 Z0;
N320 G91 G28 Y0;
N330 M05;
N340 M30;

思考与练习题

用 SV-41 立式加工中心加工如图 13-30 所示铝合金零件，毛坯尺寸 100 mm × 100 mm × 50 mm 已预先加工好，试编写加工程序。

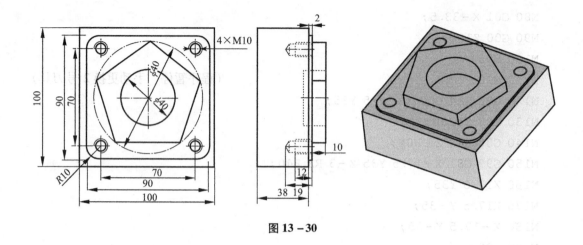

图 13–30

第 14 章
特 种 加 工

14.1 特种加工概述

14.1.1 特种加工的产生与发展

特种加工是相对于传统的刀具切削加工而言的，它是直接利用电能、磁能、声能、光能、化学能等或它们的能量组合形式进行加工成型的一类工艺方法的总称。特种加工的方法很多，常用的有电火花线切割加工、电火花成型加工、超声波加工和激光加工等。

传统的切削加工具备两个基本条件：一是刀具材料的硬度必须大于工件材料的硬度；二是刀具和工件都必须具有一定的刚度和强度，以承受切削过程中不可避免的切削力。传统的机械加工方法绝大多数需要通过高速大功率的主运动（动能）、中低速进给运动和吃刀运动（即切削加工三要素）的配合来完成，相比而言，特种加工多数工艺方法不需要主运动，有的也不需要进给运动和吃刀运动。

随着工业生产和科学技术的发展，具有高硬度、高强度、高脆性、高韧性、高熔点等性能的新材料不断出现，具有各种细微结构与特殊工艺要求的零件越来越多，用传统的切削加工方法很难对其进行加工，因此，特种加工方法应运而生。特种加工是 20 世纪 40 年代至 60 年代发展起来的新工艺，目前仍在不断革新和发展中。

在发展过程中也形成了某些介于常规机械加工和特种加工工艺之间的过渡性工艺。例如在切削、磨削、研磨过程中引入超声振动或低频振动的切削，在切削过程中通以低电压、大电流的导电切削、加热切削以及低温切削等。这些加工方法是在切削加工的基础上发展起来的，目的是改善切削条件，基本上还属于切削加工。

14.1.2 特种加工的特点

1）对工件材料的去除主要靠（电）化学能、热能等而非依靠机械动能；
2）加工过程中，工具和工件之间不需要接触，不存在显著的机械切削力；
3）工具的硬度可以比加工的工件更低，可以做到"以柔克刚"；
4）可与传统加工工艺复合，形成复合加工工艺，例如电化学机械加工工艺。

14.1.3 特种加工的分类

特种加工的分类还没有明确的规定，一般可按表 14-1 所示的能量来源和作用形式以及加工原理来划分。

表14-1 常用特种加工方法分类

特种加工方法		能量来源和作用形式	加工原理	英文缩写
电火花加工	电火花成型加工	电能、热能	熔化、气化	EDM
	电火花线切割加工	电能、热能	熔化、气化	WEDM
	短电弧加工	电能、热能	熔化、气化	SEDM
电化学加工	电解加工	电化学能	金属离子阳极溶解	ECM
	电解磨削	电化学能、机械能	阳极溶解、磨削	EGM
	电解研磨	电化学能、机械能	阳极溶解、研磨	ECH
	电铸	电化学能	金属离子阴极沉积	EFM
	涂镀	电化学能	金属离子阴极沉积	EPM
激光加工	激光切割、打孔	光能、热能	熔化、气化	LBM
	激光打标	光能、热能	熔化、气化	LBM
	激光处理、表面改性	光能、热能	熔化、相变	LBT
电子束加工	切割、打孔、焊接	电能、热能	熔化、气化	EBM
离子束加工	蚀刻、镀覆、注入	电能、动能	原子撞击	IBM
等离子弧加工	切割	电能、热能	熔化、气化	PAM
超声加工	切割、打孔、雕刻	声能、机械能	磨料高频撞击	USM
化学加工	化学铣削	化学能	腐蚀	CHM
	化学抛光	化学能	腐蚀	CHP
	光刻	光能、化学能	光化学腐蚀	PCM
快速成型	液相固化法	光能、化学能	增材法加工	SL
	粉末烧结法	光能、热能		SLS
	纸片叠层法	光能、机械能、电能、热能、机械能		LOM
	熔丝堆积法			FDM

14.1.4 特种加工的应用

特种加工主要应用于下列场合：

1）加工各种高硬度、高强度、高脆性、高韧性等难加工材料，如耐热钢、不锈钢、淬硬钢、钛合金、硬质合金、陶瓷、宝石、聚晶金刚石、锗和硅等。

2）加工各种形状复杂的零件及细微结构，如热锻模、注塑模、冲模、冷拔模等的型腔和型孔，喷气涡轮的叶片、喷油嘴、喷丝头的微小型孔等。

3）加工各种有特殊要求的精密零件，如特别细长的低刚度螺杆、精度和表面质量要求特别高的陀螺仪等。

14.2　电火花线切割加工基本知识

电火花线切割加工（Wire Cut Electrical Discharge Machining，WCEDM）是在电火花加工基础上于 20 世纪 50 年代末在苏联发展起来的一种新的工艺形式，由于其加工过程是利用线状电极靠火花放电对工件进行切割，故称电火花线切割，简称线切割。目前，国内外的线切割机床已占电加工机床的 60% 以上。

14.2.1　电火花线切割加工原理

线切割加工的基本原理与电火花成型加工相同，但加工方式不同，它是利用连续移动的细金属导线（称作电极丝、铜丝或钼丝）作为工具电极（接高频脉冲电源的负极），对工件（接高频脉冲电源的正极）进行脉冲火花放电，腐蚀工件并切割成型。其加工原理如图 14-1 所示，加上高频脉冲电源后，在工件与电极丝之间产生很强的脉冲电场，使其间的介质被电离击穿，产生脉冲放电。电极丝在储丝筒的作用下做正反向交替（或单向）运动，电极丝和工件之间浇注工作液介质，在机床数控系统的控制下，工作台相对电极丝在水平面两个坐标方向各自按预定的程序根据火花间隙状态做伺服进给运动，从而切割出需要的工件形状。

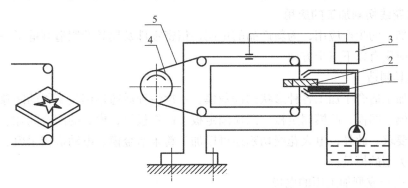

图 14-1　线切割加工原理示意图
1—绝缘底板；2—工件；3—脉冲电源；4—储丝筒；5—电极丝

14.2.2　数控电火花线切割加工的特点及应用

1. 电火花线切割加工的特点

电火花线切割和电火花成型机床不同，线切割是利用线电极来进行加工的。由于切缝较小，因此对工件进行套裁，可有效地利用工件材料，特别适合模具加工。但线切割主要是对通孔进行加工，较适合于冷冲模；而电火花成型机床则主要是对盲孔进行加工，较适合于型腔模。

电火花线切割具有电火花加工的共性，金属材料的硬度和韧性并不影响加工速度，常用来加工淬火钢和硬质合金。对于非金属材料的加工，也正在开展研究。当前绝大多数的线切割机都采用数字程序控制,其工艺特点主要有下列几个。

1)直接利用线状的电极丝作线电极,不需要像电火花成型一样加工成型工具电极,可节约电极设计、制造费用,缩短了生产准备周期。

2)可以加工用传统切削加工方法难以加工或无法加工的微细异形孔、窄缝和形状复杂的工件。

3)利用电蚀原理加工,电极丝与工件不直接接触,两者之间的作用力小,因而工件的变形小,电极丝和夹具不需要太高的强度。

4)传统的车、铣、钻加工中,刀具硬度必须比工件硬度大,而数控电火花线切割机床的电极丝材料不必比工件材料硬,所以可以加工硬度很高或很脆,用一般切削加工方法难以加工或无法加工的材料。在加工中作为刀具的电极丝无须刃磨,可节省辅助时间和刀具费用。

5)直接利用电、热能进行加工,可以方便地对影响加工精度的加工参数(如脉冲宽度、间隔、电流)进行调整,有利于加工精度的提高,便于实现加工过程的自动化控制。

6)电极丝是不断移动的,单位长度损耗少,特别是在慢走丝线切割加工时,电极丝是一次性使用,故加工精度高(可达 ± 2 μm)。

7)加工对象主要是平面形状,当机床上装备能使电极丝做相应倾斜运动的功能后,也可以加工锥面。

8)切缝很窄。依靠计算机对电极丝轨迹的控制和偏移轨迹的计算可方便地调整凹、凸模具的配合间隙,依靠锥度切割功能,有可能实现凸、凹模一次同时加工成型。

2. 电火花线切割加工的应用

线切割加工的生产应用,为新产品的试制、精密零件及模具的制造开辟了一条新的工艺途径,具体应用有以下三个方面。

(1)模具制造

线切割加工适合于加工各种形状的冲裁模,一次编程后通过调整不同的间隙补偿量就可以切割出凸模、凹模、凸模固定板、凹模固定板、卸料板等,模具的配合间隙、加工精度通常都能达到要求。此外,电火花线切割还可以加工粉末冶金模、电动机转子模、弯曲模、塑压模等各种类型的模具。

(2)电火花成型加工用的电极

一般穿孔加工的电极以及带锥度型腔加工的电极,若采用银钨、铜钨合金之类的材料,用线切割加工特别经济,同时也可加工微细、形状复杂的电极。

(3)新产品试制及难加工零件

在试制新产品时,用线切割在坯料上直接切割出零件,由于不需要另行制造模具,故可大大缩短制造周期,降低成本,加工薄件时可多片叠加在一起加工。在零件制造方面,可用于加工品种多、数量少的零件,还可以加工特殊且难加工材料的零件,如凸轮、样板、成型刀具、异形槽、窄缝等。

14.2.3 数控电火花线切割加工机床

1. 数控线切割机床的型号

我国机床型号是根据 GB/T 15375—2008《金属切削机床型号编制方法》的规定进行编

制的,机床型号由汉语拼音字母和阿拉伯数字组成,它表示机床的类别、特性和基本参数。

数控电火花线切割机床型号 DK7740 的含义如下:

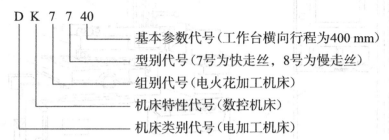

2. 数控线切割机床的分类

线切割加工机床可按多种方法进行分类,通常按电极丝的走丝速度分为快速走丝线切割机床(WEDM – HS)与慢速走丝线切割机床(WEDM – LS)。

(1) 快速走丝线切割机床

快走丝线切割机床的电极丝做高速往复运动,一般走丝速度为 8～10 m/s,是我国独创的电火花线切割加工模式。快走丝线切割机床上运动的电极丝能够双向往返运行,重复使用,直至断丝为止。线电极材料常用直径为 0.1～0.3 mm 的钼丝(有时也用钨丝或钨钼丝)。对小圆角或窄缝切割,也可采用直径为 0.06 mm 的钼丝。

工作液通常采用乳化液。快走丝线切割机床结构简单、价格便宜、生产率高,但由于运行速度快,工作时机床振动较大,钼丝和导轮的损耗快,加工精度和表面粗糙度不如慢走丝线切割机床,其加工精度一般为 0.01～0.02 mm,表面粗糙度 Ra 为 1.25～2.5 μm。

(2) 慢速走丝线切割机床

慢走丝线切割机床走丝速度低于 0.2 m/s,常用黄铜丝(有时也采用紫铜、钨、钼和各种合金的涂敷线)作为电极丝,铜丝直径通常为 0.1～0.35 mm。电极丝仅从一个单方向通过加工间隙,不重复使用,避免了因电极丝的损耗而降低加工精度。同时由于走丝速度慢,机床及电极丝的振动小,因此加工过程平稳,加工精度高,可达 0.005 mm,表面粗糙度 $Ra \leqslant 0.32$ μm。

慢走丝线切割机床的工作液一般采用去离子水、煤油等,生产率较高。

慢走丝机床主要由日本、瑞士等国生产,目前,国内有少数企业引进国外先进技术,与外企合作生产慢走丝机床。

3. 数控线切割机床的结构

(1) 快走丝线切割机床

目前在生产中使用的快走丝线切割机床几乎全部采用数字程序控制,这类机床主要由 NC 系统、脉冲电源、机床本体和工作液循环系统四部分组成,如图 14 – 2 所示。

1) 数控系统。

NC 系统在电火花线切割加工中起着重要作用,具体体现在以下两个方面:

①轨迹控制作用。它精确地控制电极丝相对于工件的运动轨迹,使零件获得所需的形状和尺寸。

②加工控制。它能根据放电间隙大小与放电状态控制进给速度,使之与工件材料的蚀除速度相平衡,保持正常的稳定切割加工。

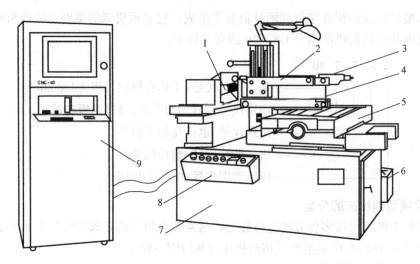

图 14-2　快走丝线切割机床外形

1—运丝机构；2—丝架；3—锥度切割装置；4—电极丝；
5—坐标工作台；6—工作循环系统；7—床身；8—操纵盒；9—NC 系统

目前绝大部分机床采用 NC 控制，并且普遍采用绘图式编程技术，操作者首先在计算机屏幕上画出要加工的零件图形，线切割专用软件（如 HL 软件、CAXA 线切割软件）会自动将图形转化为 G 代码或 3B 代码等线切割程序。

2）脉冲电源。

脉冲电源也叫高频脉冲电源，是机床的核心部件，其作用是把普通的交流电转换成高频率的单向脉冲电流，供给火花放电所需的能量。它正极接在工件上，负极接在电极丝上，当两极间运动到一定距离时，在它们之间产生脉冲放电，腐蚀工件，进行切割加工。

电火花线切割加工的脉冲电源与电火花成型加工作用的脉冲电源原理相同，不过受加工表面粗糙度和电极丝允许承载电流的限制，线切割加工脉冲电源的脉宽较窄（2~60 μs），单个脉冲能量、平均电流（1~5 A）一般较小，所以线切割总是采用正极性加工。

3）机床本体。

机床本体主要由床身、坐标工作台、运丝机构和丝架等几部分组成。

①床身。

床身一般为铸件，是支撑和固定工作台、运丝机构等的基体。因此，要求床身应有一定的刚度和强度，一般采用箱体式结构。床身里面安装有机床电气系统、脉冲电源、工作液循环系统等元器件，以减少占地面积。

②坐标工作台。

坐标工作台用来固定被加工工件，一般采用"十"字滑板、滚动导轨和丝杠传动副将电动机的旋转运动变为工作台的直线运动，通过两个坐标方向各自的进给移动，可合成获得各种平面图形曲线轨迹。

③运丝机构。

运丝机构用来带动电极丝按一定线速度运动，并将电极丝整齐地排绕在储丝筒上，它由储丝筒和运丝电动机两部分组成。

④丝架。

丝架主要是在电极丝快速移动时，对电极丝起支撑作用，并使电极丝工作部分与工作台平面保持垂直。为获得良好的工艺效果，上、下丝架之间的距离应尽可能小。

为了实现锥度加工，最常见的方法是在上丝架的导轮上加两个小步进电动机，使上丝架的导轮做微量坐标移动（又称 U、V 轴移动），其运动轨迹由计算机控制。

4）工作液循环系统。

工作液循环系统由工作液、工作液箱、工作液泵、流量控制阀、进液管、回液管和过滤装置等组成。目前绝大部分快走丝机床使用专用乳化液作为工作液，其主要作用有以下几点。

①绝缘作用。电极丝与工件之间必须有一定性能的绝缘介质才能产生火花击穿和脉冲放电，放电后要迅速恢复绝缘状态，否则会转化成稳定持续的电弧放电，烧断电极丝，影响加工表面质量。

②排屑作用。把加工过程中产生的电蚀产物及时从加工区域中排除，并连续、充分地供给清洁的工作液，以保证脉冲放电过程稳定而顺利地进行。

③冷却作用。用来冷却工具电极和被加工工件，防止工件热变形，保证表面质量，并提高电阻能力。

(2) 慢走丝线切割机床

同快走丝线切割机床一样，慢走丝线切割机床也是由机床本体、脉冲电源、NC 系统等部分组成。但慢走丝线切割机床的性能大大优于快走丝线切割机床，其结构具有以下特点。

1）本体结构。

①机头结构。

机床和锥度切割装置（U、V 轴部分）实现了一体化，并采用了桁架铸造结构，从而大幅度地强化了刚度。

②主要部件。

精密陶瓷材料大量用于工作臂、工作台固定板、工件固定架、导丝装置等主要部件，形成了高刚度和不易变形的结构。

③工作液循环系统。

慢走丝线切割机床大多数采用去离子水作为工作液，所以有的机床（如北京阿奇）带有去离子系统。在较精密加工时，慢走丝线切割机床采用绝缘性能较好的煤油作为工作液。

2）走丝系统。

慢走丝线切割机床的电极丝在加工中是单方向运动（即电极丝是一次性使用）的。在走丝过程中，电极丝由储丝筒出丝，由电极丝输送轮收丝。慢走丝系统一般由储丝筒、导丝机构、导向器、张紧轮、压紧轮、圆柱滚轮、断丝检测器、电极丝输送轮和其他辅助件（如毛毡、毛刷）等组成。

3）脉冲电源。

慢走丝线切割机床的开路电压是 380 V，工作电流为 1~32 A。

14.2.4　数控电火花线切割加工工艺基础

1. 线切割加工主要工艺指标

(1) 切割速度

线切割加工中的切割速度是指在保证一定的表面粗糙度的切割过程中,单位时间内电极丝中心线在工件上切过的面积总和,单位为 mm²/min。切割速度是反映加工效率的一项重要指标,通常快走丝线切割加工的切割速度为 40~80 mm²/min,慢走丝线切割加工的切割速度最大可为 350 mm²/min。

(2) 表面粗糙度

线切割加工中的工件表面粗糙度通常用轮廓算术平均偏差 Ra 值表示。快走丝线切割的表面粗糙度 Ra 一般为 1.25~2.5 μm,最佳也只在 1 μm 左右。慢走丝线切割的表面粗糙度 Ra 一般可达 1.25 μm,最佳可达 0.2 μm。

(3) 加工精度

加工精度是指所加工工件的尺寸精度、形状精度和位置精度的总称。加工精度是一项综合指标,它包括切割轨迹的控制精度、机械传动精度、工件装夹定位精度等,其影响因素有脉冲电源参数的波动、电极丝的直径误差、损耗与抖动、工作液脏污程度的变化、加工操作者的熟练程度等。快走丝线切割的可控加工精度在 0.01~0.02 mm,慢走丝线切割加工精度可达 0.005~0.002 μm。

(4) 电极丝损耗量

对快走丝机床,电极丝损耗量用电极丝在切割 10 000 mm² 面积后电极丝直径的减少量来表示。一般切割 10 000 mm² 面积后电极丝直径减小量不应大于 0.01 mm。对慢走丝机床,由于电极丝是一次性使用的,故电极丝损耗量可以忽略不计。

2. 影响线切割加工工艺指标的因素

(1) 电参数对工艺指标的影响

1) 放电峰值电流 I_p。

I_p 是决定单脉冲能量的主要因素之一。I_p 增大时,单个脉冲能量亦大,线切割速度迅速提高,但表面粗糙度变差,电极丝损耗比加大甚至容易断丝。粗加工及切割较厚工件时应取较大的放电峰值电流,精加工时应取较小的放电峰值电流。

I_p 不能无限制增大,当其达到一定临界值后,若再继续增大峰值电流,则加工的稳定性变差,加工速度明显下降,甚至断丝。

2) 脉冲宽度 T_{on}。

T_{on} 主要影响切割速度和表面粗糙度 Ra 值。在其他条件不变的情况下,T_{on} 增大时,单个脉冲能量增多,切割速度提高,但表面粗糙度变差。这是因为当 T_{on} 增大时,单个脉冲放电能量增大,放电痕迹变大。同时,随着脉冲宽度的增加,电极丝损耗也变大。因为脉冲宽度增加,正离子对电极丝的轰击加强,结果使得接负极的电极丝损耗变大。

当 T_{on} 增大到一临界值后,线切割加工速度将随脉冲宽度的增大而明显减小。因为当脉冲宽度达到一临界值后,加工稳定性变差,从而影响加工速度。

一般粗加工时取较大的脉宽,精加工时取较小的脉宽,切割厚度较大的工件时取较大的脉宽。

3) 脉冲间隔 T_{off}。

T_{off} 直接影响平均电流。T_{off} 减小时平均电流增大,切割速度加快,但 T_{off} 过小,放电产物来不及排除,放电间隙来不及充分消除电离,会引起电弧和断丝。当然,也不是说脉冲间隔越大,加工就越稳定。T_{off} 过大会使加工速度明显降低,严重时不能连续进给,加工变得不稳定。一般粗加工及切割厚度较大的工件时脉冲间隔取宽些，而精加工时取窄些。

4）开路电压 V_0。

开路电压增大时，放电间隙增大，排屑容易，提高了切割速度和加工稳定性，但易造成电极丝振动，工件表面粗糙度变差，加工精度有所降低。通常精加工时取的开路电压比粗加工时低，切割厚度较大的工件时取较高的开路电压，一般 $V_0 = 60 \sim 150$ V。

(2) 非电参数对工艺指标的影响

1）电极丝材料和直径的影响。

目前，电火花线切割加工使用的电极丝材料有钼丝、钨丝、钨钼合金丝、黄铜丝、铜钨丝等。

采用钨丝加工时，可获得较高的加工速度，但放电后丝质易变脆，容易断丝，故应用较少，只在慢走丝弱规准加工中尚有使用。钼丝比钨丝熔点低，抗拉强度低，但韧性好，在频繁的急热急冷变化过程中，丝质不易变脆，不易断丝。

钨钼丝加工效果比前两种都好，它具有钨、钼两者的特性，使用寿命和加工速度都比钼丝高。铜钨丝有较好的加工效果，但抗拉强度差些，价格比较昂贵，来源较少，故应用较少。

采用黄铜丝作电极丝时，加工速度较高，加工稳定性好，但抗拉强度差、损耗大。

电极丝的直径是根据加工要求和工艺条件选取的。在加工要求允许的情况下，可选用直径大些的电极丝。直径大，抗拉强度大，承受电流大，可采用较强的电规准进行加工，能够提高输出的脉冲能量，提高加工速度。同时，电极丝粗，切缝宽，放电产物排除条件好，加工过程稳定，能提高脉冲利用率和加工速度。若电极丝直径过大，则难以加工出内尖角工件，降低了加工精度，同时切缝过宽使材料的蚀除量变大，加工速度也有所降低；若电极丝直径过小，则抗拉强度低，易断丝，而且切缝较窄，放电产物排除条件差，加工经常出现不稳定现象，导致加工速度降低。细电极丝的优点是可以得到较小半径的内尖角，加工精度可以相应提高。

一般快走丝线切割加工中广泛使用钼丝作为电极丝，其直径一般选用 $\phi 0.08 \sim 0.20$ mm；慢走丝线切割加工中广泛使用黄铜丝作为电极丝，其直径一般选用 $\phi 0.12 \sim 0.30$ mm。

2）走丝速度的影响。

走丝速度会影响加工速度。对于快走丝线切割机床，在一定的范围内，随着走丝速度的提高，有利于脉冲结束时放电通道迅速消电离。同时，高速运动的电极丝能把工作液带入厚度较大工件的放电间隙中，有利于排屑和放电加工稳定进行，故在一定加工条件下，随着走丝速度的增大，加工速度提高。快走丝线切割加工时的走丝速度一般以小于 10 m/s 为宜。对于慢速走丝线切割加工，因为电极丝张力均匀，振动较小，因而加工稳定性好，表面粗糙度低且加工精度高。

3）变频、进给速度的影响。

预置进给速度的调节，应紧密跟踪工件蚀除速度，如果预置进给速度调得太快，超过工件可能的蚀除速度，会出现频繁的短路现象，切割速度反而低，表面粗糙度也差，上下端面切缝呈焦黄色，甚至可能断丝；反之，进给速度调得太慢，大大落后于工件的蚀除速度，极间将偏于开路，有时会时而开路时而短路，上下端面切缝呈焦黄色。

4）工件材料及厚度的影响。

工艺条件大体相同的情况下，工件材料的化学、物理性能不同，加工效果也将会有较大差异。通常切割铜、铝、淬火钢等材料时加工比较稳定，切割速度也较快；而切割不锈钢、磁钢、硬质合金等材料时，加工不太稳定，切割速度较慢。对淬火后低温回火的工件用电火花线切割进行大面积去除金属和切断加工时，会发生变化而产生很大变形，影响加工精度，甚至在切割过程中造成材料突然开裂。

工件厚度对工作液进入和流出加工区域以及电蚀产物的排除、通道的消电离等都有较大的影响。同时，电火花通道压力对电极丝抖动的抑制作用也与工件厚度有关。这样，工件厚度对电火花加工稳定性和加工速度必然产生相应的影响。工件材料薄，工作液容易进入且充满放电间隙，对排屑和消电离有利，加工稳定性好。但是若工件太薄，对固定丝架来说，电极丝从工件两端面到导轮的距离大，易发生抖动，对加工精度和表面粗糙度带来不良影响，且脉冲利用率低，切割速度下降。若工件材料太厚，工作液难以进入且充满放电间隙，这样对排屑和消电离不利，加工稳定性差。

5）工作液的影响。

在相同的工作条件下，采用不同的工作液可以得到不同的加工速度和表面粗糙度。电火花线切割加工的切割速度与工作液的介电系数、流动性、洗涤性等有关。快走丝线切割机床的工作液有煤油、去离子水、乳化液、洗涤剂液、酒精溶液等。但由于煤油、酒精溶液加工时加工速度低、易燃烧，故现已很少采用。目前，快走丝线切割工作液广泛采用乳化液，使加工速度快。慢走丝线切割机床采用的工作液是去离子水和煤油。

此外，工艺条件相同时，改变工作液的种类和浓度会对加工效果发生较大影响。工作液的脏污程度对工艺指标也有较大影响。新添加的洁净工作液并非会使加工效果最好，往往经过一段放电切割加工之后，脏污程度还不大的工作液可得到较好的加工效果。

14.2.5　数控电火花线切割加工程序的编制

数控线切割编程与数控车、数控铣、加工中心的编程过程一样，也是根据零件图样提供的数据，经过分析和计算，编写出线切割机床数控装置能接受的程序。编程方法分自动编程和手工编程两种。

1. 自动编程

自动编程是使用专用的数控语言及各种输入手段，向计算机输入必要的形状和尺寸数据，利用专用的软件求得各关键点的坐标和编写数控加工所需要的数据，再根据各数据自动生成数控加工代码，并传输给机床，控制步进电动机带动工作台移动进行加工。

不同厂家生产的自动编程系统有所不同，具体可参见使用说明书。此处以CAXA线切割系统为例，说明自动编程的方法。

（1）绘图

可以选择使用以下两种方法。

1）在计算机上利用CAXA线切割软件绘制零件图形。

2）使用扫描仪扫描所需要的工程图纸或其他图形，将扫描结果利用图形矢量化软件进行图形矢量化转换。

（2）轨迹生成是在已经构造好轮廓的基础上，结合线切割加工工艺，给出确定的加工方法和加工条件，由计算机自动计算出加工轨迹的过程。

(3) 生成代码

利用线切割 CAXA 软件将生成的轨迹生成 3B 或 G 代码。

(4) 程序传输

程序可通过多种方式传输到计算机。

2. 手工编程

手工编程是人采用各种数学方法，使用计算工具，对编程所需的数据进行处理和运算。通常把图形分割成直线段和圆弧段并把每段曲线的关键点，如起点、终点、圆心等的坐标一一确定，按这些曲线的关键点坐标进行编程。

一般形状简单的零件数控线切割常采用手工编程，目前我国数控线切割机床常用的手工编程格式有 3B（个别扩充为 4B 或 5B）格式和 ISO 格式，其中慢走丝机床普遍采用 ISO 格式，快走丝机床大部分采用 3B 格式。

线切割加工轨迹图形是由直线和圆弧组成的，它们的 3B 程序指令格式如表 14-2 所示。

表 14-2 3B 程序指令格式

B	X	B	Y	B	J	G	Z
分隔符号	X 坐标值	分隔符号	Y 坐标值	分隔符号	计数长度	计数方向	加工指令

(1) 分隔符号 B

在程序中起着将 X、Y 和 J 数值分隔开的作用，以免混淆。B 后的数值如为 0，则此 0 可不写，但分隔符号 B 不能省略。

(2) 坐标值 X、Y（单位：μm）

编程时，采用相对坐标系，即坐标系的原点随程序段的不同而变化。

1) 加工直线时，以该直线的起点为坐标系的原点，建立直角坐标系，X、Y 的值为该直线终点坐标的绝对值。

对于平行于 X 轴或 Y 轴的直线，即当 X 或 Y 为零时，X 或 Y 值可不写，但分隔符号必须保留。

2) 加工圆弧时，以该圆弧的圆心为坐标系的原点，建立直角坐标系，X、Y 的值为该圆弧起点坐标的绝对值。

(3) 计数方向 G

选取 X 方向进给总长度进行计数，称为计 X，用 Gx 表示；选取 Y 方向进给总长度进行计数，称为计 Y，用 Gy 表示。

1) 加工直线时，必须用进给距离比较长的一个方向作为计数方向，进行进给长度控制。如图 14-3 (a) 所示，当直线终点坐标为 (Xe, Ye) 时，若 |Ye| > |Xe|，则 G 取 Gy；若 |Xe| > |Ye|，则 G 取 Gx；若 |Xe| = |Ye|，则一、三象限取 Gy，二、四象限取 Gx。

2) 加工圆弧时，圆弧计数方向的选取应视圆弧终点的情况而定，从理论上讲，应该是当加工圆弧达到终点时，走最后一步的是哪个坐标，就应选此坐标作为计数方向。实际加工中，将 45°线作为分界线，如图 14-3 (b) 所示，当圆弧终点坐标为 (Xe, Ye) 时，若 |Xe| > |Ye|，则 G 取 Gy；若 |Ye| > |Xe|，则 G 取 Gx；若 |Xe| = |Ye|，则 G 取 Gx 或 Gy 均可。

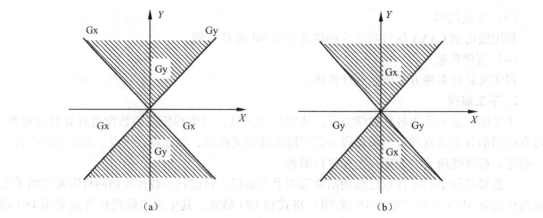

图 14-3 计数方向的确定方法
(a) 直线的计数方向；(b) 圆弧的计数方向

(4) 计数长度 J

计数长度是在计数方向的基础上确定的，是指被加工图形在其计数方向坐标轴上的投影长度（即绝对值）的总和，单位为 μm。

1) 加工直线时，计数长度是指被加工直线在其计数方向坐标轴上的投影长度。确定方法如图 14-4 所示，当加工直线段 OA 时，由于 $|Xe| < |Ye|$，故 G 取 Gy，则计数长度 $J_{OA} = |Ye|$。

2) 加工圆弧时，计数长度是指被加工圆弧在其计数方向坐标轴上的投影长度总和。确定方法如图 14-5 所示，当加工圆弧 BA 时，由于 $|Xe| < |Ye|$，故计数方向取 Gx，则计数长度 $J_{BA} = J_1 + J_2 + J_3 + J_4$。

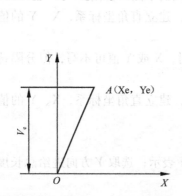

图 14-4 直线计数长度的确定

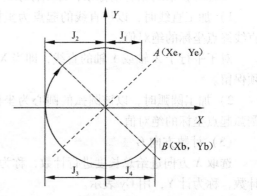

图 14-5 圆弧计数长度的确定

(5) 加工指令 Z

加工指令是用来确定轨迹的形状、起点、终点所在坐标象限和加工方向的，它包括直线插补指令（L）和圆弧插补指令（R）两类。

直线插补指令（L1、L2、L3、L4），表示加工的直线终点分别在坐标系的第一、二、三、四象限，如图 14-6 (a) 所示；如果加工的直线与坐标轴重合，则根据进给方向来确定指令（L1、L2、L3、L4），如图 14-6 (b) 所示。注意：坐标系的原点是直线的起点。

圆弧插补指令（R）根据加工方向又可分为顺时针圆弧插补（SR1、SR2、SR3、SR4），如图 14-6（c），以及逆时针圆弧插补（NR1、NR2、NR3、NR4），如图 14-6（d）所示，字母后面的数字表示该圆弧的起点所在象限，如 SR1 表示顺时针圆弧插补，其起点在第一象限。注意：坐标系的原点是圆弧的圆心。

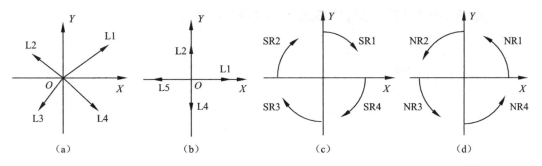

图 14-6 加工指令

（a）象限内直线加工指令；（b）坐标轴上直线加工指令；（c）顺时针圆弧加工指令；（d）逆时针圆弧加工指令

14.2.6　数控电火花线切割加工偏移补偿值的计算

加工中程序的执行是以电极丝中心轨迹来计算的，而电极丝的中心轨迹不能与零件的实际轮廓重合，如图 14-7 所示。要加工出符合图纸要求的零件，必须计算出电极丝中心轨迹的交点和切点坐标，按电极丝中心轨迹（图 14-7 中虚线轨迹）编程。电极丝中心轨迹与零件轮廓相距一个 f 值，f 值称为偏移补偿值。计算公式为

$$f = d/2 + s$$

式中　f——偏移补偿值，mm；

　　　$d/2$——电极丝半径，mm；

　　　s——单边放电间隙，$s = 0.01$ mm。

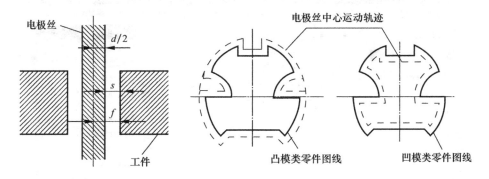

图 14-7 电极丝运动切割轨迹与图纸的关系

14.3　电火花线切割加工技能训练

在对零件进行线切割加工时，必须正确确定工艺路线和加工程序，包括对图纸的分析、加工路线的工艺准备和工件的装夹、程序的编制、加工参数的设定和调整以及检验等步骤。一般工作过程为：分析零件图→确定装夹位置及走刀路线→编制加工程序单→检查机床→装夹工件并找正→调节电参数、形参数→切割零件→检验。

在电火花线切割机床上加工零件具体步骤如下。

1. 绘制图形

利用 CAXA 软件的 CAD 功能绘出加工零件图，如图 14-8 所示。

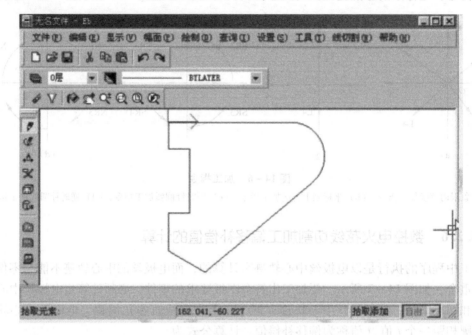

图 14-8　绘制零件图

2. 轨迹生成

1）选择"线切割"菜单下的"轨迹生成"选项，如图 14-9 所示。

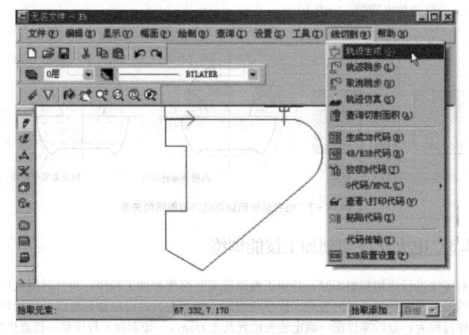

图 14-9　选择"轨迹生成"选项

2）系统弹出"线切割轨迹生成参数表"对话框，按图 14 – 10 和图 14 – 11 填写线切割轨迹生成参数表。

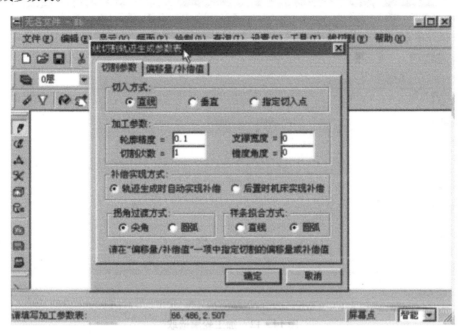

图 14 – 10　切割参数设置

图 14 – 11　偏移量设置

3）系统提示"选择轮廓"，选取所绘图，如图 14 – 12 所示，被选取的图变为红色虚线，并沿轮廓方向出现一对反向箭头，系统提示"选取链拾取方向"，如工件左边装夹，引入点可取在工件左上角点，并选择顺时针方向箭头，使工件装夹面最后切削。

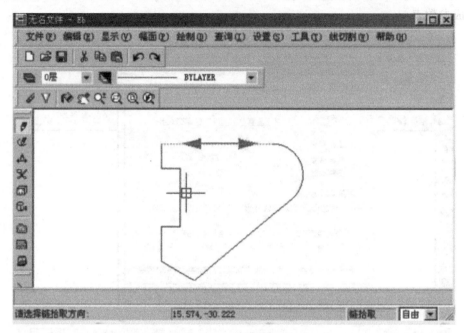

图 14-12　加工轮廓选取

4）选取链拾取方向后，全部变为红色，且在轮廓法线方向出现一对反向箭头，系统提示"选择切割侧边或补偿方向"，因凸模应向外偏移，所以选择指向图形外侧的箭头，如图 14-13 所示。

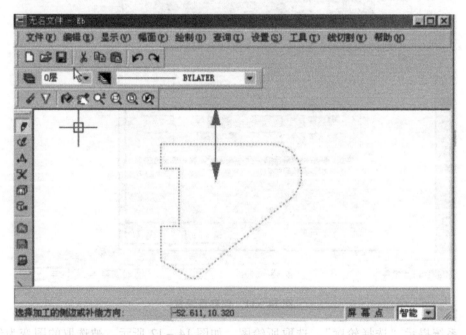

图 14-13　补偿方向选取

5) 系统提示"输入穿丝点的位置",键入坐标值(0,5),即引入线长度取 5 mm,按回车键。

6) 系统提示"输入退出点(回车与穿丝点重合)",如图 14-14 所示,直接按回车键,穿丝点与回退点重合,系统按偏移量 0.1 mm 自动计算出加工轨迹。凸模类零件轨迹线在轮廓线外面,如图 14-15 所示。

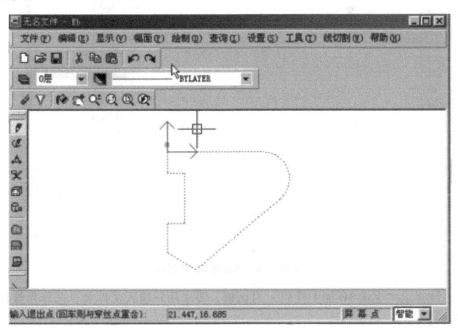

图 14-14　输入退出点

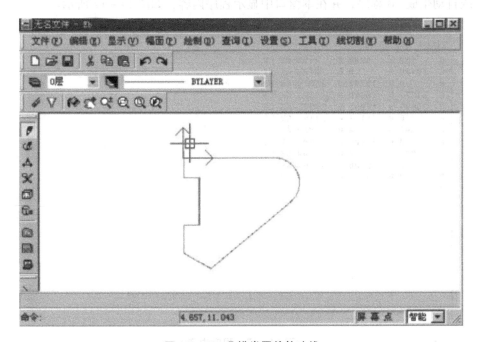

图 14-15　凸模类零件轨迹线

3. 生成代码

1) 选取"线切割"菜单下的"生成3B加工代码",如图14-16所示。

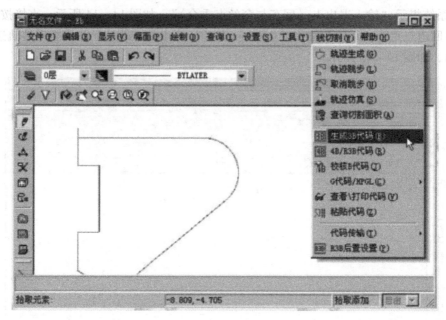

图14-16 选择生成3B代码

2) 系统提示"生成3B加工代码"对话框,要求用户输入文件名,选择存盘路径,单击保存按钮。

3) 系统出现新菜单,并提示"拾取加工轨迹",选绿色的加工轨迹,右击结束轨迹拾取,系统自动生成3B程序,并在本窗口中显示程序内容,如图14-17所示。

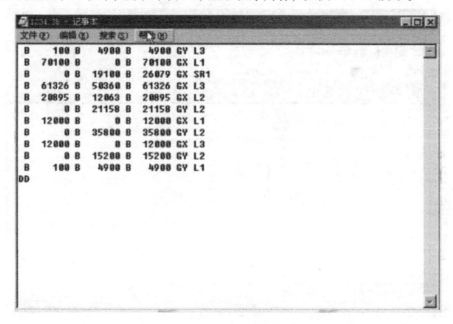

图14-17 程序内容

4. 程序传输

生成的程序可以通过多种途径传输到计算机。

5. 装夹及加工

1）将工件放在工作台上，左侧悬置，以平面为基准，对工件进行校正，保证有足够的装夹余量，并固定夹紧。

2）将电极丝移至穿丝点位置，注意不要碰断电极丝，准备切割。

3）打开脉冲电源，选择合理的电参数，确保运丝机构和冷却系统工作正常，执行程序进行加工。

14.4 电火花成型加工基本知识

14.4.1 电火花成型加工技术基础

1. 电火花加工的基本原理

电火花加工的原理是利用工具和工件（正、负电极）之间脉冲性放电时的电腐蚀现象来去除多余的金属材料，以达到对零件尺寸、形状及表面质量预定的加工要求。电腐蚀现象很早就已经被人们发现，如插头或电器开关在开、闭时有时会产生火花而把接触面烧熔。20世纪40年代，苏联科学家拉扎连柯夫妇开始研究并研制出第一台电火花加工装置。

电火花加工的原理如图14-18所示。工件5与工具电极3分别与脉冲电源2的两个不同极性输出端相连接，自动进给调节装置1使工件和电极间保持一定的放电间隙。两极间加上脉冲电压后，在间隙最小处或绝缘强度最低处将工作液介质击穿，形成放电火花。放电通道中等离子瞬时高温（温度可达5 000 ℃ ~ 10 000 ℃）使工件和工具电极都被蚀除一小部分材

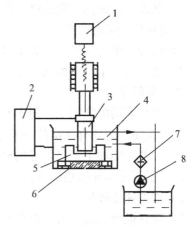

图14-18 电火花加工的原理图
1—自动进给调节装置；2—脉冲电源；
3—工具电极；4—工作液；5—工件；
6—工作台；7—过滤器；8—工作液泵

料，而各自形成一个微小的放电小坑，如图14-19（a）所示。脉冲放电结束后，经过一段时间间隔，工作液恢复绝缘，下一个脉冲电压又加在两极上，同样进行另一个循环，形成另一个小凹坑。当这种过程以相当高的频率重复进行时，工具电极不断调整与工件的相对位置，加工出所需要的零件。所以，从微观上看，加工表面是由很多个脉冲放电小坑组成的，如图14-19（b）所示。

基于上述原理，进行电火花加工应具备下列条件。

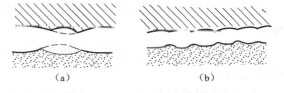

图14-19 电火花加工表面局部放大图
（a）单脉冲放电凹坑；（b）多脉冲放电凹坑

1）在脉冲放电点必须有足够能量的高频脉冲电源使金属局部熔化和气化。一般要求电流密度为 $10^5 \sim 10^6$ A/cm² 时，放电产生的热量才能确保工件材料表面局部瞬时熔化、气化。

2）电极和工件表面之间必须保持一定的放电间隙，通常为几微米至几百微米。间隙过大极间电压不能击穿极间介质，不能产生火花放电；间隙过小，容易形成短路，也不能正常放电。

3）放电必须是短时间的脉冲性放电，一般放电时间为 $1~\mu s \sim 1~ms$，这样才能使放电时产生的热量来不及在被加工材料内部扩散，从而把能量作用局限在很小的范围内，保持火花放电的冷极特性。

4）电火花放电必须在具有一定绝缘性能的液体介质中进行，例如煤油、机油、皂化液或去离子水等，保持间隙间的绝缘状态，以利于产生脉冲性的火花放电。

2. 电火花加工的特点及应用

（1）电火花加工的特点

电火花加工与金属切削加工不同，在加工过程中，工具和工件不接触，而是直接利用电能和热能来去除金属，已成为常规切削、磨削加工的重要补充。相对机械切削加工而言，电火花加工具有以下一些特点。

1）脉冲放电的能量密度高，便于加工特殊材料和复杂形状的工件。不受材料硬度的影响，不受热处理状况的影响。

2）脉冲放电时间极短，放电时产生的热量传导范围小，材料受热影响范围小。

3）加工时，工具电极和工件不接触，两者之间宏观作用力极小。工具电极材料不需要比工件材料硬度高。

4）直接利用电能加工，便于实现加工过程的自动化。

电火花加工也具有一定的局限性，具体包括以下几个方面。

1）一般只能加工金属等导电材料。但最近研究表明，在一定条件下也可以加工半导体和聚晶金刚石等非导体超硬材料。

2）加工速度较慢。

3）存在电极损耗。由于电火花加工靠电、热来蚀除金属，故电极也会受损耗，影响加工精度。

4）最小角部位半径有限制。一般电火花加工能得到的最小角部位半径等于加工间隙。

（2）电火花加工的应用

由于电火花加工有其独特的优越性，再加上数控水平和工艺技术的不断提高，其应用领域日益扩大。目前已广泛应用于机械、航空、电子、仪器、汽车、轻工等行业，用以解决各种难加工材料、复杂形状零件和有特殊要求的零件制造，成为常规切削、磨削加工的重要补充和发展，特别是在模具制造中应用最广。实际生产中电火花加工主要用于以下一些零件的加工。

1）高硬度零件加工。如某些硬质合金钢、淬火钢、高硬度模具或硬度特别高的滑块等可用电火花加工。

2）型腔尖角部位加工。一些模具的型腔常存在尖角部位，常规加工刀具无法加工到位。

3）模具上的肋加工。零件上的加强肋或散热片在模具上是深而窄的槽，这种深槽用机加工方法很难获得，用电火花则可顺利加工成型。

4）深腔部位加工。型腔过深，刀具过长没有足够的刚性，此时可以用电火花进行加工。

5）小孔加工。各种圆形小孔、异形孔可用电火花加工。

6）表面处理。如刻制文字、花纹，以及对金属表面的渗碳和涂敷特殊材料的电火花强化等可用电火花加工。

3. 电火花加工工艺方法分类

按工具电极和工件相对运动方式和用途的不同，电火花加工大致可分为电火花穿孔成型、电火花线切割加工、电火花磨削和镗磨、电火花同步共轭回转加工、电火花高速小孔加工、电火花表面强化和刻字六大类。前五类属于电火花成型加工，用于改变零件形状或尺寸的加工方法；第六类属于表面加工，用于改善零件表面质量。表14-3所示为电火花加工的分类情况及各种加工方法的主要特点和用途。本章将主要介绍电火花穿孔成型加工。

表14-3 电火花加工的分类及各加工方法的主要特点和用途

类别	工艺方法	特　点	用　途	备　注
1	电火花穿孔成型加工	1. 工具和工件间只有一个相对的进给运动； 2. 工具为成型电极，电极形状反向拷贝到工件上	1. 型腔加工：各类型腔模及各类复杂的型腔零件； 2. 穿孔加工：各种通孔、盲孔、异形孔、微小孔等	约占电火花机床总数的30%，典型机床有D7125、D7140等
2	电火花线切割加工	1. 电极为直线移动的细金属线； 2. 电极与工件在水平方向同时有两个进给运动	1. 切割各种冲模等零件的内外轮廓； 2. 下料、截割和窄缝加工	约占电火花机床总数的60%，典型机床有DK7725、DK7740等
3	电火花磨削和镗磨	1. 电极与工件做相对旋转运动； 2. 电极与工件间有径向和轴向进给运动	1. 加工高精度的小孔，如拉丝模、挤压模等； 2. 加工高精度外圆等	约占电火花机床总数的3%，典型机床有D6310等
4	电火花同步共轭回转加工	1. 电极与工件做相对旋转运动； 2. 电极与工件间有纵、横向进给运动	可加工高精度异形齿轮、精密螺纹环规、高精度的内外回转体表面等	约占电火花机床总数的1%，典型机床有JN-2、JN-8等
5	电火花高速小孔加工	1. 采用细管电极，管内冲入高压水基工作液； 2. 细管电极旋转； 3. 穿孔速度较高	可加工径深比较大的小孔，如喷嘴等	约占电火花机床总数的2%，典型机床有D703A电火花高速小孔加工机床等
6	电火花表面强化和刻字	1. 工具在工件表面上振动； 2. 工具相对工件移动	1. 模具、刀具刃口表面强化和镀覆； 2. 电火花刻字、打印记	约占电火花机床总数的2%，典型机床有D9105等

14.4.2　电火花成型机床的结构和组成

近年来电火花加工机床发展很快，种类很多，不同企业生产的电火花机床也有所差异。

典型的电火花加工机床主要包括机床主体、数控系统、脉冲电源箱、工作液循环过滤系统等几个部分。

1. 电火花成型机床主体

机床主体主要由床身、立柱、主轴头和工作台等组成。

（1）床身和立柱

床身和立柱为机床基础，立柱与纵横托板安装在床身上，变速箱位于立柱顶部，主轴头安装在立柱的导轨上。要求床身和立柱有足够的刚度，以防振动和变形，保证加工精度。

（2）工作台

工作台用于装夹工件，在步进电动机的驱动下可做纵横运动。工作台上装有工作液箱。

（3）主轴头

主轴头是电火花成型机床的关键部件，它的结构由伺服进给机构、导向和防扭机构、辅助机构三部分组成。主轴可做上下运动和旋转运动，分别为 Z 轴和 C 轴。主轴头的质量会直接影响加工工艺指标，如生产率、精度和表面粗糙度等，故要求主轴头具有足够的刚度及精度；具有足够的进给和回升速度；主轴头直线性和扭转性好，灵敏度高，且无爬行等。

目前，普遍采用步进电动机、直流电动机或交流伺服电动机作进给驱动的主轴头。

（4）主轴头和工作台的主要附件

1）可调节工具电极角度的夹头。

夹在主轴头下的工具电极，加工前需要调节到与工件基准面垂直或成一定的角度，通常采用球面铰链来实现。

2）平动头。

平动头是一个能使装在其上的电极产生向外机械补偿动作的工艺附件，它在电火花成型加工采用单电极加工型腔时，可以补偿上下两个加工规准之间的放电间隙差，达到表面修光。

平动头的动作原理是：利用偏心机构将伺服电动机的旋转运动，通过平动轨迹保持机构，转化成电极上的每一个质点都能围绕其原始位置在水平面内做小圆周运动，许多小圆的外包络线就形成了加工表面。平动头由偏心机构和平动轨迹保持机构两部分组成。

3）油杯。

油杯是实现工作液冲油或抽油强迫循环的一个主要附件，其侧壁和底边上开有冲油或抽油孔，电蚀产物在放电间隙通过冲油和抽油排出。

2. 电火花成型机床的数控系统和伺服进给系统

一般电火花机床有 X、Y、Z、C 轴四个坐标轴，数控系统的作用就是控制 X、Y、Z、C 轴运动，程序的编制，加工参数的设定和加工过程的控制。与其他数控机床的数控系统基本类似，有开环控制系统、闭环控制系统和半闭环控制系统。数控系统的硬件结构一般采用 PC 前端＋高速 I/O 平台的复式结构，PC 通过高速信息交换控制每一个 I/O 端口，所有数控功能都由软件实现。操作人员通过显示器用键盘、手控盒进行机床操作。

在电火花加工过程中，电极和工件必须保持一定间隙。由于放电间隙很小且与加工面积、速度等有关，所以进给速度是不等速的，人工无法控制，必须采用伺服进给系统。

伺服进给系统的组成如图 14-20 所示。

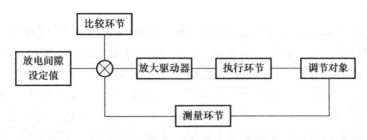

图 14-20 伺服进给系统的组成

1）调节对象。调节电极和工件的放电间隙 S。
2）测量环节。通过测量与放电间隙成比例关系的电参数来间接反映放电间隙的大小。
3）比较环节。把测量到的信号与给定值的信号进行比较来控制加工过程。
4）放大驱动器。放大测量的信号。
5）执行环节。用各种伺服电动机根据测量信号及时调节电极进给量，以保持合适的放电间隙。

3. 工作液循环过滤系统

电火花机床的工作液循环过滤系统包括工作液泵、容器、过滤器及管道等。该系统使工作液强迫循环，以达到保持工作液清洁和排出电蚀物及热量的目的。

4. 电火花成型机床的脉冲电源

电火花加工机床的脉冲电源是整个设备的重要组成部分，其作用是把普通的 220 V 或 380 V，50 Hz 交流电转变成较高频率范围、一定输出功率的单向脉冲电流，以提供电火花成型所需要的放电能量来蚀除金属。脉冲电源技术性能的好坏，将直接影响电火花成型加工的各项工艺指标，如加工精度、加工速度、电极损耗等。

一般情况下对脉冲电源有以下要求。
1）能输出一系列脉冲。
2）每个脉冲应具备一定的能量，波形要合适，脉冲电压幅值、电流峰值、脉宽和间隔度要满足加工要求。
3）工作稳定可靠，不受外界干扰。

常用的脉冲电源有 RC 线路脉冲电源、电子管式和闸流管式脉冲电源、晶体管式和晶闸管式脉冲电源。近年来随着电火花加工技术的发展，为更进一步提高有效脉冲的利用率，达到高速度、低能耗、稳定加工和一些特殊要求，在晶闸管和晶体管脉冲电源的基础上研究出了许多新型的电源电路，如多回路脉冲电源、高频分组和梳状电源、智能化和自适应控制脉冲电源以及节能脉冲电源等。

14.4.3 电火花成型加工工艺规律

1. 电火花加工的异常放电

在电火花加工过程中正常的火花放电过程一般是击穿—介质游离—放电—放电结束—恢复绝缘。但在这一过程中有时会产生一些异常放电现象，对加工造成一定的影响。

（1）异常放电形式

异常放电主要有电弧烧伤、桥接和短路等几种形式。

1) 电弧烧伤。

电弧烧伤也叫烧弧，是电火花加工中最常见、破坏性最大的异常放电形式。轻者影响加工精度、表面粗糙度，重者将使工件报废。一旦发生电弧烧伤，一般措施很难恢复正常放电，需要抬起电极，对电极和工件进行人工清理才能继续加工。

电弧烧伤主要发生在大电流的粗、中阶段，主要特征有：放电集中一处，火花呈橘红色，爆炸声低而沉闷并产生浓烟，电流变化剧烈并趋向短路电流值。观察电极和工件，电极上会有凹坑，工件上相对应的部位黏附炭黑层。去除炭黑层后，金属呈熔融状。

2) 桥接。

桥接是烧弧的前奏，常发生于精加工，其破坏性相对来说比较轻。桥接现象与正常放电常牵涉在一起，只需稍微改变加工条件就能恢复正常放电。

桥接的主要特征有：烟发白，气泡较大，放电声音不均匀，电流有明显波动。

3) 短路。

放电加工过程中短路现象是瞬时的，但也会对加工造成不利影响。加工中短路现象经常发生，即使正常加工也可能出现，精加工时更加频繁。正常加工时偶尔出现短路现象是允许的，一般不会造成破坏性后果，但频繁的短路会使工件和电极局部形成缺陷，而且它常常是烧弧等异常放电的前奏。

(2) 异常放电的产生原因及预防措施

1) 电蚀物的影响。电蚀物中的金属微粒、炭黑以及气体都是异常放电的"媒介"，不利于加工的稳定性，必要时应采用油杯冲油或抽油，强迫工作液循环，及时将电蚀物排出间隙之外。

2) 进给速度的影响。进给速度太快也是造成异常放电的主要原因。在正常加工中，电极应该有一个适当的进给速度。为保持加工状态而不产生异常放电，进给速度应该略低于蚀除速度。

3) 电规准的影响。放电规准的强弱、电规准的选择不当容易对异常放电造成影响。一般来说，电规准较强，放电间隙大，不易产生异常放电；而电规准较弱的精加工，放电间隙小且电蚀产物不易排除，容易产生异常放电。此外，放电脉冲间隙小，峰值电流过大，加工面积小而使加工电流密度超过规定值，以及加工极性选择不当都可能引起异常放电。

2. 电火花加工工艺参数

电火花加工工艺参数对加工精度、加工速度、表面粗糙度等都有十分重要的影响。电火花加工参数种类很多，可分为非电参数和电规准参数两大类。如电极和工件的材料、加工面积，工作液种类、压力、流量，以及加工时的抬刀高度、抬刀频率等都是非电参数。而电规准参数主要有以下几个：

1) 脉冲宽度 T_{on}，又称电压脉冲持续时间。
2) 脉冲间隔 T_{off}，又称电压脉冲停歇时间。
3) 脉冲峰值电流 I_p，正常放电时的脉冲电流幅值。
4) 脉冲峰值电压 V，间隙开路时电极间的最高电压。
5) 脉宽峰值比，即 T_{on}/I_p。

电规准参数对加工的影响更大，其中脉冲宽度 T_{on}、脉冲间隔 T_{off} 和脉冲峰值电流 I_p 对加工影响最大，电火花加工的工艺效果主要取决于这三个电规准参数。

一般情况下，其他参数不变，增大脉冲宽度 T_{on} 将减少电极损耗，生产率提高，稳定性会好一些，但表面粗糙度变差，加工间隙增大，表面变质层增厚。

脉冲间隔 T_{off} 对加工稳定性影响最大，T_{off} 越大稳定性越好。一般情况下它对其他工艺指标影响不明显，但当 T_{off} 过小时会影响电极损耗。

增大峰值电流 I_p 可提高生产率，改善结构稳定性，但表面粗糙度变差，加工间隙增大，电极损耗增加，表面变质层增厚。

脉宽峰值比 T_{on}/I_p 是衡量电极损耗的重要依据，电极损耗小的加工要使 T_{on}/I_p 大于一定的值，能作低损耗加工的脉冲电源必须输出较大的脉冲宽度 T_{on}。

下面简单介绍电火花加工中的表面粗糙度、加工精度、加工速度及影响因素。

(1) 表面粗糙度

表面粗糙度是指被加工表面上的微观几何误差。表面粗糙度与加工参数之间的关系如下：

1) 脉冲宽度 T_{on}。表面粗糙度随脉冲宽度 T_{on} 增大而增大。

2) 脉冲峰值电流 I_p。表面粗糙度随峰值电流 I_p 增大而增大。

为了改善表面粗糙度，必须减小脉冲宽度 T_{on} 和峰值电流 I_p。脉宽 T_{on} 较大时，峰值电流 I_p 对表面粗糙度影响较大；脉宽 T_{on} 较小时，脉宽 T_{on} 对表面粗糙度影响较大。因此在粗加工时，提高生产率以增大脉宽 T_{on} 和减小脉冲间隔 T_{off} 为主；精加工时一般通过减小脉宽 T_{on} 来降低表面粗糙度。

3) 工作液的影响。清洁的工作液有利于获得理想的加工表面，如果工作液中杂质过多，则容易发生积炭等不利状况，影响表面粗糙度等。利用冲、抽油等措施加强工作液的循环过滤，改善间隙状况，有利于改善电火花成型加工的表面粗糙度。

4) 加工速度对表面粗糙度的影响。加工速度和表面粗糙度二者互为矛盾，要获得表面粗糙度值低的工件，必须降低单个脉冲的蚀除量，这样加工速度会大大降低。例如，加工表面粗糙度 Ra 达到 $1.0\ \mu m$ 的表面要比达到 $2.0\ \mu m$ 的表面，加工时间多 10 倍左右。

此外，表面粗糙度还受工件材料、电极材料及电极本身的表面粗糙度等因素的影响。

(2) 加工精度

影响电火花加工精度的因素主要有以下几点。

1) 放电间隙的大小及其一致性。放电间隙越大，电场强度分布越不均匀，加工精度越差，粗加工时一般为 0.5 mm，精加工时可达 0.01 mm。另外，如果放电间隙能保持不变，则可以通过修正电极的尺寸对放电间隙进行补偿，以获得较高的加工精度。

2) 电极损耗。电极存在损耗会影响工件的尺寸精度和形状精度。电极损耗越大，精度越差，精度要求高时一般采用多个电极加工。电极本身的加工精度也很重要。

3) 二次放电。加工屑末在通过放电间隙时形成"桥"，造成二次放电使间隙扩大。加工型腔或穿孔时上下口的间隙差异主要是二次放电造成的。

4) 热影响。在加工过程中，机床、工件、电极受工作液升温影响引起热变形，而机床各部件以及工件、电极的热膨胀系数不同，因此会影响到加工精度。

此外，装夹定位、电极夹持部分刚性、平动刚性和精度、冲油压力、电极运动精度等都会直接影响到加工精度。

(3) 加工速度

单位时间内工件的电蚀量称为加工速度，可用重量或体积表示。

以蚀除重量来表示，计算公式为

$$N = G/t \tag{14-1}$$

式中　N——以蚀除重量表示的生产率，g/min；
　　　G——工件蚀除总重量，g；
　　　t——加工时间，min。

以体积来表示，计算公式为

$$v = V/t \tag{14-2}$$

式中　v——以体积表示的生产率，mm^3/min；
　　　V——工件蚀除总体积，mm^3；
　　　t——加工时间，min。

影响加工速度的因素有以下几个。

1) 脉冲宽度 T_{on}。增大脉冲宽度可提高加工速度。

2) 脉冲峰值电流 I_p。加大脉冲电流可提高加工速度。

增大脉冲宽度和脉冲电流主要是从增大单个脉冲的能量来影响加工速度的，但一味地加大单个脉冲能量，会使蚀除增多，排气、排屑条件恶化，间隙介质消电离时间不足，加工稳定性变差，反而使加工速度降低。

3) 脉冲间隔 T_{off}。提高脉冲频率即缩小脉冲间隔从而提高加工速度。

4) 电极材料。电极材料的电腐蚀性能、熔点的高低也对加工速度有很大影响。实际加工中，电极和工件理想的配对有石墨—钢、纯铜—钢、纯铜—硬质合金等。

5) 工作液。工作液的性质也会影响加工速度。例如，油类工作液在加工过程中会产生大量炭黑，降低了加工稳定性，从而影响加工速度。而采用去离子水或蒸馏水作工作液时，不起弧，加工稳定，加上部分电解作用，电火花成型加工速度比较高。改善工作液循环过滤方法，加强工作液流动也可以提高加工速度。

14.4.4　电火花成型加工的工具电极和工作液

在电火花加工中，电极是作为工具来使用的，用以蚀除工件材料。不同于机加工的刀具或线切割的电极丝是通用的，电极是专用工具，需要根据工件的材料、形状及加工要求进行选材、设计和加工。

1. 电极材料

电火花加工电极损耗越小越好，所以电极材料应具备导电性能好、损耗小、造型容易、加工稳定、效率高、材料来源丰富、价格便宜等特点。常用电极材料有以下几种。

（1）石墨

石墨电极密度小、易加工，一般采用机加工成型，也可采用加压振动或烧结成型。石墨电极的加工稳定性较好，在粗加工或窄脉宽的精加工时损耗很小。石墨电极在较大的电流下作低损耗加工，且能保证电极表面质量不被损坏。缺点是容易发生电弧烧伤，在精加工时损耗比紫铜大，故适用于较大型腔或大脉冲、大电流、粗加工中。

常用的石墨牌号有 GS-450、GS800、KS-25、DS-52W、SD 高纯石墨等。

（2）纯铜

纯铜需是无杂质的电解铜，最好经过锻打，否则损耗大。铜电极可机加工制作，但磨削比较困难，也可采用液压放电成型、电铸、锻造等方法。

纯铜电极加工性能好，尤其是加工稳定性。纯铜电极在粗加工时如果要求作低损耗加工，其脉宽峰值比（T_{on}/I_p）应大于10，且电流不宜过大，否则电极损耗增大。纯铜电极在作低损耗的精加工时，表面粗糙度 Ra 可达 0.8 μm；有损耗加工时表面粗糙度 Ra 可达 0.4 μm 以下，如采用特殊方法，表面粗糙度值更小，基本上可达到镜面效果。

纯铜电极是连续脉冲加工的最佳材料，不易烧弧或桥接，在生产中应用最广。

(3) 铜钨合金与银钨合金

从理论上讲，钨是金属中最好的电极材料，它的强度和硬度高，密度大，熔点近 3 400 ℃，损耗小。铜钨合金和银钨合金这两种合金由于含钨高，所以在加工中电极损耗小，机加工成型也较容易，特别适用于工具钢、硬质合金等模具加工以及特殊异形孔、沟槽的加工。缺点是价格较贵，尤其是银钨合金，故只在高硬度材料和精度要求较高的工件加工时使用。

(4) 钢

在冲模加工时可以采用"钢打钢"的方法，用冲头当电极，直接加工凹模，常用的材料有 T8A、T10A、Cr12、GCr15、硬质合金等。但冲头和凹模不能选用同一型号钢材，否则加工不稳定。加工结束后，切掉电极损耗部分，利用加工时的放电间隙当作凸、凹模的配合间隙。

钢电极加工稳定性较差，损耗一般。

2. 电极的设计、制造

电火花加工时电极设计很重要，应针对模具形状的复杂程度、工件与电极材质、损耗的大小、加工时的电参数以及放电间隙等确定电极的结构和各部分尺寸。

(1) 电极的结构形式

电极的结构形式根据型腔尺寸大小、复杂程度来确定。常见的有以下几种。

1) 整体电极。整体电极由一块整体材料加工制成，由装夹部分和工作部分组成。

2) 组合电极。组合电极是将若干单个电极组装在电极固定板上。组装电极可一次性同时完成多个成型表面加工，位置精度高，生产效率也高。但加工组装时一定要保证每个电极的位置精度，并且使电极的轴线垂直于安装平面。

3) 镶拼式电极。镶拼式电极是将形状复杂而制造困难的电极分成几块加工，然后再用焊接、螺钉紧固等方式镶拼成整体。这样既简化了电极的加工，又节约材料，降低了电极加工成本。

(2) 电极尺寸的确定

电极尺寸要根据放电间隙、电极损耗、平动量等工艺因素进行缩放，同时还应考虑电极各部分加工时间不同和损耗不同等因素进行适当补偿。电极尺寸包括垂直尺寸和水平尺寸，其公差是型腔相应部分公差的 1/2～2/3。

(3) 电极的加工

电极的加工方法主要根据电极的材料、数量及精度要求来选择，常用的方法有以下几种。

1) 机械切削加工，适用于石墨、铜等。

2）电火花线切割，适用于截面形状复杂的电极，但很难加工石墨电极。

3）压力振动加工，适于石墨电极加工。

4）电铸法，适于纯铜电极加工。

5）液压放电成型，适于纯铜电极加工。

电极设计和制造时应考虑电极的装夹与找正基准面。电极与电极柄的连接必须牢固，接合面平整光洁。石墨电极还要注意其方向性。

3. 电极损耗

电极损耗是电火花成型加工中的重要工艺指标。电极损耗的计量方法主要有两种：一是以电极长度损耗与工件加工深度的百分比表示；二是以电极重量或体积损耗和工件的蚀除重量或体积的百分比表示。

前一种方法衡量电极损耗比较直观，测量也较方便，生产中采用较多。但由于电极部位不同，损耗不同，因此长度损耗还要分为底面损耗、侧面损耗和角损耗。在加工中角损耗比底面损耗和侧面损耗大。

以上两种表示方法的意义是一样的。电火花加工中电极损耗小于 1%，称为低损耗加工。影响电极损耗的因素有以下几个。

（1）脉冲宽度 T_{on} 和峰值电流 I_p

脉冲宽度 T_{on} 和峰值电流 I_p 是影响损耗最大的参数。通常情况下，峰值电流 I_p 一定时，脉冲宽度 T_{on} 越大，电极损耗越小。当 T_{on} 达到某一值时，相对损耗下降到 1%；脉冲宽度 T_{on} 一定时，峰值电流 I_p 越大，损耗越大。不同的脉冲宽度 T_{on}，要有不同的峰值电流 I_p，才能达到低损耗。峰值电流 I_p 越大，低损耗脉冲宽度 T_{on} 越大。

（2）极性效应

加工中即使正负极材料相同，两者的电蚀量也不相同，这种现象称为极性效应。我国规定，工件接正极称"正极性加工"，工件接负极则称"负极性加工"。极性效应是一个较为复杂的问题，它除了受脉宽、脉间隔的影响之外，还受到正极炭黑保护膜、峰值电流、放电电压、工作液等诸多因素的影响。图 14-21 所示为加工极性与电极损耗的关系。由图可知，正负极性加工电极损耗随脉宽的增大、减小的幅度不同而不同，负极性加工时更明显一些。因此，当脉宽小于正负极曲线交点时应采用正极性加工，反之应采用负极性加工。

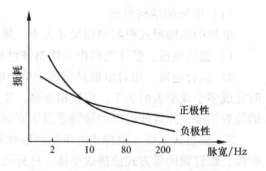

图 14-21 加工极性与电极损耗的关系

（3）吸附效应

在电火花加工中，若采用负极性加工，工作液为煤油等碳氢化合物时，在电极表面会形成一定强度和厚度的化学吸附层，称"炭黑层"。由于炭的熔点和气化点都很高，故可对电极起一定的保护作用，从而降低电极损耗。

（4）电极材料

电极材料不同，电极损耗也不一样，电极损耗从大到小排列顺序为：黄铜、纯铜、铸铁、钢、石墨、铜钨合金、银钨合金。

4. 电火花工作液

电火花加工必须在有一定绝缘性能的液体介质中进行，该液体介质通常称为电火花工作液。

（1）电火花工作液的作用

1）在脉冲间隔火花放电结束后，尽快恢复放电间隔的绝缘状态，以便下一个脉冲电压再次形成火花放电。所以要求工作液具有一定的绝缘性能，电阻率较高，放电间隙消电离、恢复绝缘的时间短。

2）排出电蚀物。使电蚀物从放电间隙中排泄出去，避免放电间隙严重污染，导致放电点不分散而形成有害的电弧放电。

3）冷却工具电极和降低工件表面瞬时放电产生的局部高温，否则表面会因为局部过热而产生积炭、烧伤并形成电弧放电。

4）工作液还可以压缩火花放电通道，增加通道中被压缩气体、等离子体的膨胀及爆炸力，以抛出更多熔化和气化了的金属，增加蚀除量。黏度、密度越大，此项作用越强。

（2）电火花工作液的种类

在电火花加工早期，主要使用水和一般矿物油（如煤油、变压器油）当作工作液。到20世纪70—80年代，开始生产电火花加工专用油，即在适当的矿物油中加入适量的添加剂，油中含有较多芳烃。从20世纪80—90年代开始，随着环保要求提高，机床升级换代，开始出现合成型、高速型和混合电火花工作液。国外电火花工作液已进入第三代，即开始使用高速合成型。

1）煤油。

早期普遍使用煤油作为工作液，新煤油的电阻率为 10^6 且性能较稳定，黏度、密度、表面张力等也符合电火花工作液的要求；缺点是闪火点低（46 ℃左右），易导致火灾，易挥发，且加工中会分解有害气体。

2）水基及一般矿物油型。

第一代产品水基工作液仅局限于电火花高速穿孔加工等少数类型使用，而以煤油为代表的矿物油也逐渐被专用的矿物型火花油所代替。

3）合成型的电火花工作液。

20世纪80年代开始有了合成型工作液，主要是指正构烷烃和异构烷烃。由于不加酚类抗氧剂，故色白透亮、无异味，缺点是不含芳烃、加工速度较慢。

4）高速合成型电火花工作液。

在合成型的基础上加入聚丁烯等类似添加剂，可提高加工效率。日本、瑞士、德国等一些公司研制了加入聚丁烯、乙烯、乙烯烃的聚合物和环苯类芳烃化合物的工作液。加入聚合物后，高沸点的聚合物可以迅速破坏高温蒸发而产生的蒸气膜，从而提高了冷却效率，也提高了加工速度。

14.5 技能训练

电火花成型加工的基本流程包括以下几点。

1. 工件的预加工及热处理

电火花加工的加工效率比机械切削的效率低得多，所以在电火花加工之前，通常采用常规机械加工方法对工件进行预先加工。预先加工应尽可能去除大部分加工余料，但所留余量要合适、均匀。如果余量不均匀会造成电极不均匀损耗，影响型腔的表面粗糙度和仿形精度。

预加工后，先对工件进行淬火、回火等热处理。将电火花加工放在热处理工序之后，可以避免热处理变形对电火花加工尺寸精度和形状精度等的影响。

2. 电极设计、加工

根据工件材料、型腔的形状尺寸以及精度要求等，选择电极材料，设计电极长度、截面等各部分的尺寸，并选择合适的加工方法进行加工。

3. 机床准备

（1）检查机床

开机之前应检查机床导线是否安全，包括绝缘状况、接头是否牢固、接地是否良好；工作台及床身上有无杂物；工作液量是否充足，工作液是否洁净。

（2）开机

打开电源箱的主开关，再打开系统电源开关，系统启动后，再打开机械部分电源开关。

（3）回原点

开机后一般要先返回机床原点，以消除机床的零点偏差。系统屏出现后，在功能区选择"原点"功能模块后按回车键确认，机床 Z、X、Y、C 各轴回原点。

4. 安装工件和电极

加工前要将工件和电极安装牢固，安装方法因所选电火花机床而异。电极安装在主轴头下端的电极夹头上，用力夹紧。电极安装后需要找正，借助千分表观察，并通过调节电极夹头上的调节螺母进行调节，使其基准面与机床坐标轴平行或垂直。工件的安装常采用磁力夹具或螺杆压板，安装后也要借助千分表进行找正，使工件坐标系与机床坐标系方向一致。

5. 定位

工件和电极安装找正后，将电极移至加工位置，其定位是否精确直接影响型腔的位置精度。常用的定位方法有以下几种。

（1）划线法

先在工件表面划出型腔轮廓线，再移动 X 轴和 Y 轴使电极对准型腔轮廓线。初步放电打印后抬起 Z 轴观察定位情况，再进行调整。此方法用于精度要求不高的工件。

（2）量块、千分表比较法

计算出电极与工件基准面的距离，使用量块、千分表等量具调整电极和工件的相对位置。

（3）自动找孔中心、柱中心法

此功能用于自动确定型孔或柱形状工件在 X、Y 轴向的中心，不同机床的操作方法大同小异。

（4）角定位法

此功能可以测定工件某一拐角在 X、Y 轴向的坐标位置，并以此为原点建立工件坐标系，再利用"移动"功能将电极移至加工位置。

6. 编制加工程序

可以采用 ISO 国际标准代码 G 代码手工编程,也可以用自动编程系统自动编程,一般使用自动编程较多。不同机床的自动编程系统,其具体的编程操作不同,但都要输入以下一些主要信息,以便生成加工程序。

(1) 选择加工轴向

在"加工轴向"处选择加工轴向,可供选择的轴向有 $-Z$、$+Z$、$+X$、$-X$、$+Y$、$-Y$。

(2) 输入加工深度

在"加工深度"处输入具体数值(不加正负号),范围为 0~9 999.999 mm。

(3) 输入投影面积

在"投影面积"处输入投影面积,投影面积一般为近似值。

(4) 选择材料组合

材料组合是指电极和工件的材料组合,有铜—钢、铜—铝、石墨—钢、铜钨合金—钢等组合。

(5) 工艺选择

常用的加工工艺有三种:低损耗、标准值、高效率。低损耗工艺的电极损耗比标准值和高效率工艺低,表面质量也好,但加工效率比较低。高效率工艺正好相反,加工效率高,表面质量差,电极损耗大。

(6) 输入表面粗糙度

表面粗糙度值的大小直接影响工件的表面粗糙度和加工时间,表面粗糙度 Ra 的范围一般为 0.5~3.2 μm。

(7) 输入最大间隙值

最大间隙不等同于放电间隙,而是工件做平动和电极做摇动后,工件与型腔壁的最大间隙,此值可以影响孔或型腔尺寸。例如电极直径为 9 mm,最大间隙为 0.25 mm,则加工出的孔直径为 10 mm。

(8) 选择加工条件

一般机床系统都拥有 1 000 多组加工条件,自动化高的机床会根据前面输入的表面粗糙度值等工艺参数,给出合适的几组加工条件;也可以自定义加工条件,基本原则是粗加工选择大规准电参数,精加工选择小规准电参数。

(9) 生成加工程序

输入完各个工艺参数后,生成加工程序并保存。

7. 启动工作液循环系统,调节液面高度

液面高度要求高于工件 50 mm,否则易着火。

8. 开始加工

在显示器上进入加工模块,调出程序进行加工。加工过程中应随时观察加工状态,必要时按暂停键对电极和工件进行清理或观察,再继续加工。

9. 加工结束

加工结束后检验工件,合格后取下工件。

10. 关机

关机顺序与开机相反，应先关机床电源，再关系统电源，最后关电源箱主开关。

14.6 激光加工技术

14.6.1 激光加工技术概述

20世纪80年代末，美国学者首先提出了先进制造技术（Advanced Manufacturing Technology，AMT）的理念。AMT是传统制造技术不断吸收机械、电子、材料、能源和信息等现代科学技术成果，将其综合应用于制造全过程，实现优质、高效、低耗、清洁和灵活生产，取得理想技术经济效果的制造技术的总称。激光制造是AMT的典型代表，是一种高度柔性和智能化的AMT，被誉为"未来的万能加工工具"。

激光先进制造技术将控制系统、检测系统、数据系统和创新工艺技术与激光制造技术相结合，能够对制造过程进行精密控制和实时监测、反馈和调整，具有高精度、高自动化、高信息化、智能化和绿色环保等优点，是一个涉及光学、材料、物理、力学、机械、控制等多个学科交叉的新兴技术。进入21世纪以来，随着激光技术的迅速发展，激光先进制造与加工技术在汽车、机械、航空航天、冶金化工及微电子等领域展现出了更广阔的应用前景。

1. 激光加工技术的原理

当某些材料受到激励，它的原子（或分子）在高能级的分布多于低能级时，该材料就能够以与能级差相应的频率使辐射放大。英文"laser"——激光，是Light amplification by stimulated of radiation（受激辐射光放大）的缩写。激光与其他光源相比，具有单色性好、相干性好、方向性好和亮度高等特点。

（1）单色性好

普通光源发出的光均包含较宽的波长范围，即谱线宽度宽，如太阳光就包含所有可见波长光，而激光为单一波长，谱线宽度极窄，通常在数百纳米至几微米，与普通光源相比，谱线宽度窄了几个数量级。

（2）相干性好

激光束叠加在一起，其幅度是稳定的，在相当长的时间内可保持光波前后的相位关系不变，这是其他光源所达不到的。

（3）方向性好

普通光源发射的光射向四方，光束发散度大；而激光发散角小，一般为几个毫弧度。

（4）亮度高

激光束能通过一个光学系统（如透镜）聚焦到一个很小的面积上，具有很高的亮度。图14-22所示为气体激光器加工原理。

激光加工采用高功率密度的激光束照射工件，使材料熔化、气化，进而进行打孔、切割、划片、焊接、热处理等特种加工。激光加工不需要工具，加工速度快，表面变形小，可以加工各种材料。激光加工系统包括激光器、导光系统、加工机床、控制系统和检测系统。

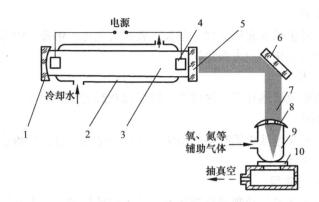

图 14-22 气体激光器加工原理
1—全反射凹镜;2—放电管;3—气体 CO_2;4—电极;5—反射平镜;
6—转向反射镜;7—激光束;8—聚焦透镜;9—喷嘴;10—工件

2. 激光加工技术的特点

与传统加工技术相比,激光加工技术具有材料浪费少、规模化生产中成本效应明显、对加工对象适应性强等优点,因此得到了广泛的应用。其特别适用于新产品的开发,一旦产品图纸形成,可立即进行激光加工,在最短的时间内获得新产品。其特点可概括为以下四个方面:

(1) 精度高、热变形小

激光束容易控制,易与精密机械、精密测量技术和电子计算机相结合,实现加工的高度自动化及达到很高的加工精度。激光加工的激光割缝细、速度快、能量集中,因此传到被切割材料上的热量小,引起材料的变形也非常小。

(2) 高速快捷、柔性高

可立即根据电脑输出的图样进行高速雕刻和切割,且激光切割的速度与线切割的速度相比要快很多。可以通过透明介质对密闭容器内的工件进行各种加工;在恶劣环境或人难以接近的地方,可用机器人进行激光加工。激光束易于导向、聚焦实现各方向的变换,可随意切割任意形状,极易与数控系统配合对复杂工件进行加工,因此它是一种极为灵活的加工方法。

(3) 加工材料的范围广泛

激光不但可以加工金属材料,还可以对非金属材料进行加工。例如,陶瓷、玻璃、复合材料、聚合物、木材等,特别是还可以加工高硬度、高脆性及高熔点的材料。

(4) 节省材料、成本低

激光加工采用电脑编程,可以把不同形状的产品进行材料的套裁,最大限度地提高材料的利用率,大大降低了材料成本;不接触加工工件,不存在加工工具磨损的问题;不受加工数量的限制,对于小批量加工,激光加工更加便宜。

3. 激光加工技术的分类

激光加工主要分为四种类型:激光去除、激光表面工程、激光连接技术和激光增材制造。

(1) 激光去除

激光去除主要包括打孔、切割、雕刻、打标、清洗、划片以及微细加工等。由于激光光斑聚焦后可达到微米甚至纳米级,因此微细去除加工的尺寸精度已达到 $1 \sim 50 \mu m$。

(2) 激光表面工程

激光表面工程主要包括表面热处理、退火、表面合金化、熔覆、激光化学气相沉积、激光物理气相沉积、激光毛化和冲击强化等。

(3) 激光连接技术

激光连接技术主要包括热导焊、深熔焊、钎焊以及激光复合焊等。

(4) 激光增材制造

根据方法不同，主要包括树脂凝固成型法、选区烧结法、直接熔铸法、激光铣削法、分层切割法和激光成型法等。

4. 激光加工技术的应用

已成熟的激光加工技术包括激光切割技术、激光焊接技术、激光打标技术、激光去重平衡技术、激光蚀刻技术、激光微调技术、激光存储技术、激光划线技术、激光清洗技术、激光热处理和表面处理技术。

激光切割技术可广泛应用于金属和非金属材料的加工中，可大大减少加工时间，降低加工成本，提高工件质量。脉冲激光适用于金属材料，连续激光适用于非金属材料，后者是激光切割技术的重要应用领域。激光焊接技术具有溶池净化效应，能纯净焊缝金属，适用于相同和不同金属材料间的焊接。激光焊接能量密度高，对高熔点、高反射率、高导热率和物理特性相差很大的金属焊接特别有利。

激光打标技术是激光加工最大的应用领域之一。准分子激光打标是一项新发展起来的技术，特别适用于金属打标，可实现亚微米打标，已广泛用于微电子工业和生物工程。激光去重平衡技术是用激光去掉高速旋转部件上不平衡的过重部分，使惯性轴与旋转轴重合，以达到动平衡的过程。激光去重平衡技术具有测量和去重两大功能，可同时进行不平衡的测量和校正，对于高精度转子可成倍提高平衡精度，其质量偏心值的平衡精度可达1%或千分之几微米。

激光蚀刻技术比传统化学蚀刻技术工艺简单，可大幅降低生产成本，可加工$0.125\sim1~\mu m$宽的线，适于超大规模集成电路的制造。激光微调技术可对指定电阻自动精密微调，精度可达$0.01\%\sim0.002\%$，比传统加工方法的精度和效率高、成本低。激光微调包括薄膜电阻（$0.01\sim0.6~\mu m$厚）与厚膜电阻（$20\sim50~\mu m$厚）的微调、电容的微调和混合集成电路的微调。

激光存储技术是利用激光来记录视频、音频、文字资料及计算机信息的一种技术，是信息化时代的支撑技术之一。激光划线技术是生产集成电路的关键技术，其划线细、精度高（线宽为$15\sim25~\mu m$，槽深为$5\sim200~\mu m$）、加工速度快（可达200 mm/s），成品率可达99.5%。

激光清洗技术的采用可大大减少加工器件的微粒污染，提高精密器件的成品率。激光热、表处理技术包括激光相变硬化技术、激光包覆技术、激光表面合金化技术、激光退火技术、激光冲击硬化技术、激光强化电镀技术和激光上釉技术，这些技术对改变材料的机械性能、耐热性和耐腐蚀性等有重要作用。

14.6.2 激光内雕基本知识

激光内雕（Laser Engraving）技术是将脉冲强激光在玻璃体内部聚焦，产生微米量级大小的汽化爆裂点，通过计算机控制爆裂点在玻璃体内的空间位置，构成绚丽多姿的立体图像。它是目前国际上最先进、最流行的玻璃内雕刻加工方法。图14-23所示为水晶内雕工艺品。

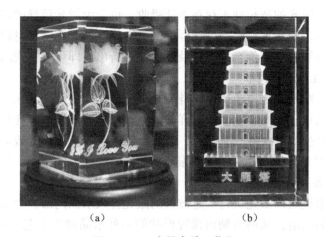

图 14-23 水晶内雕工艺品
（a）玫瑰内雕作品；（b）大雁塔内雕作品

1. 激光内雕的基本原理

激光要能雕刻玻璃，它的能量密度必须大于使玻璃破坏的某一临界值，或称阈值。而激光在某处的能量密度与它在该点光斑的大小有关，同一束激光，光斑越小的地方产生的能量密度越大。这样，通过适当聚焦，可以使激光的能量密度在进入玻璃及到达加工区之前低于玻璃的破坏阈值，而在希望加工的区域则超过这一临界值，激光在极短的时间内产生脉冲，其能量能够在瞬间使水晶受热破裂，从而产生极小的白点，在玻璃内部雕出预定的形状，而玻璃或水晶的其余部分则保持原样完好无损。

激光内雕机原理并不是光的干涉现象，而是因为聚焦点处的激光强度足够高，透明材料虽然在一般情况下对激光是透明的，不吸收激光能量，但是在足够高的光强下会产生非线性效应，短时间内吸收大量能量从而在焦点处产生微爆裂，大量微爆裂点即形成内雕图案。

2. 常见的激光内雕技术

根据激光内雕原理的不同，激光内雕技术可分为白色激光内雕技术、单色着色激光内雕技术和多色着色激光内雕技术。

（1）白色激光内雕技术

传统的白色激光内雕的原理主要是利用纳秒脉冲激光器（通常是钇铝石榴石激光的基频，倍频或 3 倍频），把激光聚焦在水晶内部，然后通过扫描实现三维激光内雕。要实现激光雕刻，在玻璃中激光聚焦点的激光能量密度必须大于使水晶玻璃破坏的临界值，称为"损伤阈值"。而激光在该处的能量密度与它在该点光斑的大小有关。对于同一束激光来说，光斑越小，所产生的能量密度越大。通过聚焦，可以使激光的能量密度在到达要加工区之前低于玻璃的破坏阈值，而在希望加工的区域则超过这一临界值。脉冲激光的能量可以在瞬间使玻璃受热炸裂，从而产生毫米至微米数量级的微裂纹（微裂纹对光的散射而呈白色），然后通过已经设定好的计算机程序控制在玻璃内部雕刻出特定的形状，玻璃的其余部分则保持原样。

（2）单色着色激光内雕技术

白色激光内雕饰品虽有形却无颜色，故着色的玻璃内雕成为发展的必然趋势。人们开发了采用脉冲宽度为纳秒至飞秒的激光着色内雕技术，由于聚焦激光的焦点附近具有超高的电场强度，即使材料在激光的波长处不存在本征吸收，也会因激光诱导的多光子吸收、多光子离子化等非线性反应，而实现空间高度选择性的微结构改性，并赋予材料独特的光功能。通过空间选择性色心控制、离子价态操控以及纳米粒子析出，即可以实现激光水晶着色内雕。

（3）多色着色激光内雕技术

多色着色激光内雕是在金离子掺杂的硅酸盐玻璃中，通过改变激光作用时间和激光功率来控制金纳米颗粒的尺寸分布，从而改变样品颜色及光学非线性。激光作用时间长，金纳米表面等离子体共振产生的吸收峰位置红移，呈现金纳米粒子量子尺寸效应；随着激光输出功率增大，吸收系数增大，表面等离子体共振产生的峰向短波方向移动，呈现出不同颜色。

3. 激光内雕设备

高精度激光内雕机是以激光机将一定波长的激光打入水晶内部，令水晶内部的特定部位发生细微的爆裂形成气泡，从而勾勒出预置形状的一种水晶加工工艺。图 14-24 所示为某 CLS532 高精度激光内雕机，表 14-4 所示为激光内雕机的主要参数。

图 14-24 某 CLS532 高精度激光内雕机

表 14-4 激光内雕机主要参数

激光电源功率/kW	1
最大雕刻范围/mm	$140 \times 100 \times 85$
激光波长/nm	532
雕刻速度/(点·min^{-1})	80 000 ~ 120 000
激光电源最高频率/kHz	2

4. 激光内雕软件

（1）布点软件

Dots cloud 布点软件为设备自带软件，它是内雕机系列产品所开发的一套算点软件，此软件具有较高的稳定性，主要用在内雕系列产品上。该软件可以导入 DXF、BMP、JPG、OBJ 等文件格式进行处理，并将其转化成激光内雕设备可以识别的点云模型。该布点软件主界面可以同时显示三维图形在 XY、YZ、XZ 平面的投影以及整个立体图形。

布点软件有 4 个功能模块：

1）普通 DXF 文件算点模块，通常处理普通三维模型和点云文件编辑合并文件；
2）贴图 OBJ 文件算点模块，通常处理仿真三维模型文件；
3）图片 JPG、BMP 文件算点模块，通常处理普通数码相机照片文件；
4）点云文件编辑合并模块，通常处理编辑算好点的 DXF 文件。

（2）优化雕刻软件

优化雕刻软件为设备自带软件，软件的主界面可分为几个部分，首先是标题栏，接下来是菜单栏和工作栏，黑色区域为加工文件的显示界面，如图 14-25 所示。

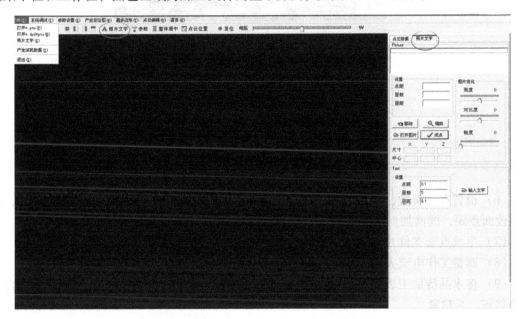

图 14-25　优化雕刻软件主界面

14.6.3　激光内雕技能训练

1. 工艺准备

（1）材料准备

本次任务所使用的材料为 K9 水晶，水晶的尺寸为 50 mm×80 mm×50 mm，此外还需准备一个格式为 DXF 或 OBJ 的三维立体图形文件。

（2）设备准备

本次任务所使用的内雕设备为镭神 CLS532 高精度激光内雕机。

2. 加工步骤

（1）先打开电脑主机和显示器，然后打开内雕设备。单击应用程序，启动 Dots cloud 布点软件，软件打开后单击"复位"指令，等候工作台的复位操作，如图 14-26 所示。

（2）导入已编辑好的三维图形。

（3）设置水晶和模型文件大小。通过内雕范围设置窗口输入需要内雕的水晶尺寸，设置三维图形的实际内雕范围，如图 14-27 所示。

（4）选中所要雕刻的"文件名"，单击"整体居中"。

（5）根据图案文件选择分块方式，确认后，单击"应用"。

图 14-26 工作台复位

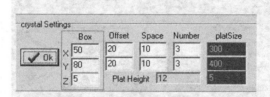

图 14-27 水晶尺寸设置界面

(6) 设置布点参数，如点、线、面密度等。在层显示处选择层，线加点改线点距，面加点改面点距，线面加点则选择较小的线点距参数，而面点距参数选择较大一些。

(7) 生成点云文件并保存。

(8) 调整工作电流大小，本次任务的工作电流的参考值为 18 mA。

(9) 将水晶待加工表面擦拭干净，在水晶底部粘上双面胶，然后将水晶放入工作台右上角靠齐，并粘紧。

(10) 打开优化雕刻软件，导入点云文件。单击"点云编辑"菜单，选择"居中"确保模型居中，然后从各个视图检查，再次确保模型居中。

(11) 单击"雕刻"指令，"点数"是要加工的点数，"已雕"表示在已雕时间里雕刻的点数。

(12) 雕刻完成，待工作台自动复位至初始位置后取出水晶作品。

14.6.4 激光切割基本知识

激光切割（Laser Cutting）技术广泛应用于金属和非金属材料的加工中，可大大减少加工时间，降低加工成本，提高工件质量。图 14-28 所示为激光切割产品。

激光切割是利用经聚焦的高功率密度激光束照射工件，使被照射的材料迅速熔化、汽化、烧蚀或达到燃点，同时借助与光束同轴的高速气流吹除熔融物质，从而将工件割开。激光切割属于热切割方法之一。与传统的板材加工方法相比，激光切割具有更高的切割质量、更高的切割速度、更好的柔性（可随意切割任意形状）及广泛的材料适应性等优点。

1. 激光切割技术的基本原理

激光切割是将激光束聚焦成很小的光斑（光斑直径小于 0.1 mm），在光束焦点处获得超过 10^4 W/mm^2 的功率密度，所产生的能量足以使焦点处材料的能量大大超过被材料反射、传导或扩散而损耗的部分，由此引起激光照射点处材料的温度急剧上升，并在瞬间达到汽化

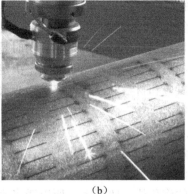

图 14-28 激光切割产品

(a) 切割窄缝；(b) 切割圆孔

温度，蒸发，形成孔洞。激光切割以此作为起点，根据被加工工件的形状要求，令激光束与工件按一定运行轨迹做相对运动，形成切缝。

图 14-29 所示为激光切割原理。在数控程序的激发和驱动下，激光发生器内产生出特定模式和类型的激光，经过光路系统传送到切割头，并聚焦于工件表面，将金属熔化；同时，喷嘴从与光束平行的方向喷出辅助气体将熔渣吹走，再由程控的伺服电动机驱动，切割头按照预定路线运动，从而切割出各种形状的工件。

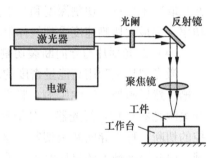

图 14-29 激光切割原理

激光切割是非接触加工，切缝窄、工件变形小，适用于特种航空材料的切割，如钛合金、铝合金、镍合金、不锈钢、复合材料、塑料、陶瓷及石英等。其在非金属领域也有广泛的应用。

2. 常见的激光切割技术

激光切割分为激光熔化切割、激光火焰切割、激光汽化切割和激光划片与导向断裂切割。

（1）激光熔化切割

激光熔化切割时，用激光加热使金属材料熔化，然后通过与光束同轴的喷嘴喷吹非氧化性气体（Ar、He、N 等），依靠气体的强大压力使液态金属排出，形成切口。因为材料的转移只发生在其液态情况下，所以该过程被称作激光熔化切割。激光光束配上高纯惰性切割气体促使熔化的材料离开割缝，而气体本身不参与切割。激光熔化切割不需要使金属完全汽化，所需能量只有汽化切割的 1/10。激光熔化切割可以得到比汽化切割更高的切割速度。汽化所需的能量通常高于把材料熔化所需的能量。在激光功率一定的情况下，限制因素就是割缝处的气压和材料的热传导率。激光熔化切割对于铁制材料和钛金属可以得到无氧化切口。激光熔化切割主要用于一些不易氧化的材料或活性金属的切割，如不锈钢、钛、铝及其合金等。

（2）激光火焰切割

激光火焰切割与激光熔化切割的不同之处在于使用氧气作为切割气体。借助于氧气和加热后的金属之间的相互作用，产生化学反应使材料进一步加热。对于相同厚度的结构钢，采用该方法可得到的切割速率比熔化切割要高。另一方面，该方法和熔化切割相比可能切口质量更差。实际上它会生成更宽的割缝、明显的表面粗糙度、增加的热影响区和更差的边缘质量。

激光火焰切割在加工精密模型和尖角时是不利的，有烧掉尖角的危险。可以使用脉冲模式的激光来限制热影响，所用的激光功率决定切割速度。在激光功率一定的情况下，限制因素就是氧气的供应和材料的热传导率。激光火焰切割主要用于碳钢、钛钢以及热处理钢等易氧化的金属材料。

（3）激光汽化切割

利用高能量密度的激光束加热工件，使温度迅速上升，在非常短的时间内达到材料的沸点，材料开始汽化，形成蒸气。这些蒸气的喷出速度很大，在蒸气喷出的同时，在材料上形成切口。材料的汽化热一般很大，所以激光汽化切割时需要很大的功率和功率密度。为了防止材料蒸气冷凝到割缝壁上，材料的厚度一定不要大大超过激光光束的直径。在激光汽化切割中，最优光束聚焦取决于材料厚度和光束质量。所需的激光功率密度要大于 10^8 W/cm^2，并且取决于材料、切割深度和光束焦点位置。在板材厚度一定的情况下，假设有足够的激光功率，则最大切割速度受到气体射流速度的限制。

（4）激光划片与导向断裂切割

激光划片是利用高能量密度的激光在脆性材料的表面进行扫描，使材料受热蒸发出一条小槽，然后施加一定的压力，脆性材料就会沿小槽处裂开。激光划片用的激光器一般为 Q 开关激光器和 CO_2 激光器。对于容易受热破坏的脆性材料，通过激光束加热进行高速、可控的切断，称为导向断裂切割。这种切割过程的主要内容是：激光束加热脆性材料小块区域，引起该区域大的热梯度和严重的机械变形，导致材料形成裂缝。

（5）切割方法的选择

需考虑方法的特点和板件的材料，也要考虑切割的形状。由于汽化相对熔化需要更多的热量，因此激光熔化切割的速度比激光汽化切割的速度快，激光火焰切割则是借助氧气与金属的反应热使速度加快。同时，火焰切割的切缝宽，表面粗糙度大，热影响区大，因此切缝质量相对较差；而熔化切割割缝平整，表面质量高，汽化切割因没有熔滴飞溅，切割质量较好。一般的材料可用火焰切割完成，如果要求表面无氧化，则须选择熔化切割。汽化切割一般用于对尺寸精度和表面粗糙度要求很高的情况，故其速度也最低。

3. 激光切割的特点

（1）激光切割的切缝窄，工件变形小

激光束聚焦成很小的光点，使焦点处达到很高的功率密度。这时光束输入的热量远远超过被材料反射、传导或扩散的部分，材料很快加热至汽化程度，蒸发形成孔洞。随着光束与材料的相对线性移动，使孔洞连续形成宽度很窄的切缝。切边受热影响小，基本没有工件变形。大多数有机与无机材料都可以用激光切割。对高反射率材料，如金、银、铜和铝合金等，因其传热性好，故用激光切割很困难，甚至不能切割。

（2）切割速度快

用功率为 1 200 W 的激光切割 2 mm 厚的低碳钢板，切割速度可达 600 cm/min；切割 5 mm 厚的聚丙烯树脂板，切割速度可达 1 200 cm/min。材料在激光切割时不需要装夹固定，既可节省工装夹具，又节省了上、下料的辅助时间。

（3）激光切割是一种高能量、密度可控性好的无接触加工

首先,激光光能转换成惊人的热能保持在极小的区域内,可提供:狭窄的直边割缝;最小的邻近切边的热影响区;极小的局部变形。其次,激光束对工件不施加任何力,它是无接触切割工具,这就意味着:工件无机械变形;无刀具磨损,也谈不上刀具的转换问题;切割材料无须考虑它的硬度,即激光切割能力不受被切材料的硬度影响,任何硬度的材料都可以切割。再次,激光束可控性强,并有高的适应性和柔性,因此,与自动化设备相结合很方便,容易实现切割过程自动化;由于不存在对切割工件的限制,故激光束具有无限的仿形切割能力;与计算机结合,可整张板排料,节省材料。

(4) 激光切割具有广泛的适应性和灵活性

与其他常规加工方法相比,激光切割具有更大的适应性。与其他热切割方法相比,同样作为热切割过程,别的方法不能像激光束那样作用于一个极小的区域,结果导致切口宽、热影响区大和明显的工件变形。激光能切割非金属,而其他热切割方法则不能。

4. 激光切割设备

高精度激光切割机是利用高功率密度激光束照射被切割材料,使材料很快被加热至汽化温度,蒸发而形成孔洞,随着光束对材料的移动,孔洞连续形成宽度很窄的切缝(0.1 mm左右),完成对材料的切割。图 14-30 所示为镭神 CLS2513 高精度激光切割机,表 14-5 所示为激光切割机的主要参数。

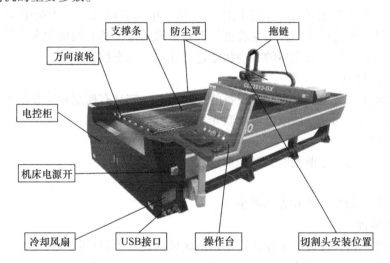

图 14-30 镭神 CLS2513 高精度激光切割机

表 14-5 激光切割机的主要参数

激光电源功率/W	300
工作台尺寸/mm	2 500 × 1 300
激光波长/nm	532
最大切割厚度/mm	3
切口表面粗糙度/μm	12.5 ~ 25
切割速度/(m·min^{-1})	3.5(2 mm 厚不锈钢)
辅助气体	氧气或氮气

机床的结构主要由以下几部分组成：

(1) 床身

全部光路安置在机床的床身上，装有横梁、切割头支架和切割头工具，通过特殊设计消除在加工期间由于轴的加速带来的振动。机床底部分成几个排气腔室，当切割头位于某个排气室上部时阀门打开，废气排出。通过支架隔架，小工件和料渣落在废物箱内。

(2) 工作台

移动式切割工作台与主机分离，柔性大，可加装焊接、切管等功能。工作台下方配有小车收集装置，切割的小料及金属粉末会集中收集在小车中。

(3) 切割头

激光从激光器出来，通过光纤传导至切割头，在切割头上经过扩束、聚焦后，通过保护镜照射到板材上。切割头是光路最末端的器件，其内置的透镜将激光光束聚焦。良好的切割质量与喷嘴和工件的间距有关，本机切割头是非接触式电容传感头，在切割过程中可实现自动跟踪与修正工件表面和喷嘴的间距，调整激光焦距与板材的相对位置，以消除因被切割板材的不平整对切割材料造成的影响。红光指示器可自动找准材料的摆放位置。

(4) 控制系统

控制系统包括数控系统（集成可编程序控制器 PLC）、电控柜及操作台。数控系统由 CPU 控制单元、数字伺服单元、数字伺服电动机、电缆等组成，采用全中文工作界面，能实现机外编程计算机与机床的控制系统进行数据传输通信，具有加速和突变限制功能。它还具有图形显示功能，可对激光器的各种状态进行在线和动态控制。

(5) 激光控制柜

电控柜集成于设备前部，是整个设备的控制中心。它具有控制和检查激光器的功能，并可显示系统的压力、功率、放电电流和激光器的运行模式。

(6) 激光器

激光发生器的心脏是谐振腔，激光束就在这里产生。

(7) 冷却设备

冷却激光器、激光气体和光路系统。

(8) 除尘装置

内置管道及风机，改善了工作环境。切割区域内装有大通径除尘管道及大全压的离心式除尘风机，加之全封闭的机床床身及分段除尘装置，具有较好的除尘效果。

(9) 供气系统

其包括气源、过滤装置和管路，气源含瓶装气和空气压缩机。

5. 激光切割软件

激光切割软件 LaserCut 界面正中央黑底为绘图板，其中白色带阴影的外框表示机床幅面，并有网格显示。网格与绘图区上方和左侧的标尺会随视图的放大和缩小而变化。

14.6.5 激光切割技能训练

1. 工艺准备

(1) 材料准备

本次任务所使用的材料为不锈钢板，尺寸为 100 mm × 100 mm × 2 mm，还需准备一个图形文件。

（2）设备准备

本次任务所使用的切割设备为镭神 CLS2513 高精度激光切割机。

2. 加工步骤

（1）导入图形

导入一个准备好的图形文件，还可以通过 LaserCut 软件来现场绘制一个零件。

（2）预处理

导入图形的同时，LaserCut 会自动进行去除极小图形、去除重复线、合并相连线、自动平滑、排序和打散等操作，无须其他处理就可以开始设置工艺参数。一般情况下，软件认为要加工的图形应当是封闭图形，如果文件包含不封闭图形，软件可能会以红色显示提示。

（3）工艺设置

包括设置引入、引出线，设置过切、缺口或封口参数，进行割缝补偿等。

（4）刀路规划

根据需要对图形进行排序。单击"排序"按钮进行自动排序，单击排序按钮下方的小三角选择排序方式，选择是否允许自动排序过程改变图形的方向以及是否自动区分内外模。

（5）加工前检查

实际切割前可对加工轨迹进行检查。单击各对齐按钮将图形相应对齐，拖动交互式预览进度条，可以快速查看图形加工次序，单击"交互式预览"按钮，逐个查看图形的加工次序。

（6）实际加工

正式加工前需要将屏幕上的图形和机床对应起来，单击"控制台"上方向键左侧的"预览"按钮可以在屏幕上看到即将加工的图形与机床幅面之间的相对位置关系。该对应关系是以屏幕上的停靠点标记与机床上激光头的位置匹配来计算的。单击控制台上的"开始"按钮开始加工，加工过程中将显示监控画面，其中包括坐标、速度、加工计时及跟随高度等信息。

14.6.6 激光打标基本知识

激光打标（Laser Marking）是利用高能量的激光束照射在工件表面，光能瞬时变成热能，使工件表面迅速产生蒸发，从而在工件表面刻出任意所需要的文字和图形，以作为永久防伪标志。激光打标的特点是非接触加工，可在任何异形表面标刻，工件不会变形和产生内应力。它主要适用于金属、塑料、玻璃、陶瓷、木材、皮革等材料的标记。

激光标记具有如下特点：

1）可对多种金属、非金属材料进行加工，尤其对高硬度、高熔点、脆性材料进行标记更显优势；

2）属于非接触加工，无刀具磨损；

3）激光束细，加工材料消耗很小，加工热影响区小；

4）加工效率高，计算机控制易于实现自动化。

激光几乎可对所有零件（如活塞、活塞环、气门、阀座、五金工具、电子元器件等）进行打标，且标记耐磨，生产工艺易实现自动化，被标记部件变形小。图 14-31 所示为激光打标工艺品。

图 14-31 激光打标作品

1. 激光打标的基本原理

打标的效应是通过表层物质的蒸发露出深层物质，或者是通过光能作用导致表层物质的化学物理变化而"刻"出痕迹，显示出所需刻蚀的图形、文字。光纤激光打标机采用扫描法打标，将激光束入射到两反射镜上，利用计算机控制扫描电动机带动反射镜分别沿 X、Y 轴转动，激光束聚焦后到被标记的工件上，从而形成了激光标记的痕迹。

2. 激光器简介

激光器由封闭在泵浦腔中的工作介质和泵浦源构成。泵浦源将工作介质从能量基态"泵浦"到激发态。如果在两激发能级间实现"粒子数反转"，则可产生受激辐射（即光子），通过在光学谐振腔中谐振（来回反射）得到放大，其中一部分放大了的电磁辐射输出，形成激光。激光器的工作介质可以是气体、液体或固体。大多数气体激光器的工作介质由原子、分子或两者的混合组成。固体激光器的工作介质由原子或掺杂在某些晶体中的离子组成，而液体激光器的工作介质由溶解在液体中的大分子量的分子组成。在特定的泵浦条件下，所有这些工作介质都可以实现"粒子数反转"，并产生某一波长的激光输出。

光纤激光打标机采用当今最先进的脉冲光纤激光器。光纤激光器是在光纤放大器的基础上发展起来的。光纤放大器是利用掺杂了稀土元素的光纤，再加上一个恰当的反馈机制便形成了光纤激光器。掺杂稀土元素的光纤就充当了光纤激光器的增益介质。在光纤激光器中有一根非常细的光纤纤芯，由于外泵浦光的作用，在光纤内便很容易形成高功率密度，从而引起激光工作物质能级的粒子数反转。通常采用光纤光栅作为光纤激光器的谐振腔。利用包层、并行泵浦技术，将多个激光二极管同时耦合至包层光纤上，可以获得较高功率的激光输出。

3. 激光打标设备

CLS8100 高精度数控光纤激光打标机是集激光、计算机、自动控制、精密机械技术为一体的高科技产品。该打标机采用高性能进口数字振镜扫描系统方式，速度快，精度高，能长时间工作；能在大多数金属材料及部分非金属材料，如硅、橡胶、环氧、陶瓷、大理石等材料进行刻写或制作难以仿制的永久性防伪标记。图 14-32 所示为某 CLS8100 高精度数控光纤激光打标机，表 14-6 所示为激光打标机的主要参数。

图 14-32 某 CLS8100 高精度激光打标机

表 14-6 激光打标机主要参数

激光电源功率/W	20
标刻范围/mm	170×170
激光波长/μm	1.064
工作方式	脉冲式
最高扫描速度/(mm·s^{-1})	≤8 000
激光介质	进口光纤

激光打标机主要由激光电源、光纤激光器、振镜扫描系统、聚焦系统和计算机控制系统组成。

注意：光纤激光打标机采用的激光器属于四类激光器，如使用不当会对人体产生伤害，应避免眼睛或皮肤直接暴露于激光辐射中。

4. 激光打标软件

打标软件 Ezcad2.7.6 能对激光功率和脉冲频率实行实时控制。标记内容可以是文字、图形、图片、序列号及其组合，并可在打标软件中直接输入、编辑，也可由 AutoCAD 或 CorelDRAW 等图形软件编辑，通过计算机控制输入与输出；兼容常用的图像格式 BMP、JPG、GIF、PNG、TIF 等，具有强大的填充功能，支持环形填充，可以为不同对象设置不同的加工参数。

14.6.7 激光打标技能训练

1. 工艺准备

（1）材料准备

本次任务所使用的材料为金属名片，金属名片的尺寸为 85 mm×65 mm×1 mm。

（2）设备准备

本次任务所使用的设备为镭神 CLS8100 高精度数控光纤激光打标机。

2. 加工步骤

1) 启动激光打标软件，导入已处理完毕的 JPG 格式图片。

2) 设置打标图形的打标参数。

3) 设置打标图形的点间距，调整图形的对比度。

4) 调整工作电流大小，本次任务的工作电流的参考值为 18 mA。

5) 将金属名片放置于工作平台的正中央。

6) 单击"标刻"指令，进行金属名片的激光打标加工。加工过程中，禁止直视激光输出，在操作仪器时，可选配专用防护镜。

7) 打标完成，待工作台自动复位至初始位置后取出打标作品。

思考与练习题

1. 特种加工有哪些特点？常见分类有哪些？
2. 电火花线切割加工的原理是什么？常用的电极丝有哪几种？
3. 线切割加工机床主要有哪几种？各应用于什么场合？

4. 影响电火花线切割加工工艺指标的因素主要有哪些？
5. 电火花成型加工通常用何种工具电极材料？选择的依据是什么？
6. 电火花成型加工的电规准参数如何选择？
7. 激光加工技术的特点有哪些？具体分类有哪几种？
8. 激光内雕技术的基本原理是什么？有哪些常见的激光内雕技术？
9. 激光切割技术有哪些加工特点？具体的加工原理是什么？
10. 常见的激光切割技术有几大分类？各种切割方法的选择原则是什么？
11. 激光切割机床主要由几部分组成？切割头的功能是什么？
12. 激光标记具有哪些特点？激光打标机的组成主要包括几部分？

第 15 章
快速成型

快速成型技术（Rapid Prototyping Technology，RPT）属于机械工程学科特种加工工艺的范畴，使用激光作为能源的 RPT 还可以归为激光加工门类。RPT 于 20 世纪 80 年代后期兴起，起源于美国，后很快发展到日本、西欧和中国。RPT 是一项多学科交叉、多技术集成的先进制造技术，也是制造理论研究中具有代表性的成果之一。

RPT 的产生与科学技术的迅速发展紧密相关，例如智能技术、传感技术、信息技术与结构科学的交叉正在产生智能结构科学；激光技术、CAD \ CAM 等为 RPT 的产生奠定了技术基础。另一方面，经济的发展和社会的进步提升了人们对新技术、新产品的期望和制造企业对市场需求变化的反应能力。在这样的背景下 RPT 应运而生。

15.1 基本知识

15.1.1 快速成型技术的原理

1. 快速成型技术的原理

笼统地讲，RPT 属于堆积成型；严格地讲，RPT 应该属于离散/堆积成型。它是由三维模型直接驱动的快速制造任意复杂形状三维物理实体的技术总称，其基本过程是：首先设计出所需零件的计算机三维模型，然后根据工艺要求，按照一定的规律将该模型离散为一系列有序的单元，通常在 Z 向将其按一定厚度进行离散（习惯称为分层或切片），把原来的三维模型变成一系列的层片；再根据每个层片的二维轮廓信息，输入加工参数，自动生成 NC 代码；最后由成型系统成型一系列层片并自动将它们连接起来，得到一个三维物理实体。快速成型技术原理如图 15 - 1 所示。

2. 快速成型的工艺过程

（1）三维模型构造

由于 RPT 系统只接受计算机构造的产品三维数字模型，然后才能进行分层处理，所以应先用 CAD 软件（Pro/E，I - DEAS，SolidWork 等），根据产品要求设计三维模型，或用扫描机对已有产品进行扫描，得到三维数字模型。

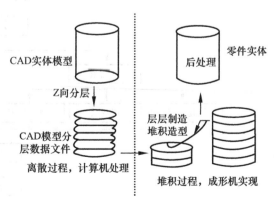

图 15 - 1　快速成型技术原理

(2) 三维模型的近似处理

产品上往往有一些不规则的自由曲面，加工前必须对其进行近似处理。最常用的方法是用一系列的小三角平面来逼近自由曲面，每个小三角平面用三个顶点坐标和一个法向量来描述。三角形的大小是可以选择的，从而得到不同的曲面近似度。经过上述近似处理的三维模型文件称为 STL 格式文件，它由一系列相连的空间三角形组成。典型的 CAD 软件都可以转换和输出 STL 格式文件。

(3) 三维模型的分层处理

由于 RPT 工艺是按一层层截面轮廓进行加工的，因此加工前必须把三维模型沿成型高度方向每隔一定的间距进行分层处理，以便提取截面的轮廓。间隔的大小按精度和生产率要求选定，间隔越小，精度越高，但成型时间越长。间隔的范围一般为 0.05～0.5 mm，常选用 0.1 mm，能得到较光滑的成型曲面。分层间隔选定后，成型时每层叠加的材料厚度应与其相适应。各种 RPT 系统都带有分层处理软件，能自动提取模型的截面轮廓。

(4) 层片加工

根据分层处理的截面轮廓，在计算机控制下 RPT 系统中的成型头（如激光扫描头或喷头）在 XY 平面内自动按截面轮廓进行扫描，切割纸（或固化液态树脂、烧结粉末材料、喷射黏结剂和热熔材料）得到一层层截面。

(5) 层片叠加

每层截面成型之后，工作台下降一层截面的高度，下一层材料被送至已成型的层面上，然后进行后一层截面的成型。后一层面与前一层面黏结，从而将一层层截面逐步叠加在一起，最终形成三维产品。

(6) 后处理

产品成型后需要去支撑、打磨，或者在高温炉中烧结，以进一步提高其强度（如 3DP 工艺）。对于 SLS 工艺，成型件放入高温炉烧结是为了使黏结剂挥发掉，以便进行渗金属（如渗铜）处理。

RPT 工艺流程如图 15-2 所示。

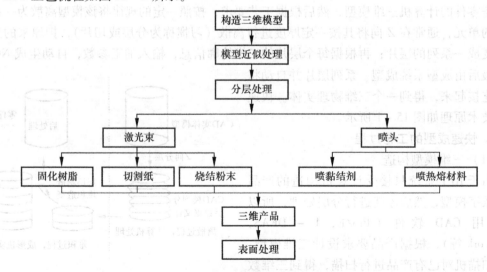

图 15-2　快速成型工艺流程

15.1.2 快速成型的特点及应用

1. 快速成型工艺的特点

与传统材料加工技术相比，RPT 具有鲜明的特点，包括以下几个。

1) 高度数字化集成制造。直接 CAD 模型驱动，如同使用打印机一样方便快捷。

2) 高度柔性和适应性，零件的制造周期和制造成本与零件的形状和复杂程度无关。RPT 采用离散/堆积成型的原理，将一个十分复杂的三维制造过程简化为二维过程的叠加，可实现对任意复杂形状零件的加工。越是复杂的零件越能凸显 RPT 的优越性。由此，RPT 特别适用于复杂型腔、复杂型面等传统方法难以制造甚至无法制造的零件加工。

3) 快速性。RPT 工艺无须模具、刀具等，RPT 系统几乎可以与所有 CAD 造型系统进行无缝连接，从 CAD 模型到完成原型（或零件）加工，只需几十分钟至几十小时。

4) 材料类型丰富多样，包括树脂、纸、工程蜡、工程塑料（ABS 等）、陶瓷粉、金属粉、砂等，可以在航空、机械、家电、建筑、医疗等各个领域应用。

5) 与以三维扫描建模为基础的反求工程相结合，可成为快速开发新产品的有力工具。

2. 快速成型技术的应用领域

目前就 RPT 的发展水平而言，在国内主要是应用于新产品开发的设计验证和试制，即完成产品的概念设计（或改型设计）—型设计—结构设计—基本功能评估—模拟样件试制开发过程。对某些以塑料结构为主的产品还可以进行小批量试制，或进行一些物理方面的功能测试、装配验证、实际外观效果审视，甚至将产品小批量组装先行投放市场，达到投石问路的目的。现在世界各国 RPT 研究机构正不断提高 RPT 水平，不断扩大 RPT 的应用范围，使得 RPT 在以下几个方面得到了较为广泛的应用。

（1）新产品开发过程中的设计验证与功能验证

RPT 可快速地将产品设计的 CAD 模型转换成物理实物模型，这样可以方便地验证设计人员的设计思想和产品结构的合理性、可装配性、美观性，发现设计中的问题可及时修改。如果用传统方法，需要完成绘图、工艺设计、工装模具制造等多个环节，周期长、费用高。如果不进行设计验证而直接投产，则一旦存在设计失误，将会造成极大的损失。

（2）可制造性、可装配性检验，供货询价，市场宣传

对有限空间的复杂系统，如汽车、航空器等的可制造性和可装配性用 RPT 方法进行检验和设计，将大大降低此类系统的设计制造难度。对于难以确定的复杂零件，可以用 RPT 进行试生产以确定最佳且合理的工艺。此外，RPT 原型还是产品从设计到商品化各个环节中进行交流的有效手段，比如为客户提供新产品样件，进行市场宣传等，RPT 已成为并行工程和敏捷制造的一种技术途径。

（3）单件、小批量和特殊复杂零件的直接生产

对于高分子材料的零部件，可用高强度的工程塑料直接快速成型，满足使用要求；对于复杂金属零件，可通过快速铸造或直接金属件成型获得。该项应用对航空、航天及国防工业有特殊意义。

（4）快速模具制造

通过各种转换技术将 RPT 原型转换成各种快速模具，如低熔点合金模、硅胶模、金属冷喷模、陶瓷模、铸造用蜡模等，进行中小批量零件的生产，满足产品更新换代快、批量越

来越小的发展趋势。

（5）医学领域

可制作人体器官的教学、手术模拟与演练模型。目前有些研究机构用一种类生物材料制造生物组织，如肌肉、血管、骨骼等。

15.1.3 快速成型的主要工艺方法

目前，已有多种 RPT 工艺，下面分别作简要介绍。

1. 立体印刷

立体印刷也称为液态光敏树脂选择性固化（Stereo Lithography Apparatus，SLA），这是最早出现的 RPT 工艺。它是以光敏树脂为原料，通过计算机控制紫外线激光束扫描使其发生聚合、联合等反应，由液态转化为固态，由此逐层固化成型。这种方法能简捷、全自动地制造出表面质量和尺寸精度较高、几何形状复杂的原型。1988 年美国的 3D 公司就研制出 SLA - 350 型快速成型机，目前仍占有较大市场份额。

SLA 工艺是基于液体光敏树脂的光聚合原理。这种液态材料在一定的波长（325 nm）和功率（30 mW）的紫外线照射下迅速发生光聚合反应，相对分子质量急剧增大，材料也由液态转变为固态。

SLA 工艺激光快速成型机主要由控制系统、激光器、光路系统、激光扫描头、液槽、可升降工作台等组成。其原理如图 15 - 3 所示：先在液槽中盛满液态光敏树脂，氦—镉激光器或氩离子激光器发出紫外线激光，液态光敏树脂在紫外线激光束的照射下快速固化。成型开始时，可升降工作台处于液面下一个层厚的地方。经过聚焦后的激光束在计算机控制系统的控制下按模型截面轮廓进行扫描，使扫描区域的液态光敏树脂固化，形成该层面的固化层。一层固化完毕后，工作台下降一层的高度（约 0.1 mm），其上覆盖另一层液体树脂，再进行下一层的光固化扫描，与此同时新固化的一层树脂材料牢固地黏结在前一层上，如此反复直到整个产品完成。

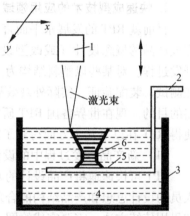

图 15 - 3　SLA 快速成型的原理图

1—激光器；2—工作台；3—液槽；
4—光敏树脂；5—实体原型

SLA 方法适合成型小件，能直接得到塑料产品。其优点是原型尺寸精度高，表面粗糙度小；可制造结构复杂的模型，尤其是对内表面结构复杂、切削刀具难以达到的模型，也能够一次成型。缺点是成型过程中有物理和化学变化，原型有可能产生变形，所以需要设计支撑结构；液态树脂固化后性能一般，原型较脆，容易断裂，不适宜进行机械加工和抗力、耐热等测试，且原料有污染。

SLA 成型工艺的应用有很多方面，可直接制作各种树脂功能件，用作结构验证和功能测试；可制作比较精细和复杂的零件；制造出来的原型可快速翻制各种模具，如硅橡胶模、合金模、电铸模和消失模等。SLA 成型工艺主要应用于航空、电器、铸造、医疗等领域。

2. 分层实体制造

分层实体制造也称薄层材料选择性切割（Laminated Object Manufacturing，LOM），是几种最成熟的 RPT 技术之一。LOM 方法自 1991 年问世以来，发展迅速。由于 LOM 技术多使用纸张，成本低、精度高，而且制作出来的类木质原型具有外在的美感和一些特殊的品质，因此受到广泛关注，在产品概念设计、造型设计、装配检验、熔模铸造型芯、砂型铸造木模、快速制作母模和直接制模等方面应用日益广泛。

图 15-4 所示为 LOM 成型的原理图。成型设备由计算机、原材料存储和送料机构、热黏压机构、激光器及光路系统、可升降工作台和数控系统等组成。成型前先在计算机中对工件三维模型进行处理，沿模型成型高度方向将模型按一定厚度（0.1~0.2 mm）分成若干层，并计算出每一层的截面轮廓。成型时由计算机发出控制指令，由送料机构转动储料轴和收料轴把单面涂有热熔胶的薄层材料（如纸）从储料轴送至可升降工作台上方，热黏压机构将一层层材料黏合在一起。CO_2 激光束在计算机控制下沿计算机提供的模型截面轮廓外缘进行切割得到一个层面，并将无轮廓区切割成小方格，以便成型后易于剔除废料。可升降工作台在一层做完之后，下降一个层厚的高度（一般为 0.1~0.2 mm），后一层材料铺到前一层上后由加热辊加压黏合，再切割第二层。如此反复直到实体完成。

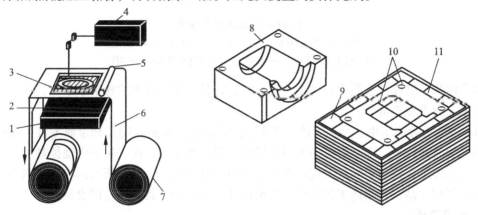

图 15-4 LOM 成型的原理图

1—可升降工作台；2—叠加层；3—当前层轮廓线；4—激光器；5—热压辊；6—薄片材料；
7—送料滚筒；8—产品；9—网格废料；10—内轮廓线；11—外轮廓线

LOM 制造工艺适合成型大、中型零件。其特点是翘曲变形小，无须设计支撑，成型时间短，材料便宜、成本低；但尺寸精度不高，工件表面有台阶纹，成型后需要打磨，工件抗拉强度差，材料浪费大。

3. 选择性激光烧结

选择性激光烧结（Selective Laser Sintering, SLS）成型工艺是利用激光对粉末材料（高分子材料粉末或以高分子材料为黏结剂的粉末材料）进行扫描，精确地定位粉末材料的熔融和黏结，从而得到具有一定几何形状的三维实体的一种 RPT 工艺方法。从理论上来讲受热后能够黏结的粉末都可以用作 SLS 烧结的原材料，目前研制成功的可实用的 SLS 原材料有十几种，其范围已覆盖高分子、陶瓷、金属粉末和金属制件，这是其他几种 RPT 技术目前还做不到的。另外，SLS 无材料浪费现象，未烧结的粉末可重复使用。由于成型材料的多样化，使得 SLS 的应用范围非常广泛。

SLS 的原理如图 15-5 所示，设备主要由激光器、激光光路系统、扫描镜、工作台、铺粉辊和工作缸构成。成型时先在工作台上铺一层粉末材料，激光束在计算机的控制下，按照模型的截面轮廓信息进行扫描，使轮廓内粉末材料的温度升到熔化点进行烧结。一层完成后，工作台下降一个层厚，铺粉辊又在上面铺上一层均匀密实的粉末，再进行后一层的烧结。如此循环，最终形成三维实体。

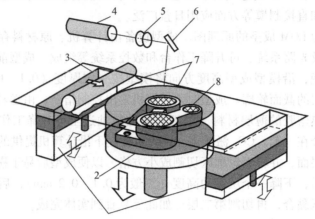

图 15-5 SLS 的原理图

1—粉料输送和回收系统；2—工作台；3—铺粉辊；4—激光器；
5—激光光路系统；6—扫描镜；7—未烧结粉末；8—零件

当实体构建完成并在原型部分充分冷却后，将其从工作台上的粉末中拿出，用刷子刷去表面粉末，露出原型部分。

SLS 方法适合成型中、小型零件，能直接制造蜡模、塑料、陶瓷和金属零件，制件变形小，但成型时间较长。烧结陶瓷粉末或金属粉末得到制件后，在加热炉中烧掉黏结剂可在孔隙中渗入铜等填充物。它的最大优点在于可使用的材料很广，几乎所有的粉末材料都可以使用，材料利用率高，且制造工艺简单、无须设计支撑，所以其应用范围也最广。

4. 三维打印

三维打印（3DP）也称粉末材料选择性黏结，其工作过程类似于喷墨打印机，与 SLS 工艺类似，都采用粉末材料成型，材料有金属粉末、陶瓷粉末、塑料粉末、蜡粉、砂等。所不同的是粉末材料不是通过激光烧结在一起，而是通过喷头喷涂黏结剂将粉末材料黏结在一起，形成三维实体。

三维打印工艺原理如图 15-6 所示，先在可升降工作台上铺好一层粉末材料，计算机控制喷头按照截面轮廓信息喷射黏结剂，使部分粉末材料黏结形成一个层面，一层完成后工作台下降一个层厚，再铺粉、喷黏结剂进行后一层的黏结，如此循环直到三维实体完成。黏结得到的制件要置于加热炉中，做进一步的固化或烧结，以提高黏结强度。

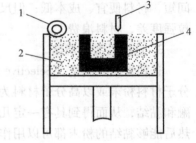

图 15-6 三维打印工艺原理图

1—铺粉辊；2—粉末材料；
3—喷头；4—产品

5. 熔丝沉积成型

熔丝沉积成型（Fused Deposition Modeling，FDM）也称熔融沉积成型工艺，是由美国学者 Scott Crump 于 1988 年率先提出，随后于 1991 年开发出第一台商用成型机。FDM 工艺的材料一般是丝状热熔性材料，如 ABS 塑料丝、蜡丝、人造橡胶和聚酯热塑性塑料丝等。该技术无须激光系统，是利用喷头将丝状材料加热熔化,再从喷头的微细喷嘴挤压出来。喷头可沿着 X、Y 轴向扫描,从而在工作台上堆积成型三维实体。

FDM 工艺原理图 15-7 所示。成型机主要由喷头装置、送丝装置、运动机构、成型室、工作台等组成。成型前喷头和成型室预先升温,达到预定温度。成型时丝状材料由送丝装置送至喷头内,在喷头内被加热熔化,喷头在计算机的控制下沿零件截面轮廓和填充轨迹进行扫描运动,同时将熔化的材料挤出,材料迅速固化,并与工作台周围的材料黏结。一层成型完毕后工作台下降一个层厚的高度(0.1~0.2 mm),喷头再进行下一层的涂敷加工。如此反复直到实体完成为止。

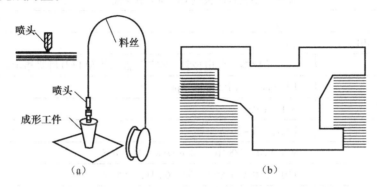

图 15-7 FDM 工艺原理图
(a) 工艺原理图;(b) 原型和支撑

FDM 的每一个层片都是在前一层上堆积而成,前一层对当前层起到定位和支撑的作用。随着高度的增加,层片轮廓的面积和形状都会发生变化,当形状发生较大的变化时,上层轮廓就不能给当前层提供充分的定位和支撑作用,这就需要设计一些辅助结构——"支撑",对后续层提供定位和支撑,以保证成型过程的顺利实现。

FDM 工艺不用激光,使用、维护简单,成本较低,用 ABS 等制造的 FDM 原型具有较高强度,目前,已被广泛应用于汽车、机械、电子、家用电器、玩具制造、铸造、医学等领域产品的设计开发过程,如产品的外观评估、装配检验、功能测试、市场需求测试及零件制造。近年来又开发出 PC、PC/ABS、PPSF 等更高强度的成型材料,使得该工艺有可能直接制造功能性零件。由于这种工艺具有一些显著优点,所以发展极为迅速,目前 FDM 系统在全球已安装 RPT 系统中的份额大约为 30%。与其他使用粉末和液态材料的工艺相比,丝材更加清洁,易于更换、保存,不会在设备中或附近形成粉末或液体污染;后处理简单,仅需要几分钟到一刻钟的时间剥离支撑后,原型即可使用,成型速度较快。

15.2 技能训练

15.2.1 MEM 熔融沉积成型系统

本节介绍的 UP BOX + 熔融沉积成型,也称为熔融挤压成型(MEM)系统,是北京太尔时代生产的桌面式三维打印机系统,其主要参数如表 15-1 所示。

表15-1 UP BOX+系统主要参数

成型工艺	热熔挤压（MEM）
成型尺寸	255 mm×205 mm×205 mm（宽×高×深），10 in[①]×8 in×8 in
打印头	单头，模块化易于更换
层厚/mm	0.1/0.15/0.20/0.25/0.30/0.35/0.40
支撑结构	智能支撑技术；自动生成，容易剥除（支撑范围可调）
打印平台校准	全自动平台调平和喷嘴对高
平台类型	加热，多孔打印板或UP Flex贴膜板
脱机打印	支持
平均工作噪声/dB	51
高级功能	门禁传感器、停电恢复、空气过滤系统和LED呼吸指示灯
配套软件	UP Studio，UP Studio App
兼容文件格式	STL，UP3
连接方式	USB，Wi-Fi
操作系统	Win Vista/7/8/10，Mac OSX，Mac IOS
电源	110~240 V（AC），50~60 Hz，220 W
机身	封闭式，金属机身加塑料外壳
重量	20 kg/44 lb[②]
尺寸	493 mm×493 mm×517 mm（长×宽×高），19.5 in×19.5 in×20.5 in
带包装重量/kg	30
包装尺寸	590 mm×590 mm×650 mm（长×宽×高），22.4 in×22.4 in×24.8 in

15.2.2 UP BOX+打印机的构造

UP BOX+打印机的外部结构如图15-8所示，其内部结构如图15-9所示。

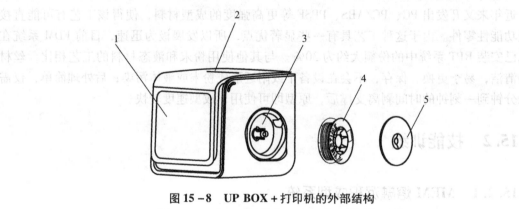

图15-8 UP BOX+打印机的外部结构
1—前门；2—上盖；3—丝盘架；4—丝盘；5—丝盘磁力盖

① 1 in = 2.54 cm。

② 1 lb = 0.453 6 kg。

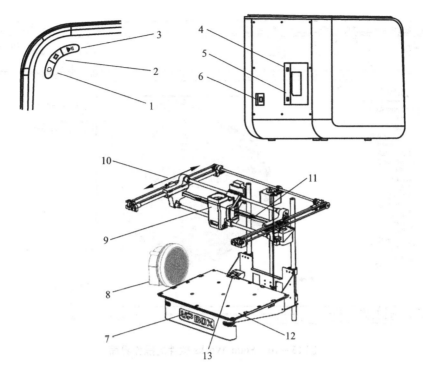

图 15 – 9　UP BOX + 打印机的内部结构

1—初始化键；2—挤出/撤回键；3—暂停/停止键；4—USB 接口；5—电源接口；6—电源开关；7—LED 指示灯；8—空气过滤器；9—Y 轴；10—X 轴；11—Z 轴；12—打印平台；13—喷嘴高度检测器

15.2.3　建模软件和模型处理软件

1. 建模软件（Solid Works）

Solid Works 是世界上第一个基于 Windows 开发的三维 CAD 系统，有功能强大、易学易用和技术创新三大特点，这使得 Solid Works 成为领先的、主流的三维 CAD 解决方案。该软件能够提供不同的设计方案、减少设计过程中的错误以及提高产品质量，而且对每个工程师和设计者来说，其操作简单方便、易学易用。

对于熟悉 Windows 系统的用户，基本上就可以用 Solid Works 来做设计了。Solid Works 独有的拖拽功能能使用户在比较短的时间内完成大型装配设计。Solid Works 资源管理器是同 Windows 资源管理器一样的 CAD 文件管理器，用它可以方便地管理 CAD 文件。使用 Solid Works，用户能在比较短的时间内完成更多的工作，能够更快地将高质量的产品投放市场。在目前市场上所见到的三维 CAD 解决方案中，Solid Works 是设计过程比较简便而方便的软件之一。Solid Works 的操作界面如图 15 – 10 所示。

2. 模型处理软件（UP Studio）

UP Studio 是 UP BOX + 桌面式三维打印机配套的模型处理软件，设计软件和打印机之间协作的标准文件格式是 STL 文件格式。一个 STL 文件使用三角面来近似模拟物体的表面，三角面越小，其生成的表面分辨率越高。然后通过 SD 卡把它拷贝到三维打印机中，或者直接用 USB 线连接电脑和三维打印机，进行打印设置后，打印机就可以打印模型了。UP

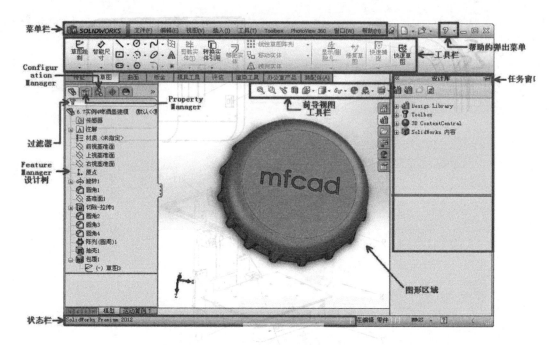

图 15-10 Solid Works 软件的操作界面

Studio 软件功能非常完备，处理 STL 文件方便、迅捷、准确，使用简单，从而提高 RP 加工的效率和质量。UP Studio 软件操作界面如图 15-11 所示。

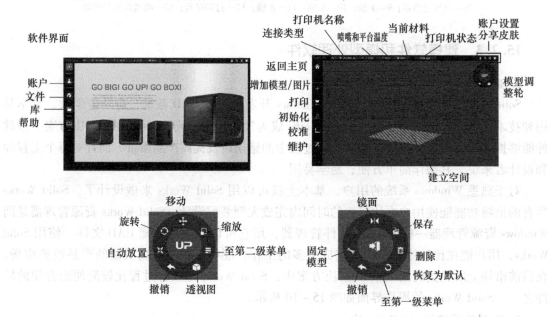

图 15-11 UP Studio 软件操作界面

UP Studio 软件具有以下功能：
1) 兼容文件格式：软件的兼容文件格式为 STL、UP3。
2) 三维模型的显示：在 UP Studio 中可方便地观看 STL 模型的任何细节，并可对模型的尺寸进行修改和编辑。

3）修复：当模型中包含有缺陷的表面时，软件将会以红色高亮面显示，单击修复功能，软件会自动对 STL 模型进行修复，缺陷表面将转变为正常颜色。其修复能力强大，不用回到 CAD 系统重新输出，可节约时间，提高工作效率。

4）成型准备功能：在 UP Studio 中，用户可对 STL 模型进行变形（旋转、缩放、平移、镜像）等，当有多个模型时，还可以进行合并同时打印输出，提高了 RP 系统的效率。

5）二维图像转换为三维模型：在 UP Studio 中，可方便地把二维图像转换为三维模型。

6）自动支撑功能：根据支撑角度、支撑结构等几个参数，UP Studio 自动创建工艺支撑。支撑结构自动选择，智能程度高，无须进行特别培训及学习专业知识。

15.2.4　MEM 熔融沉积成型操作演示

以 UP BOX + 桌面式三维打印机为例介绍熔融沉积成型工艺的模型处理及成型操作。其操作步骤如下。

1. 模型建立

用 CAD 软件（Pro/E，UG，Solid Work）等，根据产品要求设计三维模型，或用扫描机对已有产品进行扫描，得到三维模型，并将格式保存为 STL 文件。

2. 打印机初始化

机器每次打开时都需要初始化。在初始化期间，打印头和打印平台缓慢移动，并会触碰到 X、Y、Z 轴的限位开关。这一步很重要，因为打印机需要找到每个轴的起点，只有在初始化之后，软件其他选项才会亮起供选择使用。

1）打开模型处理软件（UP Studio），双击 UP 按钮，进入到软件界面，如图 15 – 12 所示。

图 15 – 12　UP Studio 软件开机界面

2）单击初始化按钮之后，软件的其他选项亮起，打印机准备就绪。如图 15 – 13 所示。

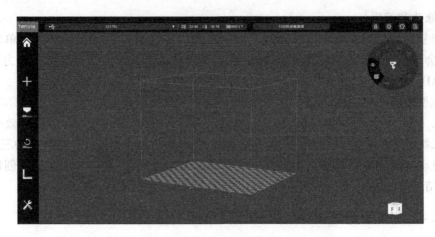

图 15-13　UP Studio 打印机初始化之后界面

3. 准备打印

1) 打印机连接就绪，单击软件界面上的"维护"按钮。

2) 从材料下拉菜单中选择 ABS 或所用的材料，并输入丝材重量。

3) 单击"挤出"按钮，打印头将开始加热，在约 5 min 之后，打印头的温度将达到熔点，比如，对于 ABS 而言，温度为 260 ℃。在打印机将发出蜂鸣后，打印头开始挤出丝材。如图 15-14 所示。

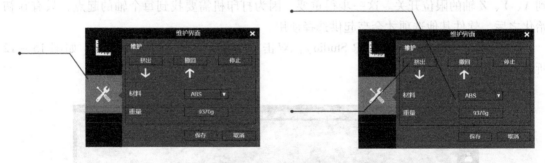

图 15-14　维护界面

4) 轻轻地将丝材插入打印头上的小孔，丝材在达到打印头内的挤压机齿轮时会被自动带入打印头。

5) 检查喷嘴挤出情况，如果塑料从喷嘴出来，则表示丝材加载正确，可以准备打印（挤出动作将自动停止）。如图 15-15 所示。

4. 载入模型

单击添加模型后，载入的模型出现在打印平台上，如图 15-16 所示。还可以对模型进行旋转、缩放、移动、复制、修复、合并及保存等。

5. 打印参数的设置

1) 单击打印按钮，设置好模型所需要的参数，单击"打印预览"按钮，在发送数据后，程序将在弹出

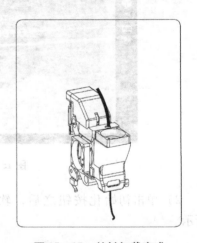

图 15-15　丝材加载完成

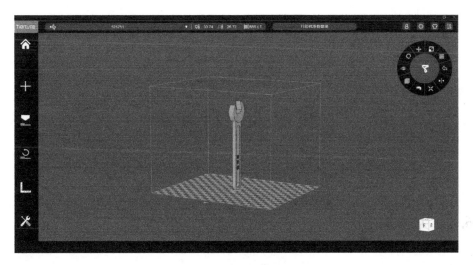

图 15-16 载入模型

窗口中显示材料数量和打印所需时间。同时,喷嘴将开始加热,将自动开始打印。此时,用户可以安全地断开打印机和计算机。如图 15-17 所示。

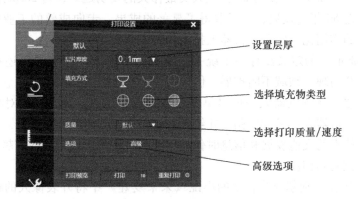

图 15-17 打印参数的设置

2)暂停打印。在打印期间,可单击菜单上的"暂停"按钮暂停打印,单击"恢复打印"即可恢复暂停的打印。一旦打印暂停,维护界面上的其他按钮将禁用。

3)打印结束,取出模型。

6. 后处理

利用厂家自带的起型铲及尖嘴钳,把模型的底座及支撑去除,并进行表面的处理,使模型看上去更加光滑。

思考与练习题

1. 试述快速成型技术的基本原理、成型特征及其在工程上的应用。
2. 简述 SLA、LOM、SLS、FDM、3DP 几种 RPT 方法的异同。
3. 试述快速成型技术与传统加工成型技术相比有何不同。
4. 叙述熔融沉积成型的原理、特点与应用。

第 16 章
机器人创新教学

16.1 基本知识

16.1.1 机器人概述

1. 机器人的概念及分类

机器人技术（Robotics）作为20世纪人类最伟大的发明之一，自20世纪60年代初问世以来，经历了将近60年的发展，已经取得了显著的成果。走向成熟的工业机器人，各种用途的特种机器人的实用化，昭示着机器人技术灿烂的明天。

机器人（Robots）的定义没有一个统一的意见，原因之一是机器人还在发展，新的机型、新的功能不断涌现，领域不断扩展。但根本原因是机器人涉及人的概念，故成为一个难以回答的哲学问题。就像机器人一词最早诞生在科幻小说中一样，人们对机器人充满了幻想。也许正是由于机器人定义的模糊，才给了人们充分的想象和创造空间。

随着机器人技术的飞速发展和信息时代的到来，机器人所涵盖的内容越来越丰富，机器人的定义也不断充实和创新。

1886年，法国作家利尔亚当在他的小说《未来夏娃》中将外表像人的机器起名为"安德罗丁"，它由四个部分组成：

第一部分是能够保持平衡、实现步行和发声、身体能够摆动、有感觉和丰富的表情、能够调节运动等功能的生命系统；

第二个部分是能够实现自由运动的金属覆盖体组成的关节，还有一种盔甲作为造型材料；

第三个部分是在上述盔甲上有肉体、静脉、性别等身体各种形态的人造肌肉；

第四个部分是含有肤色、机理、轮廓、头发、视觉、牙齿、手爪等的人造皮肤。

1920年，捷克作家卡雷尔发表了科幻剧本《罗萨姆的万能机器人》。在剧本中，卡佩克把捷克语"Robota"写成了"Robot"，"Robota"是奴隶的意思。该剧预告了机器人的发展对人类社会的悲剧性影响，引起了大家的广泛关注，被当成了机器人一词的起源。在该剧中，机器人按照其主人的命令默默地工作，没有感情，以呆板的方式从事繁重的劳动。后来，罗萨姆公司取得了成功，使机器人具有了感情，导致了机器人的应用部门迅速增加。在工厂和家务劳动中，机器人成了必不可少的成员。机器人发现人类十分自私和不公平，终于造反了，机器人的体能和智能都非常优异，因此消灭了人类。但是，机器人不知道如何制造它们自己,认为它们自己很快就会灭绝,所以它们开始寻找人类的幸存者,但没有结果。最后,一对感知能力优于其他机器人的男女机器人相爱了,这时机器人进化为人类,世界又起死回生了。

卡佩克提出的是机器人的安全、感知和自我繁殖问题。科学技术的进步很可能引起人们不希望出现的问题。虽然科幻世界只是一种想象,但人类社会将可能面临这种现实。

为了防止机器人伤害人类,科幻作家阿西莫夫于1940年提出了"机器人三大原则":

第一,机器人不应伤害人类;

第二,机器人应遵守人类的命令,与第一条违背的命令除外;

第三,机器人应能保护自己,与第一条相抵触者除外。

这是给机器人赋予的伦理性纲领。机器人学术界一直将这三大原则作为机器人开发的准则。

1967年日本召开了第一届机器人学术会议,提出了两个有代表性的定义。一是森政弘与合田周平提出的:"机器人是一种具有移动性、个体性、智能性、通用性、半机械半人性、自动性、奴隶性七个特征的柔性机器"。从这一定义出发,森政弘又提出了用自动性、智能性、个体性、半机械半人性、作业性、通用性、信息性、柔性、有限性、移动性等10个特性来表示机器人的形象。另一个是加藤一郎提出的具有以下三个条件的机器称为机器人:

第一,具有脑、手、脚等三要素的个体;

第二,具有非接触传感器,比如用眼、耳接收远方信息的传感器和接触传感器;

第三,具有平衡觉和固有觉的传感器。

该定义强调了机器人应当仿人的含义,即它靠手进行作业,靠脚实现移动,由脑来完成统一指挥的作用。非接触传感器和接触传感器相当于人的五官,使机器人能够识别外界环境,而平衡觉和固有觉则是机器人感知本身状态所不可缺少的传感器。这里描述的不是工业机器人而是自主机器人。

1988年法国的埃斯皮奥将机器人定义为:"机器人是指设计能根据传感器信息实现预先规划好的作业系统,并以此系统的使用方法作为研究对象"。

1987年国际标准化组织对工业机器人进行了定义:"工业机器人是一种具有自动控制的操作和移动功能,能完成各种作业的可编程操作机。"

有上述可见,机器人的定义是多种多样的,其原因是它具有一定的模糊性。动物一般也具有上述这些要素,所以在把机器人理解为仿人机器的同时,也可以广义地把机器人理解为仿动物的机器。

我国科学家对机器人的定义是:"机器人是一种自动化的机器,所不同的是这种机器具备一些与人或生物相似的智能能力,如感知能力、规划能力、动作能力和协同能力,是一种具有高度灵敏性和自动化的机器"。在研究和开发未知及不确定环境下作业的机器人的过程中,人们逐步认识到机器人技术的本质是感知、决策、行动和交互技术的结合。随着人们对机器人技术智能化本质认识的加深,机器人技术开始源源不断地向人类活动的各个领域渗透。结合这些领域的应用特点,人们发展了各式各样的具有感知、决策、行动和交互能力的特种机器人和各种智能机器人,如移动机器人、微机器人、水下机器人、医疗机器人、军用机器人、空间空中机器人、娱乐机器人等。对不同任务和特殊环境的适应性,也是机器人与一般自动化装备的重要区别。这些机器人从外观上已远远脱离了最初仿人型机器人和工业机器人所具有的形状，更加符合各种不同应用领域的特殊要求，其功能和智能程度也大大增强，从而为机器人技术开辟出了更加广阔的发展空间。

中国工程院院长宋健指出："机器人学的进步和应用是20世纪自动控制最有说服力的成就，是当代最高意义上的自动化"。机器人技术综合了多学科的发展成果，代表了高技术的发展前沿，它在人类生活应用领域的不断扩大，引起了人类的高度重视。

关于机器人如何分类，国际上没有统一制定标准，有的按负载重量分，有的按控制方式分，有的按自由度分，有的按结构分，还有的按应用领域分。一般的分类方法见表16-1。

表16-1 机器人的分类

分类名称	简要解释
操作型机器人	能自动控制，可重复编程，多功能，有几个自由度，可固定或运动，用于相关自动化系统中
程控型机器人	按预先要求的顺序及条件，依次控制机器人的机械动作
示教再现型机器人	通过引导或其他方式，先教会机器人动作，输入工作程序，机器人则自动重复进行作业
数控型机器人	不必使机器人动作，通过数值、语言等对机器人进行示教，机器人根据示教后的信息进行作业
感觉控制型机器人	利用传感器获取的信息控制机器人的动作
适应控制型机器人	机器人能适应环境的变化，控制其自身的行动
学习控制型机器人	机器人能"体会"工作的经验，具有一定的学习功能，并将所"学"的经验用于工作中
智能机器人	以人工智能决定其行动的机器人

我国的机器人专家从应用环境出发，将机器人分为两大类，即工业机器人和特种机器人。所谓工业机器人就是面向工业领域的多关节机械手或多自由度机器人。而特种机器人则是除工业机器人之外的、用于非制造业并服务于人类的各种先进机器人，包括：服务机器人、水下机器人、娱乐机器人、军用机器人和农业机器人等。在特种机器人中，有些分支发展很快，有独立成体系的趋势，如服务机器人、水下机器人、军用机器人和微操作机器人等。目前，国际上有些机器人学者，从应用环境出发将机器人分为两类：制造环境下的工业机器人和非制造环境下的服务与仿人型机器人，这和我国的分类基本是一致的。

2. 机器人的发展历程

机器人一词的出现和世界上第一台工业机器人的问世都是近几十年的事，然而人们对机器人的幻想与追求却已有3 000多年的历史，人类希望制造一种像人一样的机器，以便代替人类完成各种工作。

据战国时期《考工记》里的一则寓言记载，早在西周时期，我国的能工巧匠偃师用动物皮、木头、树脂制作出了能歌善舞的伶人，不仅外貌完全像一个真人，而且还有思想感情，甚至有了情欲。这虽然是寓言中的幻想，但其利用了战国当时的科技成果，也是中国最早记载的木头机器人的雏形。

春秋后期，我国著名的木匠鲁班（其在机械方面也是一位发明家），据《墨经》记载，他曾制造过一只木鸟，能在空中飞行"三日不下"，体现了我国劳动人民的聪明智慧。

公元前 2 世纪，亚历山大时代的古希腊人发明了最原始的机器人——自动机。它是以水、空气和蒸汽压力为动力的会动的雕像，它可以自己开门，还可以借助蒸汽唱歌。

一千八百年前的汉代，大科学家张衡不仅发明了地动仪，而且发明了计里鼓车。该计里鼓车能够自动计算车程并予以击鼓提醒，每行一里，车上木人击鼓一下，每行十里击钟一下。

后汉三国时期，蜀国丞相诸葛亮成功地创造出了"木牛流马"，并用其运送军粮，支援前方战争。

1662 年，日本的竹田近江利用钟表技术发明了自动机械玩偶，并在大阪的道顿堀演出。

1738 年，法国天才技师杰克发明了一只机械鸭，它会嘎嘎叫，会游泳和喝水，还会进食和排泄。瓦克逊的本意是想把生物的功能加以机械化而进行医学上的分析。

在当时自动玩偶的研制中，最杰出的是瑞士的钟表匠杰克和他的儿子路易。1773 年，他们连续推出了自动书写玩偶、自动演奏玩偶，他们创造的自动玩偶是利用齿轮和发条原理而制成的。它们有的拿着画笔和颜色绘画，有的拿着鹅毛蘸墨水写字，结构巧妙，服装华丽，在欧洲风靡一时。由于当时技术条件限制，这些玩偶其实是身高一米的巨型玩具。现在保留下来的最早的机器人是瑞士努萨蒂尔历史博物馆里的少女玩偶，它制作了 200 年前，两只手的十个手指可以按动风琴的琴键而弹奏音乐，现在还定期演奏供参观者欣赏，展示了古代人的智慧。

19 世纪中叶，自动玩偶分为两个流派，即科学幻想派和机械制作派，并各自在文学艺术和近代技术中找到了自己的位置。1831 年歌德发表了《浮士德》，塑造了人造人"荷蒙克鲁斯"；1870 年霍夫曼出版了以自动玩偶为主角的作品《葛蓓莉娅》；1883 年科洛迪的《木偶奇遇记》问世；1886 年《未来夏娃》问世。在机械实物制造方面，1893 年摩尔制造了"蒸汽人"，"蒸汽人"靠蒸汽驱动双腿沿圆周走动。

进入 20 世纪后，机器人的研究和开发得到了更多人的关心与支持，一些适用化的机器相继问世，1927 年，美国西屋公司工程师温兹利制造了第一个机器人"电报箱"，并在纽约举行的世界博览会上展出，它是一个电动机器人，装有无线电发报机，可以回答一些问题，但该机器人不能走动。

1959 年第一台工业机器人——采用可编程控制器、圆柱坐标机械手的机器人，在美国诞生，开创了机器人发展的新纪元。

现代机器人的研究始于 20 世纪中期，其技术背景是计算机和自动化的发展，以及原子能的开发利用。自 1946 年第一台数字电子计算机问世以来，计算机取得了惊人的进步，向高速度、大容量、低价格的方向发展。大批量生产的迫切需求推动了自动化技术的进展，其结果之一便是 1952 年数控机床的诞生。与数控机床相关的控制、机械零件的研究又为机器人的开发奠定了基础。另一方面，原子能实验室的恶劣环境要求某些操作机械代替人处理放射性物质。在这一需求背景下，美国原子能委员会的阿尔贡研究所于 1947 年开发了遥控机械手，1948 年又开发了机械式的主从机械手。

1954 年，美国的戴沃尔最早提出了工业机器人的概念，并申请了专利。该专利的要点是借助伺服技术控制机器人的关节，利用人手对机器人进行动作示教，机器人能实现动作的记录和再现。这就是所谓的示教再现机器人，现有的机器人差不多都采用这种控制方式。

示教再现机器人作为机器人产品最早的实用机型是 1962 年美国 AMF 公司推出的"Verstran"和 Unimation 公司推出的"Unimate"。这些工业机器人的控制方式与数控机床大致相同，但外形特征迥异，主要是由类似人的手和臂组成的。

1965 年，麻省理工学院的 Roborts 演示了第一个具有视觉传感器的、能识别与定位简单积木的机器人系统。

1967 年，日本成立了仿生机构研究会，同年召开了日本首届机器人学术会议。

1970 年，在美国召开了第一届国际工业机器人学术会议。自此以后，机器人的研究得到了迅速广泛的普及。

1973 年，辛辛那提·米拉克隆公司的豪恩制造了第一台由小型计算机控制的工业机器人，它是由液压驱动的，能提升的有效负载达 45 kg。到了 1980 年，工业机器人才真正在日本普及，故称该年为"机器人元年"。随后，工业机器人在日本得到了巨大发展，日本也因此而赢得了"机器人王国"的美称。

随着计算机技术和人工智能（Artificial Intelligence，AI）技术的飞速发展，机器人在功能和技术层面上有了很大的提高，移动机器人和机器人的视觉、触觉等技术就是典型的代表。由于这些技术的发展，推动了机器人概念的延伸。20 世纪 80 年代，将具有感觉、思考、决策和动作能力的系统称为智能机器人，这是一个概括的、含义广泛的概念。这一概念不但指导了机器人技术的研究和应用，而且赋予了机器人技术向深广发展的巨大空间，水下机器人、空间机器人、空中机器人、地面机器人、微小型机器人等各种用途的机器人相继问世，许多梦想成为现实。将机器人的技术，如传感技术、智能技术、控制技术等，扩散和渗透到各个领域，形成了各种各样的新机器——机器人化机器。当前，与信息技术的交互和融合产生了"软件机器人""网络机器人"的名称，这也说明了机器人所具有的创新活力。

1992 年，从麻省理工学院分离出来的波士顿动力公司相继研发出能够直立行走的军事机器人 Atlas 以及四足全地形机器人"大狗""机器猫"等，令人叹为观止。它们是世界第一批军用机器人。Atlas 大狗机器人身高 1.9 m，拥有健全的四肢和躯干，配备了 28 个液压关节，头部内置包括立体照相机和激光测距仪，佛罗里达人机交互协会的研究员们甚至编写了内置软件让 Atlas 可以开车。

如今机器人的应用面越来越宽，除了应对日常的生活和生产外，科学家们还希望机器人能够胜任更多的工作，包括探测外空。2012 年，美国"发现号"成功将首台人形机器人送入国际空间站。这位机器宇航员被命名为"R2"。R2 活动范围接近于人类，并可以像宇航员一样执行一些比较危险的任务。

近三十年来，人们对"AI""深度学习"进行了深入的研究。随着大数据时代的到来，以数据为依托的深度学习技术取得了突破性的进展，比如语音识别、图像识别、人机交互等。在 2016 年首次亮相的"索菲亚"机器人就是 AI 机器人的典型代表，她集机器人技术、AI 和艺术创造于一身，拥有杰出的表现力、美感和互动能力，可以模仿一系列人类的面部表情，追踪并识别样貌，以及与人类自然交谈，经常活跃于世界经济论坛等重要全球活动，担任嘉宾和主持人。2017 年，沙特阿拉伯给予"Sophia"公民权，索菲娅成为第一个拥有公民权的机器人。

此外，阿尔法狗（AlphaGo）也是 AI 机器人中的传奇人物。2017 年 11 月，阿尔法狗以

3∶0战胜中国围棋第一人柯洁。当然,在阿尔法狗胜利的背后,凝聚了阿尔法狗日复一日的"刻苦努力"。实际上,阿尔法狗借助48个神经网络训练专用芯片,参考了海量人类的棋谱,并自我对弈3 000万盘,又经数月训练,才以4∶1大败韩国九段棋手李世石,以3∶0战胜人类最强棋手中国的柯洁,最终封神。这完全可以说是一个励志故事了,就在人们还没有弄懂阿尔法狗的时候,它的"弟弟"阿尔法元(Alpha Zero)又横空出世。但是阿尔法元可没有它这么刻苦,阿尔法元的先天条件良好,是个不折不扣不需要努力就能成功的"富二代"。阿尔法元不像阿尔法狗那样,进行海量的数据分析和自我对弈,而是去进行自我学习,另辟蹊径:它仅仅被告知如何从零开始学围棋的原理,然后加入了若干种算法。人们一般认为机器学习就是大数据和海量计算,但是阿尔法元让科学家们意识到,算法比计算、数据更加重要。在阿尔法元上使用的计算,要比在阿尔法狗上使用的少一个数量级,但却运用了更多的算法,这就使得阿尔法元比阿尔法狗更加强大。阿尔法元诞生之后,能力日渐增强,在第3天,就以100∶0的成绩打败了战胜李世石的AlphaGo Lee;到第21天,打败了战胜柯洁的AlphaGo Master;到第40天,就打败了过去的所有阿尔法狗,这是连科学家自己都惊艳的成绩。

然而,话又说回来,无论阿尔法元多么可怕,AI多么强大,它都应以人性为底线,以伦理、道德为标杆,就像阿尔法狗在打败柯洁后宣布不再与人类对战,确保了人类围棋生态的平衡一样。AI的发展都应为人类服务,只有这样才能让AI散发出更具有人性的魅力。

16.1.2 智能车简介

随着企业的生产技术水平的不断提高,对自动化技术水平的要求也不断加深,智能车辆以及在此基础上开发出来的产品,已经成为自动化物流运输、柔性生产线等的关键设备。世界上许多国家都在积极地进行着智能车辆的研究和开发。移动机器人是机器人学中的一个重要分支,出现于20世纪60年代,当时斯坦福研究院的尼尔斯等人,在1966—1972年,研制出了取名为Shakey的自主移动机器人,目的是将AI技术应用在复杂的环境下,完成机器人系统的自主推理、规划和控制。从此,移动机器人从无到有,数量不断增多,智能车辆作为移动机器人中的一个重要分支也得到广泛的关注。

智能车辆是一个集环境感知、规划决策、多级辅助驾驶等功能于一体的综合系统,它集中运用了计算机、现代传感、信息融合、通信、AI及自动控制等技术,是典型的高新技术综合体,能够实时显示时间、速度、里程,具有自动寻迹、寻光、避障的功能,并可实现程控行驶速度、准确定位停车、远程传输图像等。目前对智能车辆的研究主要致力于提高汽车的安全性、舒适性,以及提供优良的人车交互界面。近年来,智能车辆已经成为世界车辆工程领域研究的热点和汽车工业增长的新动力,很多发达国家都将其纳入了各自重点发展的智能交通系统当中。

目前,几乎所有的智能小车都可实现循迹、避障等功能。近几年的电子设计大赛的智能小车又在向声控系统发展。

智能小车作为机器人的一个典型代表,它可以分为三个部分,包括主控制器、传感器、驱动器和执行器。首先是作为智能车大脑的主控制器;其次是被称为智能车的眼睛、耳朵和触角等的传感器;在感知世界之后,小车应当做出相应的动作,这时就需要被称为智能车的手和脚的驱动器和执行器。

1. 教学用智能车的主控制器

和人类的大脑一样，机器人的大脑——主控制器，是机器人最核心的部件。为机器人编写的各种控制程序和 AI 程序都要运行在主控制器中。由机器人的传感器得到的众多的外界环境信息在这里得到汇总，然后控制器中的 AI 程序就会对这些信息进行处理，再随之给各种驱动器、执行器发出控制命令。机器人就是以这种方式去执行各种各样的实际任务的。

那么主控制器具体是什么呢？实际上，它就是一种计算机而已。这里的计算机是一个相当宽泛的概念，它们可不仅仅是指我们每天用的个人电脑（PC）。除了 PC 外，还有其他形形色色的各种计算机，小到只有指甲盖大小的单片机（MCU），大到要装满几个大房间的超级计算机。而这些计算机中最广泛被用作机器人控制器的还是要数单片机了。可以想一想，如果要制造一台全自动洗衣机——全自动洗衣机也是一种机器人——那么用上一台 PC 去作控制器，是不是就有些"杀鸡用牛刀"了呢？这时单片机就可以大展拳脚了。单片机是典型的"麻雀虽小，五脏俱全"。一片小小的单片机中就包括了中央处理器、存储器、定时器、数字输入/输出接口和模拟输入/输出接口等。

（1）Arduino UNO R3 控制器简介

本书学习的智能车用到的主控制器是 Arduino 控制器。Arduino 板子种类很多，有可以缝在衣服上的 LiLiPad，有为 Andriod 设计的 Mega，有最基础的型号 UNO，还有比较新的 Leonardo。教学智能车用到的就是 Arduino UNO R3 控制器。

Arduino UNO R3 是 Arduino USB 接口系列的最新版本，其主板接口如图 16-1 所示。Arduino Uno R3 的 AREF 边缘增加了 SDA 和 SCL 端口。SDA 和 SCL 是 I^2C 总线的信号线，SDA 是双向数据线，SCL 是时钟线。在 I^2C 总线上传送数据，首先送高位，由主机发出启动信号，SDA 在 SCL 高电平期间由高电平跳变为低电平，然后由主机发送一个字节的数据。数据传送完毕，由主机发出停止信号，SDA 在 SCL 高电平期间由低电平跃变为高电平。此外，RESET 边上还有两个新的端口：一个端口是 IOREF，它能够使扩展板适应主板的电压；另一个空的端口预留给将来扩展的可能。Arduino UNO R3 能够兼容传感器扩展板 v5.0 并且能用它额外的端口适应新的扩展板。

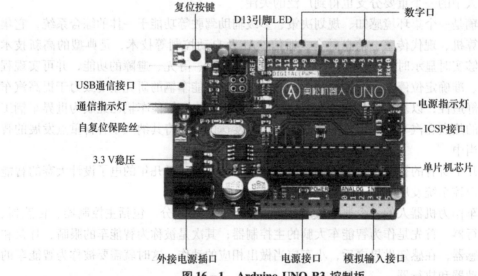

图 16-1　Arduino UNO R3 控制板

Arduino 可以用于做项目开发的控制核心，也可以与 PC 进行直接的 USB 连接，完成与计算机间的互动，运行于开源的 IDE（Integrated Development Environment，集成开发环境，相当于编辑器 + 编译器 + 连接器 + 其他）开发环境，软件可以在 Arduino 官网直接下载（支持 Window、Linux 以及 Max 系统）。

Arduino UNO R3 控制板的工作电压是 5 V，当接上 USB 时无须外部供电，也可以采用外部 7～12 V DC 输入供电。其可以输出 5 V、3.3 V 或者与外部电源输入相同的直流电压。处理器核心是 ATmega328，时钟频率是 16 MHz。该控制电路板推荐的输入电压是 7～12 V，限制的输入电压是 6～20 V，支持 USB 接口协议及供电（不需外接电源），支持 ISP 下载功能；有 14 路数字输入、输出口（其中 3、5、6、9、10、11 共 6 路可作为脉冲宽度调制 PWM 输出口），工作电压为 5 V，每一路能输出和接入的最大电流为 40 mA；6 路模拟输入（A0～A5），每一路具有 10 位的分辨率（即输入有 1 024 个不同值），默认输入信号范围为 0～5 V；有一个电源插座和一个复位按钮。Arduino UNO R3 的引脚如图 16 - 2 所示。

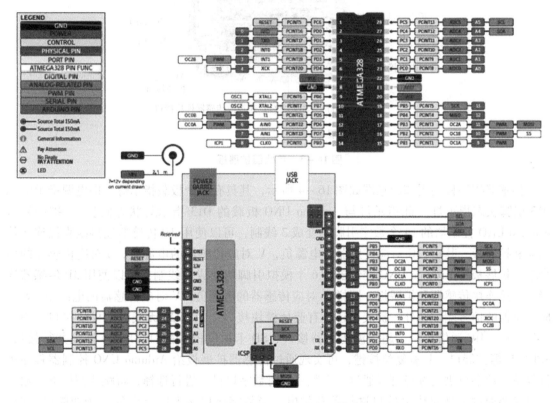

图 16 - 2　Arduino UNO R3 的引脚

(2) 传感器扩展板简介

传感器扩展板不仅将 Arduino UNO R3 控制器的全部数字与模拟接口以舵机线序形式扩展出来，还特设 I²C 接口、32 路舵机控制器接口、蓝牙模块通信接口、SD 卡模块通信接口、APC220 无线射频模块通信接口、RBURF v1.1 超声波传感器接口、12864 液晶串行与并行接口，独立扩出更加易用方便。对于 Arduino 初学者来说，不必为烦琐复杂电路连线而头疼，这款传感器扩展板真正意义上地将电路简化，能够很容易地将常用传感器连接起来，一款传感器仅需要一种通用 3P 传感器连接线（不分数字连接线与模拟连接线），完成电路连接后，编写相应的 Arduino 程序下载到 Arduino 控制器中读取传感器数据，或者接收无线模块回传数据，经过运算处理，最终轻松完成互动。

传感器扩展板的实物接口如图 16-3 所示。它具有 1 个 12864 液晶屏幕并行接口，1 个 12 864 液晶屏幕串行接口，D0～D13 共 14 个数字接口，A0～A5 共 6 个模拟接口，1 个串行通信接口，一个 IIC 通信接口，3 V 或 5 V 的输出电压，拥有 APC220 模块、蓝牙模块、SD 卡存储模块、超声波传感器模块等的扩展接口。

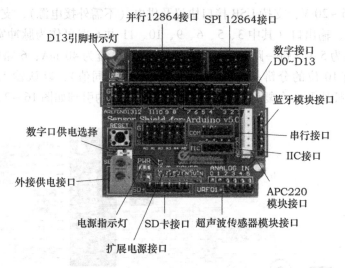

图 16-3 传感器扩展板

传感器扩展板的引脚示意图如图 16-4 所示，其具有两个板载指示灯，即电源指示灯和 D13 引脚状态指示灯（此指示灯与 Arduino UNO 板载的 D13 指示灯状态同步）。扩展板将 Arduino UNO 控制器的 14 个数字引脚均变成 3 线制，可以使用 3P 传感器连接线直接连接传感器和扩展板，其中：G 对应传感器的电源负，V 对应传感器的电源正，S 对应传感器的信号端。扩展板将 Arduino UNO 控制器的 6 个模拟引脚均变成 3 线制，可以使用 3P 传感器连接线直接连接传感器和扩展板，同样 G 对应传感器的电源负，V 对应传感器的电源正，S 对应传感器的信号端。此外，扩展板还具有蓝牙模块接口、APC220 无线通信模块接口、串行通信接口、IIC 通信接口、超声波传感器接口、SD 卡扩展模块接口、12864 液晶并行接口、SPI 接口等扩展口；具有复位按键，可实现通过传感器扩展板给 Arduino UNO 控制器程序进行复位。数字口供电选择可以通过一个跳线帽对数字口供电进行选择，将跳线帽拔下，数字接口需要通过从外接供电接口进行单独供电，当数字接口接大电流设备（例如舵机）时，这个条线帽是非常管用的。扩展电源接口可以通过排针扩展出 1 个 3.3 V、1 个 5 V 电源接口，2 个 GND 接口，电源输入接口 Vin，复位接口 RESET 等。

2. 教学用智能车的传感器

如果机器人只能按照编好的程序指令有一是一、有二是二地行动，会不会就显得太"笨"了呢？科学家们早就想办法让机器人具备了更高的智能，让它们能根据环境的变化做出反应。比如说，现在已经有服务机器人可以根据主人家里的温度变化调节空调、暖气，让主人一直处于舒适的环境中。再比如说，在国外的一些博物馆中已经有导游机器人为人们

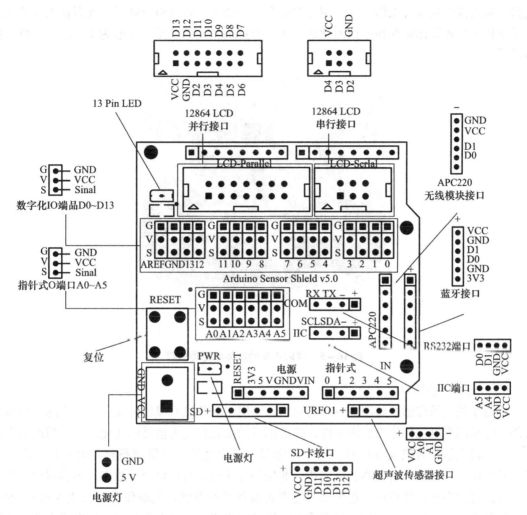

图 16-4 传感器扩展板的引脚示意图

服务了,它们能不知疲倦地带领你进行参观并且进行讲解。但是在博物馆中,人来人往,导游机器人怎么能够防止自己撞上其他游客呢?这些能力就要靠"传感器"来实现了。传感器就像是我们人类的眼睛、鼻子、耳朵或是动物的触角、声呐,它们可以将环境中的声、光、电、磁、温度、湿度等物理量转化为机器人的大脑——控制器可以处理的电信号,控制器通过读取这些电信号就可以很快知道周围发生了什么,然后其中的智能程序就可以根据周围环境的变化做出实时的响应了。智能车上的传感器主要有下面几种。

(1) 红外测障传感器

智能车的红外测障传感器如图 16-5 所示,它具有一对红外信号发射器与红外接收器,红外发射器通常是红外发光二极管,可以发射特定频率的红外信号,接收管接收这种频率的红外信号,当红外的检测方向遇到障碍物时,经障碍物反射后,由红外接收电路的光敏接收管接收前方物体的反射光,据此判断前方是否有障碍物。红外信号反射回来被接收管接收,经过处理之后,通过数字接口返回到智能车控制系统,智能车即可利用红外的返回信号来识别周围环境的变化。红外测障传感器是利用被检测物对光束的遮挡或反射,由同步回路选通电路，从而检测物体有无的。它的用途非常多，一般用于躲避周围障碍，或者在无须接触的情况下检测各种物体的存在。检测到的结果：有障碍值为0，无障碍值为1，是一种数字量传感器。

图 16-5　智能小车的红外测障传感器

（2）光敏传感器

智能车的光敏传感器如图 16-6 所示，它是用来对环境光线的强度进行检测的一种检测器件。它采用光电元件作为检测元件，把被测量的变化转变为信号的变化，然后借助光电元件进一步将光信号转换成电信号。光敏传感器一般由光源、光学通路和光电元件三部分组成。光电检测方法具有精度高、反应快、非接触等优点，而且可测参数多，传感器的结构简单，形式灵活多样，体积小。近年来，随着光电技术的发展，光敏传感器已成为系列产品，其品种及产量日益增加，用户可根据需要选用各种规格产品，在各种轻工自动机上获得广泛的应用。

图 16-6　智能小车的光敏传感器

光敏传感器是利用光敏元件将光信号转换为电信号的传感器，它的敏感波长在可见光波长附近，包括红外线波长和紫外线波长。光敏传感器不只局限于对光的探测，还可以作为探测元件组成其他传感器，对许多非电量进行检测，只要将这些非电量转换为光信号的变化即可。光敏传感器的种类繁多，主要有光电管、光电倍增管、光敏电阻、光敏三极管、光电耦合器、太阳能电池、红外线传感器、紫外线传感器、光纤式光电传感器、色彩传感器、CCD 和 CMOS 图像传感器等。

智能车上的光敏传感器是一种模拟传感器，值的范围为 0~1 023，光线强弱的不同会输出不同的值，光线越强数值越小，光线越暗数值越大。具体接线方式：黑线接 GND，红线接 5 V，第三根线接模拟针脚。

（3）触碰传感器

智能车的触碰传感器如图 16-7 所示，触碰传感器是使机器人有感知触碰信息能力的传感器。在机器人需要感应的相应位置上安装有若干个触碰开关（常开），其是一个利用触碰开关是否闭合实现检测触碰功能的电子部件，主要作用是检测外界触碰情况。例如：行进时，用于检测障碍物；走迷宫时，用于检测墙壁，等等。触碰传感器是一种数字传感器，在碰到障碍物时，值为 1，否则值为 0。接线方法：黑线接 GND，红线接 5 V，第三根线接模拟针脚。

图 16-7　智能小车的触碰传感器

（4）巡线传感器

智能车的巡线传感器如图 16-8 所示，巡线传感器以稳定的 TTL 输出信号帮助机器人进行白线或者黑线的跟踪，它可以检测白背景中的黑线，也可以检测黑背景中的白线，当检测的是黑色时输出高电平，检测到白色时输出低电平。接线方法：黑线接 GND，红线接 5 V，第三根线接模拟针脚。

（5）超声波传感器

智能车的超声波传感器如图 16-9 所示，超声波传感器主要通过发送超声波并接收超声

图 16-8　智能小车的巡线传感器

波来对某些参数或事项进行检测。发送超声波由发送器部分完成，主要利用振子的振动产生并向空中辐射超声波；接收超声波由接收器部分完成，主要接收由发送器辐射出的超声波并将其转换为电能输出。除此之外，发送器与接收器的动作都受控制部分控制，如控制发送器发出超声波的脉冲连频率、占空比、探测距离，等等。其整体系统的工作也需提供能量，由电源部分完成。这样，在电源作用及控制部分控制下，通过发送器发送超声波与接收器接收超声波便可完成超声波传感器所需完成的功能。

图 16-9　智能小车的超声波传感器

　　智能车超声波传感器引脚图如图 16-10 所示，它有两种工作模式：单线模式（只需要一根线接 INPUT）和双线模式（需要一根输入和输出信号线）。在超声波传感器的后面有模式 Mode 选择开关，通常选择双线模式使用，所以需要将其打到"2"模式。

　　由于超声波探测器具有很强的穿透力，碰到物体会反射并具有多普勒效应，因此其在国防、医学、工业等方面有着广泛的应用。在医学方面，主要用于无痛、无害、简便地诊断疾病；在工业方面，主要用于对金属的无损探伤和超声波测厚。此外，利用超声波的这一特性，还可将其用于对集装箱状态的检测、对液位的监测、实现塑料包装检测的闭环控制，等等。智能车能够感应的角度不大于 15°，探测距离是 1～500 cm，精度为 0.5 cm，接线方法如图 16－10 所示。

3. 教学用智能车的驱动器和执行器

智能抽水马桶、全自动洗衣机、自动售卖饮料机等，都是没有移动能力的机器人。但是想想看，会跑的机器人也许能更好地帮助人类。因此，人们研制了一大类可以自由运动的机器人，它们被称作移动机器人。而帮助机器人移动的机械和电子设备叫作驱动器。同样，

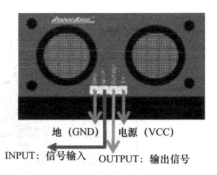

图 16－10　超声波传感器的引脚

机器人的驱动器也是五花八门的。大多数机器人就像我们日常生活中常见的各种车辆一样，是用轮子或者履带运动的；也有机器人应用仿生学原理，像人或动物一样用两足、四足或六足的方式运动；还有的机器人可以用螺旋桨产生的推力翱翔于天空，可以像蛟龙一样自由地潜入水下。

机器人的结构中用来实际完成特定任务的装置叫作执行器。比如自动售货机中，把货物取出交给顾客的装置就是执行器。还有一些机器人的执行器更加复杂，也看起来更像是人类的手臂。现代工厂中的焊接机器人、喷漆机器人、码垛机器人就都有一只灵活、强壮的手。也许在工厂中做某些技术活儿时，机器人还是不如有经验的人类师傅，但是在做那些高强度、重复性的劳动时，机器人就会全面胜出了，它们可以不知疲倦地工作，又快又好地完成任务。现在最先进的机器人已经可以进行复杂的外科手术了。

智能车上的执行器主要是行走的轮子，而驱动轮子的主要就是电动机。教学用的这款智能车电动机采用的是直流减速电动机，那么该电动机是如何转动的呢？举个例子：你手里拿着一节电池，用导线将电动机和电池两端对接，电动机就转动了；然后如果你把电池极性反过来会怎么样呢？那当然电动机也反着转了。如果我们需要电动机既能正转又能反转，怎么办？难道每次都要把电动机的连线反过来接？当然不是，我们可以通过双 H 桥直流电动机驱动板来实现换向。

采用 LKV－HM3.0 双 H 桥直流电动机驱动板的功能图解如图 16－11 所示，它是 ST 公司的 L298N 典型双 H 桥直流电动机驱动芯片，可用于驱动直流电动机或双极性步进电动机，此驱动板体积小、质量轻，具有强大的驱动能力：2 A 的峰值电流和 46 V 的峰值电压，外加续流二极管，可防止电动机线圈在断电时的反电动势损坏芯片；芯片在过热时具有自动关断的功能，且安装散热片使芯片温度降低，让驱动性能更加稳定；板子设有 2 个电流反馈检测接口、4 个上拉电阻选择端、2 路直流电动机接口和四线两相步进电动机接口、控制电动机方向指示灯、4 个标准固定安装孔。此驱动板适用于智能程控小车、轮式机器人等，可配合各种控制器使用。

红、绿端子分别为左右两边直流减速电动机接线座，注意电动机接线顺序对应关系，方向保持一致，4 个电动机方向指示灯方便程序调试。VMS 端为驱动供电输入 ＋ 端，输入电压范围为 ＋5～＋46 V。当输入电压范围在 ＋5～＋7 V 或者 ＋18～＋46 V 时需要同时给逻辑部分供电，取下板内取电端跳线帽，＋5 V 接线端输入 ＋5 V。当输入电压范围在 ＋7～＋18 V 时逻辑部分可以板内取电，板内取电端需插上跳线帽，GND 为电源地。4 个上拉电阻选择

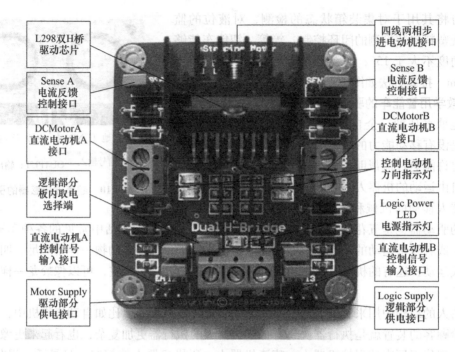

图 16-11　双 H 桥直流电动机驱动板的功能图解

端，专为 I/O 口驱动能力差的单片机而设计，让驱动板适用性更强，正常使用时可以不必取下，如果单片机 I/O 口驱动能力强，如 AVR 单片机，则可以取下跳线帽，以节约供电。

图 16-12 所示为电动机控制信号输入接口图，图中 EA、I1、I2 与 EB、I3、I4 分别为控制信号输入接口，其中 EA 与 EB 分别是左右两路电动机控制接口使能端，高电平有效，可用于 PWM 调速。表 16-2 所示为接口使用真值表，输入信号不同，则对应电动机状态不同。

图 16-12　电动机控制信号输入接口

表 16-2　电动机控制接口使用真值表

EA	EB	I1	I2	I3	I4	A 电动机（左）	B 电动机（右）	状态
0	0	×	×	×	×	停止	停止	停止
>0	>0	0	1	1	0	顺时针转	逆时针转	直走

续表

EA	EB	I1	I2	I3	I4	A 电动机（左）	B 电动机（右）	状态
>0	>0	1	0	0	1	逆时针转	顺时针转	后退
>0	>0	0	1	0	1	顺时针转	顺时针转	右转
>0	>0	1	0	1	0	逆时针转	逆时针转	左转

注：EA、I1、I2 连接左电动机，EA、EB 为 PWM 调速接口，设置高电平为全速。

16.1.3 类人机器人套装

类人机器人套装是一种可以制作出仿生机器人的套装，它不仅能够做出简简单单的各种机器人模型，而且能够设计机器人动作，使机器人拥有生命。利用类人套装搭建的机器人可以从传感器以及关节读取多种信息，并利用这些信息实现全自主运动。例如：可以制作一个机器狗，让它在听见一次拍手声时站起来，听见两次拍手声时坐下；或者制作一个机器人，当人靠近它时，它就鞠躬；还可以做一个机器人，可以躲避障碍物或者踢球。也可以通过遥控装置控制机器人，只要利用提供的软件，即使没有机器人知识背景的人也可以很容易地编程控制以上的各种机器人。类人套装的结构基础是可六面空间扩展的 H - M24 智能电动机 H - S100 集成传感器，使用简单的连接件可以在 H - M24、H - S100 和 H - CON101 之间实现快速连接，连接过程安全、方便。

1. H - CON101 控制器

H - CON101 控制器控制面板如图 16 - 13 所示，它是类人套装的控制设备，充当着机器人的大脑。它可以同时控制 255 个 H - M24 智能电动机模块和 H - S100。H - CON101 控制器上带有四个按键并集成了蓝牙、陀螺仪等模块，可以实现任意蓝牙设备与控制器的连接通信，还可以实现控制器三维任意方向倾角的检测。

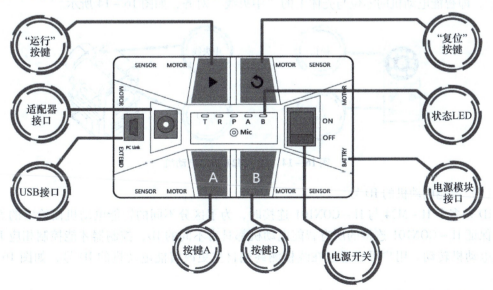

图 16 - 13 H - CON101 控制器控制面板

(1) 供电

套装内配有电源模块或电源适配器。控制器可以通过使用电源模块或电源适配器两种方式供电。打开电源开关，"P" LED 灯会亮起。

(2) 通信

为了与电脑通信，要通过 USB 数据线连接控制器的 USB 接口和电脑的 USB 口。

(3) 程序选择和运行

H-CON101 控制器可存储两套独立的 VJC 程序。在 VJC 编程界面中可以选择程序的下载位置，下载完成后，可以通过 H-CON101 上的 "A" 或 "B" 按键选择要运行的程序，之后按下 "运行" 按键，程序即会启动。

(4) 中止动作

想要停止正在执行的动作时，可以按下 "复位" 按键使得机器人重新回到待机状态或者将电源开关拨向 "OFF" 关闭机器人电源。

(5) A、B 键

在开始运行程序前作为选择程序 A 或者 B 使用，程序运行后作为机器人命令输入设备，即通常的按钮功能。

(6) I/O 口

为了可以扩展传感器和执行器，H-CON101 提供了 4 路 I/O 接口（即控制器上标记为 "SENSOR" 的接口），不但可以扩展传感器，而且可以提供数字输出功能。注意：当前套装内的集成传感器模块通信协议与智能电动机一致，需要连接在 "MOTOR" 端口。

2. H-M24 智能电动机模块

H-M24 智能电动机模块是机器人专用的伺服电动机，作为机器人的关节使用，通过控制器可以控制它的速度和角度。智能电动机还具有温度和负载检测的功能。在无限旋转模式下还可以当作轮子驱动电动机来使用。在搭建过程中，必须保证智能电动机的输出盘 "中央线"，即智能电动机的零位与壳体上的 "中央线" 对齐，如图 16-14 所示。

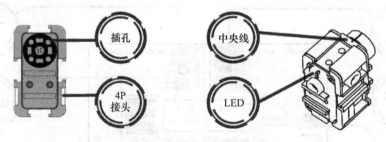

图 16-14 H-M24 智能电动机

(1) 智能电动机的 ID 号

ID 是多个 H-M24 与 H-CON101 连接时，为了区分不同的智能电动机而给定的编号。必须保证 H-CON101 连接的所有智能电动机都具有不同的 ID，控制器才能控制相应 ID 的智能电动机转动。用户可以通过在线检测终端自主更改智能电动机的 ID 号，如图 16-15 所示。

(2) 智能电动机的关节模式

当把智能电动机用作关节时，它的旋转范围为 -150°~150°，通过控制器可以控制智能

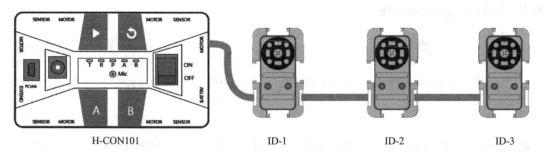

图 16-15　H-M24 智能电动机的连接

电动机的转动速度（移动速度）和角度（目标位置）。为了控制智能电动机角度，设定了 0~1 023 的数字值，如图 16-16 所示，数字值 0 对应的角度是 -150°，数字值 512 对应的角度是 0°，数字值 1 023 对应的角度是 150°。

（3）智能电动机的轮子模式

当把智能电动机用作轮子驱动电动机时，它可以连续旋转，还可以设定转动速度大小。速度值的范围是 -1 023~1 023，0 为电动机停止，-1 023 对应顺时针最大速度，1 023 对应逆时针最大速度。

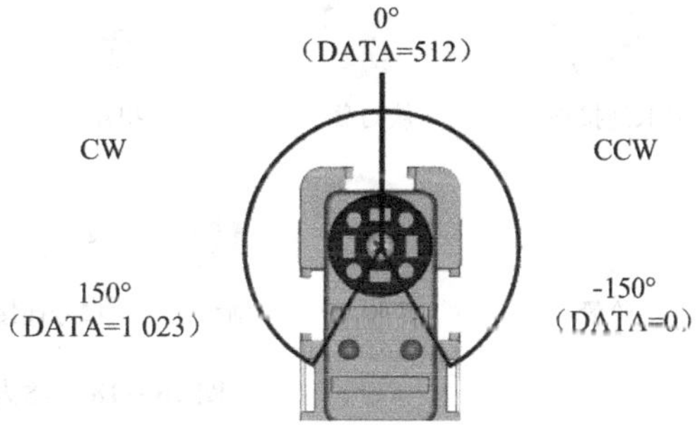

3. H-S100 集成传感器

H-S100 集成传感器模块如图 16-17 所示，充当机器人的眼睛和耳朵，具有距离检测、亮度检测、障碍检测、光照检测、声音检测等功能，还带有红外线遥控接收器，并可以作为机器人的发声器使用。H-S100 在与智能电动机是相同的搭建结构。集成传感器默认的 ID 是 100，允许的 ID 范围是 100~120。

图 16-16　H-M24 智能电动机角度说明

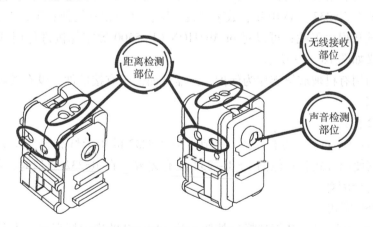

图 16-17　H-S100 集成传感器模块

4. 连接件

类人机器人套件包括的器件如图 16-18 所示，套件的连接件包括结构件、导线、轮子等。利用连接件可以不借助螺丝钉和螺母直接连接在控制器模块、H-M24 智能电动机模块和 H-S100 集成传感器模块。

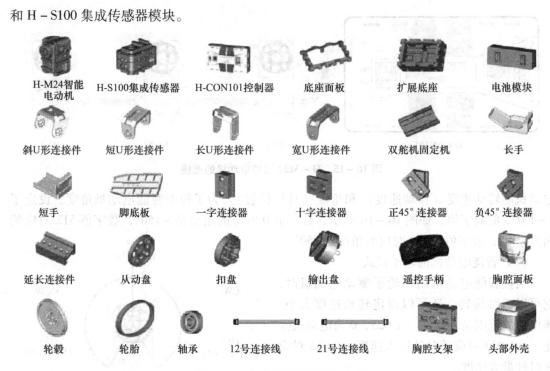

图 16-18 类人机器人套件包含的器

16.1.4 卓越之星——机器人创意搭接套件

1. Debugger 多功能调试器

UP-Debugger 多功能调试器集成了 USB-232、半双工异步串行总线、AVRISP 三种功能，体积小巧、功能集成度高，是一种可靠且方便的调试设备。通过功能选择按钮可以让调试器的工作模式在 RS232、AVRISP、数字舵机调试器之间相互切换；可以对 AVR 控制器进行串口通信调试和程序下载；可以对 proMOTION CDS5500 数字舵机进行调试和控制。具体功能及接口定义如图 16-19 所示。

电路板背面用有机玻璃垫起作为保护，元器件面由于有接插件，没有做遮挡，故在使用时注意不要短路。

（1）RS232 模式

按 "Function Select"（功能选择）按钮，让 RS232 的指示灯亮起，表明调试器工作在 RS232 模式，其使用方式和其他的 USB-232 没有差异。在 RS232 通信时，如图 16-19 所示的通信指示灯会闪烁。

（2）AVRISP 模式

按 "Function Select"（功能选择）按钮，让 AVRISP 的指示灯亮起，表明调试器工作在 AVRISP 模式。在下载时，指示灯为红色，下载完成或者等待时指示灯为绿色。

（3）Robot Servo（机器人舵机）模式

按 "Function Select"（功能选择）按钮，让 Servo 的指示灯亮起，表明调试器工作在 Robot Servo 模式。将机器人舵机接到调试器的"机器人舵机接口"，如果舵机还没有供电，

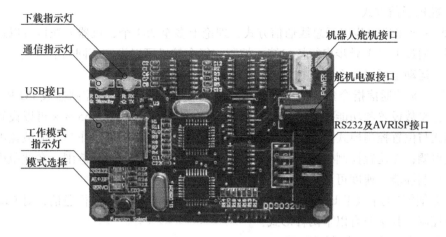

图 16-19 多功能调试器接口定义

可以通过舵机电源接口对其进行供电。需要注意的是，舵机的工作电压是 6.5~9 V，不要超过这个电压范围。

2. proMOTION CDS 系列机器人舵机

proMOTION CDS 系列机器人舵机属于一种集电动机、伺服驱动、总线式通信接口为一体的集成伺服单元，主要用于微型机器人的关节、轮子、履带驱动，也可用于其他简单位置控制场合。卓越之星套件使用的舵机属于该系列，它具有大扭矩（扭矩可达 16 kgf·cm）、高转速（最高 0.16 s/60°输出转速）、宽电压（供电范围：DC 6.8~14 V）、高分辨率、双端安装方式（适合安装在机器人关节）、高精度全金属齿轮组、连接处 O 形环密封（防尘防溅水）等特点。它有两种工作模式：位置伺服控制模式下转动范围为 0°~300°；电动机控制模式下可实现整周旋转，开环调速。此外，该舵机还具备位置、温度、速度、电压反馈的功能。

（1）引脚定义

proMOTION CDS 系列机器人舵机电气接口如图 16-20 所示，两组引脚定义一致的接线端子可将舵机逐个串联起来。

图 16-20 机器人舵机电气接口

(2) 舵机通信方式

CDS55××采用异步串行总线通信方式,理论上多至254个,机器人舵机可以通过总线组成链型,通过UART异步串行接口统一控制。每个舵机可以设定不同的节点地址,多个舵机可以统一运动也可以单个独立控制。

CDS55××的通信指令集开放,通过异步串行接口的上位机(控制器或PC机)通信,可对其进行参数设置和功能控制。通过异步串行接口发送指令,CDS55××可以设置为电动机控制模式与位置控制模式。在电动机控制模式下,CDS55××可以作为直流减速电动机使用,速度可调;在位置控制模式下,CDS55××拥有0°~300°的转动范围,在此范围内具备精确位置控制性能,速度可调。

只要符合协议的半双工UART异步串行接口都可以和CDS55××进行通信,对CDS55××进行各种控制。其主要有以下两种形式:

方式1:通过调试器控制CDS55××。

PC机会将调试器识别为串口设备,上位机软件通过串口发出符合协议格式的数据包,经调试器转发给CDS55××。CDS55××会执行数据包的指令,并返回应答数据包。

方式2:通过专用控制器控制CDS55××。

方式1可以快捷地调试CDS系列机器人舵机,修改各种性能的功能参数。但是,这种方式离不开PC机,不能搭建独立的机器人构型。当然也可以设计专用的控制器,通过控制器的UART端口控制舵机。

CDS系列机器人舵机用程序代码对UART异步串行接口进行时序控制,实现半双工异步串行总线通信,通信速度可高达1 Mb/s,且接口简单、协议精简。

3. ROBOT SERVO TERMINAL 数字舵机调试终端

ROBOT SERVO TERMINAL是调试机器人舵机CDS55××的调试软件。控制器和舵机之间采用问答方式通信,控制器发出指令包,舵机返回应答包。一个网络中允许有多个舵机,所以每个舵机都分配有一个ID号。控制器发出的控制指令中包含ID信息,只有匹配上ID号的舵机才能完整接收这条指令,并返回应答信息。

机器人舵机CDS5516的通信方式为串行异步方式,一帧数据分为1位起始位、8位数据位和1位停止位,无奇偶校验位,共10位。CDS5516上电后首先进入固件更新等待时间,等待0.6 s,在这期间不响应任何指令,0.6 s后才运行程序,开始正常工作。

调试CDS55××数字舵机时,首先按照图16-21所示建立正确的电气连接,然后在PC上运行ROBOT SERVO TERMINAL。注意将UP-Debugger多功能调试器切换到Servo模式。

图16-21 电气连接示意图

(1) 修改CDS55××的ID

CDS55××出厂时,默认ID是1。实际使用之前,需要根据实际使用情况来修改ID,以保证串行总线上两台CDS55××的ID不会相同。

下面通过实例来介绍修改舵机 ID 的方法，本例中将 ID 为 1 的 CDS55××的舵机 ID 设置为 10。

在电气连接正确的前提下，运行 ROBOT SERVO TERMINAL.exe，会出现如图 16-22 所示的界面。

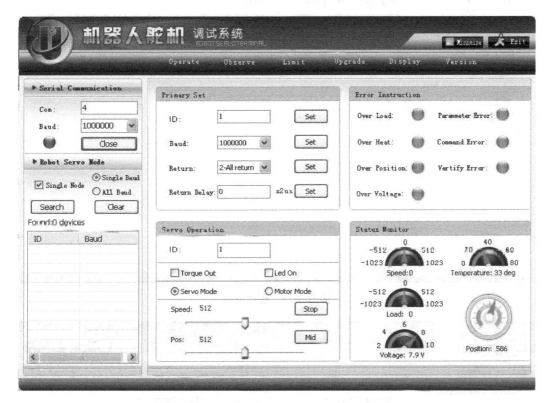

图 16-22　ROBOT SERVO TERMINAL 界面

CDS55××默认波特率是 1 000 000，可以根据需要进行更改。下面对图 16-22 所示的设置说明如下：

Single Node：单节点模式，如果选择了该选项，查找舵机时采用广播指令查找，查找速度较快；如果连接了多个（大于一个）舵机，选择该模式可能会查找不到舵机。

Single Baud：单波特率查找模式，以 Baud 下拉框中当前选中的波特率进行查找。

All Baud：全波特率模式，逐一使用 Baud 下拉框中的波特率进行查找；正确选择串口号后，单击"Search"，程序会自动打开串口并开始查找舵机。如果连接正确，列表框中就会出现当前连接的舵机 ID 和波特率。如果需要查找的 ID 已经出现，即可单击"Stop"停止查询，如图 16-23 所示。

查找到舵机后，单击"Stop"进入 CDS55××的 Operate 属性页面，如图 16-24 所示。

首先在下拉框中选中要修改 ID 的舵机，这里只有一个 ID 为 1 的舵机。在右侧 Primary Set 窗口"ID"输入框中输入"10"，单击旁边的"Set"按钮，即变为如图 16-25 的界面。

如图 16-26 所示，可以看到设备 ID 号由 1 变为 10，说明修改成功。CDS55××断电后 ID 会自动保存。波特率、返回值、返回延时的设置方法和 ID 设置一样。

图 16-23　查找电机

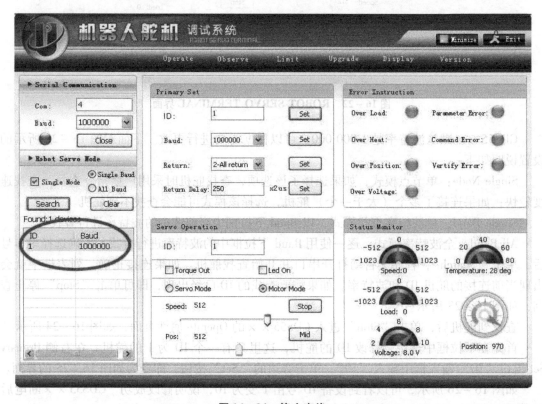

图 16-24　停止查找

第 16 章 机器人创新教学

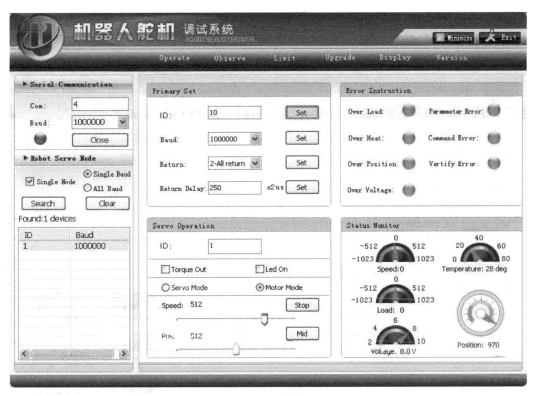

图 16-25 修改 ID

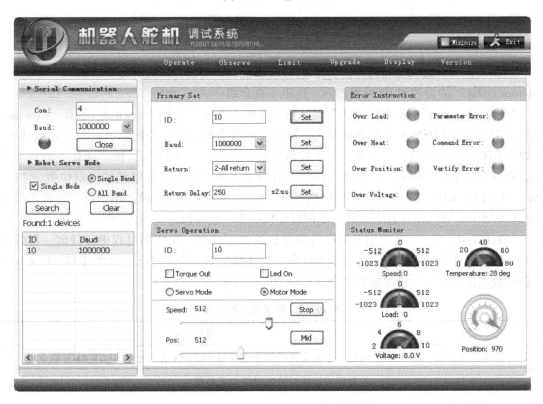

图 16-26 修改 ID 成功

(2) CDS55××的基本操作

单击"Operate"按钮，进入如图 16-27 所示的"Operate"属性页。

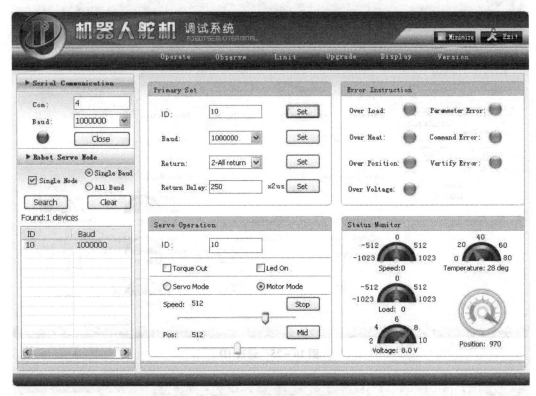

图 16-27 "Operate"属性页

"Primary Set"选项是舵机的基本设置，修改舵机 ID 时已经做过介绍。"Baud""Return" "Return Delay"的设置和 ID 设置相同，这里不再介绍。

"Servo Operation"选项中，"ID"输入框用于输入当前组中操作对应的舵机 ID，"Torque"复选框用于设置 CDS55××的卸载模式，勾选后舵机力矩输出，否则舵机将保持卸载状态。可以给 CDS55××转轴装上舵盘，用手拧转舵盘，观察"力矩输出"和"卸载"的状态差别，卸载模式下轻轻用力就可以扭动舵盘，力矩输出模式下舵机能够锁紧当前位置。"Led On"用于打开 CDS55××内部的 LED 指示灯。Servo 模式和 Motor 模式用于设置舵机工作模式，CDS55××可以作为总线式的角度伺服舵机工作，也可以作为直流调速电动机工作。

"Error Instruction"选项用于显示当前舵机的错误状态，在使用过程中，任何一种错误状态被触发，相应的状态指示灯会变成红色。默认情况下，发生过载或过热时 CDS55××将强制卸载以保护舵机。错误标志的含义如表 16-3 所示。

表 16-3 错误标志的含义

名称	详细说明
Command Error	收到一个未定义的指令或收到 ACTION 前未收到 REGWRITE 指令
Over Load	位置模式运行时输出扭矩小于负载
Vertify Error	校验错误

续表

名称	详细说明
Parameter Error	指令超过指定范围
Over Heat	温度超过指定范围
Over Position	角度超过设定范围
Over Voltage	电压超过指定范围

"Status Monitor" 选项中，显示当前舵机的速度、位置、PWM 输出、电压和温度值。

(3) 配置 CDS55×× 的限制参数

如图 16-28 所示，单击 "Limit" 按钮进入属性页，进入 CDS55×× 各种限制参数配置页面。

图 16-28　Limit 属性页

ID 组用于输入要设置的舵机 ID 值。

"Position Limitation" 选项用于设置 CDS55×× 的角度限制。CDS55×× 在舵机模式下，有效的角度控制范围是 0°~300°，对应的控制量为 0~1 023。在某些运用场合，可能需要限制舵机的转角，比如舵机转过 200°之后可能出现卡死的情况，此时可以将角度限制设置为 0~682（682 对应 200°），当给定舵机位置大于 682 时，舵机会保持在 682。窗口中上面的滑动条用于设置角度上限，下面的滑动条用于设置下限。单击 "Read Pos" 可以将舵机当前位置读取到对应的滑动条上，右侧的文本会显示当前值。

"Voltage Limitation" 选项用于设置 CDS55×× 的电压限制。CDS55×× 的工作电压是

6.5~10.5 V,低于 6.5 V CDS55××将不能正常工作,高于 10.5 V 会烧毁 CDS55××。窗口中右侧的滑动条用于设置电压上限,左侧的滑动条用于设置下限。

"Torque Limitation"选项用于设置 CDS55××的转矩。该设置通过限制 CDS55××的最大工作电流,起到限制 CDS55××的最大输出扭矩的作用。在需要长时间堵转的场合常常用到这个功能。

"Led Error Flag"用于自定义 7 种工作异常的触发效果。例如选择了"Command Error"选项时,如果对 CDS55××发送错误的指令,CDS55××内部电路板的指示灯将会亮起。

"Unload Flag"用于设置 CDS55××的卸载条件,如果选择了某个选项,则当对应的选项触发时,CDS55××卸载。

4. LUBY 控制器

LUBY 是基于 STM32 单片机的控制器,配置有 16 路 AD 接口用于传感器的数据输入,6 路输出接口用于驱动 LED、蜂鸣器、模拟舵机等外部设备。系统内置了蓝牙模块和基于 CC2530 的 ZigBee 无线通信平台,能方便地进行组网。LUBY 控制器示意图如图 16-29 所示,具体参数如下:

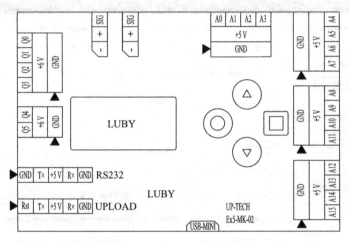

图 16-29 LUBY 控制器示意图

1) STM32103VCT6@72MHz;

2) 外置 RS232 串行接口 2 个;

3) 程序 U 盘拷贝模式和直接下载两种下载模式;

4) 机器人数字舵机接口(支持级联),且完全兼容 Robotis Dynamixel AX12+;

5) 6 路通用 TTL 电平 IO 输出端口,GND/+6V/SIG 三线制(有三角标志的是 GND);

6) R/C 通用模拟舵机接口;

7) 16 路 12 位精度(0~4 095)ADC 复用的 TTL 电平输入端口(0~5V),GND/+5 V/SIG 三线制;

8) 4 个可配置的按键输入;

9) 12 路复用的、可配置的外部中断输入,其中包括 4 路按键输入;

10) 具备蓝牙收发功能,波特率为 115 200 b/s,支持自定义数据接收中断;

11) 具备 ZigBee 通信功能,波特率为 19 200 b/s,支持使用串口命令对其操作;

12) 4 个 32 位可支配的计时器，最小计时单位为 1 μs，支持自定义计时器中断。

LUBY 控制器电气接口如下：

1) 两个舵机接口如图 16-30 所示，主要用于供电和连接舵机总线。

图 16-30　舵机接口

2) A0~A15：模拟量输入接口如图 16-31 所示，供电电压为 5 V，用于连接传感器（仅用作输入）。

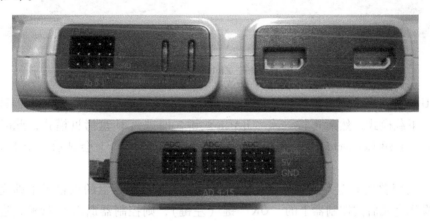

图 16-31　模拟量输入接口

3) Q0~Q5：数字量输出接口如图 16-32 所示，供电电压为 6 V，用于连接执行器（可以驱动模拟舵机）。

4) 五针杜邦线接口如图 16-33 所示，有 RS232 和 UPLOAD 接口。

图 16-32　数字量输出接口

图 16-33　五针杜邦线接口

5) U 盘模式下载接口 USB-MINI 如图 16-34 所示。

6) Zigbee 通信指示灯如图 16-35 所示。

LUBY 控制器支持程序的 U 盘拷贝模式，方便进行程序的管理。在 U 盘拷贝模式中，控制器通过 USB 线缆连接到 PC 机后，会在 PC 机上显示一个 1MB 大小的 U 盘，里面存放的即为下载的程序，通过普通的复制粘贴操作即可进行程序的下载，同时也可以方便地删除程序。

图 16-34 U 盘模式下载接口

图 16-35 Zigbee 通信指示灯

进入 U 盘拷贝模式的方法是：按住"BACK"（右键）键，然后打开控制器开关，控制器进入程序下载模式，然后再按一次"BACK"键，即进入 U 盘拷贝模式，此时控制器的 LCD 上显示"USB Connected"字样，插入 USB 线缆，则在 PC 上会显示一个 1 MB 大小的 U 盘。

该 U 盘可跟普通 U 盘一样进行操作，将 bin 文件拷贝到 U 盘的根目录下即完成了下载的过程。操作完成后按控制器上的"OK"键（左键），则控制器退出 U 盘模式进入程序选择，可以选择下载过的程序并按"OK"键执行。注意：所有 bin 文件必须放在 U 盘的根目录下，并且为了减少控制器的扫描时间，不要在 U 盘里放置其他的文件。

LUBY 控制器内置了 Bootloader 程序，可以方便地使用图形交互界面配置控制器，Bootloader 菜单结构如图 16-36 所示。

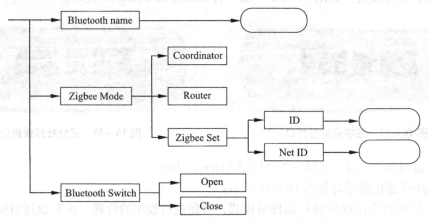

图 16-36 LUBY 控制器的 Bootloader 菜单结构

LUBY 控制器的 Bootloader 菜单具体操作如下：

（1）进入 Bootloader

打开控制器电源，在进度条消失前按下"OK"键（左键），即可进入 Bootloader。

（2）蓝牙名称设置

蓝牙名称长度为 5，由字母、数字和一些特殊字符组成，在设置名称菜单下，按上下键更改每一位字符，按"确认"键继续输入下一个字符，输入到最后一个字符，按"确认"键（左键）开始设置。设置成功会出现"set Done please reset"字样。重启控制器，设置生效，按住"UP + DOWN"键开机，可以将"bluetooth"设置为默认值。"Bluetooth Switch"菜单可以使能或失能蓝牙串口。

（3）Zibgee 设置

Zigbee 下级菜单包括设置协调器、设置路由器，可以根据需要将设备类型改为路由器模式或协调器模式，"Zigbee Set"菜单用于更改设备的网络 ID 和设备 ID。设置完成后，新设置需要重启控制器才能生效。

（4）加载程序

重启过程中，在进度条消失之前，按"BACK"键（右键）进入程序选择模式，按上下键选择需要运行的 bin 文件，按"确认"键跳转到 bin 程序。

5. 卓越之星之传感器和执行器

（1）碰撞传感器

卓越之星的碰撞传感器属于开关量传感器，其功能是获取开关量的输入，接口是三针杜邦线接口。其线序如图 16 – 37 所示。

使用方法：连接 VCC 至 5 V，连接 GND 至地，按键释放时，输出引脚（S）为高电平（5 V）；按键按下时，输出引脚（S）为低电平（0 V）

（2）声音传感器——麦克风

卓越之星的声音传感器属于音频传感器，功能是获取音频输入信号，其接口为三针杜邦线接口，线序如图 16 – 38 所示，其中 SIG 接耳机线中的 MIC 线。

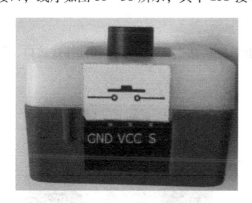

图 16 – 37　碰撞传感器

图 16 – 38　声音传感器

使用方法：通过耳机线连接传感器与 Woody 控制器，可以作为 Woody 控制器的音源输入。

（3）光强传感器

卓越之星的光强传感器属于模拟量传感器，其功能是获取光照强度，接口为三针杜邦线接口线序，如图16-39所示，其中SIG为输出端。

使用方法：光照越强，输出电压值越高（在0.8~4.5 V之间浮动），使用时需要根据现场光照条件确定阈值。

（4）灰度传感器

卓越之星的灰度传感器属于模拟量传感器，其功能是获取物体表面灰度，接口为三针杜邦线接口，线序如图16-40所示，其中SIG为输出端。

图16-39 光强传感器

图16-40 灰度传感器

使用方法：测量表面灰度越高（越接近白色），输出电压值越高，对于A4白纸面（距离1 cm）约为3.6 V、黑纸面约为2.8 V，使用时需要根据现场光照条件确定阈值。

（5）霍尔传感器

霍尔传感器属于模拟量传感器，其功能是获取磁感应强度，接口是三针杜邦线接口，线序如图16-41所示，SIG为输出端。

使用方法如下：

无磁钢状态下输出电压为2.5 V，有磁钢状态下输出电压小于2.5 V或大于2.5 V（视磁场极性而定，变化范围为2.3~2.7 V）。

（6）倾角传感器

倾角传感器属于模拟量传感器，其功能是获取倾斜角度，接口为三针杜邦线接口，线序如图16-42所示，SIG为输出端。

图16-41 霍尔传感器

图16-42 倾角传感器

使用方法：输出引脚（SIG 脚）的输出电压特性曲线如图 16-43 所示。

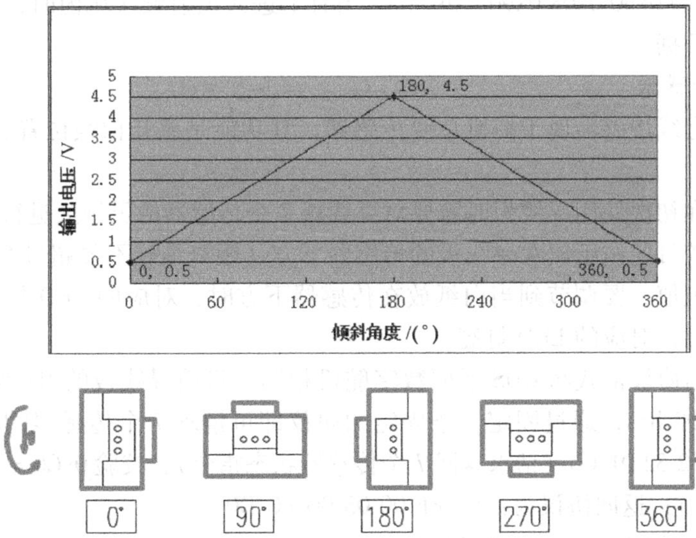

图 16-43 输出电压特性曲线

（7）温度传感器

温度传感器属于模拟量传感器，其功能是获取温度信息，有三针杜邦线接口，线序如图 16-44 所示，SIG 为输出端。

使用方法：0 ℃ 时，输出 0 V，温度每升高 1 ℃，输出增加 10 mV，最高工作温度为 100 ℃。

（8）红外接近传感器

红外接近传感器属于数字量传感器，它的功能是判断有无障碍物，接口有三针杜邦线（母头），线序：杜邦线母头带三角一侧为 GND（连接时对应控制器输出接口的三角标志），依次为 VCC（电源输入）、S（数字量信号输出脚）。

图 16-44 温度传感器

使用方法：无障碍物时，传感器自带灯不亮，输出引脚为高电平（5 V），检测到障碍物时，传感器自带灯点亮，输出低电平。传感器检测范围可以通过旋转传感器上的电位器调节。

（9）RF 读卡器

RF 读卡器属于 RS232 传感器，功能是读取 RFID 卡的信息，有五针杜邦线接口（仅需要其中 TXD 和 5 V 两个引脚用以发送数据）。三针接口的信号输出（SIG）端输出 5 V 表示有卡，0 V 表示无卡，有卡时绿色指示灯亮。线序可参考图 16-45 所示的 PCB 丝印。

使用方法：UART 接口一帧的数据格式为 1 个起始位、8 个数据位、无奇偶校验位、1 个停止位。波特率：9 600 b/s。数据格式有 5 字节数据，高位在前，其格式为 4 字节数据 +1

图 16-45 RF 读卡器

字节校验和（异或和）。例如：卡号数据为 0xE0A00890，则输出为 0xe0 0xa0 0x08 0x90 0xd8（校验和计算：0xe0^0xa0^0x08^0x90 = 0xd8）。当有卡进入该射频区域内时，读卡器主动发出以上格式的卡号数据。

（10）巡线传感器

卓越之星的巡线传感器属于舵机总线传感器，其功能是感知白线位置、舵机总线接口，支持级联。

使用方法：在初次使用寻线板时需要对寻线板 7 个传感器的灵敏度进行调节。调节方法为，将贴有黑色胶带的白纸放在寻线板的传感器下方（距离最好不要超过 6mm），调节传感器对应的电位器阻值，要调节到当白纸放在传感器下方时，对应的 LED 灯灭；当黑色胶带处于传感器下方时，对应的 LED 灯亮。

寻线板的通信协议格式与 CDS 系列数字舵机相同，目前寻线板的 ID 地址固定为 0x00，波特率为 1 000 000 b/s，通过固定一条固定的协议即可请求 7 个传感器的状态。具体协议为：FF FF 00 04 02 32 01 C6（请求返回 7 个传感器状态指令），校验 0xC6 = ~（0x00 + 0x04 + 0x02 + 0x32 + 0x01）；返回协议为：FF FF 00 03 00 1C D0。

校验 0xD0 = ~（0x00 + 0x03 + 0x00 + 0x1C）。

返回值中 0x30 即为选线板 7 个传感器的状态（低 7 位为有效益），0x1C 转为二进制为 1 110 000（最高位无效），即传感器 1、2、3、4 检测的白色（从寻线板上方看传感器从左到右为 1 ~ 7，分别对应返回值的 1 ~ 7 位）。

（11）LED 彩色灯

类型：数字量执行器。

功能：RGB（红绿蓝）三色 LED。

接口：双排三针杜邦线接口。

线序：如图 16 - 46 所示。

使用方法：参考表 16 - 4。

图 16 - 46 LED 彩色灯

表 16 - 4 LED 彩色灯使用设置方法

电平（上排）	电平（下排）	发光颜色
1	0	绿色
0	1	红色
1	1	蓝色

（12）电磁铁

类型：数字量执行器。

功能：产生磁场，吸附工件。

接口：三针杜邦线（母头）。

线序：杜邦线头带三角一侧为 GND（连接时对应控制器输出接口的三角标志），依次为 VCC（电源输入）、S（控制信号输入脚）。

使用方法：信号输入为低（0 V）时，电磁铁无磁性；输入为高（5V）时，电磁铁有磁性。

（13）输送带

类型：数字量执行器。

功能：驱动输送带电动机运转。

接口：双排三针杜邦线接口。

线序：面向输送带正面，接口一侧朝下，靠近观察者一侧的排针为上排，每排从左至右分别为信号输入、5 V、GND

使用方法：参考表16-5。

表16-5 输送带控制

上排	0	0	1	1
下排	0	1	0	1
状态	停止	正转	反转	停止

16.2 技能训练

对喜好机器人与机器人技术的人而言，除了希望了解机器人的定义及其构成之外，更感兴趣的是参与机器人的设计与创新，那么我们到底通过什么来控制机器人呢？毫无疑问，那就是编程，给机器人输入符合逻辑的控制程序，相当于给它的大脑设置了指令系统。

16.2.1 智能车的软件编程应用实践

1. Auduino 软件编程

Arduino 是源自意大利的一个开放源代码的硬件项目平台，该平台包括一块具备简单 I/O 功能的电路板以及一套程序开发环境软件。Arduino 可以用来开发交互产品，比如它可以读取大量的开关和传感器信号，并且可以控制电灯、电动机和其他各式各样的物理设备；Arduino 也可以开发出与 PC 相连的周边装置，能在运行时与 PC 上的软件进行通信。Arduino 平台的基础就是 AVR 指令集的单片机，AVR 单片机开发有 ICCAVR、CVAVR 等，这些语言都比较专业，需要对寄存器进行读写操作，晦涩难懂。

Arduino 简化了单片机工作的流程，对 AVR 库进行了二次编译封装，把端口都打包好了，寄存器、地址指针之类的基本不用管，大大降低了软件开发的难度，特别适合学生和一些非专业爱好者们使用。本章后续内容均在 Arduino UNO 板上编程。Arduino 常用的函数有以下几个部分。

（1）数字 I/O 口的操作函数

1）pinMode（pin，mode）。

pinMode 函数用以配置引脚的输出或输入模式，它是一个无返回值函数。函数有两个参数——pin 和 mode。pin 参数表示要配置的引脚，mode 参数表示设置的参数 INPUT（输入）和 OUTPUT（输出）。INPUT 参数用于读取信号，OUTPUT 用于输出控制信号。pin 的范围是数字引脚 0~13，也可以把模拟引脚（A0~A5）作为数字引脚使用，此时编号 14 脚对应模拟引脚 0，19 脚对应模拟引脚 5。pinMode 函数一般会放在 setup 里，先设置再使用。

2) digitalWrite（pin, value）。

该函数的作用是设置引脚的输出电压为高电平或低电平。该函数也是一个无返回值的函数。pin 参数表示所要设置的引脚，value 参数表示输出的电压为 HIGH（高电平）或 LOW（低电平）。注意：使用前必须先用 pinMode 设置。

3) digitalRead（pin）。

该函数在引脚设置为输入的情况下，可以获取引脚的电压情况（HIGH 高电平）或者（LOW 低电平）。

例程：

```
int button = 9;                            （设置第 9 脚为按钮输入引脚）
int LED = 13;                              （设置第 13 脚为 LED 输出引脚，事
                                            先连在板上的 LED 灯）
void setup()
{pinMode(button,INPUT);                    （设置为输入）
 pinMode(LED,OUTPUT);                      （设置为输出）
}
 void loop()
{if(digitalRead(button) == LOW)            （如果读取高电平）
      digitalWrite(LED,HIGH);              （13 脚输出高电平）
 else
      digitalWrite(LED,LOW);               （否则输出低电平）
}
```

（2）模拟 I/O 口的操作函数

1) analogReference（type）。

该函数用于配置模拟引脚的参考电压，有 3 种类型：DEFAULT 为默认值，参考电压是 5 V；INTERNAL 表示低电压模式，使用片内基准电压源 2.56 V；EXTERNAL 表示扩展模式，通过 AREF 引脚获取参考电压。注意：若不使用本函数的话，则默认是参考电压 5 V。使用 AREF 接参考电压，需接一个 5 kΩ 的上拉电阻。

2) analogRead（pin）。

用于读取引脚的模拟量电压值，每读取一次需要花 100 μs 的时间。参数 pin 表示所要获取模拟量电压值的引脚，返回为 int 型；精度 10 位，返回值为 0~1 023。注意：函数参数的 pin 范围是 0~5，对应板上的模拟口 A0~A5。

3) analogWrite（pin, value）。

该函数是通过 PWM 的方式在引脚上输出一个模拟量，主要用于 LED 亮度控制、电动机转速控制等方面。Arduino 中 PWM 的频率大约为 490 Hz。UNO 板上支持以下数字引脚（不是模拟输入引脚）作为 PWM 模拟输出：3、5、6、9、10、11。板上带 PWM 输出的都有符号"~"。注意：PWM 输出位数为 8 位，为 0~255。

例程：
```
int sensor = A0;              （A0 引脚读取电位器）
int LED = 11;                 （第 11 引脚输出 LED）
void setup()
{Serial.begin(9600);
}
void loop()
{   int v;
    v = analogRead(sensor);
    Serial.println(v,DEC);    （可以观察读取的模拟量）
    analogWrite(LED,v/4);     （读取的值范围是 0~1 023，结果除以 4 才能得
                               到 0~255 的区间值）
 }
```

(3) 高级 I/O

PulseIn（pin，state，timeout）。

该函数用于读取引脚脉冲的时间长度，脉冲可以是 HIGH 或者 LOW。如果是 HIGH，函数将先等引脚变为高电平，然后开始计时，一直到变为低电平。返回脉冲持续的时间长度，单位为 ms，如果超时没有读到的话，则返回 0。

例程：做一个按钮脉冲计时器，测一下按钮的时间，测测谁的反应快，看谁能按出最短的时间。按钮接第 3 脚。

```
int  button = 3;
int count;
void setup()
{pinMode(button,INPUT);
}
void loop()
{   count = pulseIn(button,HIGH);
    if(count!=0)
    {Serial.println(count,DEC);
     count = 0;
     }
}
```

(4) 时间函数

1) delay (ms)。

延时函数，参数是延时的时长，单位是 ms（毫秒）。

例程——跑马灯。
```
void setup()
{
 pinMode(6,OUTPUT);           （定义为输出）
```

```
    pinMode(7,OUTPUT);
    pinMode(8,OUTPUT);
    pinMode(9,OUTPUT);
}
void loop()
{int i;
for(i =6;i < =9;i ++)              （依次循环四盏灯）
    {digitalWrite(i,HIGH);         （点亮 LED）
    delay(1000);                   （持续 1 s）
    digitalWrite(i,LOW);           （熄灭 LED）
    delay(1000);                   （持续 1 s）
    }
}
delayMicroseconds(us)
```

延时函数，参数是延时的时长，单位是 μs（微秒），1 ms =1 000 μs。该函数可以产生更短的延时。

2) millis ()。

应用该函数，可以获取单片机通电到现在运行的时间长度，单位是 ms。系统最长的记录时间为 9 h 22 min，超出从 0 开始。其返回值是 unsigned long 型。该函数适合作为定时器使用，不影响单片机的其他工作（使用 delay 函数期间无法做其他工作）。

3) micros ()。

该函数返回开机到现在运行的微秒值，其返回值是 unsigned long，70 min 溢出。

(5) 中断函数

单片机中中断的相关概念如下：

中断——由于某一随机事件的发生，计算机暂停原程序的运行，转去执行另一程序（随机事件），处理完毕后又自动返回原程序继续运行。

中断源——引起中断的原因，或能发生中断申请的来源。

主程序——计算机现行运行的程序。

中断服务子程序——处理突发事件的程序。

attachInterrupt（interrput, function, mode）：该函数用于设置外部中断，函数有 3 个参数，分别表示中断源、中断处理函数和触发模式。

中断源可选 0 或者 1，对应 2 或者 3 号数字引脚。中断处理函数是一段子程序，当中断发生时执行该子程序部分。触发模式有四种类型，LOW（低电平触发）、CHANGE（变化时触发）、RISING（低电平变为高电平触发）和 FALLING（高电平变为低电平触发）。

例程：数字 D2 口接按钮开关，D4 口接 LED 灯 1（红色），D5 口接 LED2（绿色），LED3 每秒闪烁一次，使用中断 0 来控制 LED1、中断 1 来控制 LED2。按下按钮，马上响应中断，由于中断响应速度快，故 LED3 不受影响，继续闪烁。其比查询的效率要高。

尝试 4 个参数，例程 1 试验 LOW 和 CHANGE 参数，例程 2 试验 RISING 和 FALLING 参数。

```
volatile int state1 = LOW, state2 = LOW;
int LED1 = 4;
int LED2 = 5;
int LED3 = 13;                                    (使用板载的 LED 灯)
void setup()
{ pinMode(LED1,OUTPUT);
  pinMode(LED2,OUTPUT);
  pinMode(LED3,OUTPUT);
  attachInterrupt(0,LED1_Change,LOW);             (低电平触发)
  attachInterrupt(1,LED2_Change,CHANGE);          (任意电平变化触发)
}
void loop()
{ digitalWrite(LED3,HIGH);
  delay(500);
  digitalWrite(LED3,LOW);
  delay(500);
}
void LED1_Change()
{ state1 =! state1;
  digitalWrite(LED1,state1);
  delay(100);
}
void LED2_Change()
{ state2 =! state2;
  digitalWrite(LED2,state2);
  delay(100);
}
volatile int state1 = LOW, state2 = LOW;
int LED1 = 4;
int LED2 = 5;
int LED3 = 13;
void setup()
{ pinMode(LED1,OUTPUT);
  pinMode(LED2,OUTPUT);
  pinMode(LED3,OUTPUT);
  attachInterrupt(0,LED1_Change,RISING);          (电平上升沿触发)
  attachInterrupt(1,LED2_Change,FALLING);         (电平下降沿触发)
}
void loop()
```

```
    { digitalWrite(LED3,HIGH);
      delay(500);
      digitalWrite(LED3,LOW);
      delay(500);
    }
    void LED1_Change()
    { state1 =! state1;
      digitalWrite(LED1,state1);
      delay(100);
    }
    void LED2_Change()
    { state2 =! state2;
      digitalWrite(LED2,state2);
      delay(100);
    }
    detachInterrupt(interrput);
```
该函数用于取消中断，参数 interrupt 表示所要取消的中断源。

(6) 串口通信函数

串行接口 Serial Interface 是指数据一位位按顺序传送，其特点是通信线路简单，只要一对传输线就可以实现双向通信。串口的出现是在 1980 年前后，数据传输率是 115~230 kb/s。串口出现的初期是为了实现连接计算机外部设备，初期串口一般用来连接鼠标和外置 Modem 以及老式摄像头和写字板等设备。由于串口（COM）不支持热插拔且传输速率较低，故目前部分新主板和大部分便携式电脑已开始取消该接口，目前串口多用于工控和测量设备以及部分通信设备中，如各种传感器采集装置、GPS 信号采集装置、多个单片机通信系统、门禁刷卡系统的数据传输及机械手控制、操纵面板控制电动机等，广泛应用于低速数据传输的工程。

Arduino 软件中的串口函数常用的有下面几种：

1) Serial. begin ( )。

该函数用于设置串口的波特率，一般的波特率有 9 600 b/s、19 200 b/s、57 600 b/s、115 200 b/s 等。波特率是指每秒传输的比特数，除以 8 可以得到每秒传输的字节数。

示例：

Serial. begin (57600);

2) Serial. available ( )。

该函数用来判断串口是否收到数据，函数的返回值为 int 型，不带参数。

3) Serial. read ( )。

将串口数据读入。该函数不带参数，返回值为串口数据，int 型。

4) Serial. print ( )。

该函数往串口发数据。可以发变量，也可以发字符串。

例句 1：Serial. print ("today is good");

例句 2：Serial. print (x, DEC);　　　　　（以 10 进制发送 x）

例句3：Serial. print (x, HEX);　　　　（以16进制发送变量 x）
5) Serial. println ( )。
该函数与 Serial. print ( ) 类似，只是多了换行功能。
6) 数学库。
Arduino 软件中的常用数学运算函数如下：
min (x, y); 求两者最小值。
max (x, y); 求两者最大值。
abs (x); 求绝对值。
sin (rad); 求正弦值。
cos (rad); 求余弦值。
tan (rad); 求正切值。
random (small, big); 求两者之间的随机数。

2. Auduino 软件编程实例

（1）按钮开关的例程

按键开关模块和数字13接口自带LED搭建简单电路，制作按键提示灯。利用数字13接口自带的LED，将按键开关接入数字3接口，当按键开关感应到有按键信号时，LED亮，反之则灭。

```
int Led =13;                        （定义LED接口）
int buttonpin =3;                   （定义按键开关接口）
int val;                            （定义数字变量val）
void setup()
{
    pinMode(Led,OUTPUT);            （定义LED为输出接口）
    pinMode(buttonpin,INPUT);       （定义按键开关为输入接口）
}
void loop()
{
    val =digitalRead(buttonpin);    （将数字接口3的值读取赋给val）
    if(val ==HIGH)                  （当按键开关传感器检测有信号时，LED闪
                                     烁）
      {
      digitalWrite(Led,HIGH)
      }
  else
     {
     digitalWrite(Led,LOW)
     }
}
```

（2）光敏传感器的例程

光敏传感器实质是一个光敏电阻,根据光的照射强度会改变其自身的阻值。

编程原理:将光敏电阻的 S 端接在一个模拟输入口,光强的变化会改变阻值,从而改变 S 端的输出电压。将 S 端的电压读出,使用串口输出到计算机并显示结果。

因为 AVR 是 10 位的采样精度,输出值为 0~1 023。当光照强烈时,值减小;当光照减弱时,值增加;完全遮挡光线时,值最大。

```
int sensorPin = 2;
int value = 0;
void setup()
{
Serial.begin(9600);                  (串口波特率为 9 600 b/s)
}
void loop()
  {
value = analogRead(sensorPin);       (读取模拟 2 端口)
Serial.println(value,DEC);           (十进制数显示结果并且换行)
  delay(50);                         (延时 50 ms)
  }
```

(3) 魔术光杯(一对)的例程

水银开关多加了一个独立的 LED,两个可以组成魔术光杯。

原理:将魔术光杯其中一个模块 S 脚接数字脚 7,LED 控制接数字脚 5(PWM 功能),另一个模块 S 脚接数字脚 4,LED 控制接数字脚 6。

现象:当一个水银开关倾倒时,一个灯会越来越暗,另一个灯会越来越亮,像心电感应一样。

```
int LedPinA = 5;
int LedPinB = 6;
int ButtonPinA = 7;
int ButtonPinB = 4;
int buttonStateA = 0;
int buttonStateB = 0;
int brightness   = 0;
void setup()
{
    pinMode(LedPinA,OUTPUT);
    pinMode(LedPinB,OUTPUT);
    pinMode(ButtonPinA,INPUT);
    pinMode(ButtonPinB,INPUT);
}
void loop()
   {
```

```
    buttonStateA = digitalRead(ButtonPinA);        （读取 A 模块）
    if(buttonStateA == HIGH && brightness != 255)
      {                                            （当 A 模块检测到信号，
                                                    且亮度不是最大时，亮
                                                    度值增加）
        brightness ++;
      }
    buttonStateB = digitalRead(ButtonPinB);
  if(buttonStateB == HIGH && brightness != 0)
    {                                              （当 B 模块检测到信号，
                                                    且亮度不是最小时，亮
                                                    度值减小）
  brightness --;
  }
    analogWrite(LedPinA,brightness);               （A 慢渐暗）
    analogWrite(LedPinB,255 - brightness);         （B 慢渐亮）
    delay(25);
}
```

两者相加的和为 255，亮度此消彼长的关系

（4）双色共阴 LED 模块的例程

发光颜色：绿色 + 红色（左边头大一点的），黄 + 红（右边头小一点的）。

产品广泛应用于电子词典、PDA、MP3、耳机、数码相机、VCD、DVD、汽车音响、通信、计算机、充电器、功放、仪器仪表、礼品、电子玩具及移动电话等诸多领域。

编程原理：通过模拟端口控制 LED 的亮度，0~255 表示 0~5 V。2 种颜色的灯混合，让其值总和为 255，可以看到，从红色过渡到绿色的现象，中间颜色是混合成的黄色。

```
int redpin = 11;              （选择红灯引脚）
int greenpin = 10;            （选择绿灯引脚）
int val;
void setup()
{ pinMode(redpin,OUTPUT);
  pinMode(greenpin,OUTPUT);
}
void loop()
{
for(val = 255;val > 0;val --)
  { analogWrite(redpin,val);
    analogWrite(greenpin,255 - val);
    delay(15);
```

```
        }
    for(val =0;val <255;val ++)
        {    analogWrite(redpin,val);
             analogWrite(greenpin,255 - val);
             delay(15);
        }
}
```

3. 智能车 Auduino 软件综合编程实例

超声波避障小车。

由舵机带动超声波传感器转动,分别检测前方、左边和右边 3 个方向是否有障碍物。若前方障碍物大于 25 cm 则前进,若前方有障碍物则转动;检测左、右的障碍物,哪边的空间大,则往哪边转动。

示范例程

```
#include <Servo.h>                (包含舵机的库函数)
int IN4 = 8;                      (定义数字第 8 脚,接右边
                                   的 MOTOR 方向控制位 IN4)
int IN3 = 9;                      (定义数字第 9 脚,接右边
                                   的 MOTOR 方向控制位 IN3)
int IN2 = 10;                     (定义数字第 8 脚,接左边
                                   的 MOTOR 方向控制位 IN2)
int IN1 = 11;                     (定义数字第 8 脚,接左边
                                   的 MOTOR 方向控制位 IN1)
int MotorA = 5;                   (PWMA 引脚定义为数字 5
                                   脚)
int MotorB = 6;                   (PWMB 引脚定义为数字 6
                                   脚)
int Lspeed = 100;                 (此处可以改速度,尽量让
                                   车子走成直线)
int Rspeed = 100;                 (此处可以改速度,尽量让
                                   车子走成直线)
int inputPin = 13;                (定义超声波信号 ECHO 接
                                   收脚)
int outputPin = 12;               (定义超声波信号发射 TRIG
                                   脚)
float Fdistance = 0;              (前方的障碍物距离)
float Rdistance = 0;              (右边障碍物的距离)
float Ldistance = 0;              (左边障碍物的距离)
int directionn = 0;               (前 =8,后 =2,左 =4,右 =
                                   6)
```

```
Servo myservo;                              （创建 Servo 的对象）
int delay_time=250;                         （舵机转向后稳定的时间）
int Fgo=8;                                  （定义前进的数值）
int Rgo=6;                                  （定义右转的数值）
int Lgo=4;                                  （定义左转的数值）
int Bgo=2;                                  （定义倒车的数值）
void setup()
 {
  Serial.begin(9600);                       （定义串口输出的波特率）
  pinMode(IN4,OUTPUT);                      （定义为输出，下面相同）
  pinMode(IN3,OUTPUT);
  pinMode(IN2,OUTPUT);
  pinMode(IN1,OUTPUT);
  pinMode(MotorA,OUTPUT);
  pinMode(MotorB,OUTPUT);
  pinMode(inputPin,INPUT);                  （定义超声波输入引脚）
  pinMode(outputPin,OUTPUT);                （定义超声波输出引脚）
  myservo.attach(4);                        （定义舵机输出为第4脚
                                             (PPM 信号)）
}
```

前进的代码
```
void advance(int a)                         （前进）
   {
   digitalWrite(IN2,LOW);
   digitalWrite(IN1,HIGH);
   analogWrite(MotorB,Rspeed+30);
   digitalWrite(IN4,LOW);
   digitalWrite(IN3,HIGH);
   analogWrite(MotorA,Lspeed+30);
   delay(a*100);                            （前进的时间可以通过和参
                                             数相乘得出）
   }
```

右转（单轮模式）
```
void right(int b)                           （右转（单轮模式））
   {
   digitalWrite(IN2,HIGH);                  （右轮向后面转）
   digitalWrite(IN1,LOW);
    analogWrite(MotorB,Rspeed);
   digitalWrite(IN4,HIGH);                  （左轮不动）
```

```
        digitalWrite(IN3,HIGH);
        analogWrite(MotorA,Lspeed);
        delay(b* 100);                          （前进的时间可以通过和参
                                                数相乘得出）
    }
  左转（单轮模式）
    void left(int c)                            （左转单轮模式）
    {
        digitalWrite(IN2,HIGH);                 （右边的电动机停转）
        digitalWrite(IN1,HIGH);
        analogWrite(MotorB,Rspeed);
        digitalWrite(IN4,HIGH);                 （左边的电动机后退）
        digitalWrite(IN3,LOW);
        analogWrite(MotorA,Lspeed);
        delay(c* 100);
    }
  右转（双轮模式）
    void turnR(int d)                           （右转（双轮模式））
    {
        digitalWrite(IN2,HIGH);                 （右轮后退）
        digitalWrite(IN1,LOW);
        analogWrite(MotorB,Rspeed);
        digitalWrite(IN4,LOW);
        digitalWrite(IN3,HIGH);                 （左轮前进）
        analogWrite(MotorA,Lspeed);
        delay(d* 100);
    }
  左转（双轮模式）
    void turnL(int e)                           （左转（双轮模式））
    {
        digitalWrite(IN2,LOW);
        digitalWrite(IN1,HIGH);                 （使右电动机前进）
        analogWrite(MotorB,Rspeed);
        digitalWrite(IN4,HIGH);                 （使左轮后退）
        digitalWrite(IN3,LOW);
        analogWrite(MotorA,Lspeed);
        delay(e* 100);
    }
  停止
```

```
void stopp(int f)                                    （停止）
  {
    digitalWrite(IN2,HIGH);
    digitalWrite(IN1,HIGH);
    analogWrite(MotorB,Rspeed);
    digitalWrite(IN4,HIGH);
    digitalWrite(IN3,HIGH);
      analogWrite(MotorA,Lspeed);
    delay(f* 100);
  }
```
后退
```
void back(int g)                                     （后退）
  {
    digitalWrite(IN2,HIGH);                          （右电动机后退）
    digitalWrite(IN1,LOW);
    analogWrite(MotorB,Rspeed +30);
    digitalWrite(IN4,HIGH);                          （左电动机后退）
    digitalWrite(IN3,LOW);
      analogWrite(MotorA,Lspeed +30);
    delay(g* 100);
  }
void detection()                                     （测量 3 个角度（5°，90°，177°））
  { delay_time =250;                                 （舵机转向后的稳定时间）
    ask_pin_F();                                     （读取前方的距离）

    if(Fdistance <10)                                （假如前方距离小于 10 cm）
      {    stopp(1);                                 （停止 0.1 s）
           back(2);                                  （后退 0.2 s）
      }
    if(Fdistance <25)                                （假如前方距离小于 25 cm）
      {    stopp(1);                                 （停止 0.1 s）
         ask_pin_L();                                （读取左边的距离）
         delay(delay_time);                          （等待舵机稳定）
         ask_pin_R();                                （读取右边的距离）
         delay(delay_time);                          （等待舵机稳定）

         if(Ldistance > Rdistance)                   （假如左边的距离大于右边的距离）
```

```
            { directionn = Lgo;                    （向左边转）
            }
        if(Ldistance <= Rdistance)                 （假如右边距离大于等于左
                                                    边的距离）
            {      directionn = Rgo;               （向右边走）
            }
        if(Ldistance <10 && Rdistance <10)         （假如左边距离和右边距离
                                                    都小于 10 cm）
            {      directionn = Bgo;               （向后退）
            }
    }
    else                                           （假如前方大于 25 cm）
    {      directionn = Fgo;                       （向前走）
    }
}
超声波向前方探测
void ask_pin_F( )                                  （量出前方距离）
    {
    myservo.write(90);                             （舵机指向中间）
    delay(delay_time);                             （舵机稳定时间）
    Fdistance = Sonar();                           （读取距离值）
    Serial.print("F distance:");                   （用串口输出距离值）
    Serial.println(Fdistance);                     （显示距离）
    }
超声波向左探测
void ask_pin_L( )                                  （量出左边的距离）
    {
    myservo.write(177);                            （舵机转向 177°，左边）
    delay(delay_time);
    Ldistance = Sonar();                           （读出距离值）
    Serial.print("L distance:");                   （输出距离）
    Serial.println(Ldistance);
    }
超声波向右探测
void ask_pin_R( )                                  （量出右边距离）
```

```
    {
    myservo.write(5);                        （舵机转向右边，5°）
    delay(delay_time);
    Rdistance = Sonar();                     （读出相差时间）
    Serial.print("R distance:");             （输出距离）
    Serial.println(Rdistance);
    }
```

超声波探测函数
```
float Sonar()
{float m;
    digitalWrite(outputPin,LOW);             （让超声波 TRIG 引脚维持
                                              2 μs 的低电平）
    delayMicroseconds(2);
    digitalWrite(outputPin,HIGH);            （让超声波 TRIG 引脚维持
                                              10 μs 的高电平）
    delayMicroseconds(10);
    digitalWrite(outputPin,LOW);             （保持超声波低电平）
    m = pulseIn(inputPin,HIGH);              （读取时间差）
    m = m/58;                                （将时间转为距离值（单位:
                                              cm））
    return m;                                （返回距离值）
}
void loop()
{
    myservo.write(90);                       （每次主函数循环，先让舵
                                              机回中）
    detection();                             （测量 3 个角度的距离值，
                                              判断往哪个方向走）

  if(directionn == Bgo)                      （假如方向为 2，倒车）
  {
    back(8);                                 （倒车）
    turnL(1);                                （微向左转，防止卡死）
    Serial.print("Reverse");                 （显示后退）
  }
  if(directionn == Rgo)                      （假如方向为 6（右转））
  {
    back(2);
    turnR(4);                                （右转，调整该时间可以获
```

```
    Serial.print("Right");                    （显示左转）
}
if(directionn==Lgo)                           （假如方向为4，左转）
{
    back(2);
    turnL(4);                                 （左转，调整该时间可以得
                                               到不同的转弯效果）
    Serial.print("Left");                     （显示右转）
}
if(directionn==Fgo)                           （假如方向为9，前进）
{
    advance(1);                               （正常前进）
    Serial.print("Advance");                  （显示方向前进）
    Serial.print("  ");
}
}
```

16.2.2 类人机器人的开发应用

1. 类人机器人套装的开发步骤

开发一个类人套装机器人步骤如下：

第一步，熟知用户手册，组装机器人之前，对产品的整体情况进行了解，在使用过程中的注意事项、具体组装方法可以参考《快速入门》或者软件帮助文档。

第二步，设计外形及组装，是决定做出什么样的机器人的阶段，确定机器人的用途，设计机器人的外形（机器人的关节）。虽然类人机器人套装可以被设计成能开发出具有丰富外形的机器人，但如果是初学者，建议先练习组装《快速入门》里的机器人示例。

第三步，配线，以H-CON101控制器为中心连接H-M24智能电动机模块、H-S100集成传感器模块等组件。如果机器人已经有了外形，则从H-CON101到各个H-M24或H-S100连续串联连接。注意在关节最大弯曲的情况下导线应足够长。H-M24、H-S100上面的两个接头是没有区别的。

第四步，检查组装机器人电动机零度位置正确，如果机器人的连接线已经组装完成，则打开控制器的电源开关，同时按住"A""B"按键，机器人所有智能电动机的角度会设置为零度，查看机器人的构型是否为机器人标准位置，智能电动机的顺逆时针转动都是绕着零度位置对称的。安装机器人时需要按照《快速入门》中主动盘零位所在位置进行组装，如果组装错误，则可在《快速入门》中查找检查和改正的方法。

第五步，VJC-HRobot模板编程，对于自行设计的机器人，在新建工程窗口中选择空项目，对于标准搭建的机器人，可以选择已有的模板程序，即软件已提供完整的演示程序，如果对模板内的程序不满意，还可以自行修改模板程序。

第六步，下载运行，下载程序到A或者下载程序到B之后，在控制器上按下对应的

"A"或"B"按键,然后按下"▶"运行按键即可运行程序。

2. 类人机器人套装的开发注意事项

在开始之前,应熟知以下几点:

1)请勿使用危险工具,如刀或钻;保持机器人离脸部一定距离;不要将手指放进机器人关节处,以防止手指被卡住;避免在阳光直射的条件下保管本产品;远离明火,避免潮湿。

2)在初次使用过程中,不要使用自制的导线;装配零件时,切勿用力过大。

3)开发过程中,如果不适当的动作导致关节智能电动机保护,应立即切断电源,以防机器人损坏。

4)在使用适配器为机器人供电时,应确保机器人不会摔倒。

5)在拔插导线时,注意不要用力过猛,以防止导线接头处被拔出。

6)当智能电动机在运行的过程中,LED 灯闪烁处于保护状态时,应关闭机器人,休息一段时间后再重新运行。

7)为防止机器人跌落,不要将它放在高处,比如桌子上,要在地面上操作机器人。

3. 类人机器人套装编程

类人套装提供的软件是基于模板程序的,可以在已有的模板程序基础上做适当修改就可以实现复杂控制算法的编写,不仅如此,高级用户利用软件的扩展功能还可以编写出属于自己的机器人示例程序。

VJC – HRobot 模板选择窗口,用户可以选择已有的模板程序,很快就能建立自己的项目,使用一键下载程序到 A(或者下载程序到 B)就能控制自己的机器人,模板程序即可实现示例项目的一些基本功能。

VJC 5.1 程序框架如图 16 – 47 所示,包含流程图编辑器、动作编辑器、模型编辑器以及终端检测器四个部分,在一个机器人中可以使用其中一个或多个编辑器实现机器人的编程控制,也可以使用原有模板或者对模板进行编辑再创新实现机器人的控制。

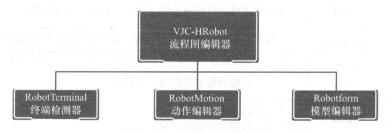

图 16 – 47 VJC 5.1 程序框架

(1) VJC 5.1 程序框架

VJC – HRobot1.0 编程软件使用流程图编辑器为核心,分别调用终端检测器、动作编辑器及模型编辑器的模式,使关节式机器人动作更加灵活,控制更加智能,二次开发更加方便。

流程图编程:控制调用机器人运动,决定机器人在什么时间、什么情况下做动作。

终端检测器:实时显示、配置、管理机器人控制器、智能电动机、集成传感器。

动作编辑器:编辑机器人动作,在线示教记忆用户制作的步骤、动作。

模型编辑器：在虚拟的电脑终端上搭建用户自行开发的机器人模型。

VJC 中文全名为图形化交互式 C 语言，支持标准流程图式图形化编程和标准 C 语言编程。初学者通过图形化编程上手快，高级用户可以利用 C 语言开发出复杂的机器人算法。

将复杂的编程语言转化为简单的图形化模块，列举在该库中，方便用户拖动调用。

流程图编程的模块分五类：控制器模块库、智能电机模块库、集成传感器模块库、控制模块库和程序模块库，如图 16-48 所示。

图 16-48 流程图编程模块库

控制器模块库是针对控制器本身及 I/O 口进行检测设置的模块库，具体函数图标请查阅表 16-6。

表 16-6 控制器模块库函数功能

序号	图标	名称	功能
1		计算	定义变量或进行加减乘除运算，不对应执行器实物
2		按键检测	读取控制器上的按键状态信息。HCON-101 控制器有运行键、A 键、B 键可用，使用该模块相当于将控制器上可用的按键当作一个按钮使用
3		发音	用于指定控制器发音时间，单位为 s
4		声音检测	读取控制器声音输入值（1~255），拍手动作的参数阈值为 230，一般用于声音传感器的数据采集
5		延时等待	设定控制器保持前一个状态的时间，单位为 s
6		系统时间	读取控制器内系统计时器的当前时间，返回值以 s 为单位。当前时间减去开始计时时间为代码执行时间，常用于时间精确控制，也与时钟复位同时使用
7		时钟复位	将系统时间清零，即重新开始计时，常与"系统时间"同时使用

续表

序号	图标	名称	功能
8	OUT	数字输出	对应控制器 I/O 口的数字输出功能，所有开关型的执行器都可以使用该模块控制。参数中"输出通道编号"对应 I/O 口号，可复选（同时控制）；"输出通道状态"对应该 I/O 口的 D0 通断。"接通"对应 I/O 口输出高电平（有电），"断开"对应 I/O 口输出低电平（没电）
9	IN	模拟输入	读取控制器对应 I/O 口的模拟输入值。参数中模拟口通道对应 I/O 口号，单击"模拟输入一"可以更改变量名称，通过单击"检测完成后，进行条件判断"可以使该模块由单纯输入模块转变为输入加判断的条件判断模块
10	IN	数字输入	读取控制器对应 I/O 口的数字输入值。参数中数字输入通道对应 I/O 口号，单击"数字输入一"可以更改变量名称，通过单击"检测完成后，进行条件判断"可以使该模块由单纯输入模块转变为输入加判断的条件判断模块
11		蓝牙输入	用于检测手柄按键状态，作为机器人控制条件
12		内置陀螺仪	用于检测机器人姿态状态，取值范围为 −16 384 ~ 16 384，$X/Y/Z$ 轴角速度即机器人角速度矢量在对应轴上的矢量分解，$X/Y/Z$ 轴加速度即机器人加速度矢量在对应轴上的矢量分解，$X/Y/Z$ 轴角度即机器人角度矢量在对应轴上的矢量分解

智能电机模块库是类人机器人常用的执行器模块库，包含了类人机器人主要部分的执行，如：智能电机的控制、动作页的执行（动作编辑器编辑产生）等，具体如表 16 − 7 所示。

表 16 − 7　智能电机模块库函数功能

序号	图标	名称	功能
1		搜索电机	通过智能电机 ID 号对已连智能电机进行查询。当对应智能电机存在，则返回 1，否则返回 0。具体用法参见"数字输入"功能说明
2		设置电机	用于设置智能电机的属性，完成对单个智能电机或全部智能电机的操作
3		读取电机	完成对单个智能电机当前状态的读取
4		执行动作	用于播放指定的动作页（动作编辑器创建的）
5		退出动作	用于退出正在播放的动作页。控制器将执行完本页及后续"退出页"标示的动作页后，停止执行
6		停止动作	用于停止当前正在播放的动作页，机器人将停留在当前页的状态下

续表

序号	图标	名称	功能
7		当前动作	用于检测机器人正在执行的动作页页码，数据范围：1~127
8		运动状态	用于检测机器人是否在执行动作页，正在执行则返回1，否则返回0

当"智能电机ID号"设置为254时，控制器将对全部智能电机进行同样设置操作。

集成传感器模块库是类人机器人常用的传感器控制模块库，包含了所有的传感器功能，具体如表16-8所示。

表16-8 传感器模块库函数功能

序号	图标	名称	功能
1		障碍检测	用于检测三个方向的障碍物存在状态（基于阈值），左侧检测到为1、中间为2、右侧为4
2		光照检测	用于检测三个方向的光照亮度状态（基于阈值），左侧检测到为1、中间为2、右侧为4
3		距离检测	用于检测左侧、中间或者右侧的距离值大小
4		亮度检测	用于检测左侧、中间或者右侧的亮度值大小
5		声音检测	读取集成传感器声音大小（0~255）和拍手次数
6		蜂鸣器	通过设置蜂鸣器的音符和蜂鸣时间，发出相应的音符
7		红外发送	设置在红外通信中要发送的无线数据
8		红外接收	读取在红外通信中接收到的无线数据

在用户程序中，读取各端口传感器的返回值一般有两种用途：储存和判断，其中用于判断的情况居多。在VJC中提供了while语句、if…else…语句、for语句三种判断方式的流程图模块，它们都在表16-9的控制模块库中。如果要做判断，必须有被比较的对象和比较参考值。被比较的对象一般是传感器的返回值或者更新后的变量值，所以在传感器模块库中所有具备"读取"功能的模块都可以直接转换成条件判断模块。

"条件"是一个表达式，两侧可以是运算式、变量或数值，中间使用 == 、!= 、 > 、 < 、 >= 、 <= 等符号连接。该语句只有两种返回值0、1，当返回值为0时表示条件不成立，当返回值为1时表示条件成立。在设置条件循环和条件判断的条件时，还会看到"条件一""条件二"；一般情况下，只使用"条件一"；单击"条件二"并勾选"有效"后就多了"有效"和"条件逻辑关系"两项：

1）只有勾选了"有效"，"条件二"才生效。

2) 条件逻辑关系表示"条件二"和"条件一"的逻辑关系，包含与、或、非三种运算关系（在 C 语言中使用 &&、||、&&! 三个符号表示）。与、或、非运算的两侧依旧可以是表达式或数值，计算结果下：

"条件一"与"条件二"：仅当两个条件都成立时结果为 1，其他情况结果为 0。

"条件一"或"条件二"：只要有一个条件成立，结果为 1 都不成立时结果为 0。

"条件一"非"条件二"：仅当两个条件返回值不同，结果为 1，其他情况结果为 0。

表 16-9 控制模块块函数功能

序号	图标	名称	功能
1		多次循环	多次执行同一组指令，参数代表在循环体内的指令执行的次数，与 C 语言中的 for 语句相同
2		永远循环	永远执行循环体内的同一组指令，与 C 语言中的 while（1）语句相同
3		条件循环	当设定的判断条件成立时，就重复执行循环体，一旦条件不成立，就退出循环，与 C 语言中的 while（条件）语句相同
4		条件判断	根据条件在两组指令中选择一组执行，如果满足条件就执行左边"是"的指令，不满足条件就执行右边"否"的指令。可以对任何全局变量和传感器变量进行条件判断，与 C 语言中的 if（条件）…else…语句相同
5		退出循环	跳出当前循环，与 C 语言中的"break;"语句相同

在进行较大程序的编写时，有时总会有几条指令重复出现，此时我们可以将其定义为子程序，程序模块库即可满足这一需求，见表 16-10。

表 16-10 程序模块库函数功能

序号	图标	名称	功能
1		新建子程序	把需要重复使用的一组模块新建为"子程序"，便于在主程序中调用，具有精简程序的功能，可定义子程序的名称及作者名
2		子程序返回	结束一个用户"子程序"，此模块在子程序编辑界面中出现，只能在子程序中使用
3		结束模块	用于给主程序加一个结束标志，该模块产生 JC 代码 return。结束模块后不能再连接其他模块
4		自定义	提供用户自定义功能，利用该模块可直接用 JC 代码编写程序，并嵌套在 VJC 程序中

变量百宝箱虽然不是模块库里的模块，但是大部分模块里都集成了变量存储、判断的功能，VJC 把这些变量都装在变量百宝箱中，自动对变量进行管理、创建、赋值、引用和回收。有了变量百宝箱，我们就可以方便地使用变量。如图 16-49 所示，黑色变量代表该变量里已经存放了数值，白色变量代表该变量还是空的。变量百宝箱的每个变量就是一个抽屉，存放数值和读取数值都需要变量百宝箱分配的"钥匙"。

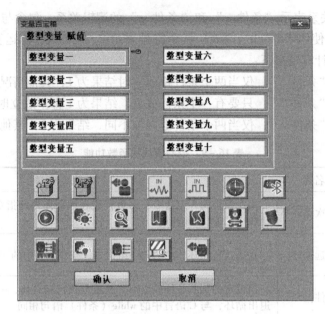

图 16-49　变量百宝箱

4. 类人机器人套装编程之 HRobotTerminal 在线检测

在线检测可以方便地在线显示机器人上控制器、智能电动机、集成传感器三者的数据信息。

按 VJC-HRobot 工程界面中的在线检测切换按钮，启动在线检测程序，界面如图 16-50 所示。

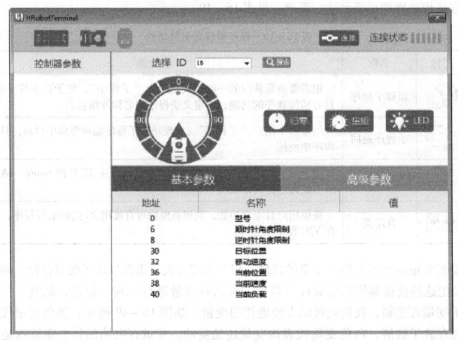

图 16-50　HRobotTerminal 在线检测

使用在线检测功能时，首先需要将类人机器人控制等硬件设备与计算用 USB 数据线连接起来，如图 16-51 所示。

图 16-51　连接硬件

如图 16-51 所示，连接机器人与控制器，打开控制器电源，到此机器人硬件连接完成。按 ▭ 连接 按钮，当连接成功后，按钮变为 ▭ 断开 状态。如果连接不成功，则可能的原因如下：

1）控制器电源没有打开；
2）控制器没有通过数据线连接电脑；
3）数据接口可能被占用，动作编辑器与在线检测终端只能有一个软件在使用数据接口控制器参数。

当连接成功后，控制器显示部分如图 16-52 所示。

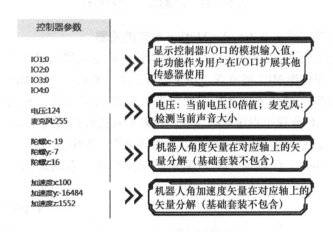

图 16-52　控制器参数显示

智能电机、集成传感器参数显示界面如图 16-53 所示。

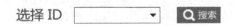

图 16-53　智能电机和集成传感器参数显示

当"选择 ID"为 1~18 时，查询智能电机模块参数；当"选择 ID"为 100 时，查询集成传感器模块参数；当只连接一个智能电机，且不确定该智能电机 ID 号的情况下，可以选择"搜索"按钮进行查询，如图 16-54 所示。

图 16-54　查询电机参数

查询集成传感器参数如图 16-55 所示。

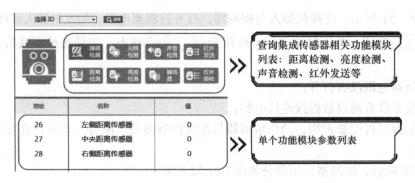

图 16-55　查询集成传感器参数

5. 类人机器人套装编程之 HRobotMotion 动作编辑器

VJC 编写的流程图是程序控制语句，而动作编辑器是机器人动作数据。为了更好地理解，可以把 VJC 程序比作 MP3 播放器，动作编辑器编写的动作比作 MP3 音乐文件，如果没有 MP3 播放器，MP3 文件就不能播放；如果没有 MP3 音乐文件，相同的音乐也不能够播放。控制机器人，VJC 流程图程序是必须的，如果 VJC 流程图调用了动作页，则也必须编写动作页程序；相反没有调用动作页，则可以不编写动作页程序。

选择 VJC-HRobot 工程界面中动作编辑器切换按钮，启动动作编辑器程序，界面如图 16-56 所示。

图 16-56　HRobotMotion 动作编辑器界面

机器人在安装或者使用过程中，智能电机零度位置改变，导致机器人在标准位置时与设定的不能够完全一致，将导致机器人运动不平衡。所以在使用机器人之前，通过对机器人的标准姿态进行校正和调整，可以使机器人运动更加平稳。

1）机器人的动作调试。

条件：下载类人机器人的示例程序，机器人行走、转向均可运行正常，如果有一个或者两个姿态不能正常执行，此时需要单个动作进行调试。

方法：连接机器人，定位到机器人容易摔倒的姿态，根据机器人的摔倒方向调节相应的智能电机参数。

2）机器人的智能电机偏移量调试。

条件：下载类人机器人的示例程序，机器人行走、转向动作都不正常，此时需要对智能电机偏移量进行调试。

方法：连接机器人，机器人将运行初始姿态，首先根据机器人腿部的对称性差别（1和2号智能电机对称，3和4号智能电机对称，5和6号智能电机对称，7和8号智能电机对称）进行调节，然后根据机器人站立在桌面上身体的倾斜方向进行调节。

输入修正值：选中关节智能电机，即可输入修正值。

清零：清除选中关节智能电机修正值为0。

确定：保存当前设定的智能电机修正值。

3）智能电机修正值修正原则。

为了保证脚底板水平，尽量不要对单个智能电机进行大角度的修改，可以对互补的两个电机进行同方向的修改，例如人形右腿重心向前移10，ID［1］为－5，ID［7］为－5进行修正。

对于中高级用户，希望编写属于自己的机器人动作，此时可以通过"查看--->标准参数"显示动作页编辑属性窗口进行操作，界面显示如图16－57所示。

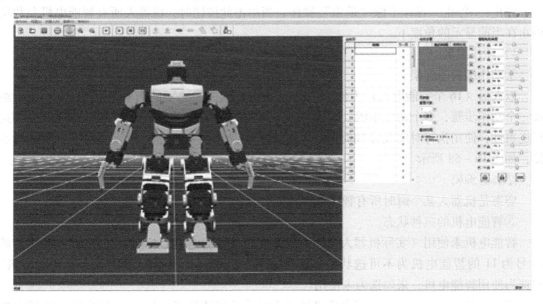

图16－57 动作编辑器界面

基本操作如下：

①机器人的连接/断开。

使用产品标配的数据线连接机器人与计算机。

选择程序界面中此按钮，将建立机器人与PC之间的通信，如果连接成功，此按钮将变为灰色不可选状态；

如果连接不成功，则原因有以下几种：是否将终端检测器断开（数据端口只能一个程序占用）；控制器是否上电；控制器是否复位（控制器只有在复位状态才能与控制器相连接）；是否将机器人与PC使用数据线相连接；数据线是否损坏；控制器的数据口是否损坏。

选择程序界面中的断开按钮，将断开机器人与PC之间的通信，如果断开成功，则按钮变为灰色不可选状态。

②动作文件的下载/上传。

按照"机器人的连接/断开"中的步骤连接机器人。

选择程序界面中的"下载"按钮，当前编辑的动作文件将被下载到控制器中，当界面右下方的滚动条变为全绿颜色时，代表程序下载完成；

选择程序界面中的"上传"按钮，控制器中的动作文件将被上传到当前程序界面中，先前编辑的动作文件将会丢失，注意保存。

③在线演示已有动作。

按照"机器人的连接/断开"中的步骤连接机器人，可进行以下操作。

仿真复位：机器人全部智能电机角度将恢复零度位置，机器人恢复标准姿态；

播放：下载当前正在编辑的动作到机器人控制器中，单击"播放"按钮演示编辑效果或者已有的动作（操作前，必须将编辑的程序下载，否则机器人播放的是控制器内前一个保存的动作）；

退出：执行此条指令机器人不会立即停止下来，在停止之前将执行完"退出"动作页；

停止："停止"操作不像"退出"操作，当单击此按钮时，机器人所有智能电机参数将停止在当前显示的角度下。

4）动作编辑。

①动作编辑的框架。

以人形（16个智能电机）为例，16个智能电机某一姿态下的所有角度（共16个）组成一个动作步骤，多个动作步骤（最多7个）组成一个动作页。在步骤与步骤之间为了达到连贯性，使用执行时间及停顿时间进行连接，在动作页与动作页之间使用下一页进行连接，如图16-58所示。

②姿态编辑。

姿态是机器人某个瞬时所有智能电机角度位置值的集合，也可以称为一个步骤。

③智能电机的三种状态。

智能电机未使用（实际机器人模型中没有使用该智能电机）标示，如图16-59所示的ID号为11的智能电机为不可选状态。切换方式：菜单栏"机器人"中"选择智能电机"勾选为使用智能电机，未勾选为未使用。

智能电机锁定（机器人智能电机将处于不可手动扭转状态）标示，如图16-59所示的ID号为10的智能电动机为锁定状态（ID数字为红色，带有锁图标）。切换方式：勾选要锁

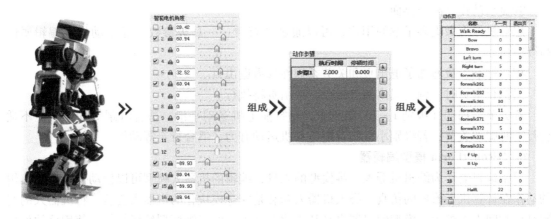

图 16-58 动作编辑

定的智能电机，选择锁定按钮。

智能电机解锁（机器人智能电机将处于可手动扭转状态）标示，如图 16-59 所示的 ID 号为 9 的智能电机为解锁状态（ID 数字为黑色，不带有锁图标）。切换方式：勾选要锁定的智能电机，选择解锁按钮。

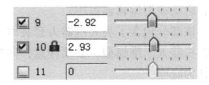

图 16-59 智能电机的二种状态

④设置角度（即在线编辑）状态的操作。

切换方式：工具栏"设置角度"按钮，使所有智能电机处于设置状态，在智能电机对应文本框中输入或者拖动文本框后面的滚动条。

⑤读取角度（即示教操作）状态的操作。

切换方式：工具栏"读取角度"按钮，使所有智能电机处于读取状态，在此状态下，将准备修改的机器人关节对应的智能电机设置为解锁状态，用手轻轻扭转机器人对应关节，使其达到想要的位置，锁定解锁的智能电机，最后保存姿态。

⑥步骤（多个姿态）编辑。

步骤是机器人姿态的集合，但不完全是多个姿态的堆积。步骤数目最多 7 个（组成一个动作页），步骤之间可以实现"添加/插入/移动/删除"等功能。

添加：在步骤列表的最后添加一个步骤，单击按钮"A"。

停顿时间：从当前步骤执行完，到下一步骤执行开始，停顿的时间。时间分辨率为 0.008 s，最大时间是 2.04 s，通过下拉列表选择完成。

⑦动作页编辑。

动作页是机器人姿态步骤的集合，具体有以下主要设置：

a. 重复次数：当前页在 VJC 中被调用后，重复执行次数。

b. 执行速率：当前页所有步骤的执行时间与停顿时间总和乘以执行速率倒数作为本页实际运行的时间，因此执行速率值越大，当前页执行得越快。

c. 页的执行

- 动作页范围：1~127，共 127 页。
- 下一页：当执行完本页后，在没有调用退出动作指令时，将继续执行下一页的动作。

⑧显示动作页高级界面。

想对机器人做更多了解的用户,可以通过"查看……高级参数"显示动作页编辑属性高级窗口。

相比标准参数增加了退出页和关节柔韧性参数退出页。

当执行本页时,调用退出播放指令,退出页将执行。

若关节柔韧度(级别1~7)级别大,则智能电机运动平滑,适合舞蹈等动作,但不适合行走时腿部关节;若级别小,则智能电动机运动有力,适合行走等动作。

6. HRobotForm 模型编辑器

模型编辑器作为编辑机器人三维模型的工具,编辑的机器人模型可以使动作编辑器编辑的动作在计算机上形象的仿真。类人机器人套装是完全模块化的机器人套装,将机器人的组装过程时间大大缩短,模型编辑器也是基于此设计出来的三维模型编辑软件,使用该软件可以快速地制作出想要的任意机器人模型。选择 VJC - HRobot 工程界面中模型编辑器切换按钮,启动模型编辑器程序。

该部分包含了类人机器人套装内几乎所有的连接组件,使用这些组件可以搭建出任意想要的机器人三维模型。必须注意,向模型编辑区添加组件前,必须选择要连接的已有组件,最初为底座。

16.2.3 卓越之星——机器人创意搭接套件实例

1. 柔性生产线

柔性生产线如图 16-60 所示,其主要由原料托盘、水平关节机器人、三轴加工中心、输送带系统、垂直关节机器人、并联加工中心和灯塔组成。原料库用于存放原料,直角坐标加工中心是机械数控加工的常用设备,可以展示加工动作。水平关节机器人能实现工件在各个工位的搬运动作。输送带能通过其控制系统配套传感器感知工件,并实现精确稳定的输送。垂直关节机械臂能实现工件在各个工位的搬运。并联加工中心能实现精密稳定的端运动轨迹,是机械高精密加工的常用设备。塔灯能指示系统运行过程中的状态。

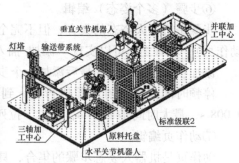

图 16-60 柔性生产线总体图

2. 三维打印工场

三维打印工场如图 16-61 所示,它由输送带系统、旋转机械手、三维扫描仪、熔丝堆积三维打印机、光敏成型三维打印机组成。在这个构型中,各直线轴都是由连杆机构实现的,展示了三维扫描、常用类型的三维打印机的基本原理和结构特点。同时配套的物料流设备能将这些设备连接构成一个自动化的工厂。由此可见，通过编程实现了一个完善的小型三维打印工厂的基本工艺流程。

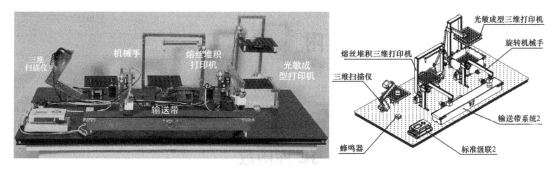

图 16-61　三维打印工场总体图

3. 智能建筑

智能建筑如图 16-62 所示，它主要由自动门、安检机、自动顶棚、自动隔断幕墙、自动窗和语音电梯组成。安检机，当检测到有物体放入时，能自动启动输送带，当检测到高亮度物体和强磁性物体时会发出不同的警报声音。自动门，当检测到门区有物体时，能自动旋转一周。自动顶棚，能根据顶棚下部区域不同光线程度，自动调节顶棚幕布的宽度，达到平衡光线的目的。自动隔断幕墙，通过按钮控制门的开关，要求单侧两扇门运动时，同时启动、同时到位。自动窗，通过当前温度控制窗打开程度的大小，并可手动设置关窗温度。语音电梯，通过语音交互，可指挥电梯载客升入任意楼层，停靠时有语音提示和开关门动作，其他仿照真实电梯功能。

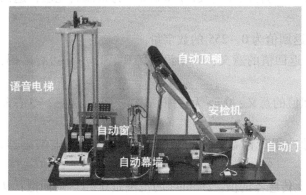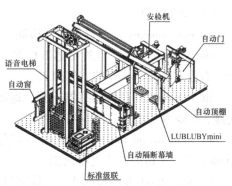

图 16-62　智能建筑总体图

思考与练习题

1. 生活中能见到各种各样机器人的身影，请选择一种详细介绍一下它的功能和组成。
2. 请用流程图或 Arduino 软件完成避障小车的程序。
3. 通过本章的学习，总结一下设计制作一台智能机器人需要哪些步骤。（越详细越好）

附 录

JC 库函数

1. 执行器输出

void stop( ) 关闭左右两个电机，停止运动。

void stop_motor(int m) 关闭电机 m，0 为所有电机，1 为左电机，2 为右电机，3 为扩展电机。

void motor(int m, int speed) 以功率级别 speed（-100 到 100）启动电机 m（1 为左电机，2 为右电机，3 为扩展电机）。

void drive(int move, int turn) 同时设定两个电机的速度，move 为平移速度，turn 为旋转速度。

2. 传感器输入

int photo( ) 光敏传感器检测。photo(1) 为检测左光敏，photo(2) 为检测右光敏，返回值为 0~255 的数字量。

int microphone( ) 声音传感器检测。返回值为 0~255 的数字量。

int ir_detector( ) 红外传感器检测。返回值的意义：0 => 没有障碍，1 => 左边有障碍，2 => 右边有障碍，4 => 前方有障碍。

int bumper( ) 碰撞传感器检测。返回值的意义：0 => 无碰撞，1 => 左前受碰，2 => 右前受碰，4 => 左后受碰，8 => 右后受碰。

int rotation(int index) 光电编码器脉冲累计读数，rotation(1) 为检测左光电编码器，rotation(2) 为检测右光电编码器。

int digitalport(int channel) 读数字口上传感器的值。channel 的范围是 0~7。返回值：从传感器数字硬件读到的值为零伏或逻辑零时，返回 1；否则返回 0。

int analogport(int channel) 读模拟口上传感器的值。channel 的范围是 0~7。返回值是 0~255 之间的整数值。

int encoder(int index) 读取光电编码器的当前状态。0 为低电平，1 为高电平（分别对应光栅的通光缺口/遮光齿）。

3. 时间

void wait(float sec) 延时等于或稍大于指定的 sec 时间（秒）后再执行后面的语句。sec 是一个浮点数。

void resettime( ) 将系统时间复位清零。

float seconds( ) 以秒的形式返回系统时间,它是一个浮点数,精度为 0.001 s。

4. 声音
void beep( ) 产生一段 0.3 s,500 Hz 的音频信号。发声结束后返回。

void tone(float frequency,float length) 产生一个 length 秒长、音调为 frequency 赫兹的音频信号。

5. 电池
int battery( ) 检测电池电量,返回值为 0~255 的数字量。

6. 其他函数
void asosreset( ) 软件复位函数。与按下能力风暴机器人的复位开关的效果一样,ASOS 操作系统重新启动,程序停止运行。

int runbutton( ) 读运行键状态。运行键在能力风暴智能机器人的头顶上,可以在程序中使用该按钮。返回值:0 没按,1 按下。

int abs(int val) 取整数 val 的绝对值。

int max(int x,int y) 求两个整数的最大值。

int min(int a,int b) 求两个整数的最小值。

float rand( ) 返回 0~1 之间的随机浮点数。

int random(int scale) 返回 0~scale 之间的随机整数。

参 考 文 献

[1] 宋维锡. 金属学 [M]. 北京：冶金工业出版社，1980.
[2] 崔忠圻. 金属学与热处理 [M]. 北京：机械工业出版社，2000.
[3] 薛连通. 金属材料与热处理 [M]. 北京：中国劳动出版社，1993.
[4] 张学政，李家枢. 金属工艺学实习教材 [M]. 第三版. 北京：高等教育出版社，2003.
[5] 傅水根，李双寿. 机械制造实习 [M]. 北京：清华大学出版社，2009.
[6] 郭术义. 金工实习 [M]. 北京：清华大学出版社，2011.
[7] 郗安民. 金工实习 [M]. 北京：清华大学出版社，2009.
[8] 京玉海. 金工实习 [M]. 天津：天津大学出版社，2009.
[9] 柳杰荣. 铸造工 [M]. 北京：机械工业出版社，2013.
[10] 商利荣. 大学工程训练教程 [M]. 上海：华东理工大学出版社，2010.
[11] 殷燕芳，黄文呈. 工程训练教程 [M]. 成都：电子科技大学出版社，2014.
[12] 盘江如. 工程训练基础实习教程 [M]. 成都：电子科技大学出版社，2016.
[13] 张学政，李家枢. 金属工艺学实习教材 [M]. 第四版. 北京：高等教育出版社，2011.
[14] 严绍华. 金属工艺学实习（非机类）[M]. 第三版. 北京：清华大学出版社，2017.
[15] 王志海，舒敬萍，马晋. 机械制造工程实训及创新教育 [M]. 北京：清华大学出版社，2014.
[16] 于涛，杨俊茹，王素玉. 机械制造技术基础 [M]. 北京：清华大学出版社，2012.
[17] 刘鸿文. 材料力学 [M]. 第五版. 北京：高等教育出版社，2011.
[18] 陈文. 刨工操作技术要领图解 [M]. 济南：山东科学技术出版社，2005.
[19] 潘江如，王玉勤，张林捷. 工程训练基础实验教程 [M]. 成都：电子科技大学出版社，2016.
[20] 陈文. 磨工 [M]. 济南：山东科学技术出版社，2005.
[21] 逯晓勤，李海梅，申长雨. 数控机床编程技术 [M]. 北京：机械工业出版社，2002.
[22] 沈建峰，陈宏. 加工中心编程与操作 [M]. 沈阳：辽宁科学技术出版社，2009.
[23] 朱派龙. 特种加工技术 [M]. 北京：北京大学出版社，2017.
[24] 张世凭. 特种加工技术 [M]. 重庆：重庆大学出版社，2014.
[25] 刘晋春. 特种加工实验教程 [M]. 北京：机械工业出版社，2014.
[26] 白基成. 特种加工 [M]. 北京：机械工业出版社，2014.

[27] 刘志东. 特种加工 [M]. 北京：北京大学出版社，2013.
[28] 刘晋春，等. 特种加工 [M]（第5版）. 北京：机械工业出版社，2008.
[29] 曹凤国. 激光加工 [M]. 北京：化学工业出版社，2015.
[30] 张永康. 先进激光制造技术 [M]. 镇江：江苏大学出版社，2011.
[31] 郑启光. 激光加工工艺与设备 [M]. 北京：机械工业出版社，2010.
[32] 曹凤国. 超声加工技术 [M]. 北京：化学工业出版社，2014.
[33] 材料科学和技术综合专题组. 2020年中国材料科学和技术发展研究（上）[C]. 中国土木工程学会，2004：75.
[34] 朱林泉，白培康，朱江淼. 快速成型与快速制造技术 [M]. 北京：国防工业出版社，2003.
[35] 莫健华. 快速成型及快速制模 [M]. 北京：电子工业出版社，2006.
[36] 王秀峰，罗宏杰. 快速原型制造技术 [M]. 北京：中国轻工业出版社，2001.
[37] 李云江. 机器人概论 [M]. 北京：机械工业出版社，2011.
[38] John J Craig. 机器人学导论 [M]. 负超，等，译. 北京：机械工业出版社，2016.7.